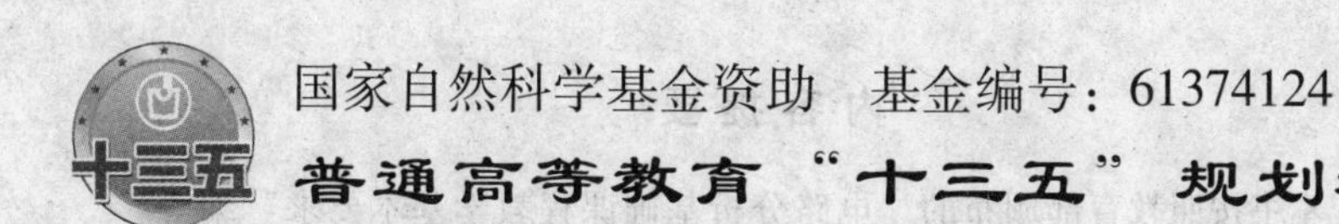

国家自然科学基金资助　基金编号：61374124

普通高等教育“十三五”规划教材

电路理论

（第3版）

王安娜　贺立红　主编

北　京

冶 金 工 业 出 版 社

2017

内 容 提 要

本书按照教育部颁布的“电路分析基础课程教学基本要求”编写。全书共分8章，主要内容包括：电路模型和基本定律，线性电阻网络分析，线性动态电路暂态过程的时域分析，正弦电路的稳态分析，谐振电路与周期非正弦稳态电路，二端口网络，非线性电路，OrCAD/PSpice 和 MATLAB 在电路中的应用。本书内容紧密联系实际，引入了现代电路理论新技术知识。1~7章有学习指导，习题紧密配合所讲内容，并联系工程实际，书末附有习题答案。

本书可供高等院校计算机、电子信息等专业作为电路课程的教材使用（配有教学课件），也可作为相关专业科技人员的参考书。

图书在版编目(CIP)数据

电路理论／王安娜，贺立红主编．—3版．—北京：冶金工业出版社，2016.12（2017.12重印）
普通高等教育“十三五”规划教材
ISBN 978-7-5024-7378-5

Ⅰ.①电…　Ⅱ.①王…　②贺…　Ⅲ.①电路理论—高等学校—教材　Ⅳ.①TM13

中国版本图书馆 CIP 数据核字（2016）第 272685 号

出 版 人　谭学余
地　　址　北京市东城区嵩祝院北巷39号　邮编　100009　电话　(010)64027926
网　　址　www.cnmip.com.cn　电子信箱　yjcbs@cnmip.com.cn
责任编辑　俞跃春　杜婷婷　美术编辑　杨　帆　版式设计　彭子赫
责任校对　王永欣　责任印制　李玉山
ISBN 978-7-5024-7378-5
冶金工业出版社出版发行；各地新华书店经销；三河市双峰印刷装订有限公司印刷
2003年8月第1版，2011年7月第2版，2016年12月第3版，2017年12月第2次印刷
787mm×1092mm　1/16；17印张；409千字；259页
39.00元

冶金工业出版社　投稿电话　(010)64027932　投稿信箱　tougao@cnmip.com.cn
冶金工业出版社营销中心　电话　(010)64044283　传真　(010)64027893
冶金书店　地址　北京市东四西大街46号(100010)　电话　(010)65289081(兼传真)
冶金工业出版社天猫旗舰店　yjgycbs.tmall.com

第3版前言

本书根据教育部颁布的高等学校“电路分析基础课程教学基本要求”编写而成，系统地介绍了电路的基本概念、基本理论和基本分析方法。

为了适应计算机、电子信息等技术的迅速发展及培养创新型人才的需要，我们在保持原书特色的前提下，在第2版的基础上进行了修订，其主要内容包括以下几个部分：

第一，第2版第4章正弦电路的稳态分析中4.9小节为双口网络。因为双口网络有直流双口网络，放在第4章正弦电路的稳态分析中不合适，因而第3版将双口网络单独设为一章，为第6章二端口网络，使得教学内容更加系统。同时，将不常用的回转器一节删除，使教学内容更加精炼。

第二，每章都增加实际应用的例题或习题，增强了本书的实用性。

第三，为更好地学习理解每章的内容，在1~7章最后加入了学习指导小节，对每一章重要知识点进行提炼，总结每章电路分析计算方法及需要注意的问题，指导读者系统地学习，深入理解、掌握每章内容。

第四，MATLAB目前在电子设计、电路分析领域得到了广泛应用，是分析计算电路有效的新工具。因而第3版第8章新加入介绍应用MATLAB软件实现电路计算机辅助分析方法的内容，为读者提供一种新的分析计算电路的工具。

本书由东北大学王安娜教授、贺立红副教授担任主编。参加教材编写的还有东北大学李华副教授、汪刚副教授。

本书配有教学课件，读者可从冶金工业出版社官网（http：//www. cnmip. com. cn）教学服务栏目中下载。

由于作者水平所限，书中不足之处，敬请读者批评指正。

编　者

2016年8月

第 2 版前言

本书内容符合教育部颁布的高等学校“电路分析基础课程教学基本要求”，系统地介绍了电路的基本概念、基本理论和基本分析方法。

为了适应计算机、电子信息等技术的迅速发展及培养创新型人才的需要，我们在保持原书特色的前提下进行了修订，其主要内容包括以下几个部分：

在介绍互感、谐振、非正弦电路分析方法中，完善了谐振部分分析内容，使得教学内容更加系统。考虑到傅里叶积分和傅里叶变换方法在高等数学中有详细介绍，第 2 版删去了原书教材中关于傅里叶积分和傅里叶变换方法介绍，使得教材内容更加精炼。在介绍 PSpice 及在电路计算机辅助分析中，增加了用 PSpice 分析受控源、互感电路等内容，通过更多的解题实例，使学生进一步掌握 PSpice 这一电路分析工具及应用方法。每章都增加了实际应用的例题或习题。增强了本书的实用性。

本书由东北大学王安娜教授、贺立红副教授担任主编。参加教材编写的还有东北大学李华副教授。

由于作者水平所限，书中不足之处，敬请读者批评指正。

编 者

2011 年 4 月

第1版前言

本教材内容符合教育部颁布的《电路课程教学基本要求》，为东北大学“十五”规划教材。

《电路理论》是电类专业学生的一门技术基础课，也是一门必修课。目前，适合计算机、电子信息等专业的学时比较少的电路理论教材，为数不多，所以有必要编写一本适用于此类专业的电路理论教材。作者所在教研室曾多次编写了电路理论课程的教材，并在教学中不断完善、更新，取得了较好的效果。在编写过程中，我们吸取了上述有关教材的优点，并结合编者几十年的教学经验，根据专业的特点和实际，力求做到内容选取适当，突出电路中的基本概念、定理、定律；层次清晰；系统性强。同时，为紧密联系专业实际，跟踪学科前沿最新理论，引入PSpice在电路理论分析中应用的内容，以开阔学生的视野，保持教材的先进性。

本教材在习题选取安排上，力求紧扣所讲内容，做到由浅入深，注重习题的典型性、题型的归纳和分析。

本书由东北大学孙玉琴教授、王安娜教授担任主编。参加编写的还有贺立红副教授、吴建华副教授、李华副教授和王延明讲师。

由于编者水平所限，书中不妥之处，敬请读者、专家和同行们批评指正。

编　者

2003年6月

目　录

1 电路模型和基本定律

内容提要：本章介绍了电路的基本变量和组成电路基本元件的特性；介绍了基尔霍夫定律以及应用该定律分析和求解电路的步骤和思路；介绍了等效变换的概念以及将复杂电路化成简单电路的分析方法。

本章重点：充分理解和掌握电流参考方向与电压参考极性的概念；明确电阻元件电压与电流间的关系；熟练掌握基尔霍夫定律，并做到灵活运用；熟练掌握电路等效化简的方法。

1.1 电路和电路模型

1.1.1 电路

电路是电流的通路。它是许多电气元件或电气设备为实现能量的传输和转换，或为了实现信息传递和处理而连接成的整体。在现代生产和生活中，随时随地可以见到电路。例如，纵横几百千米的电网系统和厂矿中各种电气控制系统等，它们的功能是实现电能的传输和转换；计算机信息系统和家用电器中的音响设备、电视机等，则主要是完成信号的传递和处理。总之，实际的电路是由各种电路器件组成的。按照它们在电路中所起的作用，这些器件可分为电源、负载和传输控制器件三大类。

（1）电源：提供电能或发出电信号的设备。电源把其他形式的能量转换成电能，或把电能转换成另一种形式的电能或电信号。例如，电池把化学能转换成电能，发电机把机械能转换成电能，信号发生器则是把电能转换成一定的电信号。

（2）负载：用电或接收电信号的设备。负载把电能转换成其他形式的能量。例如，白炽灯把电能转换成光能和热能，电动机把电能转换成机械能。

（3）传输控制器件：电源和负载中间的连接部分。其包括连接导线、控制电器（如开关）和保护电器（如熔断器）等。

1.1.2 电路模型

在电路分析中，为了研究问题方便，常把一个实际电路用它的电路模型来代替。图 1-1 就是手电筒的电路模型（称为电路图）。其中 R 代表小灯泡，电压源 U_S 和内阻 R_S 代表干电池，开关 S 为手电筒的开关。

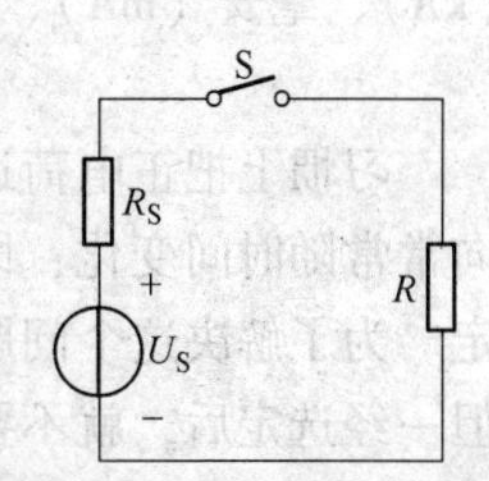

图 1-1　手电筒电路模型

组成电路模型的元件，都是能够反映实际电路中的元件主要物理特征的理想元件，由于电路中实际元件在工作过程中和电磁现象有关，因此有三种最基本的无源理想电路元件：表示消耗电能的理

想电阻元件 R；表示储存电场能的理想电容元件 C；表示储存磁场能的理想电感元件 L。

对电路进行分析，主要是为了确定电路的工作状态，即各个元件上的工作电压与电流。电压、电流的大小和方向都不随时间变化的电路叫直流电路，电流、电压的大小和方向都随时间变化的电路叫变动电路。电路元件有多种，具有两个端钮的叫作二端元件，具有两个以上端钮的叫作多端元件。电路参数又有线性与非线性之分，凡元件的参数不随其电压或电流的数值而变动的，属于线性元件，否则称为非线性元件。完全由线性元件连接起来的电路称为线性电路，否则便是非线性电路。工程上遇到的电路大部分可以作为线性电路来分析，即使是非线性电路，有时也可以用线性化的方法来处理。本书主要研究线性电路。

1.2 电路变量

描述电路特性的基本物理量主要有电流、电压、电荷、磁通（磁通链）、能量、功率等，其中最重要的是电流、电压和功率。

1.2.1 电流

电流是由电荷有规则的定向运动形成的。在金属导体中，电流是自由电子有规则的运动形成的；在半导体中，电流是半导体中自由电子和空穴有规则的运动形成的；在电解质溶液中，电流则是正、负离子有规则的运动形成的。电流在数值上等于单位时间内通过导体横截面的电荷量，定义为电流强度，即

$$i(t)=\frac{\mathrm{d}q}{\mathrm{d}t} \tag{1-1a}$$

式中 q——电荷量；

$\mathrm{d}q$——微小的电荷量；

$\mathrm{d}t$——极短的时间。

如果电流的大小和方向随时间变化，则称之为交变电流，简称交流，常用小写字母 i 表示。如果电流的大小和方向不随时间变化，则这种电流称为直流电流，常用大写字母 I 表示，所以，式（1-1a）可写为

$$I=\frac{Q}{t} \tag{1-1b}$$

式中 Q——在时间 t 内通过导体横截面的电荷量。

在国际单位制中，电流的单位是安培，简称安，用 A 表示。常用的单位还有千安（kA）、毫安（mA）、微安（μA）等。

$$1\mathrm{kA}=10^3\mathrm{A} \qquad 1\mathrm{A}=10^3\mathrm{mA}=10^6\mu\mathrm{A}$$

习惯上把正电荷运动的方向规定为电流的实际方向。但在具体电路中，电流的实际方向常常随时间变化；即使不随时间变化，某段电路中的电流的实际方向有时也难以预先确定。为了解决这个问题，引用了一个重要的概念——参考方向。参考方向可以任意选定，但一经选定后，就不要随意改变。

通常，在分析电路时，先指定某一方向为电流的参考方向，如图 1-2 中实线箭头所

示。如果电流的实际方向（虚线箭头）与参考方向一致，则电流 i 为正值（$i>0$），如图 1-2（a）所示；如果电流的实际方向与参考方向相反，则电流 i 为负值（$i<0$），如图 1-2（b）所示。这样，在指定的电流参考方向下，电流值的正或负，就反映了电流的实际方向。显然，在未指定参考方向的情况下电流值的正或负是没有意义的。

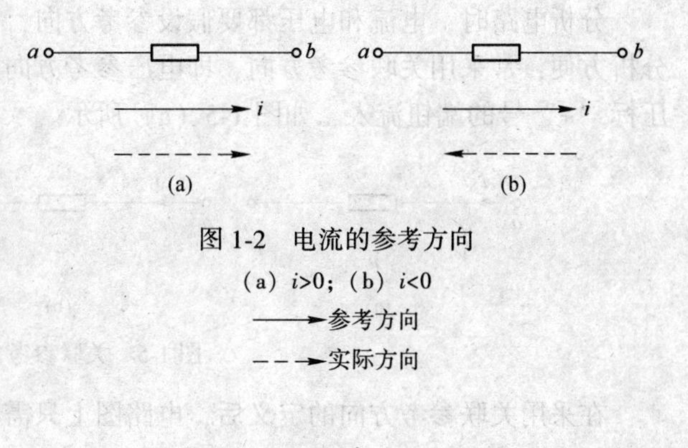

图 1-2 电流的参考方向

（a）$i>0$；（b）$i<0$

电流的参考方向除了可以用箭头表示外，也可以用双下标表示，如图 1-2 中电流参考方向可表示为 i_{ab}。

1.2.2 电压与电位

电压是表征电场性质的物理量之一，它反映了电场力移动电荷做功的本领。电场力把单位正电荷从 a 点移动到 b 点所做的功称为 a、b 两点间的电压（或电位差），电压用 u 表示，即

$$u=\frac{\mathrm{d}w}{\mathrm{d}q} \tag{1-2a}$$

式中 $\mathrm{d}q$——由 a 点移到 b 点的电量；

$\mathrm{d}w$——移动过程中电荷 $\mathrm{d}q$ 获得或失去的能量。

若电压 u 的大小和极性都随时间变化，则称之为交流电压。如果电压的大小和极性都不随时间变化，这样的电压就叫作直流电压，用符号 U 表示，即

$$U=\frac{W}{Q} \tag{1-2b}$$

如果正电荷由 a 点移到 b 点后获得能量，则 a 点为低电位，即为负极，b 点为高电位，即为正极。如果正电荷由 a 点移到 b 点后失去能量，则 a 点为高电位，b 点为低电位。正极指向负极的方向称为电压降，负极指向正极的方向称为电压升，如图 1-3 所示。

与为电流指定参考方向一样，也需要为电压指定参考方向（或参考极性），而电压实际方向要由其参考方向和电压数值的正、负一起判断。

图 1-4（a）电压 u 参考方向是从 a 指向 b，若 $u=3\mathrm{V}$，说明实际方向与参考方向一致，即由 a 指向 b；若 $u=-3\mathrm{V}$，说明电压实际方向与参考方向相反，即由 b 指向 a。电压参考方向也常用“+”、“-”极性或双下标表示，如图 1-4（b）所示，表示电压参考方向是由“+”极性指向“-”极性，也可用 u_{ab} 表示此参考方向。

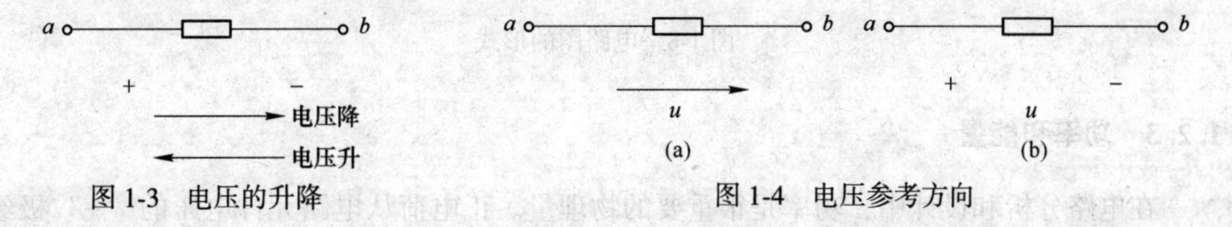

图 1-3 电压的升降

图 1-4 电压参考方向

分析电路时，电流和电压都要假设参考方向，而且可以任意假设，互不相关。但为了分析方便，常采用关联参考方向，即电压参考方向与电流参考方向一致，也就是电流从电压标“+”号的端钮流入，如图 1-5（a）所示。

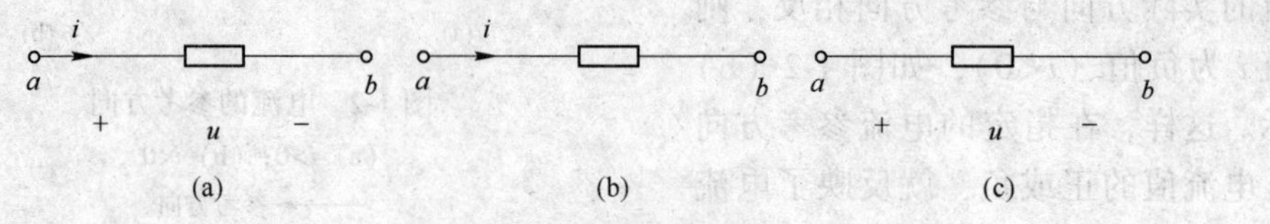

图 1-5 关联参考方向

在采用关联参考方向的定义后，电路图上只需标出电流的参考方向或电压的参考极性中的任意一种即可，如图 1-5（b）或（c）所示。

如果电流、电压的参考方向相反，则为非关联参考方向，如图 1-6 所示。

在电路分析中，有时使用电位的概念分析电子电路，或者分析判断电气设备的故障部位。取电路中某一点为参考点，则任一点到参考点间的电压称为该点的电位。如图 1-7 所示，设 O 点为参考点，则 A 点到 O 点间电压 U_{AO} 称为 A 点电位，用 U_A 表示，即

$$U_A = U_{AO}$$

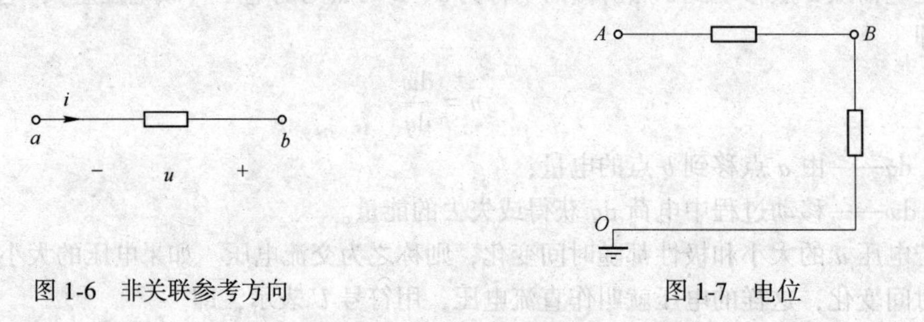

图 1-6 非关联参考方向　　图 1-7 电位

电路中任意两点的电压是两点的电位差。如图 1-7 中 A、B 两点间的电压为

$$U_{AB} = U_{AO} - U_{BO}$$

在电子线路中，一般都把电源、输入信号和输出信号的公共端接在一起，作为参考点。有时可不画出电源的符号，而只标出其电位的极性和数值，如图 1-8（a）可画成图 1-8（b）形式。

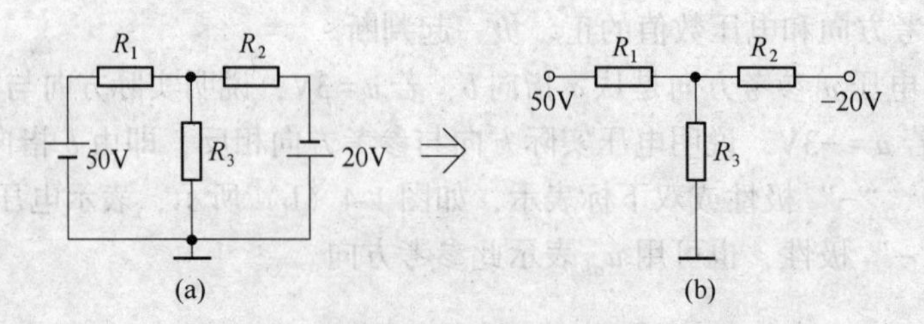

图 1-8 电路图的形式

1.2.3 功率和能量

在电路分析和设计中，功率是很重要的物理量。正电荷从电路元件电压的“+”极经

元件移到“-”极，是电场力对电荷做功的结果，这时元件吸收能量；反之，正电荷从电路元件的“-”极移到“+”极，则必须由外力（化学力、电磁力等）对电荷做功以克服电场力，这时电路元件发出能量。

若某元件两端的电压为 u，在 $\mathrm{d}t$ 时间内流过该元件的电荷量为 $\mathrm{d}q$，那么，根据电压的定义式（1-2a），电场力做的功 $\mathrm{d}w(t)=u(t)\mathrm{d}q(t)$。

在电压与电流为关联参考方向的情况下（这时，正电荷从电压“+”极移到“-”极），由式（1-1a）可得在 $\mathrm{d}t$ 时间内电场力所做的功，即该元件吸收的能量为

$$\mathrm{d}w(t)=u(t)i(t)\mathrm{d}t \tag{1-3}$$

对式（1-3）从 t_0（计时起点）到 t 积分

$$\int_{w(t_0)}^{w(t)}\mathrm{d}w=\int_{t_0}^{t}u(\xi)\,i(\xi)\,\mathrm{d}\xi$$

可求得从 t_0 到 t 时间内元件吸收的能量为

$$w(t)=\int_{t_0}^{t}u(\xi)i(\xi)\,\mathrm{d}\xi \tag{1-4}$$

式中，为了避免积分上限 t 与积分变量 t 相混淆，将积分变量换为 ξ。

能量对时间的变化率称为电功率，用 $p(t)$ 或 P 表示。

$$p(t)=\frac{\mathrm{d}w(t)}{\mathrm{d}t}=u(t)i(t) \quad 或 \quad P=\frac{W}{t}=UI \tag{1-5}$$

在国际单位制中，电流单位为安培（A），电压单位为伏特（V），功率单位则为瓦特（W），简称瓦。

根据电路元件电压、电流参考方向及所求出的功率的正负来确定该元件是吸收还是发出功率，是一个很关键的问题。需要注意的是，式（1-5）是在电压、电流为关联参考方向下推得的。如果 $p>0$，表示元件吸收功率；如果 $p<0$，表示元件吸收的功率为负值，实际上它将发出功率。如果电压、电流为非关联参考方向，则用 $p=ui$ 计算所得的功率 $p>0$，表示发出功率；如果 $p<0$，表示元件发出功率为负值，实际上它将吸收功率。

以上有关功率的讨论，不仅仅局限于某一个元件，同样也适合于任何一段电路或某一个二端网络。

例 1-1 电路如图 1-9 所示，各元件电流和电压参考方向均已选定。已知：$U_1=1\mathrm{V}$，$U_2=-6\mathrm{V}$，$U_3=-4\mathrm{V}$，$U_4=5\mathrm{V}$，$U_5=-10\mathrm{V}$，$I_1=1\mathrm{A}$，$I_2=-3\mathrm{A}$，$I_3=4\mathrm{A}$。试求图中各方框所代表元件的功率，指出是吸收功率还是发出功率，并验证整个电路的总功率是否满足能量守恒定律。

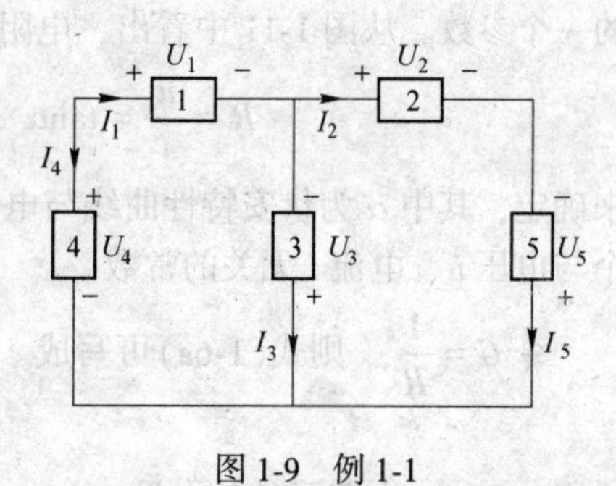

图 1-9 例 1-1

解 $P_1=U_1I_1=1\times1=1\mathrm{W}$，由于 U_1 与 I_1 参考方向相同，且 $P_1>0$，故判断元件 1 吸收功率。

同理，

$$P_2=U_2I_2=(-6)\times(-3)=18\mathrm{W}(吸收)$$
$$P_3=U_3I_3=(-4)\times4=-16\mathrm{W}(吸收)$$

$$P_4 = U_4 I_4 = U_4(-I_1) = 5 \times (-1) = -5\text{W}(发出)$$

$$P_5 = U_5 I_5 = U_5 I_2 = (-10) \times (-3) = 30\text{W}(发出)$$

电路发出的总功率为

$$P_{发出} = P_4 + P_5 = 35\text{W}$$

电路吸收的总功率为

$$P_{吸收} = P_1 + P_2 + P_3 = 1 + 16 + 18 = 35\text{W}$$

可见

$$\sum P_{发出} = \sum P_{吸收}$$

即电路的功率满足能量守恒定律。

1.3 电阻元件

在电路理论中，经过科学抽象后，把实际元件用足以反映其主要电磁性质的一些理想元件替代。电路元件有无源元件（电阻、电感、电容）与有源元件（独立电源、受控源）之分，本节介绍无源电阻元件。

线性电阻元件在电路中的图形符号，如图 1-10 所示。

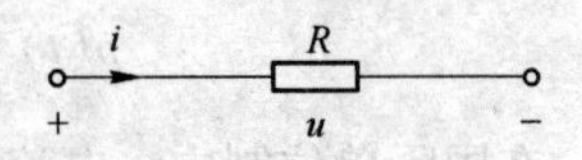

图 1-10 线性电阻符号

如果把线性电阻元件的电压取为纵坐标（或横坐标），电流取为横坐标（或纵坐标），画出电压和电流的关系曲线，这条曲线称为该电阻元件的伏安特性曲线。线性电阻元件的伏安特性曲线是通过坐标原点的直线，如图 1-11 所示，元件上电压与元件中电流成正比。

线性电阻元件是二端理想元件，在任何时刻，它两端的电压与电流都满足欧姆定律。在电压与电流的关联参考方向下，欧姆定律可表示为

$$u = Ri \tag{1-6a}$$

式中，R 为元件的电阻，它是联系电阻元件上电压和电流的一个参数。从图 1-11 中看出，电阻值可由

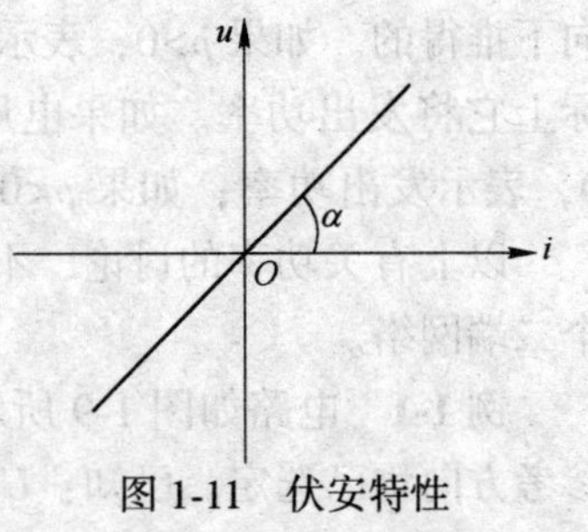

图 1-11 伏安特性

$$R = \frac{u}{i} = \tan\alpha$$

来确定，其中 α 为伏安特性曲线与电流轴之间的夹角。可见，线性电阻元件的电阻是一个与电压 u、电流 i 无关的常数。

令 $G = \dfrac{1}{R}$，则式(1-6a)可写成

$$i = Gu$$

式中 G ——电阻元件的电导。

电阻的单位为欧姆（Ω），简称欧；电导的单位为西门子（S）。

如果电阻元件电压的参考方向与电流的参考方向相反（非关联参考方向），如图 1-12 所示，则应用欧姆定律时，应写成

$$u = -Ri \tag{1-6b}$$

或 $$i = -Gu$$

所以，欧姆定律的公式必须和参考方向配套使用。

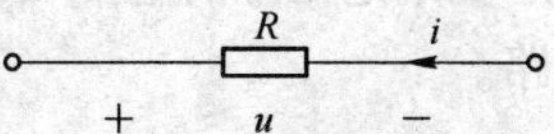

图 1-12 非关联参考方向

由式（1-6a）可知，任何时刻线性电阻元件的电压（或电流）完全由同一时刻的电流（或电压）所决定，而与该时刻以前的电流（或电压）的值无关。

在电压与电流的关联参考方向下，任何时刻线性电阻元件吸取的功率

$$p = ui = Ri^2 = Gu^2$$

电阻 R、电导 G 是正实数，故功率为非负值。功率既然不可能为负值，说明任何时刻电阻元件都是吸收电能，并将其全部转换成其他非电能量消耗掉或作为其他用途。所以线性电阻元件（$R>0$）不仅是无源元件，并且还是耗能元件。

具有电阻特性的电阻器、电灯、电炉、电熨斗、烤面包机等实际元件，他们的伏安特性曲线都有程度不同的非线性。但是在一定工作电流（或电压）范围内，若这些元件的伏安特性曲线近似为直线，则可以将其作为线性电阻元件进行分析。

与线性电阻元件不同，非线性电阻元件的伏安特性不是一条通过原点的直线，元件的电阻将随其电压或电流的改变而改变。图 1-13 给出某二极管的伏安特性曲线。因为二极管是一个非线性电阻元件，它的特性不再是一条通过原点的直线。应该指出，像二极管这种非线性电阻元件的伏安特性还与其电压或电流的方向有关。当二极管两端施加的电压方向不同时，流过它的电流完全不同。而前面所讨论的线性电阻元件的特性则与元件电压或电流的方向无关，因此，线性电阻是双向性的元件。

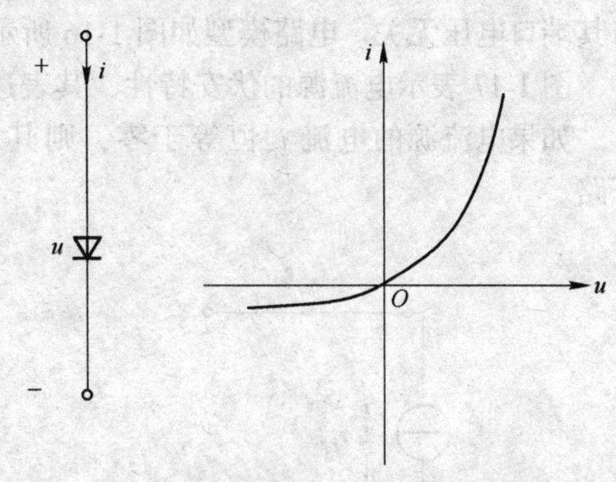

图 1-13 非线性电阻元件及伏安特性

如果电阻元件的伏安特性不随时间改变，则称为非时变电阻元件；伏安特性随时间改变的，称为时变电阻元件。

1.4 独立电源

在电路中，能够向外供给电能的装置称为独立电源。独立电源是从实际电源抽象出来的理想化模型，独立电源分为独立电压源和独立电流源，分别简称为电压源和电流源。

1.4.1 电压源

电压源为一理想的二端元件。电压源输出的电压为一恒定值或给定的时间函数，与通过它的电流无关，其电路模型如图 1-14(a)和(b)所示。图 1-14（a）的模型可表示直流电压源或交流电压源，而图 1-14（b）只能表示直流电压源。图中的“+”、“−”均表示电压源的参考极性。

图 1-15 表示电压源的伏安特性，其表达式为 $u = u_S$。

如果电压源的电压 U_S 恒等于零，则其伏安特性与电流轴重合，此时电压源相当于短路。

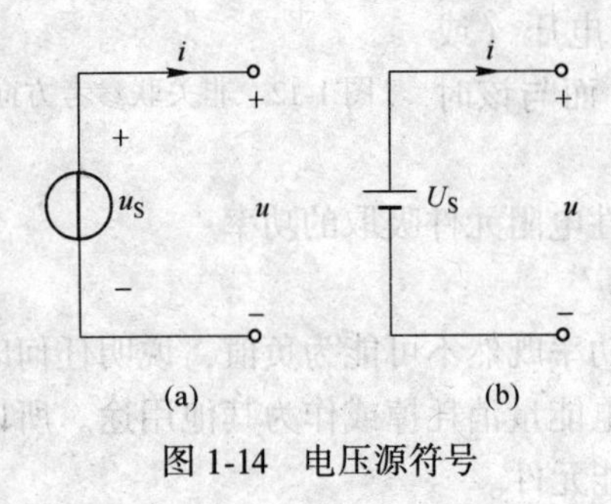

图 1-14 电压源符号　　图 1-15 电压源的伏安特性

1.4.2 电流源

电流源是一个理想的二端元件。电流源的输出电流为一恒定值或给定的时间函数，而与其端口电压无关。电路模型如图 1-16 所示。箭头表示电流源电流的参考方向。

图 1-17 表示电流源的伏安特性，其表达式为 $i=i_S$。

如果电流源的电流 i_S 恒等于零，则其伏安特性与电压轴重合，此时电流源相当于开路。

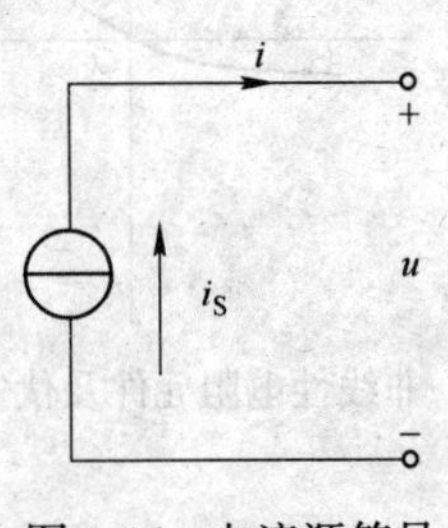

图 1-16 电流源符号

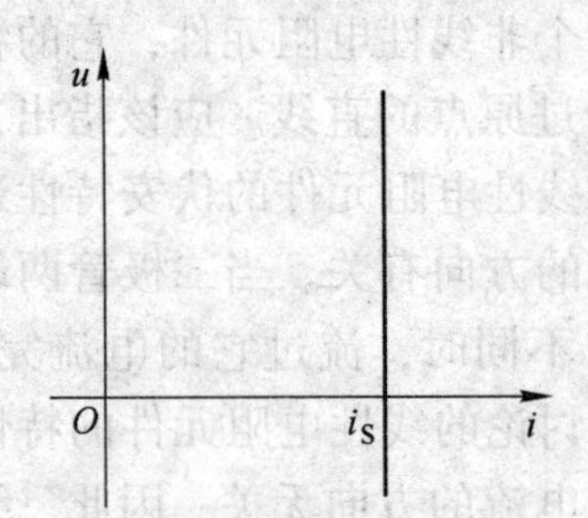

图 1-17 电流源的伏安特性

1.5 受 控 电 源

在电子电路分析中，经常遇到元件的端口电压或电流受另一端口电压或电流的控制，例如，晶体管集电极电流受基极电流的控制，场效应管的漏极电流受栅极电压的控制，模拟集成电路的输出电压受差分输入电压的控制。为了在电路中描述这些电器元件的特性，提出了受控源这种理想化的电路元件。受控源包括受控电压源和受控电流源，用菱形符号表示，如图 1-18 所示。关于参考方向的有关规定与独立电源相同。由于受控电源的电压或电流，受电路中某处的电压或电流控制，所以受控电源也称为非独立电源。

图 1-19 所示就是一个含受控电流源的直流电路，其中受控电流源参数 $2U_1$ 称为受控量，U_1 称为控制量，这类电源称为电压控制的电流源（简写为 VCCS）。受控电源可以是电压源或电流源，控制量可以是电路中某处电压或电流，所以受控电源共有四种：电压控制的电压源（VCVS）、电压控制的电流源（VCCS）、电流控制的电压源（CCVS）和电流控制的电流源（CCCS）。它们在电路中的图形符号分别如图 1-20（a）、（b）、（c）、（d）

所示。而μ、g、r和β叫作控制系数（其中μ、β为比例系数，g单位是西门子S，r单位为欧姆Ω）。当这些系数为常数时，受控量和控制量成正比，这种受控源称为线性受控源。

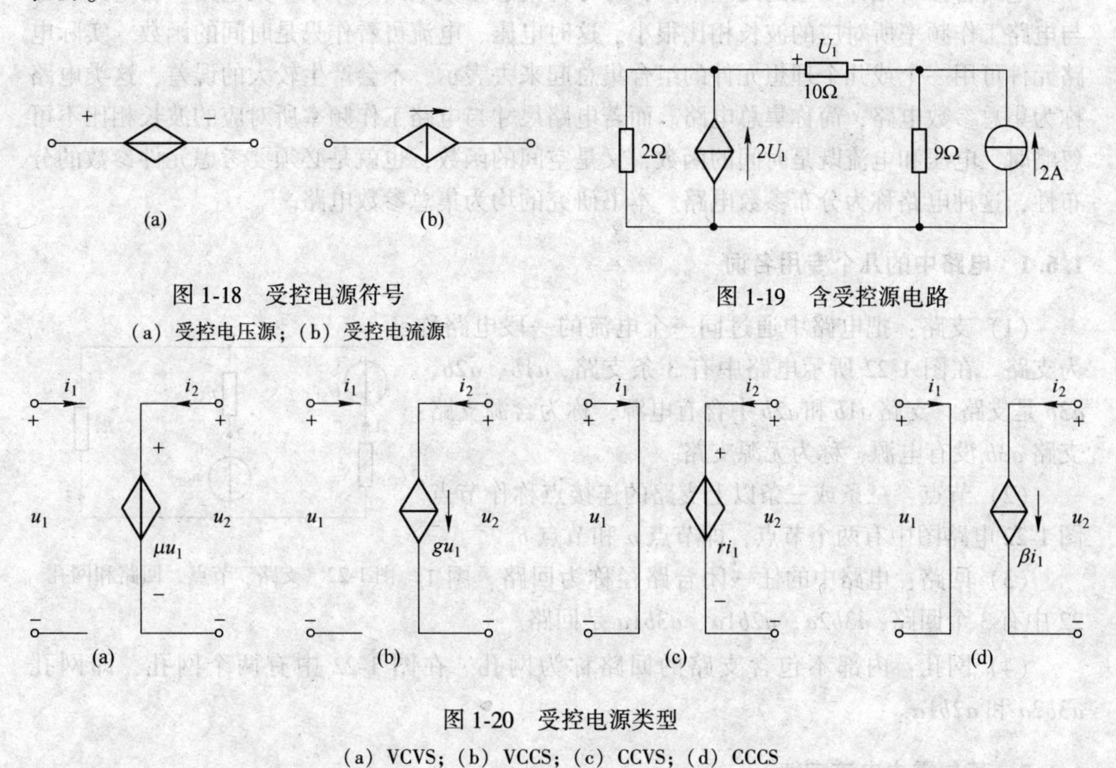

图1-18 受控电源符号
（a）受控电压源；（b）受控电流源

图1-19 含受控源电路

图1-20 受控电源类型
（a）VCVS；（b）VCCS；（c）CCVS；（d）CCCS

必须指出，受控源与独立电源不同，独立电源在电路中起激励作用，因为有了它，才能在电路中产生电压和电流；而受控源则不同，受控电压源或受控电流源是受电路中其他支路的电压或电流控制。当这些控制量为零时，受控的电压源或电流源也为零。因此，它不过是用来反映电路中某处的电压或电流，能控制另一处的电压或电流这一现象而已。在电路分析中，通常把独立电源称为激励，由独立电源产生的电压或电流称为响应。

例1-2 求图1-21所示电路中的电流i。其中VCVS的输出$u_2=0.5u_1$，电流源$i_S=2A$。

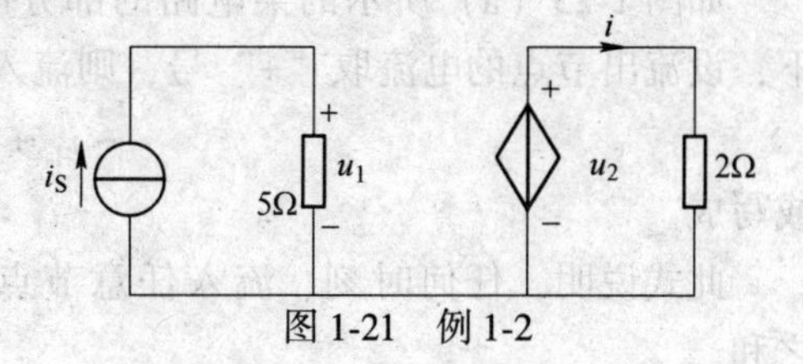

图1-21 例1-2

解 先求控制电压u_1

$$u_1 = 2\times5 = 10V$$

则
$$i=\frac{u_2}{2}=\frac{0.5u_1}{2}=\frac{0.5\times10}{2}=2.5A$$

1.6 基尔霍夫定律

在电路理论中，把元件的伏安关系称为元件的约束方程，这是元件的电压、电流必须遵守的规律，它表征了元件本身的性质。当各元件连接成一个电路以后，电路中的电压、电流除了必须满足元件本身的约束方程以外，还必须同时满足电路结构的约束。这种约束关系体现为基尔霍夫的两个定律，即基尔霍夫电流定律和基尔霍夫电压定律。基尔霍夫定律是任何集总参数电路都适用的基本定律。

电路若按对元件参数的处理不同，可分为集总参数电路和分布参数电路。若电路尺寸与电路工作频率所对应的波长相比很小，这时电压、电流可看作只是时间的函数。实际电路元件可用一个或几个理想元件的组合集总起来去表示，不会产生较大的误差，这类电路称为集总参数电路，简称集总电路。而若电路尺寸与电路工作频率所对应的波长相比不可忽略时，电压和电流既是时间的函数，又是空间的函数，也就是必须要考虑元件参数的分布性，这种电路称为分布参数电路。本书研究的均为集总参数电路。

1.6.1 电路中的几个专用名词

（1）支路：把电路中通过同一个电流的一段电路称为支路。在图 1-22 所示电路中有 3 条支路，$a1b$、$a2b$、$a3b$ 是支路。支路 $a1b$ 和 $a2b$ 中含有电源，称为含源支路；支路 $a3b$ 没有电源，称为无源支路。

（2）节点：三条或三条以上支路的连接点称作节点。图 1-22 电路图中有两个节点，即节点 a 和节点 b。

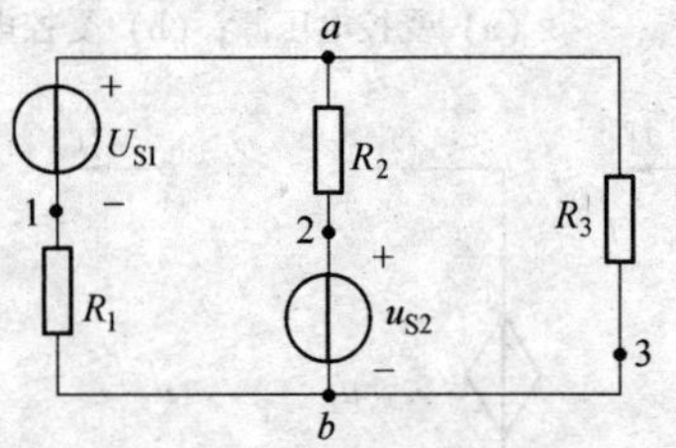

图 1-22　支路、节点、回路和网孔

（3）回路：电路中的任一闭合路径称为回路。图 1-22 中有 3 个回路，$a3b2a$、$a2b1a$、$a3b1a$ 是回路。

（4）网孔：内部不包含支路的回路称为网孔。在图 1-22 中有两个网孔，即网孔 $a3b2a$ 和 $a2b1a$。

1.6.2 基尔霍夫电流定律

基尔霍夫电流定律（Kirchhoff's Current Low），缩写为 KCL，表述为：

在集总参数电路中，任何时刻流入或流出任一节点的所有支路电流的代数和等于零。其数学表达式为

$$\sum i = 0 \tag{1-7}$$

如图 1-23（a）所示的某电路的部分电路，对节点 a 应用 KCL，在给定的参考方向下，设流出节点的电流取“+”号，则流入节点的电流取“−”号，则有

$$-i_1 + i_2 + i_3 = 0$$

或写成

$$i_1 = i_2 + i_3$$

此式说明，任何时刻、流入任意节点的支路电流之和等于流出该节点的支路电流之和。

这里应指出，KCL 方程是按电流的参考方向来判断是流出还是流入节点的，式中的正、负号仅由参考方向而定，与电流的实际方向无关。总之，以后应用 KCL 时，均按参考方向来列方程，如图 1-23（a）中，各电流的参考方向已指定，并已知 $i_1 = -5\text{A}$，$i_3 = 3\text{A}$，按 KCL 有

$$-i_1 + i_2 + i_3 = 0$$

则

$$i_2 = i_1 - i_3 = -5 - 3 = -8\text{A}$$

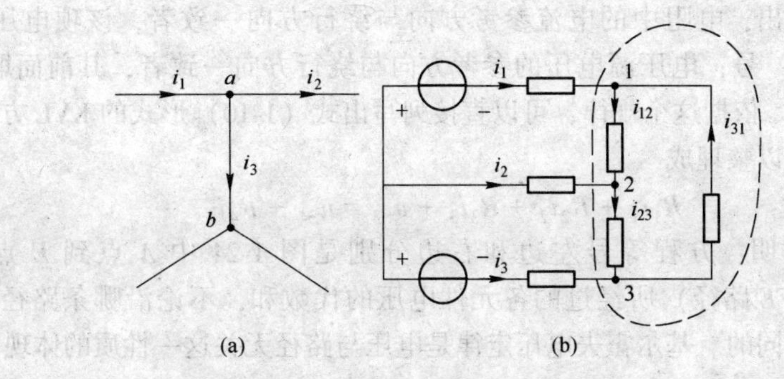

图 1-23 KCL 的应用

从 i_1、i_2、i_3 的正、负和它们的参考方向可看出，i_1、i_3 的实际方向是流出节点，i_2 的实际方向是流入节点，且流入和流出 a 点的电流之和约为 8A。

KCL 不但适用于节点，对包围几个节点的闭合面也是适用的。如图 1-23（b）所示电路中，闭合面内包含 3 个节点 1、2 和 3，分别列出 KCL 方程为

对节点 1　$i_1 = i_{12} - i_{31}$

对节点 2　$i_2 = i_{23} - i_{12}$

对节点 3　$i_3 = i_{31} - i_{23}$

三式相加有

$$i_1 + i_2 + i_3 = 0$$

可见，流入或流出闭合面的各支路电流代数和等于零，满足基尔霍夫电流定律。

基尔霍夫电流定律（也称基尔霍夫第一定律）是电流连续性的体现，即在电路中的任何一个节点上，电荷既不能产生，也不能消失。

1.6.3 基尔霍夫电压定律

基尔霍夫电压定律（Kirchhoff's Voltage Low），缩写为 KVL，表述为：

在集总参数电路中，任何时刻、沿任一回路所有支路电压的代数和等于零。其数学表达式为

$$\sum u = 0 \tag{1-8}$$

在写如式（1-8）所示的回路电压方程时，需要指定回路的绕行方向。凡支路（或元件）电压的参考方向与回路绕行方向一致者，在式（1-8）中该项电压前面取“+”号；否则取“−”号。

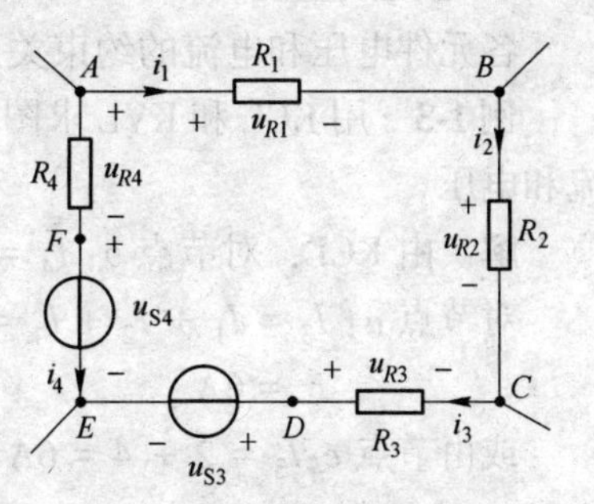

图 1-24 KVL 的应用

图 1-24 为某电路的一个回路，设回路的绕行方向为顺时针方向，按给定各元件电压的参考方向，根据式（1-8）可写为

$$u_{R1} + u_{R2} - u_{R3} + u_{S3} - u_{S4} - u_{R4} = 0 \tag{1-9}$$

这就是一个回路中各元件电压的约束关系。为了能求解电流，还需把各电阻元件的电压和电流关系式代入式（1-9），注意欧姆定律的正负号，有

$$R_1 i_1 + R_2 i_2 + R_3 i_3 - R_4 i_4 + u_{S3} - u_{S4} = 0 \tag{1-10}$$

由式（1-10）可看出，电阻中的电流参考方向与绕行方向一致者，该项电压前取“+”号，相反则取“-”号；电压源电压的参考方向与绕行方向一致者，其前面取“+”号，相反则取“-”号。依据这个规律，可以直接列写出式（1-10）形式的 KVL 方程。

式（1-10）可以整理成

$$R_1 i_1 + R_2 i_2 + R_3 i_3 + u_{S3} = u_{S4} + R_4 i_4 \tag{1-11}$$

式（1-11）表明：方程等号左边和右边分别是图 1-24 中 A 点到 E 点两条路径（$ABCDE$ 路径和 AFE 路径）所经过的各元件电压的代数和，不论沿哪条路径，A 点和 E 点间电压值都是相同的。基尔霍夫电压定律是电压与路径无关这一性质的体现。即

$$u_{AE} = R_1 i_1 + R_2 i_2 + R_3 i_3 + u_{S3} \quad 或 \quad u_{AE} = u_{S4} + R_4 i_4 \tag{1-12}$$

式（1-12）说明，A 点到 E 点的电压 u_{AE} 是沿着从 A 点走向 E 点的方向，写出所经过的各元件电压的代数和，当电阻中的电流参考方向与走行方向一致时，该项电压前取“+”号，相反则取“-”号；电压源电压的参考方向与走行方向一致者，其前面取“+”号，相反则取“-”号。依据这个规律，可以直接写出电路中任意两点的电压方程。

例如，按照此规律写出 F 点到 C 点的电压 u_{FC}，有

$$u_{FC} = u_{S4} - u_{S3} - R_3 i_3 \quad 或 \quad u_{FC} = -R_4 i_4 + R_1 i_1 + R_2 i_2$$

可见，基尔霍夫电压定律不仅可以用于回路，还可以推广到不构成回路的某一段电路，但要注意将断开处的电压列入 KVL 方程。

图 1-25 是某网络中的部分电路，在 a、b 两点之间没有闭合，设绕行方向为沿 $abcda$ 方向，且 a、b 两点间的电压用 u_{ab} 表示，则可写出回路方程为

$$u_{ab} + i_3 R_3 + i_1 R_1 - u_{S1} + u_{S2} - i_2 R_2 = 0 \tag{1-13}$$

整理得 $$u_{ab} = i_2 R_2 - u_{S2} + u_{S1} - i_1 R_1 - i_3 R_3$$

此式与按照式（1-12）直接写 a、b 两点的电压方程的结果是一样的。

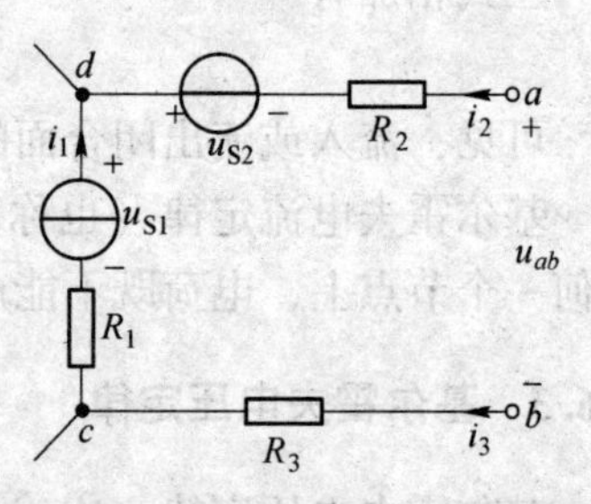

图 1-25 KVL 应用于某一段电路

KCL 确定了电路中任一节点的电流约束关系，而 KVL 确定了电路中任一回路的电压约束关系。这两个定律仅与元件的连接有关，而与元件本身无关。不论元件是线性还是非线性、时变还是非时变，只要是集总参数电路，KCL 和 KVL 总是成立的。

各元件电压和电流的约束关系以及 KCL 和 KVL 是分析电路的理论依据。

例 1-3 用 KCL 和 KVL 求图 1-26 中各元件电流和电压。

解 由 KCL，对节点 b：$I_4 = 4 - (-3) = 7\text{A}$

对节点 a：$I_3 = I_1 + I_2 + I_4 = 2 + (-3) + 7 = 6\text{A}$

或由节点 c：$I_3 = 2 + 4 = 6\text{A}$

$$I_5 = -4\text{A}$$

由欧姆定律

$$U_1 = 2I_1 = 2 \times 2 = 4\text{V}$$

由 KVL

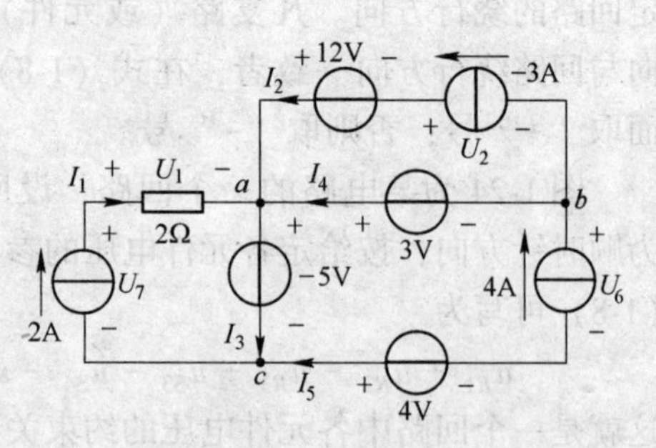

图 1-26 例 1-3

$$U_2 = -12 + 3 = -9\text{V}$$

$$U_6 = -3 + (-5) + 4 = -4\text{V}$$

$$U_7 = U_1 + (-5) = 4 - 5 = -1\text{V}$$

例 1-4 求图 1-27 中的 I_1 和 I_2。

解 由 KCL，对节点 a 有 $I_1 = 3+8 = 11\text{A}$

对虚线表示的封闭面，KCL 仍然成立，所以有

$$I_2 + 4 + 3 = 0$$

即 $I_2 = -7\text{A}$

例 1-5 求图 1-28 所示电路的 U_{AB}。

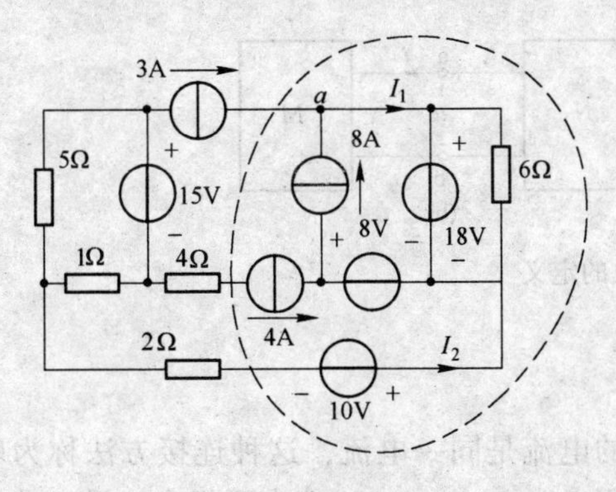

图 1-27 例 1-4

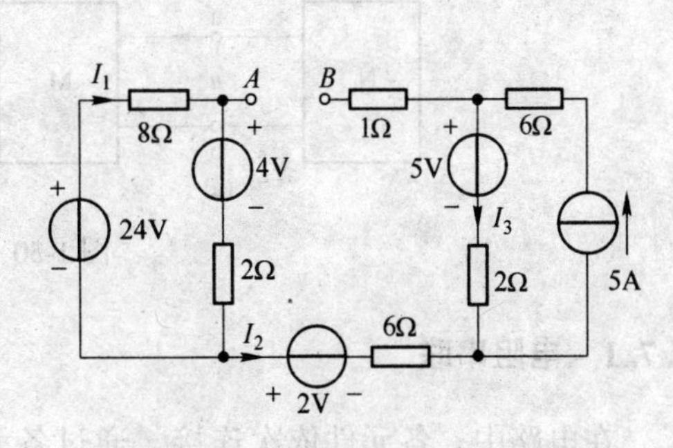

图 1-28 例 1-5

解 设电流 I_1、I_2、I_3 的参考方向如图 1-28 所示，由 KCL 可知：

$$I_2 = 0\text{A},\ I_3 = 5\text{A}$$

由 KVL 得

$$I_1 = \frac{24-4}{8+2} = 2\text{A}$$

则有

$$U_{AB} = 4 + 2I_1 + 2 - 2I_3 - 5 = 4 + 2 \times 2 + 2 - 2 \times 5 - 5 = -5\text{V}$$

例 1-6 求图 1-29 所示电路中的 U_1 和 U_2。

解 设各电阻支路电流 I_1、I_2、I_3 的参考方向如图 1-29 所示。

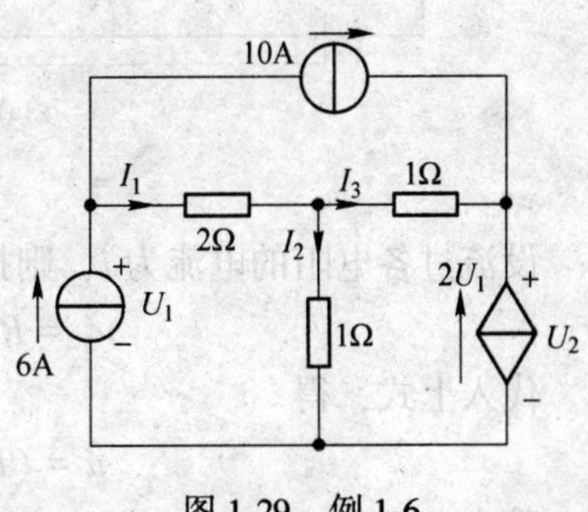

图 1-29 例 1-6

由 KCL

$$I_1 = 6 - 10$$

$$I_2 = 6 + 2U_1$$

$$I_3 = -10 - 2U_1$$

由 KVL

$$U_1 = 2I_1 + 1I_2$$

联立求解上述 4 个方程，得

$$I_1 = -4\text{A},\ I_2 = 10\text{A},\ I_3 = -14\text{A},\ U_1 = 2\text{V}$$

则 $$U_2 = 1I_2 - 1I_3 = 1 \times 10 + 1 \times 14 = 24\text{V}$$

1.7　电阻连接及其等效变换

在电路理论中，“等效”的概念是极其重要的。利用它可以简化电路的分析和计算。

电路如图1-30所示，如果两个二端网络N_1和N_2的ab端口伏安关系相同，则称N_1和N_2是等效的，或称N_1和N_2互为等效电路。尽管电路N_1和N_2的内部结构和元件参数可能完全不同，但由于它们的端口伏安关系相同，所以对其外部电路M而言，它们的作用完全相同。掌握了等效的概念和方法，就可以用简单的二端网络去等效代替原来复杂的二端网络，使电路的分析计算得到简化。本节研究无源二端电阻网络的等效化简。

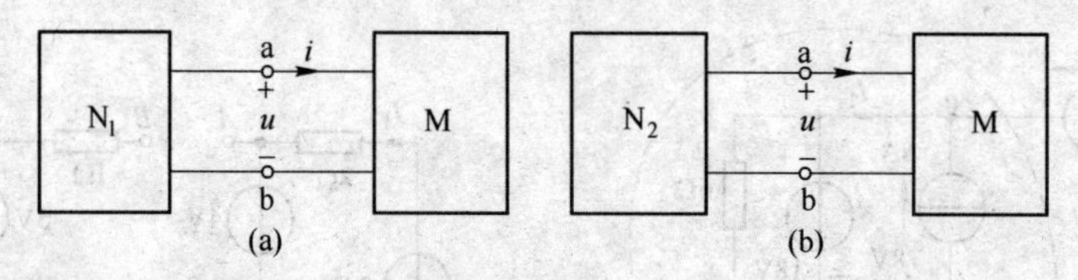

图1-30　等效的定义

1.7.1　电阻串联

在电路中，各元件依次连接，通过各元件的电流是同一电流，这种连接方法称为串联。图1-31所示电路的虚线方框内部有n个电阻R_1，R_2，…，R_n的串联组合。设在端子1—1′处外加的电压源为u，按KVL

$$u = u_1 + u_2 + \cdots + u_n$$

式中，u_1，u_2，…，u_n分别表示各电阻上的电压。

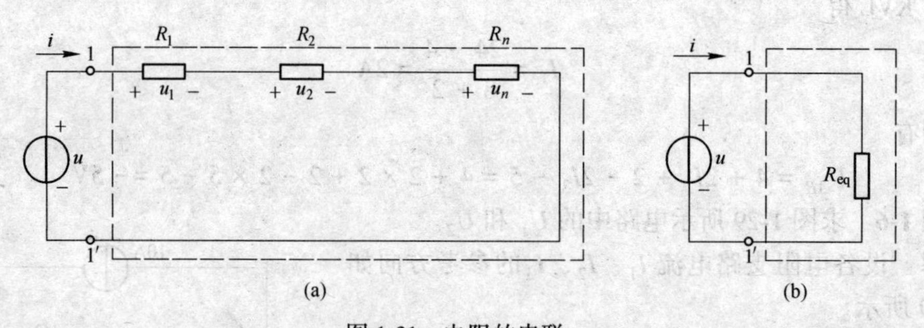

图1-31　电阻的串联

设流过各电阻的电流为i，则按电阻的电压、电流关系，有

$$u_1 = R_1 i\ ,\ u_2 = R_2 i\ ,\ \cdots,\ u_n = R_n i$$

代入上式，得

$$u = (R_1 + R_2 + \cdots + R_n)i = R_{eq} i \tag{1-14}$$

其中

$$R_{eq} = \frac{u}{i} = R_1 + R_2 + \cdots + R_n = \sum_{k=1}^{n} R_k \tag{1-15}$$

电阻R_{eq}称为这些串联电阻的等效电阻。用等效电阻替代这些串联电阻［见图1-31

(b)]，则端子 1—1′ 处的 u、i 关系与图 1-31（a）中的完全相同，所以等效电阻与这些串联电阻所起的作用是一样的。这种替代称为等效变换。但这仅是对端子 1—1′处的电压和电流来说的，对方框内部，显然图 1-31（a）和（b）所示的两个电路是不相同的。所以我们说这两个电路的外部性能相同。这是“等效变换”的基本概念。

电阻串联时，各电阻上的电压为

$$u_k = R_k i = \frac{R_k}{R_{eq}} u \quad k = 1,\ 2,\ \cdots,\ n \tag{1-16}$$

可见，各个串联电阻的电压与电阻值成正比。或者说，总电压按各个串联电阻的电阻值进行分配，式（1-16）称为分压公式。

例 1-7 图 1-32 是一个分压电路。设输入直流电压 $U_1 = 100\text{V}$，要求转换开关 S 打在 1、2、3 位置时，输出电压 U_2 分别为 10V、1V 和 0.1V。如果已知 R_1、R_2、R_3 和 R_4 串联的总电阻为 10kΩ，求这 4 个电阻的阻值。

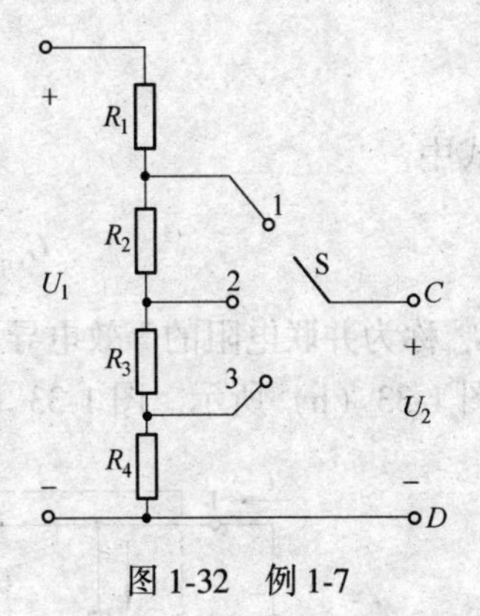

图 1-32 例 1-7

解 输出端 CD 没接负载，即开路，无论开关接于任何位置，4 个电阻均为串联。

当开关 S 接于 3 时，$U_2 = 0.1\text{V}$

因 $$U_2 = \frac{R_4}{R} \times U_1$$

故 $$R_4 = \frac{U_2}{U_1} \times R = \frac{0.1}{100} \times 10 \times 10^3 = 10\Omega$$

同理，当开关 S 接于 2 时，$U_2 = 1\text{V}$

$$R_3 + R_4 = \frac{1}{100} \times 10 \times 10^3 = 100\Omega$$

$$R_3 = 100 - R_4 = 90\Omega$$

当开关 S 接于 1 时，$U_2 = 10\text{V}$

$$R_2 + R_3 + R_4 = \frac{10}{100} \times 10 \times 10^3 = 1000\Omega$$

$$R_2 = 1000 - R_3 - R_4 = 900\Omega$$

最后

$$R_1 = R - (R_2 + R_3 + R_4) = 10 \times 10^3 - (10 + 90 + 900) = 9000\Omega = 9\text{k}\Omega$$

或者先求出电路中电流 I：

$$I = \frac{U_1}{R_1 + R_2 + R_3 + R_4} = \frac{U_1}{R} = \frac{100}{10 \times 10^3} = 0.01\text{A}$$

$$R_4 = \frac{0.1}{0.01} = 10\Omega$$

$$R_3 = \frac{1}{0.01} - R_4 = 90\Omega$$

$$R_2 = \frac{10}{0.01} - (R_3 + R_4) = 900\Omega$$

$$R_1 = R - (R_2 + R_3 + R_4) = 9\text{k}\Omega$$

1.7.2 电阻并联

在电路中，把几个电阻元件的首尾两端分别连接在两个节点上，在电源的作用下，它们承受同一个电压，这种连接方式称为电阻的并联。

图 1-33（a）所示电路的虚线方框内部有 n 个电阻的并联。电阻并联时，各电阻上的电压是同一个电压。设在端子 1—1′处外加的电压源的电压为 u，i 为总电流；G_1，G_2，…，G_n 表示各电阻的电导，i_1，i_2，…，i_n 则为各电阻中的电流。按 KCL 有

$$\begin{aligned} i &= i_1 + i_2 + \cdots + i_n \\ &= (G_1 + G_2 + \cdots + G_n)u \\ &= G_{eq}u \end{aligned} \tag{1-17}$$

式中

$$G_{eq} = \frac{i}{u} = G_1 + G_2 + \cdots + G_n = \sum_{k=1}^{n} G_k \tag{1-18}$$

G_{eq}称为并联电阻的等效电导。可以用一个电导等于 G_{eq}的电阻来替代这 n 个并联电阻，如图 1-33（b）所示。图 1-33（a）、（b）两个电路在端子 1—1′处的 u、i 关系完全相同。

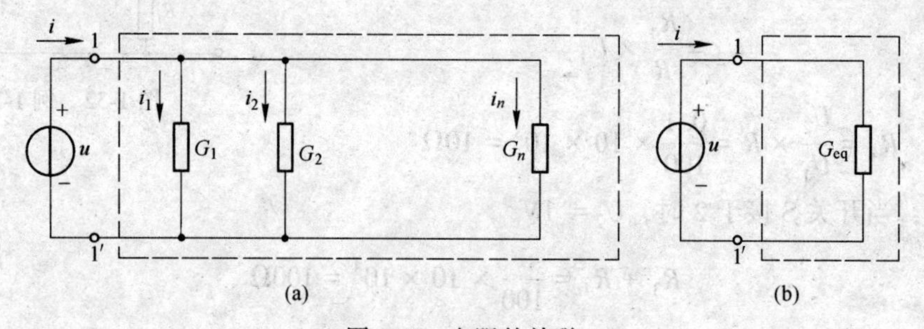

图 1-33　电阻的并联

电阻并联时，各电阻中的电流为

$$i_k = G_k u = \frac{G_k}{G_{eq}} i \quad k = 1, 2, \cdots, n \tag{1-19}$$

可见，各个并联电阻中的电流与它们各自的电导值成正比。或者说，总电流按各个并联电阻的电导进行分配。式（1-19）称为分流公式。

等效电阻为 $R_{eq} = 1/G_{eq}$，而各个并联电阻为 $R_k = 1/G_k$，故等效电阻与并联电阻之间的关系应为

$$\frac{1}{R_{eq}} = \sum_{k=1}^{n} \frac{1}{R_k} \tag{1-20}$$

当 $n = 2$ 时，由式（1-20）得两个电阻并联的等效电阻（见图 1-34）为

$$R_{eq} = \frac{R_1 R_2}{R_1 + R_2}$$

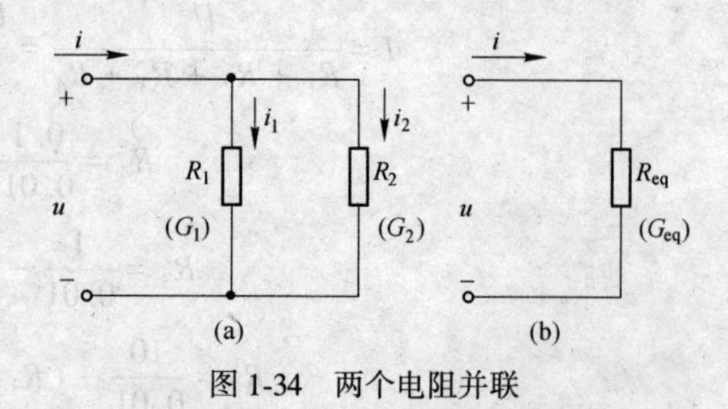

图 1-34　两个电阻并联

电流

$$i_1 = \frac{G_1}{G_{eq}} i = \frac{R_2}{R_1 + R_2} i \tag{1-21}$$

$$i_2 = \frac{G_2}{G_{eq}} i = \frac{R_1}{R_1 + R_2} i \tag{1-22}$$

注意：$n = 3$ 时，$R_{eq} \neq R_1 R_2 R_3 / (R_1 + R_2 + R_3)$。

例 1-8 图 1-35 为某万用表中的直流电流测量电路。其中微安表表头的内阻 R_g 为 300Ω，满刻度量程为 400μA，R_4 = 1kΩ。要求转换开关在 1、2、3 上输入电流 I 分别是 3mA、30mA 和 300mA 时，表头指针均满刻度偏转。求分流电阻 R_1、R_2 和 R_3 的值。

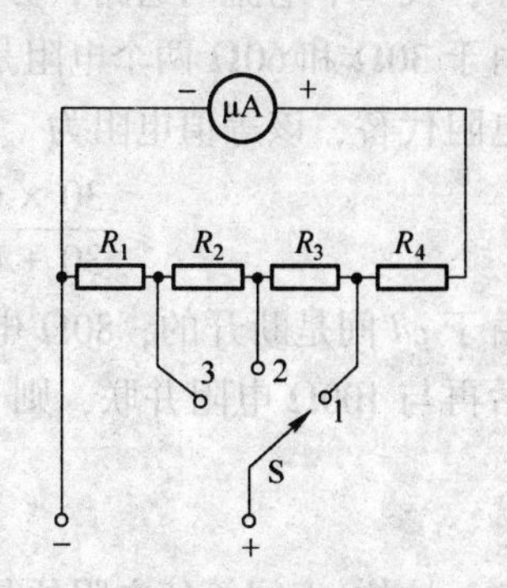

图 1-35 例 1-8

解 (1) 当转换开关接在位置 1 时，R_1、R_2 和 R_3 相串联，R_4 和表头内阻 R_g 相串联，然后两者并联起来，所以此时微安表中通过的电流

$$I_g = \frac{R_1 + R_2 + R_3}{(R_1 + R_2 + R_3) + (R_4 + R_g)} I$$

即 $$(R_1 + R_2 + R_3) I - (R_1 + R_2 + R_3) I_g = (R_4 + R_g) I_g$$

代入已知条件可得出

$$R_1 + R_2 + R_3 = \frac{1000 + 300}{3 - 0.4} \times 0.4 = 200\Omega$$

(2) 当转换开关接在位置 2 时，同理有

$$I_g = \frac{R_1 + R_2}{(R_1 + R_2) + (R_3 + R_4 + R_g)} I$$

即 $$(R_1 + R_2 + R_3 + R_4 + R_g) I_g = (R_1 + R_2) I$$

代入已知得

$$R_1 + R_2 = \frac{0.4 \times (200 + 1000 + 300)}{30 - I_g} = 20\Omega$$

(3) 当转换开关接在位置 3 时，有

$$I_g = \frac{R_1}{R_1 + (R_2 + R_3 + R_4 + R_g)} I$$

代入数值

$$R_1 = \frac{0.4 \times (200 + 1000 + 300)}{300 - I_g} = 2\Omega$$

由上式已求出 $$R_1 + R_2 + R_3 = 200\Omega$$
$$R_1 + R_2 = 20\Omega$$
$$R_1 = 2\Omega$$

可解出 $$R_1 = 2\Omega, R_2 = 18\Omega, R_3 = 180\Omega$$

1.7.3 电阻的混联

电阻串联和并联并存的情况称为电阻的串并联，又称为混联。这里主要研究怎样求混

联电阻的等效电阻。下面通过例题说明混联电阻的等效电阻的求法。

例 1-9 对图 1-36 所示电路，分别求 ab 两端的等效电阻和 cd 两端的等效电阻。

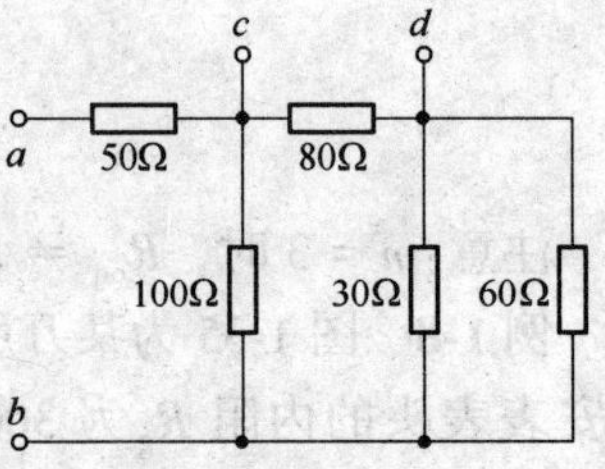

解 先求 ab 两端等效电阻。设想在 ab 两端间接一电源，找一下电流的通路，分析各电阻间的联结形式。首先，由于 30Ω 和 60Ω 两个电阻是并联的，所以可用它们的等值电阻代替，该等值电阻为

图 1-36 例 1-9

$$\frac{30 \times 60}{30 + 60} = 20\Omega$$

由于 cd 间是断开的，80Ω 电阻与这个 20Ω 电阻必然通过一个电流，形成串联关系。串联后再与 100Ω 电阻并联，则 cb 右侧等值电阻为

$$R_{cb} = \frac{(80 + 20) \times 100}{(80 + 20) + 100} = 50\Omega$$

这样 ab 间等值电阻便是 R_{cb} 和原电路中 50Ω 电阻串联的结果，即

$$R_{ab} = 50 + 50 = 100\Omega$$

把这些求解过程画成电路图（见图 1-37），就更清楚了。

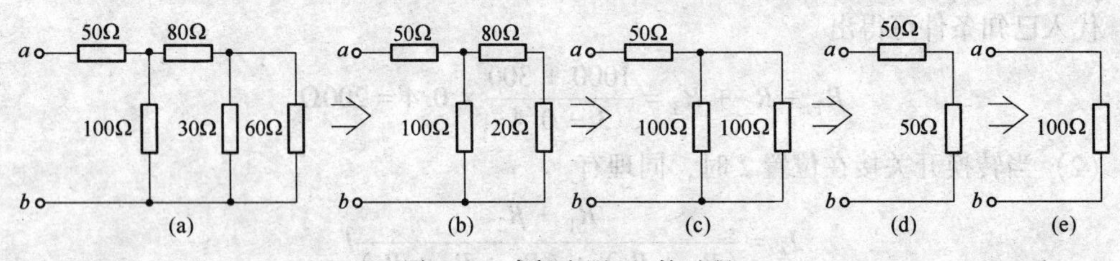

图 1-37 求解电阻 R_{ab} 的过程

根据同样的分析方法，cd 端等值电阻 R_{cd} 的求解过程可用图 1-38 表示出来。

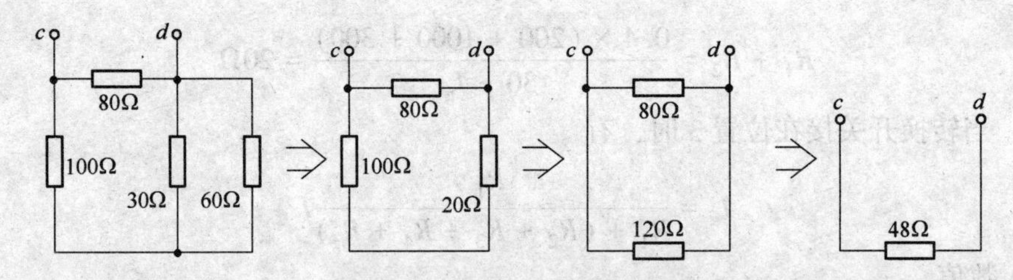

图 1-38 求解电阻 R_{cd} 的过程

当电阻串并联的关系不易看出时，可以在不改变元件连接关系条件下将电路画成比较容易判断的串并联形式，这时无电阻导线最好缩成一点，并且尽量避免相互交叉。改画时可以只标出各节点代号，再将各元件分别连在相应的节点间。

例 1-10 图 1-39（a）所示电路，求 ab 两端口的等效电阻。

解 要判断串并联关系，先将电路中的节点标出，本例中对各电阻的连接来说，可标出 4 个节点 a、c、d、b，先求得 a、c 节点间的 R_1 与 R_2 并联为 1Ω 的等效电阻，c、d 节点间的 R_3 与 R_4 并联的等效电阻为 2Ω，其余保留，重画电路如图 1-39（b）所示，进一步简化由末端向端口推算，得

$$R_{cb} = \frac{4 \times 6}{4 + 6} = 2.4\Omega$$

$$R_{ab} = \frac{4 \times 3.4}{4 + 3.4} = 1.84\Omega$$

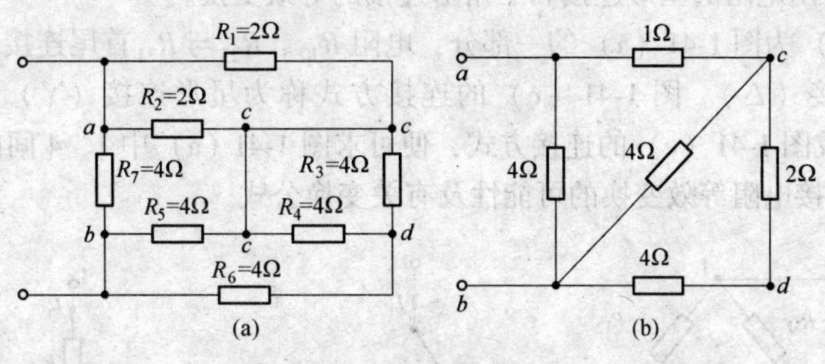

图 1-39 例 1-10

有些电路中，电阻元件本来不存在串并联关系，但当元件参数和连接方式具有某种特殊性时，可以在电路中找出一些等电位点。把等电位点连在一起，不会使电路中的各元件电流发生变化，但却可使电路得到简化。

电路中的等电位点是指在不改变电路连接关系的情况下，某两个或两个以上节点相对于任一电位参考点具有相同的电位的情况。为了简化电路的计算，常希望在计算之前，直观判断电路的等电位点，这可以依据电路元件参数和连接方式上具有某种对称性来判断，如图 1-40（a）所示电路可在计算之前判断 c、d 两点为等电位点。等电位点一经判断，则将等电位点之间断开或短接，均不会影响整个电路的计算。图 1-40（b）和图 1-40（c）均与图 1-40（a）等效。从图 1-40（b）可求得

$$R_{ab} = \frac{(2 + 2)(8 + 8)}{(2 + 2) + (8 + 8)} = 3.2\Omega$$

从图 1-40（c）可求得

$$R_{ab} = 2 \times \frac{2 \times 8}{2 + 8} = 3.2\Omega$$

由此可知，图 1-40（a）的 $R_{ab} = 3.2\Omega$。而由串并联简化直接计算图 1-40（a）的 R_{ab} 是不可能的，因为它不是电阻串并联电路。

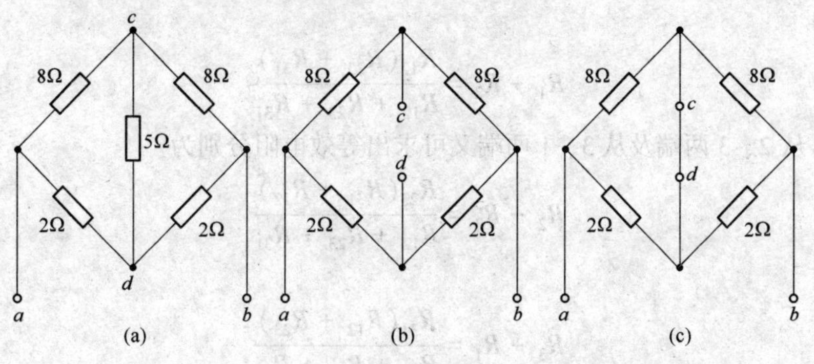

图 1-40 对称电路

1.7.4 电阻星形连接与三角形连接的等效变换

如图 1-41（a）所示的桥形电路，若求电源支路电流，一般做法是先求 1、4 两点间等效电阻。但在桥路不对称情况下，按前面讲过的电阻串联、并联及混联的化简方法是行不通的，因此引出电阻的星形连接和三角形连接的等效变换。

图 1-41（b）为图 1-41（a）的一部分，电阻 R_{12}、R_{23} 与 R_{31} 首尾连接，这种连接方式称为三角形连接（△）。图 1-41（c）的连接方式称为星形连接（Y）。若能把图 1-41（b）等效变换成图 1-41（c）的连接方式，便可求图 1-41（a）中 1、4 间的等值电阻。下面来研究△与Y接电阻等效变换的可能性及有关变换公式。

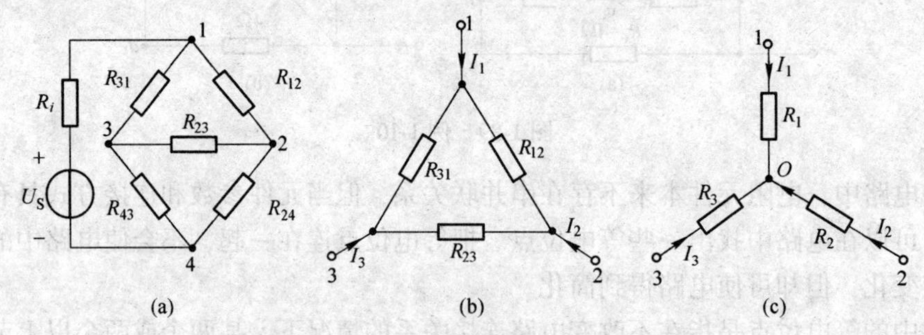

图 1-41 电阻星形连接与三角形连接

所谓两电路对外等效，如图 1-41（b）、（c）所示，就是说当它们对外端子上对应的电压相同时，则各端子对应的电流也相同。具体地说，图 1-41（b）、（c）中，在相同的 U_{12}、U_{23} 与 U_{31} 的作用下，从电路其他部分流入节点 1、2、3 的电流 I_1、I_2、I_3 应分别相等。

现在来推导等效变换的条件。因为图 1-41（b）和图 1-41（c）对外在任何条件下都应等效，所以，若在 1、2 间加相同电压 U_{12}（3 端空着），则电流 I_1 应该相等。换句话说，1、2 两点间的等效电阻应相等，对于星形连接的等效电阻是

$$R_1 + R_2$$

而三角形接法的等效电阻为

$$\frac{R_{12}(R_{23} + R_{31})}{R_{12} + R_{23} + R_{31}}$$

因此有

$$R_1 + R_2 = \frac{R_{12}(R_{23} + R_{31})}{R_{12} + R_{23} + R_{31}} \tag{1-23}$$

同理，从 2、3 两端及从 3、1 两端又可求出等效电阻分别为

$$R_2 + R_3 = \frac{R_{23}(R_{31} + R_{12})}{R_{12} + R_{23} + R_{31}} \tag{1-24}$$

及

$$R_3 + R_1 = \frac{R_{31}(R_{12} + R_{23})}{R_{12} + R_{23} + R_{31}} \tag{1-25}$$

将上列三式相加并除以 2，得

$$R_1 + R_2 + R_3 = \frac{R_{12}R_{23} + R_{23}R_{31} + R_{31}R_{12}}{R_{12} + R_{23} + R_{31}} \tag{1-26}$$

将式（1-26）分别减去式（1-23）、式（1-24）及式（1-25），可得

$$R_1 = \frac{R_{12}R_{31}}{R_{12} + R_{23} + R_{31}}$$

$$R_2 = \frac{R_{23}R_{12}}{R_{12} + R_{23} + R_{31}}$$

$$R_3 = \frac{R_{31}R_{23}}{R_{12} + R_{23} + R_{31}} \tag{1-27}$$

式（1-27）为从三角形连接（△）变成星形连接（Y）的计算公式，3 个公式的格式相似。

由星形连接变换为三角形连接的计算公式推导如下：

将式（1-26）三式分别两两相乘，而后相加，有

$$R_1R_2 + R_2R_3 + R_3R_1 = \frac{R_{12}^2R_{23}R_{31} + R_{23}^2R_{31}R_{12} + R_{31}^2R_{12}R_{23}}{(R_{12} + R_{23} + R_{31})^2}$$

$$= \frac{R_{12}R_{23}R_{31}(R_{12} + R_{23} + R_{31})}{(R_{12} + R_{23} + R_{31})^2}$$

$$= \frac{R_{12}R_{23}R_{31}}{R_{12} + R_{23} + R_{31}} \tag{1-28}$$

再将式（1-28）分别除以式（1-27）第三式、第二式和第一式，可得

$$R_{12} = \frac{R_1R_2 + R_2R_3 + R_3R_1}{R_3}$$

$$R_{23} = \frac{R_1R_2 + R_2R_3 + R_3R_1}{R_1}$$

$$R_{31} = \frac{R_1R_2 + R_2R_3 + R_3R_1}{R_2} \tag{1-29}$$

式（1-29）为从Y接变成△接的计算公式。

为了便于记忆，可利用下面的一般公式

△接变Y接：$$星形电阻 = \frac{三角形相邻电阻的乘积}{三角形电阻之和} \tag{1-30}$$

Y接变△接：$$三角形电阻 = \frac{星形电阻两两乘积之和}{星形不相邻电阻} \tag{1-31}$$

若三角形（或星形）的 3 个电阻相等，变换后的星形（或三角形）的 3 个电阻也相等，且有

$$R_{\triangle} = 3R_{Y}$$

或

$$R_{Y} = \frac{1}{3}R_{\triangle}$$

式中 $R_{\triangle}$——三角形连接电阻；

R_{Y}——星形连接电阻。

星形电路和三角形电路的等效互换在后面的三相电路中有着十分重要的应用。

例 1-11 求图 1-42 所示桥形电路的电阻 R_{12}。

解 把接到节点 1、3、4 上的 3 个三角形连接电阻等效成星形连接，如图 1-42（b）所示，则有

$$R_1=\frac{2\times 2}{2+2+1}=0.8\Omega$$

$$R_3=\frac{2\times 1}{2+2+1}=0.4\Omega$$

$$R_4=\frac{2\times 1}{2+2+1}=0.4\Omega$$

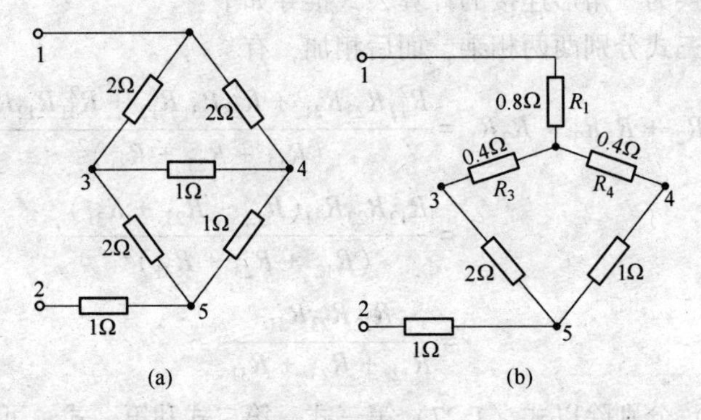

图 1-42 例 1-11

然后用串并联方法求出

$$R_{12}=0.8+\frac{(0.4+1)\times(0.4+2)}{(0.4+1)+(0.4+2)}+1$$

$$=0.8+0.884+1=2.684\Omega$$

另一种方法是用三角形连接代替节点 1、4、5 间的星形电阻（以节点 3 为公共点）。如图 1-43（a）所示，图 1-43（a）又可简化为图 1-43（b），最后求出 1、2 点间等值电阻

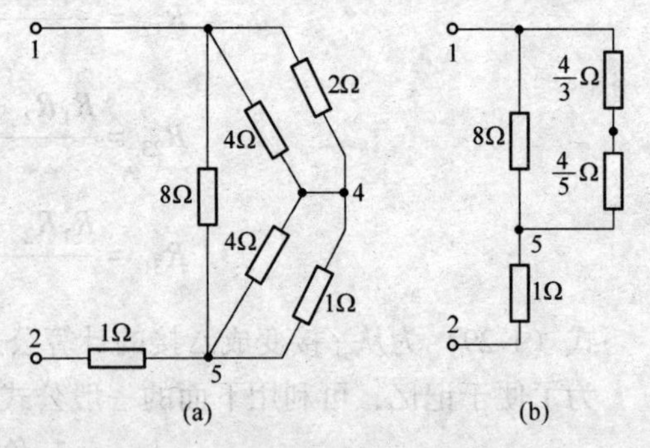

图 1-43 求解例 1-11 的另一种方法

$$R_{12}=1+\frac{8\times\left(\frac{4}{3}+\frac{4}{5}\right)}{8+\left(\frac{4}{3}+\frac{4}{5}\right)}=1+1.684=2.684\Omega$$

1.7.5 用电阻等效化简计算电路

一般来说，只有一个独立电源作用的电路称为简单电路。简单电路分析计算的步骤是：先将电阻网络简化成一个总的等效电阻，继而算出总电流（或总电压），最后由分流

和分压公式求出化简前原电路中各支路的电流和电压，当然也可算出每个元件的功率。

例 1-12 电源 u_S通过一个 T 形网络向负载 R_1供电，如图 1-44（a）所示。试求负载电压 u_1。其中 $R_1=3\Omega$，$R_i=R_2=1\Omega$，$R_3=10\Omega$，$u_S=10e^{-t}$ V。

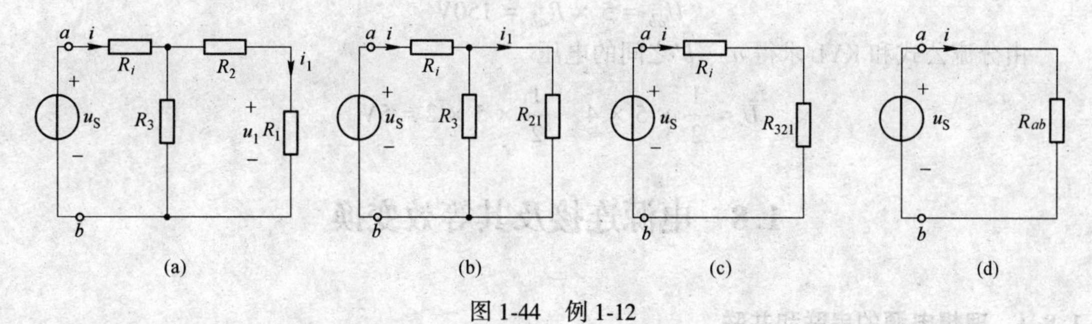

图 1-44 例 1-12

解 （1）先根据电阻串并联的方法求出总电阻 R_{ab}，其化简过程如图 1-44（b）、（c）和（d）所示，等值电阻

$$R_{ab}=3.86\Omega$$

（2）求总电流

$$i=\frac{u_S}{R_{ab}}=\frac{10e^{-t}}{3.86}=2.59e^{-t}\quad A$$

（3）由分流公式和欧姆定律求负载电压 u_1

$$i_1=i\times\frac{R_3}{R_3+R_{21}}=1.58e^{-t}\quad A$$

$$u_1=R_1i_1=3i_1=5.55e^{-t}\quad V$$

例 1-13 电路如图 1-45（a）所示，求电压 U 和 U_{ab}。

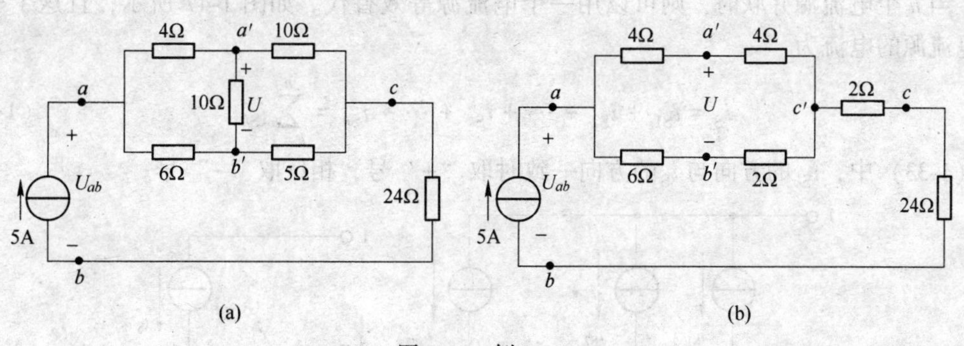

图 1-45 例 1-13

解 图 1-45（a）所示电阻元件的组合既非串联也非并联，所以适合利用电阻的星角变换求解。既可以把图 1-45（a）中的星形连接转化为角形连接，也可以把角形连接转化为星形连接。但是由于需要求节点 a'、b'之间的电压 U，所以最好采取角形转化为星形的方法，如图 1-45（b）所示；否则若采用星形转化为角形，节点 a'、b'就会在电路中消失，无法求解电压 U。

由图 1-45（b）可得

$$R_{ab} = \frac{(4+4)\times(6+2)}{(4+4)+(6+2)} + 2 + 24 = 30\Omega$$

所以

$$U_{ab} = 5 \times R_{ab} = 150\text{V}$$

由分流公式和 KVL 求得 a'、b'之间的电压

$$U = \frac{1}{2}\times 5 \times 4 - \frac{1}{2}\times 5 \times 2 = 5\text{V}$$

1.8 电源连接及其等效变换

1.8.1 理想电源的串联和并联

当 n 个电压源串联时，可以用一个电压源等效替代。如图 1-46 所示，且这个等效的电压源的电压为

$$u_S = u_{S1} + u_{S2} + \cdots + u_{Sn} = \sum_{k=1}^{n} u_{Sk} \tag{1-32}$$

式（1-32）中，u_{Sk}的方向与 u_S的方向一致时取“+”号，相反取“−”号。

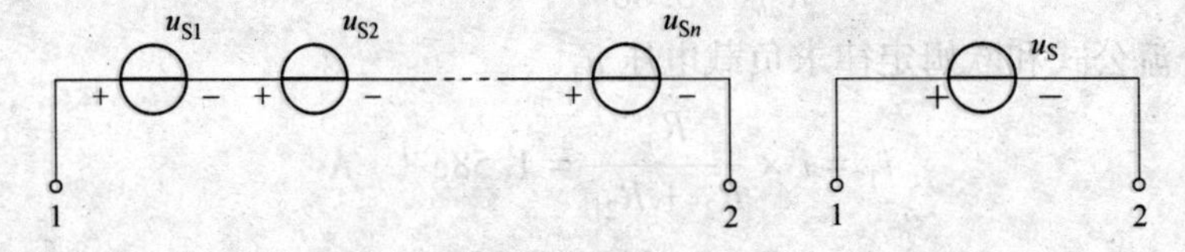

图 1-46 电压源串联

当 n 个电流源并联时，则可以用一个电流源等效替代。如图 1-47 所示，且这个等效的电流源的电流为

$$i_S = i_{S1} + i_{S2} + \cdots + i_{Sk} + \cdots + i_{Sn} = \sum_{k=1}^{n} i_{Sk} \tag{1-33}$$

式（1-33）中，i_{Sk}的方向与 i_S的方向一致时取“+”号，相反取“−”号。

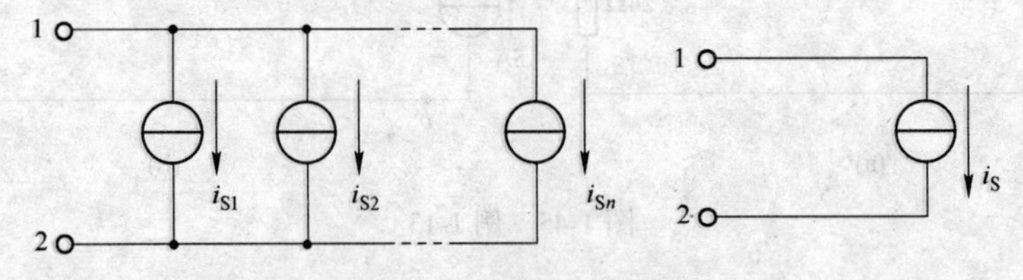

图 1-47 电流源的并联

注意：只有电压相等且极性相同的电压源才允许并联，只有电流相等且方向相同的电流源才允许串联。

1.8.2 理想电源与任意元件的串联和并联

理想电压源与任何元件并联，都可以用该理想电压源等效替代，如图 1-48（a）所

示。并联的任意元件可以是电阻，也可以是电流源，还可以是一段支路。

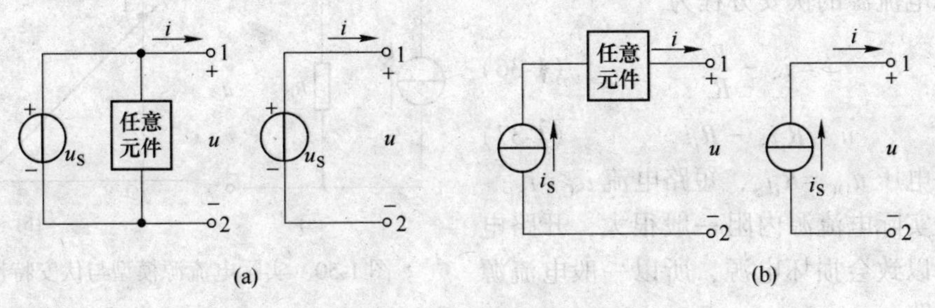

图 1-48　电源与任意元件的串联和并联

理想电流源与任何元件串联，都可以用该理想电流源等效替代，如图 1-48（b）所示。串联的任意元件可以是电阻，也可以是电压源，还可以是一段支路。

1.8.3　实际电源的等效变换

1.8.3.1　实际电压源

实际中的电压源如干电池、发电机等都是有内阻的，即有内部消耗，带上负载后，其输出电压将低于理想电压源电压 u_S，电流越大，端电压 u 就越低。实际电压源模型可用理想电压源 u_S 和内电阻 R_S 串联表示，如图 1-49（a）所示，其端口伏安特性如图 1-49（b）所示，其中 A、B 为两个特殊点。

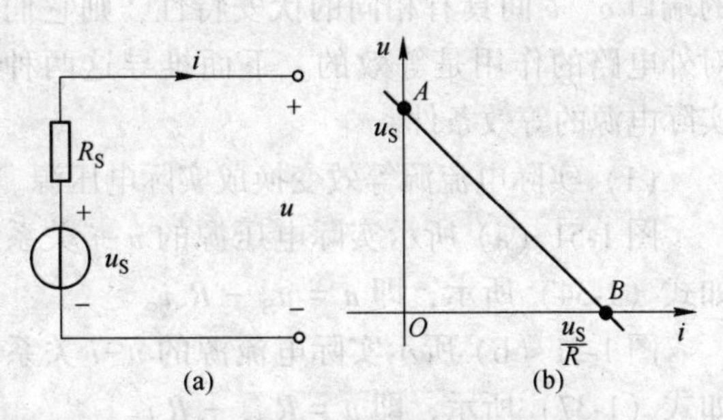

图 1-49　实际电压源模型与伏安特性

A 点为电路的开路点，在实际电压源不接负载时，电路处于开路状态，此时输出电流 $i=0$，所以开路电压 u_{OC} 等于电压源 u_S；B 点为电路的短路点，因输出短路时，输出电压 $u=0$，所以短路电流 i_{SC} 为 $\frac{u_S}{R_S}$。实际电压源的伏安特性为一直线，所以只要开、短路点确定，伏安曲线便可知。

实际电压源的伏安关系方程为

$$u = u_S - R_S i \tag{1-34}$$

或

$$i = \frac{u_S}{R_S} - \frac{u}{R_S} \tag{1-35}$$

由于实际电压源内阻一般很小，短路电流很大，以致会损坏电源，所以一般电压源不允许短路。

1.8.3.2　实际电流源

实际的电流源也有内阻，其电路模型可用一个电流源 i_S 与电阻 R_i 并联表示，如图 1-50（a）所示。在接负载时，由于 i_S 的一部分电流流向与之并联的电阻 R_i，所以实际电流源输出的电流 i 要小于理想电流源电流 i_S。R_i 越小，输出电流 i 也越小。

实际电流源的伏安曲线如图 1-50（b）所示，其中 A 点和 B 点分别为电源的开路点和短路点。

实际电流源的伏安方程为

$$i = i_S - \frac{u}{R_i} \tag{1-36}$$

或 $$u = R_i i_S - R_i i \tag{1-37}$$

开路电压 $u_{OC} = R_i i_S$，短路电流 $i_{SC} = i_S$。

由于实际电流源内阻一般很大，开路电压很大，以致会损坏电源，所以一般电流源不允许开路。

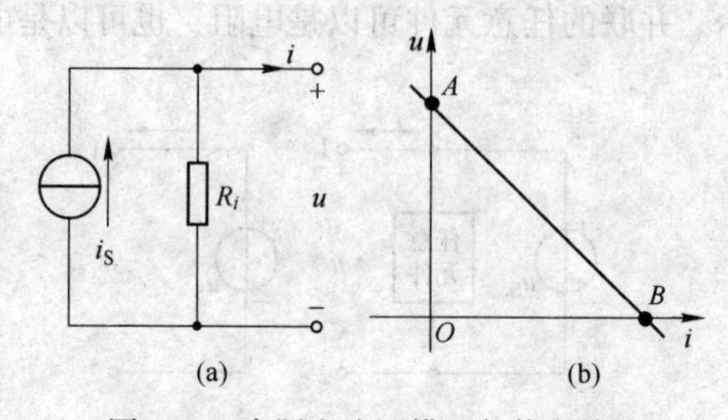

图 1-50 实际电流源模型与伏安特性

1.8.3.3 实际电源模型的等效变换

如前所述，实际电压源可以用电压源与电阻串联的模型表示，实际电流源可以用电流源与电阻并联的模型表示。在分析电路时，往往关心的是电源对外电路的影响，即关心它们的外特性，而不关心电源内部的情况，在这种情况下，两种实际电源的模型是可以等效变换的。

图 1-51 示出了两种实际电源，如果它们的端口 a、b 间具有相同的伏安特性，则它们对外电路的作用是等效的。下面推导这两种实际电源的等效条件。

（1）实际电流源等效变换成实际电压源。

图 1-51（a）所示实际电压源的 u-i 关系如式（1-34）所示，即 $u = u_S - R_S i$。

图 1-51（b）所示实际电流源的 u-i 关系如式（1-37）所示，即 $u = R_i i_S - R_i i$。

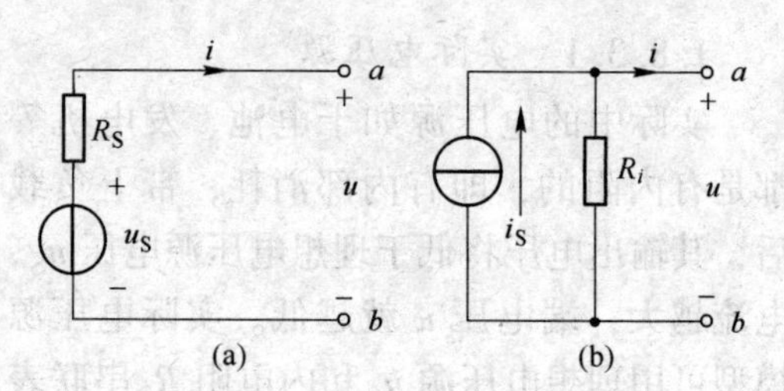

图 1-51 实际电源的等效变换

若使两种实际电源的伏安特性相同，则上面两式中的对应项应该相等，于是有

$$R_S = R_i \quad 和 \quad u_S = R_i i_S \tag{1-38}$$

式（1-38）是实际电流源等效变换成实际电压源的等效条件。应用上式时，u_S 和 i_S 的参考方向应如图 1-51 所示，即 i_S 的参考方向由 u_S 的负极指向正极。

（2）实际电压源等效变换成实际电流源。

图 1-51（a）所示实际电压源的 u-i 关系如式（1-35）所示，即 $i = \frac{u_S}{R_S} - \frac{u}{R_S}$。

图 1-51（b）所示实际电流源的 u-i 关系如式（1-36）所示，即 $i = i_S - \frac{u}{R_i}$。

若使两种实际电源的伏安特性相同，则上面两式中的对应项应该相等，于是有

$$R_i = R_S \quad 和 \quad i_S = \frac{u_S}{R_S} \tag{1-39}$$

式（1-39）是实际电压源等效变换成实际电流源的等效条件。应用上式时，u_S 和 i_S 的参考方向应如图 1-51 所示，即 i_S 的参考方向还是由 u_S 的负极指向正极。

受控电压源与电阻的串联组合和受控电流源与电阻的并联组合也可用上述方法进行等效变换，不过在变换过程中控制量必须保留。

必须注意的是，理想电压源（$R_S = 0$）与理想电流源（$R_i = \infty$）不能相互转换。

例 1-14 化简图 1-52（a）所示的电路。

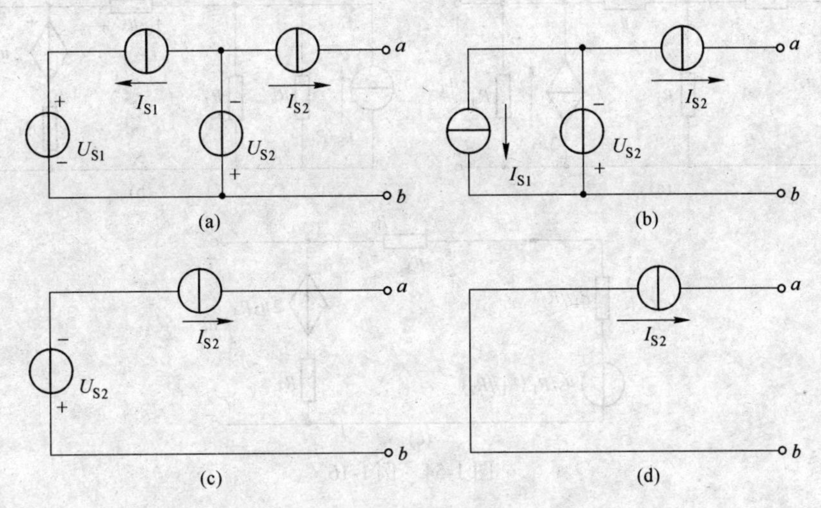

图 1-52 例 1-14

解 图 1-52（a）所示电路中，U_{S1}与I_{S1}串联，与电流源串联的任何元件都不起作用，所以等效成图 1-52（b）所示电路。图 1-52（b）所示电路中，I_{S1}与U_{S2}并联，与电压源并联的任何元件都不起作用，所以等效成图 1-52（c）所示电路。图 1-52（c）所示电路中，U_{S2}与I_{S2}串联，同理，可等效成图 1-52（d）所示电路。

例 1-15 由电路等效变换的方法，求图 1-53（a）中的电流 I。

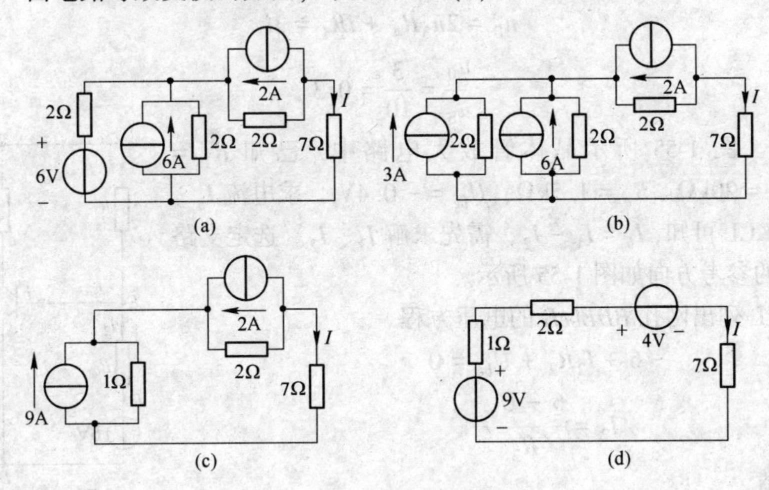

图 1-53 例 1-15

解 利用等效变换的方法，将图 1-53（a）所示电路逐步简化成图 1-53（d）所示的等效电路。从等效电路图 1-53（d）可求出

$$I = \frac{9-4}{1+2+7} = 0.5\text{A}$$

例 1-16 求 1-54（a）电路的 u_0/u_S。已知 $R_1 = R_2 = 2\Omega$，$R_3 = R_4 = 1\Omega$。

解 利用等效变换的方法，将图 1-54（a）所示电路逐步简化成图 1-54（c）的形式。注意在转换过程中不要把受控源的控制量转换掉。图 1-54（c）中的符号“//”表示两电

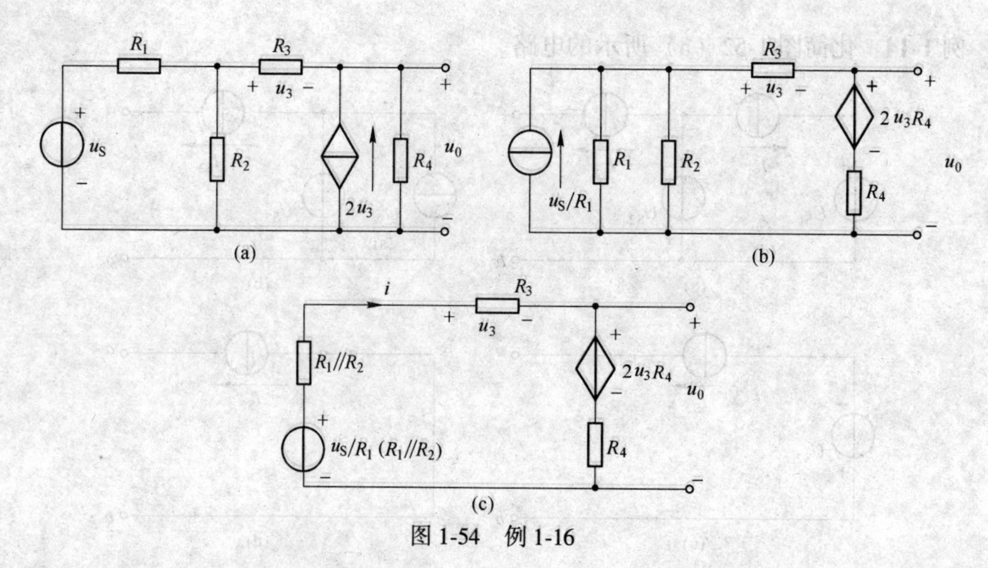

图 1-54　例 1-16

阻并联。由图 1-54（c）列 KVL 得

$$\frac{u_S}{R_1} \times (R_1 // R_2) = i(R_1 // R_2 + R_3 + R_4) + 2u_3R_4$$

控制量为

$$u_3 = iR_3$$

代入已知数据有　　$u_S = 10i$

由于

$$u_0 = 2u_3R_4 + iR_4 = 3i$$

所以

$$\frac{u_0}{u_S} = \frac{3}{10} = 0.3$$

例 1-17　图 1-55 所示晶体管放大电路中，已知 $R_1 = 15.6\mathrm{k\Omega}$，$R_2 = 20\mathrm{k\Omega}$，$R_c = 1.5\mathrm{k\Omega}$，$U_{be} = -0.4\mathrm{V}$，求电流 I_b。

解　由 KCL 可知，$I_b = I_1 - I_2$，需先求解 I_1、I_2。选定支路电流 I_1、I_2 的参考方向如图 1-55 所示。

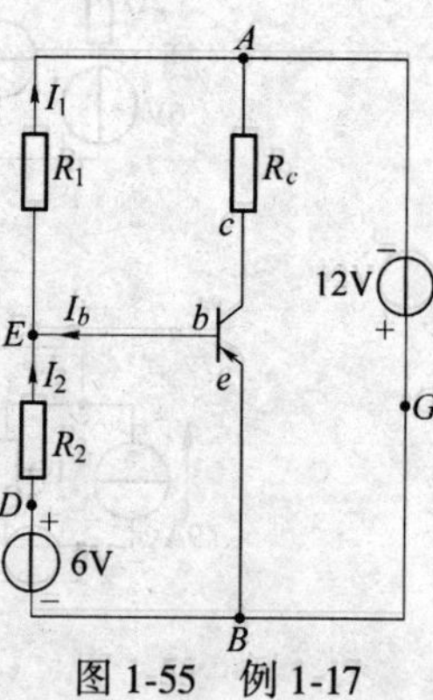

图 1-55　例 1-17

根据 KVL 列出网孔 $BDEbeB$ 的电压方程

$$-6 + I_2R_2 + U_{be} = 0$$

由此得

$$I_2 = \frac{6 - U_{be}}{R_2}$$

代入数值

$$I_2 = \frac{6 - (-0.4)}{20 \times 10^3} = \frac{6.4}{20 \times 10^3} = 3.2 \times 10^{-4}\mathrm{A} = 0.32\mathrm{mA}$$

再求 I_1，列回路 $AGBebEA$ 的电压方程

$$-12 - U_{be} + I_1R_1 = 0$$

代入数值并整理得

$$I_1 = \frac{12 + (-0.4)}{15.6 \times 10^3} = 0.74 \times 10^{-3}\mathrm{A} = 0.74\mathrm{mA}$$

最后得

$$I_b = I_1 - I_2 = 0.74 - 0.32 = 0.42\mathrm{mA}$$

1.9 学习指导

（1）描述电路的基本物理量主要有电压、电流和功率。在某些情况下，电压或电流的实际方向很难判断，故引出参考方向的概念。电压与电流的参考方向是任意的，而实际方向是唯一的。当电压或电流的参考方向与实际方向相同时，$u>0$ 或 $i>0$；反之，$u<0$ 或 $i<0$。可根据上述规则由参考方向判定电压或电流的实际方向。如果电流的参考方向是从元件电压参考方向的“+”极流向“-”极，则称电压、电流关于该元件为关联参考方向，否则为非关联参考方向。

特别注意的是，当电压与电流为非关联参考方向时，电阻、电容和电感元件的伏安方程中多出现一个“-”号。

（2）当电压与电流为关联参考方向时，若元件功率 $p=ui$ 为正值，表明该元件吸收功率，相反，若元件功率 $p=ui$ 为负值，表明该元件发出功率；当电压与电流为非关联参考方向时，若元件功率 $p=ui$ 为正值，表明该元件发出功率，相反，若元件功率 $p=ui$ 为负值，表明该元件吸收功率。

特别注意的是，以上有关功率的讨论，同样也适合于任何一段电路或某一个二端网络。

（3）电路元件分为有源元件和无源元件。电路分析中常见的电阻、电容和电感元件都是无源元件。有源元件分为独立电源和受控电源。独立电源分为理想电源和实际电源，考虑电源内阻称为实际电源，不考虑电源内阻称为理想电源。独立电源属于二端元件，受控电源属于四端元件。

特别注意的是，独立电源表示外界对电路的作用，电路中的电压或电流都是由独立电源激励产生的。受控电源表示电路中一条支路的电压或电流受另一条支路电压或电流的控制，在电路中不起激励作用。电路分析中受控电源可按独立电源处理。

（4）集总参数电路的模型是由若干理想元件连接而成，这样电路中的电压或电流必然受到两类约束：一类是元件本身特性对其电压、电流造成的约束，如欧姆定律；另一类则是元件的连接给电压、电流带来的约束，这便是基尔霍夫定律。基尔霍夫电流定律描述了节点连接各支路电流遵从的规律，即 $\sum i=0$；基尔霍夫电压定律描述了回路连接各支路电压遵从的规律，即 $\sum u=0$。

特别注意的是，分析和求解电路时所用到的表达式均按电压与电流的参考方向写出。

（5）等效变换是分析与求解电路时广泛使用的方法，利用等效的概念可以把多个电阻等效变换为一个电阻，多个电源等效变换为一个电源，把复杂电路等效变换为简单电路，使电路的求解变得更加简单。

等效是指两个结构不同的二端电路 N_1、N_2（设 N_1 为复杂电路，N_2 为简单电路）与任意外电路 M 连接，如果 N_1、N_2 端口的伏安关系相同，则在求解外电路 M 中的电压、电流、功率时，可以将 N_1 用 N_2 等效替换。

特别注意的是：1）利用等效变换方法化简电路时要做到“对外等效，对内不等效”。

即只有在求解外部电路 M 中的变量时才能进行等效变换，如果求解电路 N_1 内部中的变量时不要进行等效变换。2）对于含有受控源的电路进行等效变换时，对于受控源的控制量所在的支路要保留，即不能将控制量丢失。3）实际电压源与实际电流源可以进行等效互换，但理想电压源与理想电流源不能进行等效互换。

习　题

1-1 求如图 1-56 所示各电路中的等效电阻 R_{ab}。

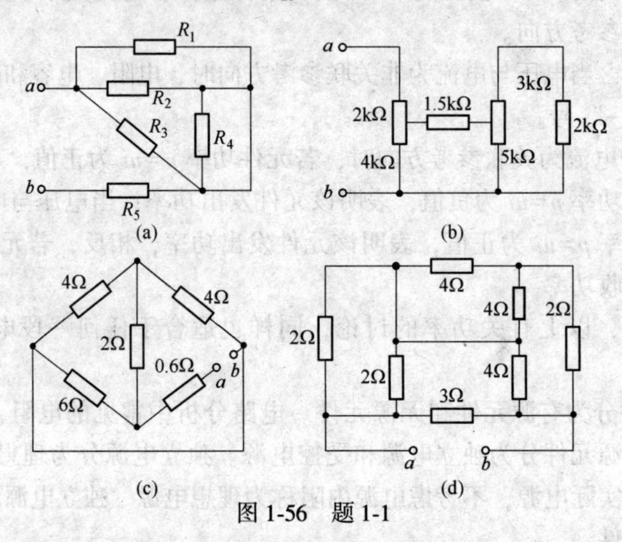

图 1-56　题 1-1

1-2 分别求出开关 S 闭合和打开时的等效电阻 R_{ab}，如图 1-57 所示。

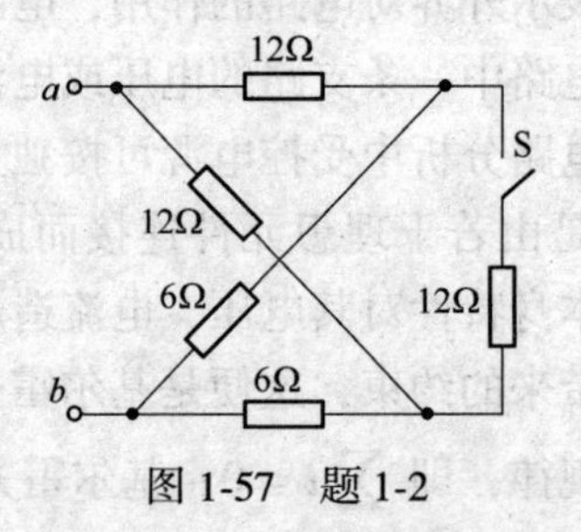

图 1-57　题 1-2

1-3 图 1-58 所示的含理想运算放大器（图中方框是理想运算放大器的符号）电路中，u_1、u_2是电路的输入电压，求当 u'和 i'近似为 0 时，电路的输出电压 u_0与输入电压 u_1、u_2之间的关系。

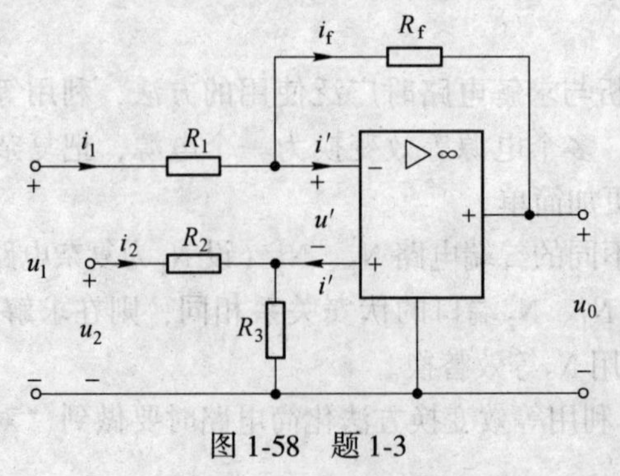

图 1-58　题 1-3

1-4 图 1-59 所示为带有 8 个引脚的集成电路。试求 U_4、U_7、U_{23}、U_{56} 以及 I（大小和实际方向）。

1-5 求电流 I，如图 1-60 所示。

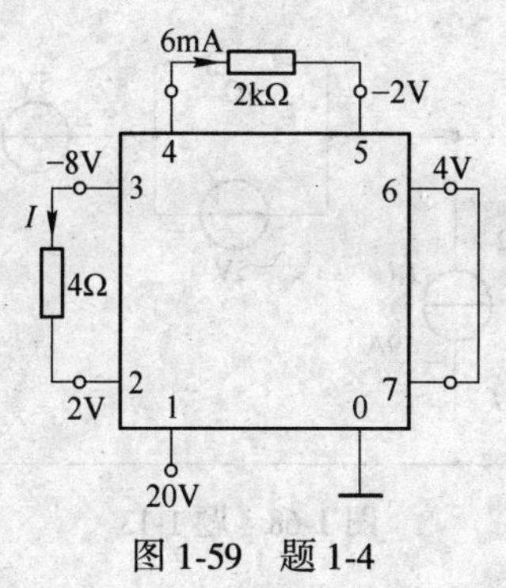

图 1-59 题 1-4

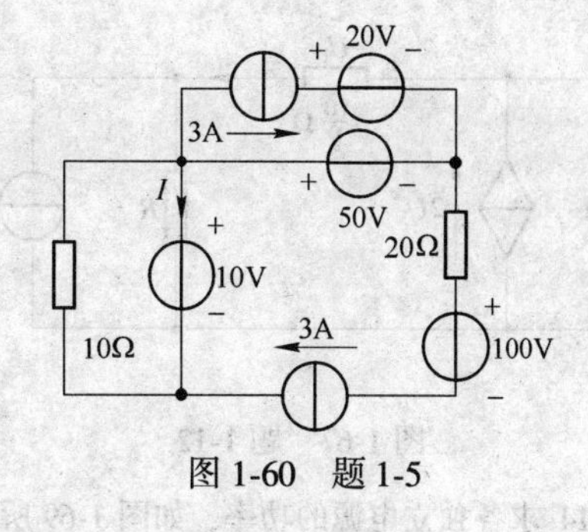

图 1-60 题 1-5

1-6 试求 I_1、I_2、I 及 U_{ab}，如图 1-61 所示。

1-7 已知如图 1-62 所示，试求 U_S、R_1、R_2 。

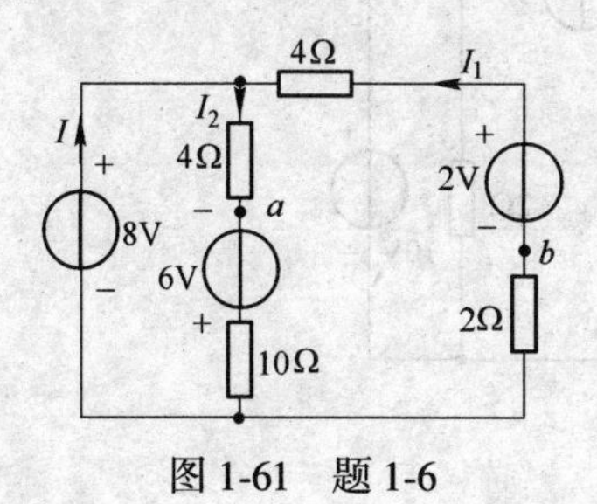

图 1-61 题 1-6

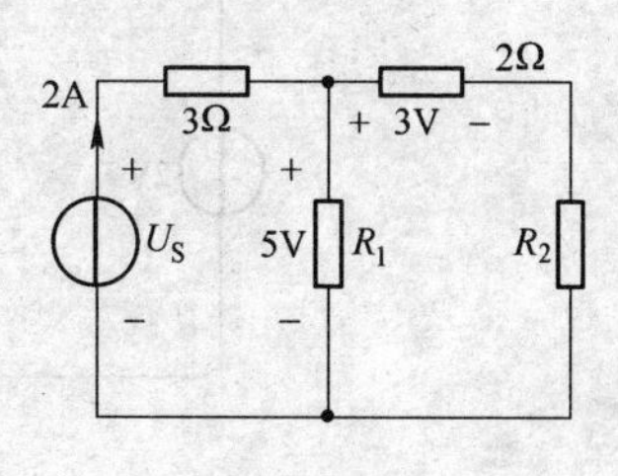

图 1-62 题 1-7

1-8 电路如图 1-63 所示：（1）求电压 U；（2）如果原为 1Ω、4Ω 的电阻和 1A 的理想电流源可变，U 值是否改变？

1-9 将图 1-64 各电路化简成最简形式。

1-10 求图 1-65 所示电路中的 U。

1-11 电路如图 1-66 所示，其中各参数均已给定。求：（1）电压 U_2 和电流 i_2；（2）若电阻 R_1 增大，问 u_2、i_2 怎样变化。

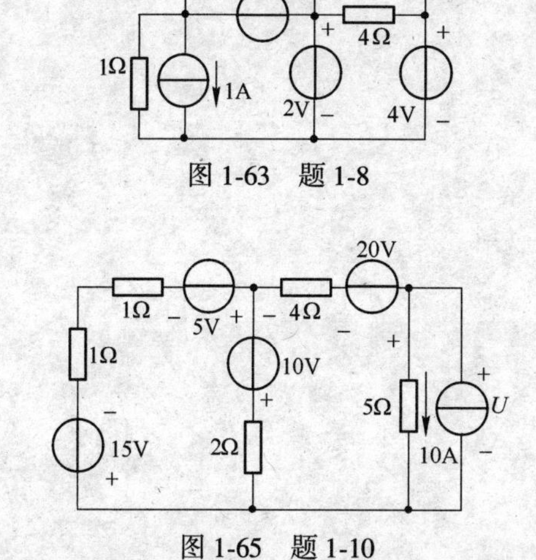

图 1-63 题 1-8

图 1-65 题 1-10

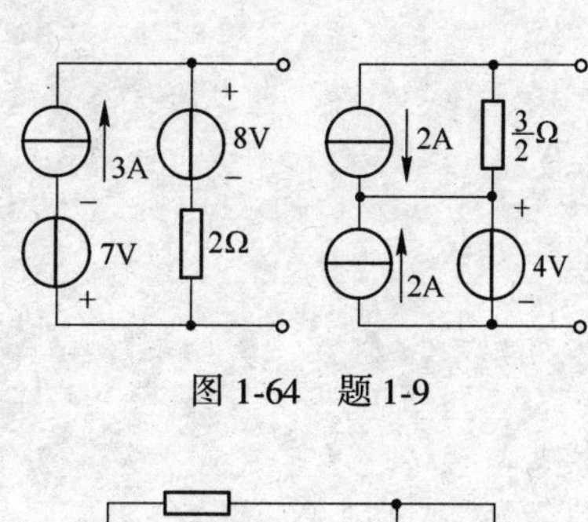

图 1-64 题 1-9

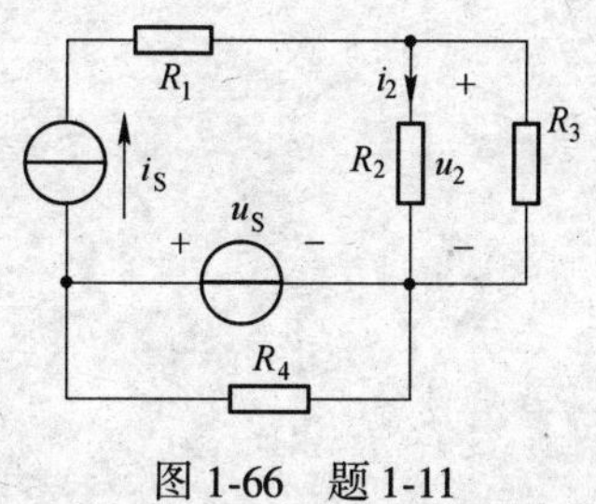

图 1-66 题 1-11

1-12 如图 1-67 所示电路：(1) 若 $R=4\Omega$，求 U_1及 I；(2) 若 $U_1=4\text{V}$，求 R。

1-13 求如图 1-68 所示电路中的 I、U 及 CCVS 所吸收的功率。

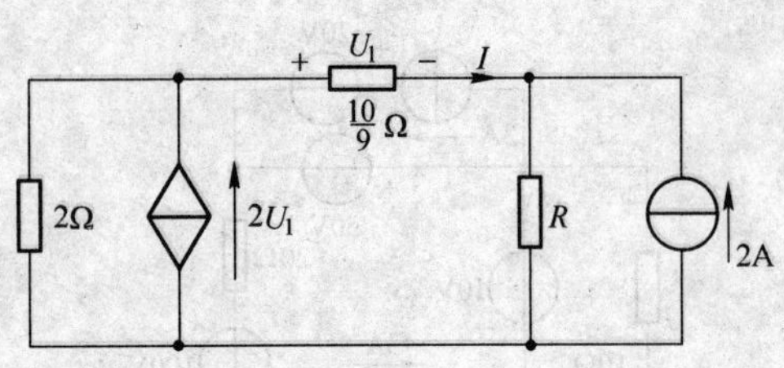

图 1-67　题 1-12

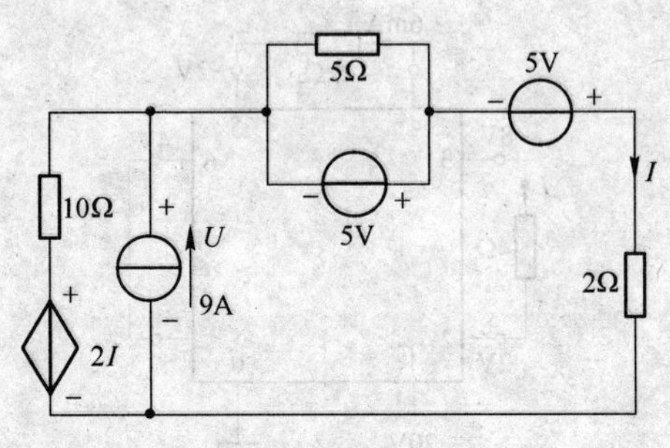

图 1-68　题 1-13

1-14 求各独立电源的功率，如图 1-69 所示。

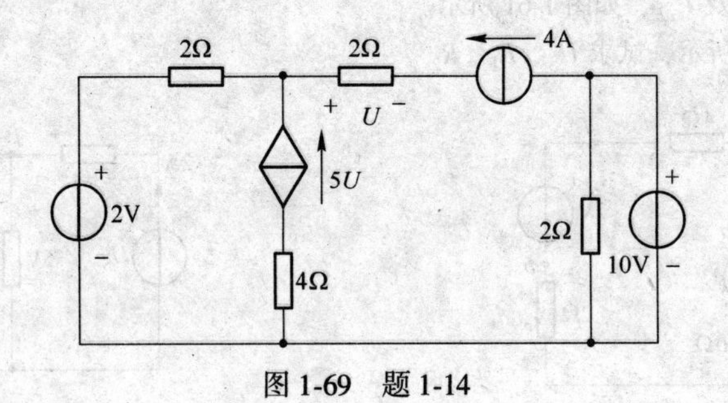

图 1-69　题 1-14

2 线性电阻网络分析

内容提要：本章介绍几种分析线性电路的一般方法和一些重要的电路定理，如支路电流法、回路电流法、节点电压法、叠加定理和等效电源定理等。这些基本方法和电路定理不仅适用于电阻网络的分析，而且在整个电路理论中具有普遍意义。

本章重点：掌握每一种分析方法和电路定理的具体内容和解题步骤，弄清每种方法适用于什么样的电路，以及求解时应该注意的问题。

2.1 支路电流法

第1章介绍的等效变换法可以把一个结构复杂的二端网络变换为一个简单的二端网络。等效变换法虽然大大简化了电路的分析，但改变了原电路的结构，不适于同时求解多个支路的电路变量，所以有必要寻求具有普遍性的一般分析方法，所谓一般分析方法就是可以求解任何线性电路，同时还应具有完整、规范的解题步骤。一般分析方法的基础就是依据KCL、KVL以及元件的伏安关系列节点的电流方程和回路的电压方程，然后联立解方程求出电路的变量。

支路电流法是以支路电流作为电路变量，应用KCL和KVL，列出与支路数相等的独立方程，从而解出支路电流。

下面以图2-1为例进行说明。这个电路具有4个节点和6条支路，因此，有6个未知的支路电流。

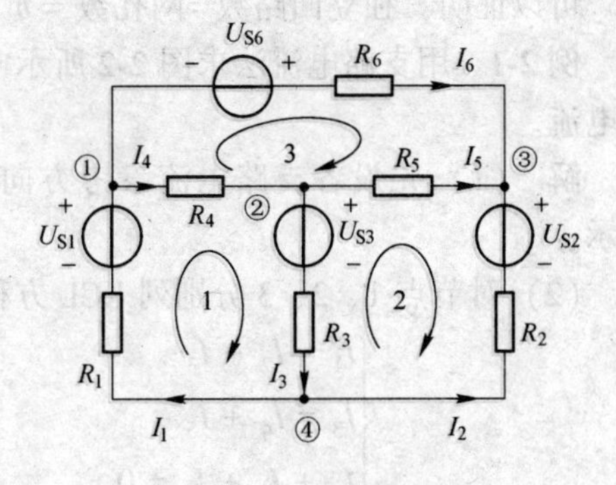

图2-1 支路法示例

（1）先假设各支路电流的参考方向并标于图中。

（2）应用KCL建立节点电流方程。

对节点1 $\quad -I_1+I_4+I_6=0 \quad$ (2-1)

对节点2 $\quad I_3-I_4+I_5=0 \quad$ (2-2)

对节点3

$$-I_2-I_5-I_6=0 \tag{2-3}$$

这3个节点方程显然是互相独立的。因为每个方程中包含其余两个方程没有涉及的支路电流，所以某一方程不可能由另外两个方程导出。如果对节点4再列一个方程，4个方程式就不再是独立的了，因为将上面3个节点方程相加的结果也就是对节点4列出的节点方程。由此可见，具有4个节点的电路，应用KCL，可以得到3个独立的节点方程，而且只能得到3个独立的节点方程。至于选择哪3个节点来列方程则是任意的。

推广到具有n个节点的电路，独立的节点方程数（或说独立节点数）等于节点数减

1，即（n−1）个。

为求出6个未知的支路电流，除去3个独立的节点方程外，还可应用KVL，建立所需的其余3个方程。

（3）应用KVL建立回路电压方程。对电路的每一个回路都可列出一个回路电压方程，图2-1有7个回路，因而能列出7个回路电压方程，但只有3个独立的方程。选择3个网孔，并以顺时针方向来列回路电压方程，则

对回路1得 $$-R_1I_1+R_4I_4+R_3I_3=U_{S1}-U_{S3} \tag{2-4}$$

对回路2得 $$R_5I_5-R_2I_2-R_3I_3=U_{S3}-U_{S2} \tag{2-5}$$

对回路3得 $$R_6I_6-R_5I_5-R_4I_4=U_{S6} \tag{2-6}$$

这3个方程中，无论哪一个都不能从其他两个相加减导出，因而它们是独立的。如果再选一回路，如沿回路41234，列出的回路电压方程为

$$R_1I_1+R_4I_4+R_5I_5-R_2I_2=U_{S1}-U_{S2} \tag{2-7}$$

显然这个方程不是独立的，因为把式（2-4）和式（2-5）相加就得到式（2-7）。

（4）联立求解独立的节点方程和独立的回路方程式（2-1）~式(2-6)，即可求出图2-1所示电路中待求的各支路电流。

从上面讨论可看出，支路法关键在于列出与支路电流的数目相等的独立的支路电流方程。一般说来，对于具有n个节点，b条支路的网络，应用KCL能列出（n−1）个独立的节点方程，应用KVL能列出$b-(n-1)$个独立的回路电压方程。即独立节点为$(n-1)$个，独立回路为$[b-(n-1)]$个。一般电路中，独立节点可任取，而选取独立回路时应注意两点：一点是要保证所选回路之间彼此独立，因而任一要选的回路比前面已经选过的回路至少应包含一条新支路；另一点是把独立回路数选够，也就是说，在保证第一点的前提下选够$b-(n-1)$个回路。

可以证明，独立回路数=网孔数$=b-(n-1)=b-n+1$。

例2-1 用支路电流法求图2-2所示电路中各支路电流。

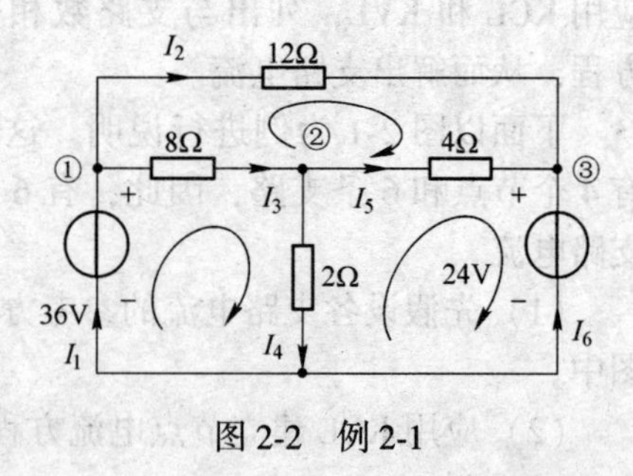

图2-2 例2-1

解 （1）先设各支路电流参考方向，如图2-2所示。

（2）对节点1、2、3分别列KCL方程：

$$\begin{cases}I_1=I_2+I_3\\I_3=I_4+I_5\\I_2+I_5+I_6=0\end{cases}$$

选3个网孔为独立回路，并设绕行方向为顺时针方向，如图2-2所示，则3个回路电压方程为

$$8I_3+2I_4=36$$
$$12I_2-4I_5-8I_3=0$$
$$-2I_4+4I_5=-24$$

（3）联立解上面的6个方程可得

$$I_1=4\text{A},\ I_2=1\text{A},\ I_3=3\text{A}$$

$$I_4 = 6\text{A},\ I_5 = -3\text{A},\ I_6 = 2\text{A}$$

例 2-2 已知图 2-3 中的有关参数为：$R_1 = 1\Omega$，$R_2 = 2\Omega$，$R_4 = 4\Omega$，$U_{S1} = 1\text{V}$，$I_S = 1\text{A}$，$\alpha = 1$，试求各支路电流。

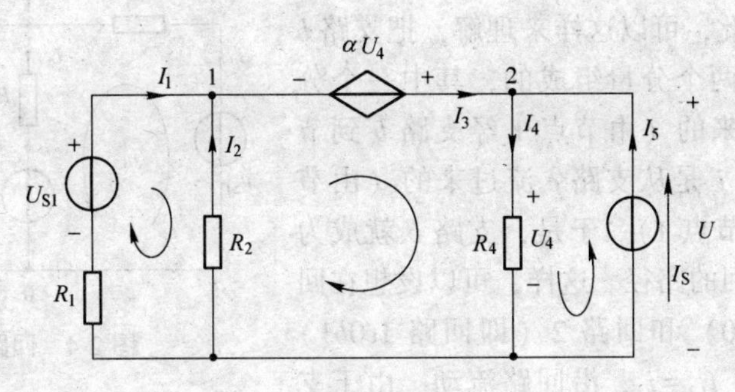

图 2-3 例 2-2

解 应用支路电流法求解。列 KVL 方程时，将受控源按独立电源处理，然后再补充控制量的方程。

(1) 对节点 1、2 列 KCL 方程

$$-I_1 - I_2 + I_3 = 0$$
$$-I_3 + I_4 - I_5 = 0$$

(2) 对 3 个网孔列 KVL 方程

$$-R_2I_2 + R_1I_1 = U_{S1}$$
$$R_2I_2 - \alpha U_4 + R_4I_4 = 0$$
$$R_4I_4 - U = 0$$

方程中的 U 为电流源两端电压，是个待求量，因此必须补充一个方程，即

$$I_5 = I_S$$

对受控源的控制量补充的方程为

$$U_4 = R_4I_4$$

将已知参数代入方程，并整理

$$-I_1 - I_2 + I_3 = 0$$
$$-I_3 + I_4 - 1 = 0$$
$$I_1 - 2I_2 = 1$$
$$2I_2 - 4I_4 + 4I_4 = 0$$

解得 $I_1 = 1\text{A},\ I_2 = 0\text{A},\ I_3 = 1\text{A},\ I_4 = 2\text{A}$

如果电路中所含受控源的控制量就是所列方程的待求变量，将受控源当作独立源看待列电路方程时，不会增加新的待求变量，当然也不必补充控制量的方程。

2.2 回路电流法

回路电流是假想的沿回路流动的电流，回路电流法是以回路电流作为电路变量，列 KVL 方程进行求解。由于一个电路的独立回路数少于支路数，所以回路电流法与支路电流法相比，减少了方程的个数。

2.2.1 回路方程及其一般形式

按图 2-4 所设支路电流参考方向，根据 KCL，有 $i_b = i_a - i_c$。因此，可以这样来理解，把支路 b 的电流 i_b 看成是由两个分量组成的，其中一个分量是从支路 a 流过来的（由节点 1 经支路 b 到节点 0），另一个分量 i_c 是从支路 c 流过来的（由节点 0 也经支路 b 到节点 1）。于是，支路 b 就成为支路电流 i_a 和 i_c 返回的路径。这样，可以设想在回路 1（即回路 $0a1b0$）和回路 2（即回路 $1c0b1$）分别有电流 $i_{l1} = i_a$、$i_{l2} = i_c$，沿回路流动。由于支路 1 只有 i_{l1} 流过，支路电流便为 i_{l1}；而支路 b 有两个电流 i_{l1} 和 i_{l2} 同时通过，支路电流应为 i_{l1} 和 i_{l2} 的代数和，即 $i_b = i_{l1} - i_{l2} = i_a - i_c$。可见，各支路电流并没有改变。把沿着回路 1 和回路 2 流动的假想电流 i_{l1} 和 i_{l2} 称为回路电流，如图 2-4 所示。

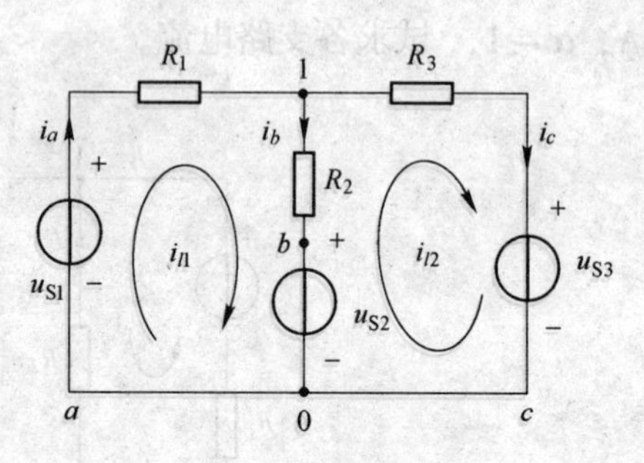

图 2-4 回路法示例

回路电流是假想沿着回路流动的电流，因此对任一节点来说，回路电流既流入该节点，又流出该节点，所以回路电流在所有节点处都自动满足 KCL。这样，如果把回路电流作为未知量，那么，只要根据 KVL 列出足够的回路电压方程联立求解就可以了。为了使所列回路电压方程都能相互独立，应选独立回路作为回路电流的环流路径。回路电流解出后，支路电流则为有关回路电流的代数和，这种方法就叫作回路法。

下面来讨论如何根据 KVL 和选定的回路电流方向列出回路方程，这是回路法的关键。

仍以图 2-4 的电路为例，对回路 1 和回路 2 分别列出 KVL 方程（设回路绕行方向与回路电流方向一致），有

$$R_1 i_a + R_2 i_b = u_{S1} - u_{S2}$$
$$-R_2 i_b + R_3 i_c = u_{S2} - u_{S3}$$

将各支路电流以回路电流表示，即将 $i_a = i_{l1}$，$i_c = i_{l2}$，$i_b = i_{l1} - i_{l2}$ 代入 KVL 方程中，得

$$(R_1 + R_2) i_{l1} - R_2 i_{l2} = u_{S1} - u_{S2}$$
$$-R_2 i_{l1} + (R_2 + R_3) i_{l2} = u_{S2} - u_{S3}$$

上面两个方程即以回路电流为未知量的回路电压方程。

用 R_{11} 和 R_{22} 分别代表回路 1 和回路 2 的自电阻，它们分别为回路 1 和回路 2 中所有电阻之和($R_{11} = R_1 + R_2$，$R_{22} = R_2 + R_3$)，用 R_{12} 和 R_{21} 代表回路 1 和回路 2 的公共电阻或互电阻($|R_{12}| = |R_{21}| = R_2$)。

由于回路绕行的方向一般假定为与回路电流参考方向一致，所以自电阻总是正的。如果回路电流 i_{l1} 和 i_{l2} 通过回路 1、2 的互电阻时，它们的参考方向相反（本例中就是如此），则如前面所述，i_{l1}、i_{l2} 中任一个在互电阻上所引起的电压，在另一个回路的电压方程中应取“−”号；反之，如果回路电流 i_{l1}、i_{l2} 通过互电阻时，它们的参考方向相同，则 i_{l1}、i_{l2} 中任一个在公共电阻上所引起的电压在另一个回路的电压方程中应取“+”号。为了使回路电流方程的一般形式整齐起见，把这类电压的正、负号包含在和它们有关的互电阻中，就是说，当通过回路 1、2 的互电阻的回路电流 i_{l1}、i_{l2} 的参考方向一致时，互电阻

R_{12}、R_{21}取正；参考方向相反时，互电阻R_{12}、R_{21}取负，如本例中互电阻$R_{12}=R_{21}=-R_2$。

这样一来上述的回路电流方程可写成

$$\left.\begin{aligned}R_{11}i_{l1}+R_{12}i_{l2}=u_{S11}\\R_{21}i_{l1}+R_{22}i_{l2}=u_{S22}\end{aligned}\right\}\tag{2-8}$$

式（2-8）为具有两个独立回路的回路电流方程的一般形式。式中$u_{S11}=u_{S1}-u_{S2}$，$u_{S22}=u_{S2}-u_{S3}$，u_{S11}和u_{S22}分别为回路1和回路2的总电压源的电压。各电压源电压的方向与回路电流方向一致时，前面取“-”号，否则取“+”号。$R_{11}i_{l1}$和$R_{22}i_{l2}$是回路电流i_{l1}和i_{l2}分别在本回路所产生的电压，而$R_{12}i_{l2}$和$R_{21}i_{l1}$则是i_{l2}和i_{l1}分别在回路1和回路2所产生的电压。

具有l个独立回路的电路，其回路电流方程一般方程可由式（2-8）推广而得，即

$$\left.\begin{aligned}R_{11}i_{l1}+R_{12}i_{l2}+R_{13}i_{l3}+\cdots+R_{1l}i_{ll}=u_{S11}\\R_{21}i_{l1}+R_{22}i_{l2}+R_{23}i_{l3}+\cdots+R_{2l}i_{ll}=u_{S22}\\R_{31}i_{l1}+R_{32}i_{l2}+R_{33}i_{l3}+\cdots+R_{3l}i_{ll}=u_{S33}\\\vdots\qquad\qquad\\R_{l1}i_{l1}+R_{l2}i_{l2}+R_{l3}i_{l3}+\cdots+R_{ll}i_{ll}=u_{Sll}\end{aligned}\right\}\tag{2-9}$$

式中，有相向下标的电阻R_{11}，R_{22}，R_{33}，…，R_{ll}等是各回路的自电阻，有不同下标的电阻R_{12}，R_{13}，R_{23}，…是回路间互电阻。自电阻总是正的，互电阻取正还是取负，则由相关的两个回路电流通过公共电阻时两者的参考方向是否一致来决定：一致时取正，相反时取负。显然，若两个回路间没有公共电阻，则相应互电阻为零。

顺便指出，在不含有受控源的线性电阻电路中，$R_{jk}=R_{kj}$。

现将回路法的步骤及注意事项归纳如下：

（1）选定l个独立回路，并指出回路电流的参考方向。通常将回路的绕行方向与回路电流的参考方向设成相同方向。

（2）按式（2-9）列l个回路电流方程。应注意，自电阻总是正的，互电阻的正负则由相关的两个回路电流通过公共电阻时两者的参考方向是否一致而定。

（3）联立求解回路电流方程，求得各回路电流。

（4）指定各支路电流的参考方向，支路电流则为有关回路电流的代数和。

由上述可知，在回路法中，省略了节点方程，联立方程的数目由等于支路数减少到等于独立回路数，因而计算比较方便。

例 2-3 在图2-5所示的直流电路中，电阻和电压源均已给定，试用回路法求各支路电流。

解 本电路共有3个网孔，即有3个独立回路。

（1）选取回路电流I_1、I_2、I_3，如图2-5所示。

（2）列回路电流方程。

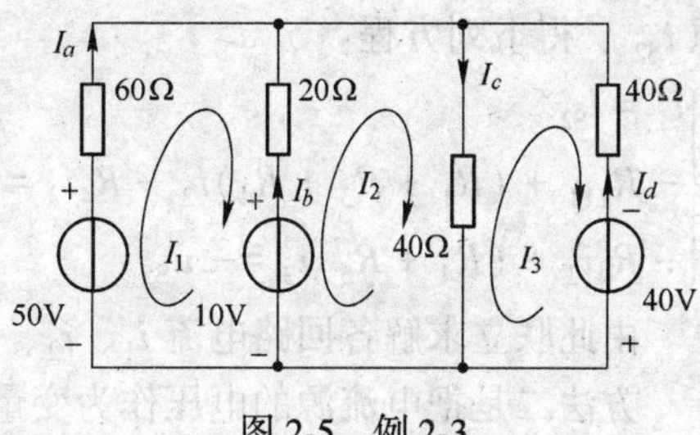

图2-5 例2-3

因为

$$R_{11}=60+20=80\Omega$$

$$R_{22} = 20 + 40 = 60\Omega$$
$$R_{33} = 40 + 40 = 80\Omega$$
$$R_{12} = R_{21} = -20\Omega$$
$$R_{13} = R_{31} = 0$$
$$R_{23} = R_{32} = -40\Omega$$
$$U_{S11} = 50 - 10 = 40V$$
$$U_{S22} = 10V$$
$$U_{S33} = 40V$$

故回路电流方程为

回路 1　　$80I_1 - 20I_2 = 40$

回路 2　　$-20I_1 + 60I_2 - 40I_3 = 10$

回路 3　　$-40I_2 + 80I_3 = 40$

（3）用消元法或行列式法，解得

$$I_1 = 0.768A,\ I_2 = 1.143A,\ I_3 = 1.071A$$

（4）各支路电流参考方向如图 2-5 所示，则有

$$I_a = I_1 = 0.768A,\ I_b = -I_1 + I_2 = 0.375A$$
$$I_c = I_2 - I_3 = 0.072A,\ I_d = -I_3 = -1.071A$$

（5）校验。

取一个未用过的回路，如外面的大回路（由电阻 60Ω、40Ω 及电压源 50V、40V 构成），回路绕行方向为顺时针方向。按 KVL，有

$$60I_a - 40I_d = 50 + 40 = 90$$

把 I_a、I_d 代入，得 90=90，故答案正确。

2.2.2 电路中含有理想电流源支路

理想电流源不能变换为理想电压源，此时可采用两种方法来处理。

方法一是只让一个回路电流通过电流源，该回路电流便仅由电流源决定，于是可免去该回路电流方程的列写。而其余的回路电流方程，仍正常列写。如图 2-6 所示的电路，选取回路电流时，只让回路电流 i_1 流过电流源 i_{S2}，得下列方程：

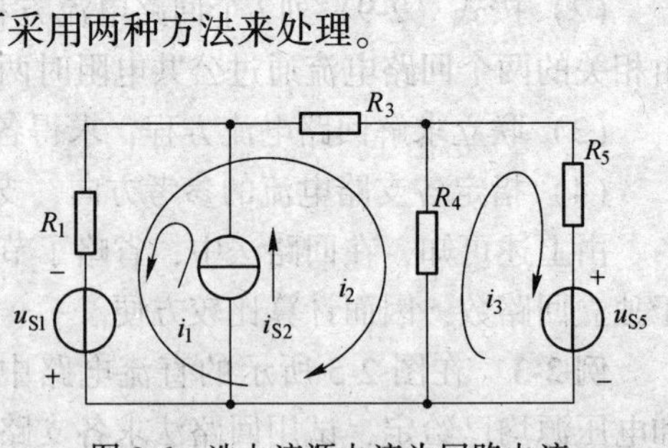

$$\begin{cases} i_1 = i_{S2} \\ -R_1 i_1 + (R_1 + R_3 + R_4) i_2 - R_4 i_3 = -u_{S1} \\ -R_4 i_2 + (R_4 + R_5) i_3 = -u_{S5} \end{cases}$$

图 2-6　选电流源电流为回路电流

由此联立求解各回路电流 i_1、i_2、i_3。

方法二是把电流源的电压作为变量。每引入一个这样的变量，同时也增加一个回路电流与电流源电流间的约束关系，这关系是独立的。把这个约束关系与回路电流方程并成一组联立方程，则方程数与变量数相同。如图 2-7 电路中（也即图 2-6 电路），设电流源的

电压为 u_i，在所选定的回路电流参考方向下，电路的回路电流方程为

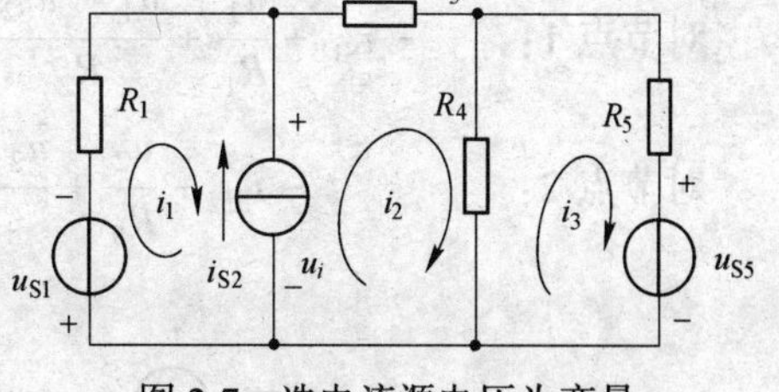

图 2-7 选电流源电压为变量

$$\begin{cases} R_1 i_1 = -u_{S1} - u_i \\ (R_3 + R_4)i_2 - R_4 i_3 = u_i \\ -R_4 i_2 + (R_5 + R_4)i_3 = -u_{S5} \end{cases}$$

再补充一个约束方程

$$-i_1 + i_2 = i_{S2}$$

由上面四个方程式，可以联立解得回路电流 i_1、i_2、i_3 以及电流源的电压 u_i。

2.2.3 电路中含有受控源

在列写含受控源电路的回路方程时，可先将受控源作为独立电源处理，然后再将受控源的控制量用回路电流表示。下面举例说明。

例 2-4 用回路法求图 2-8 所示电路的回路电流，已知 $\mu=1$，$\alpha=1$。

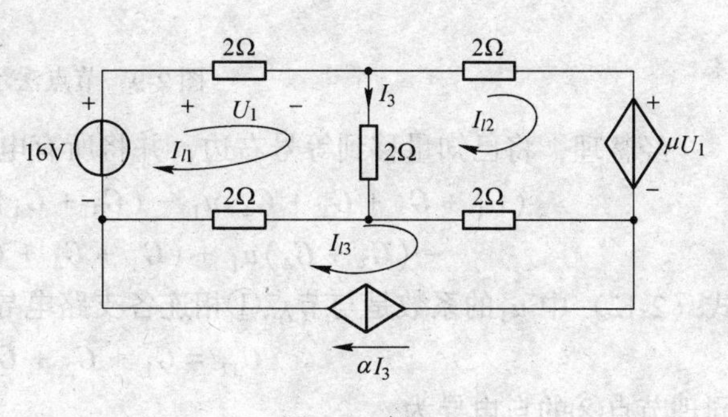

图 2-8 例 2-4

解 标出回路电流及序号。

回路 1、2 的 KVL 方程为

$$6I_{l1} - 2I_{l2} - 2I_{l3} = 16$$
$$-2I_{l1} + 6I_{l2} - 2I_{l3} = -\mu U_1$$

对回路 3，满足

$$I_{l3} = \alpha U_1$$

补充两个受控源控制量与回路电流关系方程

$$U_1 = 2I_{l1}$$
$$I_3 = I_{l1} - I_{l2}$$

将 $\mu = 1$，$\alpha = 1$ 代入，联立求解得

$$I_{l1} = 4\text{A},\ I_{l2} = 1\text{A},\ I_{l3} = 3\text{A}$$

2.3 节点电压法

2.2 节用回路电流代替支路电流作为未知量，与支路电流法相比，省去了按 KCL 列出的方程，使方程的个数减少了（$n-1$）个。依此类推，还可以找到一种方法，省去按 KVL 列出的方程。本节提出的节点电压（位）法就是这样的方法。节点电压法以（$n-1$）个独立节点电压为未知量，根据 KCL 列出方程求解。

2.3.1 节点方程及其一般形式

下面举例说明节点法的推导过程及解题步骤。

图 2-9 所示电路有三个节点，取节点 0 为参考节点，而节点 1 与节点 2 的电位 u_1 及 u_2 为独立变量，对节点 1 与节点 2 列出 KCL 方程：

对节点 1：
$$-i_{S1}+\frac{u_1}{R_1}+\frac{u_1-u_{S2}}{R_2}+\frac{u_1-u_2}{R_4}+\frac{u_1-u_2+u_{S3}}{R_3}=0 \quad (2\text{-}10)$$

对节点 2：
$$-i_{S5}+\frac{u_2}{R_5}+\frac{u_2-u_1}{R_4}+\frac{u_2-u_1-u_{S3}}{R_3}=0 \quad (2\text{-}11)$$

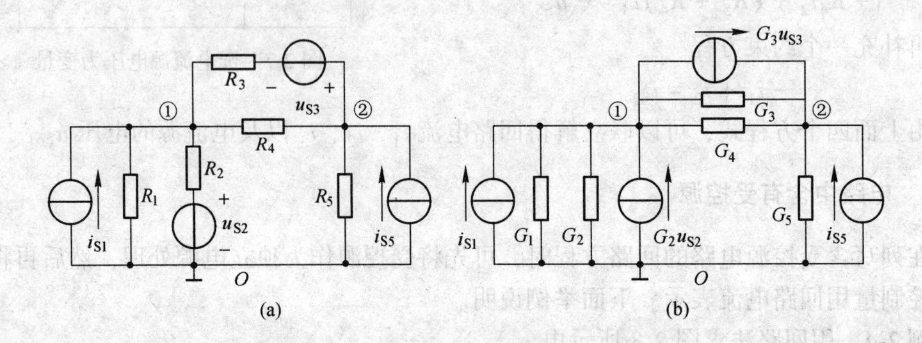

图 2-9 节点法示例

经整理，将已知量移到等号右边，并将所有电阻用电导来表示，上两式可写成

$$(G_1+G_2+G_3+G_4)u_1-(G_3+G_4)u_2=i_{S1}+G_2u_{S2}-G_3u_{S3} \quad (2\text{-}12)$$

$$-(G_3+G_4)u_1+(G_3+G_4+G_5)u_2=i_{S5}+G_3u_{S3} \quad (2\text{-}13)$$

式（2-12）中 u_1 的系数是与节点①相连各支路电导之和，定义为节点①的自电导 G_{11}，即

$$G_{11}=G_1+G_2+G_3+G_4$$

同理节点②的自电导为

$$G_{22}=G_3+G_4+G_5$$

式（2-12）中 u_2 和式（2-13）中 u_1 的系数都等于直接联系着 1、2 两个节点的各支路电导之和，再添一个负号，定义为节点 1 和节点 2 间的互电导 G_{12} 和 G_{21}，即

$$G_{12}=G_{21}=-(G_3+G_4)$$

互电导恒取负值，因为式（2-12）左边项代表从节点 1 流出的电流，而与节点 1 相邻的节点 2 的电位起作用时将驱使电流流入节点 1。

有了自电导和互电导的概念，上述节点电压方程可以写成标准形式：

$$G_{11}u_1+G_{12}u_2=\sum_1 i_S+\sum_1 G_iu_{Si}$$

$$G_{21}u_1+G_{22}u_2=\sum_2 i_S+\sum_2 G_iu_{Si} \quad (2\text{-}14)$$

式中，$\sum_1 i_S$ 及 $\sum_2 i_S$ 分别代表流入节点 1 及节点 2 的电流源代数和；而 $\sum_1 G_iu_{Si}$ 及 $\sum_2 G_iu_{Si}$ 分别代表与节点 1 和节点 2 相连的含电压源与电阻串联支路等效变换成电流源与电阻并联后，流入相应节点的电流源，故电压源的“+”极连到该节点时取正号，否则取负号。

上面介绍的方法可以推广到 n 个节点的普遍情况。具有（n−1）个独立节点的电路的节点电压方程，按式（2-14）推广可得：

$$\begin{cases} G_{11}u_1 + G_{12}u_2 + G_{13}u_3 + \cdots + G_{1(n-1)}u_{n(n-1)} = \sum\limits_{1} i_S + \sum\limits_{1} G_i u_{Si} \\ G_{21}u_1 + G_{22}u_2 + G_{23}u_3 + \cdots + G_{2(n-1)}u_{n(n-1)} = \sum\limits_{2} i_S + \sum\limits_{2} G_i u_{Si} \\ G_{31}u_1 + G_{32}u_2 + G_{33}u_3 + \cdots + G_{3(n-1)}u_{n(n-1)} = \sum\limits_{3} i_S + \sum\limits_{3} G_i u_{Si} \\ \vdots \\ G_{(n-1)1}u_1 + G_{(n-1)2}u_2 + G_{(n-1)3}u_3 + \cdots + G_{(n-1)(n-1)}u_{n(n-1)} = \sum\limits_{n-1} i_S + \sum\limits_{n-1} G_i u_{Si} \end{cases} \tag{2-15}$$

式中有相同下标的电导 G_{11}，G_{22}，G_{33}，$\cdots G_{(n-1)(n-1)}$ 等是各节点的自电导，自电导总为正；有不同下标的电导 G_{12}，G_{13}，G_{23}，$\cdots$ 是节点间互电导，互电导总为负，如果两个节点间没有公共电导，则相应互电导为零。

另外，在不含有受控源的电阻电路中，$G_{jk} = G_{kj}$。

节点法的解题步骤和注意事项可归纳如下：

(1) 指定参考节点（参考节点电位为零），其余节点与参考节点之间的电压就是该点的节点电压；

(2) 按式（2-15）列出节点电压方程，自电导总是正的，互电导总是负的；

(3) 连接到本节点的电流源，当其电流方向指向节点时前面取正号，反之取负号；

(4) 由节点方程解出各节点电压，便可求出各支路电流。

2.3.2 电路中存在理想电压源支路

理想电压源不能等效变换为理想电流源，此时可采用下面的两种处理方法：

(1) 尽可能取电压源支路的负极性端作为电位参考点。这时该支路的另一端电位成为已知量，等于该电源电压，因而不必再对这个节点列节点方程。例如在列图 2-10（a）电路的节点方程时，可取 C 点为参考点，这时 B 点的电位 U_B 成为已知量，即 $U_B = U_{S2}$。因而不必再写 B 点的节点方程，只要对 A、O 两点列出节点方程即可。但应注意：对这两点列节点方程时仍应考虑 U_B 的影响，即

$$\begin{cases} (G_1 + G_5 + G_6)u_A - G_5U_B - G_1U_O = 0 \\ -G_1u_A - G_3U_B + (G_1 + G_3 + G_4)U_O = -I_S \\ U_B = U_{S2} \end{cases}$$

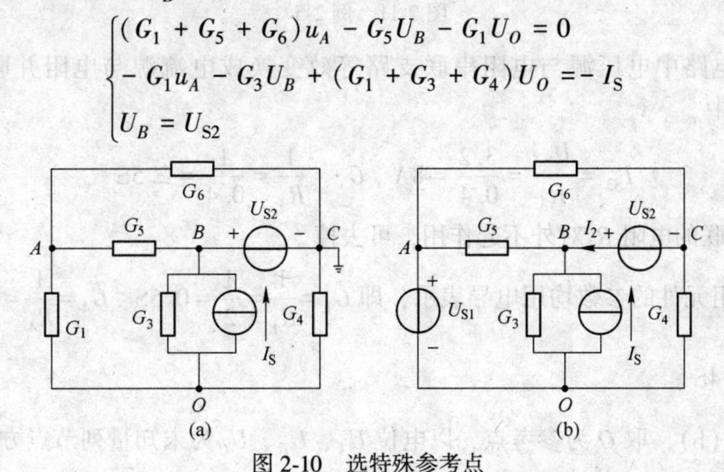

图 2-10 选特殊参考点

（2）将电压源支路的电流作为未知量列入节点方程，并将该电压源与两端节点电位的关系作为补充方程。

如图 2-10（b）中，取 $U_B = 0$，设 U_{S2} 中电流为 I_2，参考方向如图中所示，列出节点方程

$$\begin{aligned} U_A &= U_{S1} \\ -G_5U_A + (G_5 + G_3)U_B &= I_S + I_2 \\ -G_5U_A + (G_5 + G_3)U_B &= I_S + I_2 \\ -G_6U_A + (G_4 + G_6)U_C &= -I_2 \end{aligned}$$

上列方程中 U_B、U_C 为节点电位未知量，又多一个未知量 I_2，所以需再列一补充方程

$$U_B - U_C = U_{S2}$$

由上面 4 个方程便可解出未知量。

2.3.3 电路中存在电流源与电阻串联支路

电流源与电阻串联对外电路来说等效成一个电流源，故列节点方程时不考虑与电流源串联的电阻。

例 2-5 图 2-11（a）电路中：$R_1 = 2\Omega$，$R_2 = 0.2\Omega$，$R_3 = 0.4\Omega$，$R_4 = 0.5\Omega$，$R_5 = 1\Omega$，$R_6 = 0.25\Omega$，$I_{S1} = 8A$，$I_{S2} = -3A$，$U_{S3} = 3.2V$。试用节点法求电压源支路中电流和电流源的端电压。

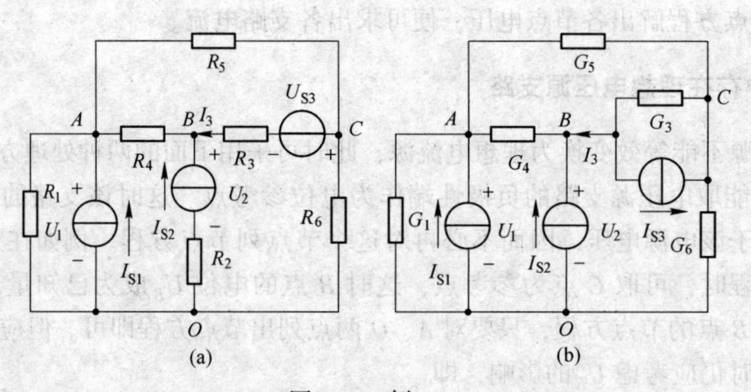

图 2-11 例 2-5

解 先将电路中电压源与电阻串联支路等效变换成电流源与电阻并联，如图 2-11（b）所示，其中

$$I_{S3} = \frac{U_{S3}}{R_3} = \frac{3.2}{0.4} = 8A，G_3 = \frac{1}{R_3} = \frac{1}{0.4} = 2.5S$$

与电流源 I_{S2} 串联的电阻 R_2 对外不起作用，可去掉。

再把各电阻元件的参数均用电导表示，即 $G_1 = \frac{1}{R_1} = \frac{1}{2} = 0.5S$，$G_4 = \frac{1}{R_4} = 2S$，$G_5 = \frac{1}{R_5} = 1S$，$G_6 = \frac{1}{R_6} = 4S$。

对图 2-11（b），取 O 为参考点，以电位 U_A、U_B、U_C 为未知量列节点方程如下：

$$\begin{cases}(G_1+G_4+G_5)U_A-G_4U_B-G_5U_C=I_{S1}\\-G_4U_A+(G_3+G_4)U_B-G_3U_C=I_{S2}-I_{S3}\\-G_5U_A-G_3U_B+(G_3+G_5+G_6)U_C=I_{S3}\end{cases}$$

代入已知数据后，解得：$U_A=2V$，$U_B=-1V$，$U_C=1V$。

电流源 I_{S1} 的电压 $U_1=U_A=2V$

电流源 I_{S2} 的电压 $U_2=U_B+R_2I_{S2}=-1.6V$

电流源 U_{S3} 的电流 $I_3=G_3(U_C-U_B)-I_{S3}=-3A$

应当说明的是：在列节点方程时，可不必把含电压源支路等效变换成电流源，而是根据等效变换的条件，直接去列方程。这样，图 2-11 所示电路的节点方程又可写为：

$$\begin{cases}\left(\frac{1}{R_1}+\frac{1}{R_4}+\frac{1}{R_5}\right)U_A-\frac{1}{R_4}U_B-\frac{1}{R_5}U_C=I_{S1}\\-\frac{1}{R_4}U_A+\left(\frac{1}{R_3}+\frac{1}{R_4}\right)U_B-\frac{1}{R_3}U_C=I_{S2}-\frac{U_{S3}}{R_3}\\-\frac{1}{R_5}U_A-\frac{1}{R_3}U_B+\left(\frac{1}{R_3}+\frac{1}{R_5}+\frac{1}{R_6}\right)U_C=\frac{U_{S3}}{R_3}\end{cases}$$

2.3.4 电路中含有受控源

电路中含有受控源时，列写节点方程时的处理方法与回路电流方程的处理方法相同，即首先将受控源当作独立电源处理，然后再将受控源的控制量用相应的节点电压来表示。

例 2-6 如图 2-12 的电路，求 i_1 和 i_2。

解 选定 O 点为参考点，则按图 2-12，列出节点 1 和节点 2 的方程为

$$\left(\frac{1}{4}+\frac{1}{4}\right)u_1-\frac{1}{4}u_2=2+0.5i_2$$

$$-\frac{1}{4}u_1+\left(\frac{1}{4}+\frac{1}{4}+\frac{1}{2}\right)u_2=-0.5i_2+\frac{4i_1}{4}$$

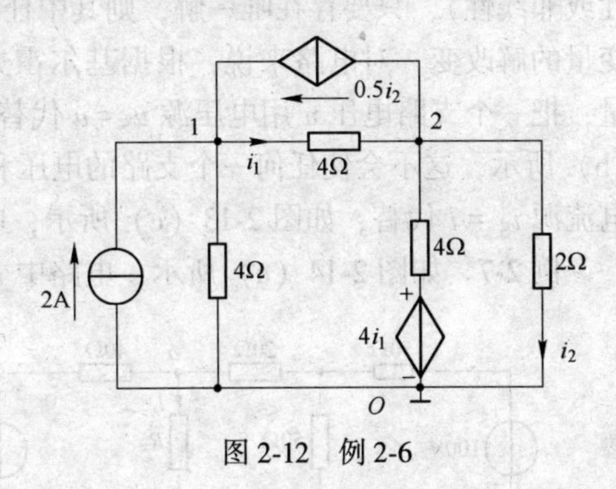

图 2-12 例 2-6

控制量 i_1、i_2 与节点电压的关系为

$$i_1=\frac{u_1-u_2}{4}$$

$$i_2=\frac{u_2}{2}$$

整理得

$$u_1-u_2=4$$
$$-u_1+3u_2=0$$

由上式解出 $u_1=6V$，$u_2=2V$

所以 $i_1=1A$，$i_2=1A$

2.4 替代定理

替代定理又称置换定理，其定理内容为：任意线性和非线性、时变和时不变网络，在

存在唯一解的条件下，若某支路电压或支路电流已知，那么该支路就可以用一独立的电压源或电流源替代（电压源等于该支路电压，电流源等于该支路电流），并不影响网络中其余部分的电流、电压。

举一简单例子来说明替代定理。对图 2-13（a）所示电阻电路，不难求得各支路电流为：

$$I_1 = 2\text{A},\ I_2 = 2\text{A},\ I_3 = 2\text{A}$$

若用电压源 $U_S = 4I_3 + 4 = 8\text{V}$ 替代支路 3，如图 2-13（b）所示，则不难求得各支路电流仍为：$I_1 = 2\text{A}$，$I_2 = 2\text{A}$ 和 $I_3 = 1\text{A}$；若用电流源 $I_S = I_3 = 1\text{A}$ 替代支路 3，如图 2-13（c）所示，电路各支路电流、电压仍将保持原值。

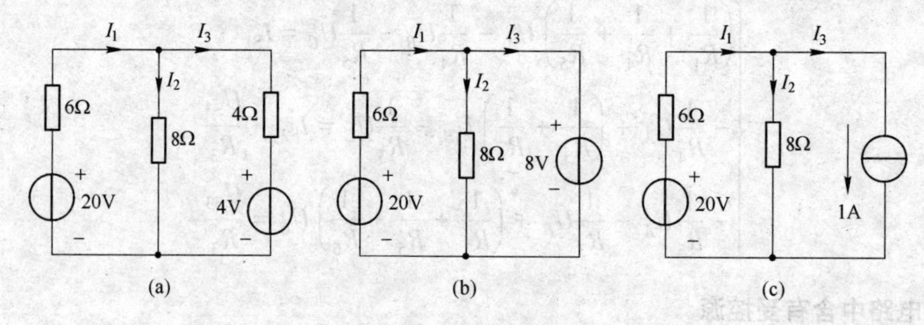

图 2-13 替代定理示例

替代定理的正确性是很容易直观理解的。现简单证明如下：给定一组代数方程（线性或非线性），只要存在唯一解，则其中任一未知量，如用其解来替换，则不会引起其他变量的解改变。对电路来说，根据基尔霍夫定律列出方程，支路电压和支路电流是未知量，把一个支路电压 u 用电压源 $u_S = u$ 代替，就相当于把未知量用其解来代替，如图 2-13（b）所示，这不会使任何一个支路的电压和电流值发生变化。同样，把一个支路电流 i 用电流源 $i_S = i$ 代替，如图 2-13（c）所示，电路中的其他量的解也不会变化。

例 2-7 如图 2-14（a）所示，电路中 R_x 为多少欧姆时，25V 电压源中电流为零？

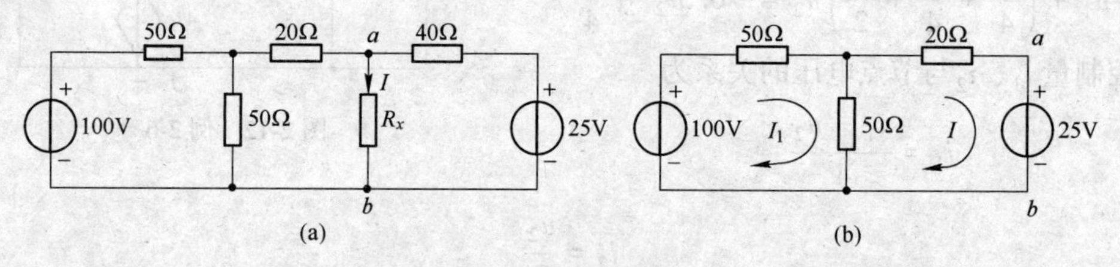

图 2-14 例 2-7

解 因为 R_x 两端电压为 25V，所以把 R_x 支路用 25V 独立电压源代替，如图 2-14（b）所示。

列回路电流方程

$$(50 + 50)I_1 - 50I = 100$$
$$-50I_1 + (20 + 50)I = -25$$

解得
$$I = \frac{5}{9}\text{A}$$

由 $$R_x = \frac{25}{I} \quad 得 \quad R_x = 45\Omega$$

2.5 齐性定理和叠加定理

齐性定理和叠加定理是体现线性网络线性本质的两个基本定理。它们是分析线性电路的重要依据和方法，此定理不仅可以用来计算电路，也可以建立响应与激励之间的内在关系，许多定理和方法要依靠它们来导出。

2.5.1 齐性定理

在线性电路中，当所有激励都增大或缩小 K 倍（K 为常数）时，响应也将同样增大或缩小 K 倍。当只有一个独立电源作用时，电路中的激励与响应成正比，这一关系称为齐性定理。

如激励是电压源 u_S，响应是某支路电流 i，则

$$i = au_S \tag{2-16}$$

式中，a 为常数，它只与电路结构和元件参数有关，而与激励无关。

例 2-8 如图 2-15 的电路，若 $u_S = 1.3V$，求 i_5 和 u_{bd}（图 2-15 中所有电阻均为 2Ω）。

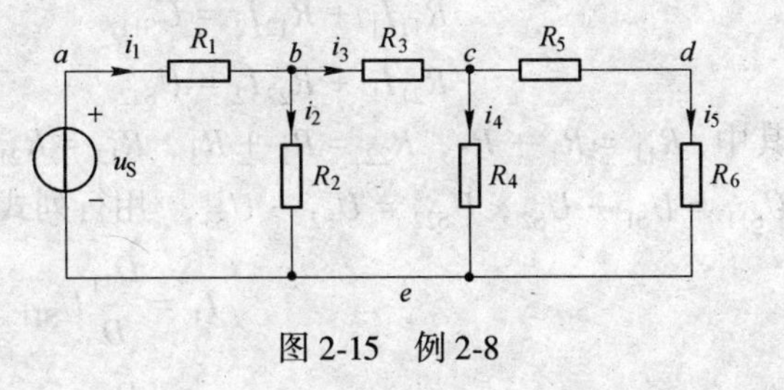

图 2-15 例 2-8

解 由齐性定理，电流 i_5、电压 u_{bd} 均与 u_S 成正比。设

$$i = au_S\ ,\ u_{bd} = bu_S$$

只要求出比例系数 a 和 b，依给定的 u_S 就可求出所需的未知量。

设 $i_5' = 1A$

$$u_{ce}' = (R_5 + R_6)i_5' = 4V$$

$$i_4' = \frac{u_{ce}'}{R_4} = 2A$$

$$i_3' = i_4' + i_5' = 3A$$

$$u_{be}' = R_3 i_3' + u_{ce}' = 10V$$

$$i_2' = \frac{u_{be}'}{R_2} = 5A$$

$$i_1' = i_2' + i_{35}' = 8A$$

$$u_S' = R_1 i_1' + u_{be}' = 26V$$

即，如果 $i_5' = 1A$，则 $u_S' = 26V$。故得比例系数

$$a = \frac{i_5'}{u_S'} = \frac{1}{26}S$$

又由 $u_{bd}' = R_3 i_3' + R_5 i_5' = 8V$，故得系数

$$b = \frac{u'_{bd}}{u'_S} = \frac{8}{26} = \frac{4}{13}$$

所以，由齐性定理得，当 $u_S = 13\text{V}$ 时

$$i = au_S = \frac{1}{26}u_S = 0.5\text{A}$$

$$u_{bd} = bu_S = \frac{4}{13}u_S = 4\text{V}$$

2.5.2 叠加定理

叠加定理可叙述如下：在线性电路中，当有两个或两个以上的独立电源作用时，任意支路的电流或电压，都是各个独立电源单独作用而其他独立源不作用时，在该支路中产生的各电流分量或各电压分量的代数和。

下面以图 2-16 所示电路为例说明叠加定理的正确性。

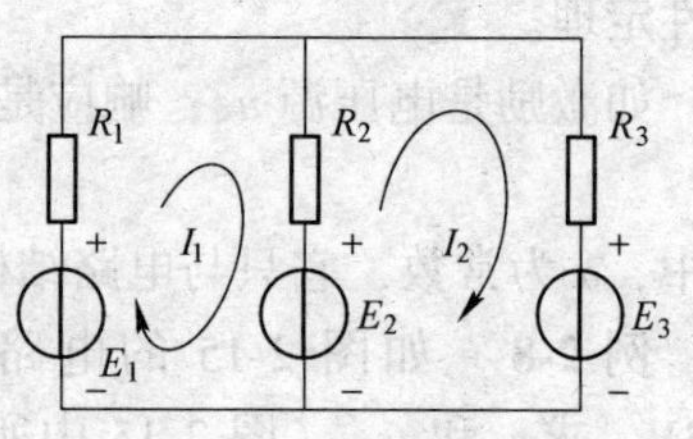

图 2-16 叠加定理说明示例

图 2-16 所示电路具有两个独立回路，取网孔为独立回路，回路电流为 I_1 和 I_2，则回路电流方程为

$$R_{11}I_1 + R_{12}I_2 = U_{S11}$$
$$R_{21}I_1 + R_{22}I_2 = U_{S22}$$

其中，$R_{11} = R_1 + R_2$，$R_{22} = R_2 + R_3$，$R_{12} = R_{21} = -R_2$，$U_{S11} = U_{S1} - U_{S2}$，$U_{S22} = U_{S2} - U_{S3}$，用行列式求解，得

$$\begin{aligned} I_1 &= \frac{D_{11}}{D}U_{S11} + \frac{D_{21}}{D}U_{S22} \\ &= \frac{D_{11}}{D}(U_{S1} - U_{S2}) + \frac{D_{21}}{D}(U_{S2} - U_{S3}) \\ &= \frac{D_{11}}{D}U_{S1} + \left(-\frac{D_{11}}{D} + \frac{D_{21}}{D}\right)U_{S2} - \frac{D_{21}}{D}U_{S3} \end{aligned}$$

式中

$$\begin{aligned} D &= \begin{vmatrix} R_{11} & R_{12} \\ R_{21} & R_{22} \end{vmatrix} = R_{11}R_{22} - R_{12}R_{21} \\ &= R_1R_2 + R_2R_3 + R_3R_1 \\ D_{11} &= (-1)^{1+1}R_{22} = R_2 + R_3 \\ D_{21} &= (-1)^{2+1}R_{12} = -R_{12} = R_2 \end{aligned}$$

由于电路中各电阻都是线性的，所以式中 U_{S1}、U_{S2}、U_{S3} 前面的系数都是常数。于是回路电流 I_1 就是各个电压源 U_{S1}、U_{S2} 和 U_{S3} 的一次函数。当电压源 U_{S1} 单独作用时，$U_{S2} = 0$，$U_{S3} = 0$，回路电流 $I'_1 = \frac{D_{11}}{D}U_{S1}$；当电压源 U_{S2} 单独作用时，$U_{S1} = 0$，$U_{S3} = 0$，回路电流 $I''_1 = \left(-\frac{D_{11}}{D} + \frac{D_{21}}{D}\right)U_{S2}$；当电压源 U_{S3} 单独作用时，$U_{S1} = 0$，$U_{S2} = 0$，回路电流 $I'''_1 =$

$-\frac{D_{21}}{D}U_{S3}$。这就是说，回路电流 I_1 由 3 个分量 I_1'、I_1''、I_1''' 所组成，即 $I_1 = I_1' + I_1'' + I_1'''$。由此可见，这三个电压源共同作用时，在回路 1 中所产生的回路电流等于这些电压源单独作用时，在该回路中所产生的回路电流分量的代数和。这个结论对于回路 2 显然也同样成立。需要指出，所谓电源不作用究竟指的是什么？对于电压源，不作用是指它的电压源为零，就需要把电压源拿走并且把原来电压源的两端短接起来；对于电流源，不作用是指它的电流为零，即不供给电流，因此，电流源处应该用开路代替。

因为支路电流是回路电流的代数和，而支路电压与支路电流是线性关系，所以叠加定理同样适用于各支路电流和支路电压。

从节点电压法出发，经过类似的论证，同样可以说明叠加定理的正确性。

应用叠加定理，应注意以下几点：

（1）只能用来计算线性电路的电流和电压，对非线性电路不适用。

（2）叠加时要注意电压和电流的参考方向，求和时要注意各电压分量和电流分量的正负。即当某电流或电压分量的参考方向与其对应的原电路的电流参考方向或电压参考方向一致时，各电压分量或电流分量前取“+”号，否则取“-”号。而各分量的数值则是正值代“+”号，负值代“-”号。

（3）叠加时，一个独立电源作用，其他独立电源不作用，表示其他独立电源置零，即电压源短路，电流源开路。

（4）功率不是电压和电流的一次函数，所以不能仿照叠加定理的方法计算功率。

例 2-9 电路如图 2-17（a）所示，应用叠加定理求电流 I_1 和 I_2。

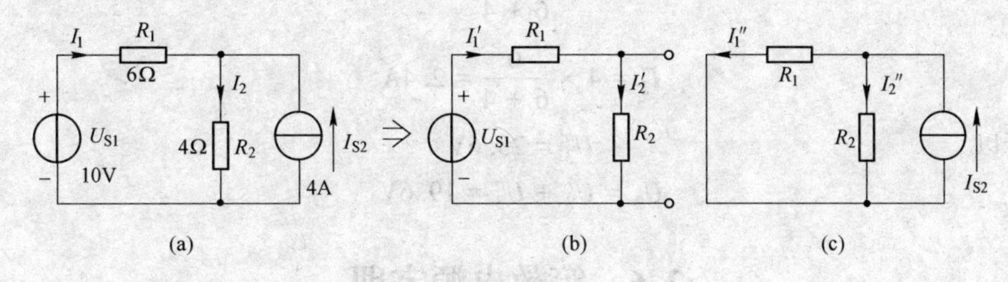

图 2-17 例 2-9

解 按叠加定理作出如图 2-17（b）和图 2-17（c）的电路，图 2-17（b）中电流源 I_S 不作用，而图 2-17（c）中电压源 U_S 不作用。

图 2-17（b）中

$$I_1' = I_2' = \frac{U_{S1}}{R_1 + R_2} = \frac{10}{6 + 4} = 1A$$

图 2-17（c）中

$$I_1'' = \frac{R_2}{R_1 + R_2}I_{S2} = \frac{4}{6 + 4} \times 4 = 1.6A$$

$$I_2'' = \frac{R_1}{R_1 + R_2}I_{S2} = \frac{6}{6 + 4} \times 4 = 2.4A$$

所以

$$I_1 = I_1' - I_1'' = 1 - 1.6 = -0.6A$$

$$I_2 = I_2' + I_2'' = 1 + 2.4 = 3.4\text{A}$$

例 2-10 电路如图 2-18（a）所示，求 U_3。

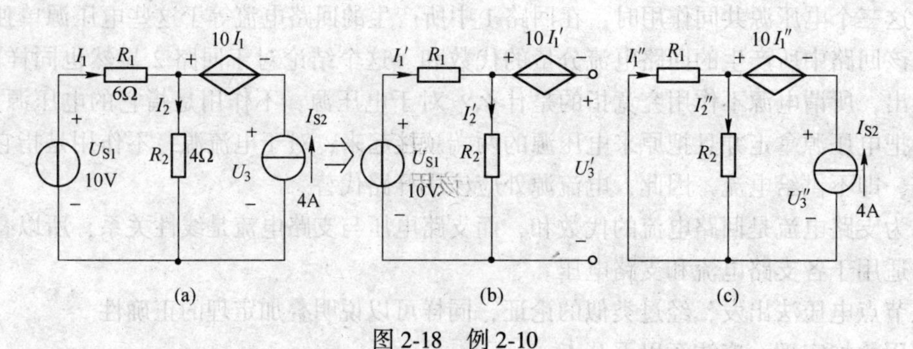

图 2-18 例 2-10

解 据叠加定理，画出两个独立电源单独作用时的电路，如图 2-18（b）、（c）所示（注意保留受控源）。

在图 2-18（b）中

$$U_3' = -10I_1' + 4I_2'$$

而且
$$I_1' = I_2' = \frac{10}{6+4} = 1\text{A}$$

所以
$$U_3' = -10I_1' + 4I_2' = -6\text{V}$$

图 2-18（c）中
$$U_3'' = -10I_1'' + 4I_2''$$

而
$$I_1'' = -4 \times \frac{4}{6+4} = -1.6\text{A}$$

$$I_2'' = 4 \times \frac{6}{6+4} = 2.4\text{A}$$

所以
$$U_3'' = 25.6\text{V}$$

$$U_3 = U_3' + U_3'' = 19.6\text{V}$$

2.6 等效电源定理

当只研究网络某一部分的响应时，网络的其他部分可用简单的等效电路代替，使问题得到简化。内部不含独立电源的二端网络称为无源二端网络，它可用最简单无源二端网络，即一个等效电阻作为它的等效电路，这类问题已在第 1 章介绍过。内部包含独立电源的二端网络称为有源二端网络，它可以用一个电压源与电阻串联或一个电流源与电阻并联等效代替。怎样找到这样一个等效电源，便是等效电源定理要阐述的内容。

2.6.1 戴维南定理

等效电源定理包括戴维南定理和诺顿定理。戴维南定理可表述为：

任何一个线性含源的二端（也称一端口）网络，对外部电路来说，可以用一个电压源和一个串联电阻等效替代，此电压源的电压等于含源二端网络的开路电压，而电阻等于把含源二端网络内全部独立电源置零（即电压源短路、电流源开路）后，所得到的无源二端网络的等效电阻。

图 2-19（a）表示一个有源二端网络 A 及其外部电路。所谓有源二端网络的开路电压就是把外电路断开后，在有源二端网络引出端 a、b 间的电压 u_{oc}，如图 2-19（b）所示。如果把有源二端网络 A 内部所有独立电源置零（即电压源短路，电流源开路），则有源网络化为一个无源二端网络，如图 2-19（c）所示（其中 P 表示无源的意思），则等效电源的内阻，就是从 a、b 两端看进去的等效电阻或输入电阻 R_{eq}。图 2-19（d）便是有源二端网络的等效电路。

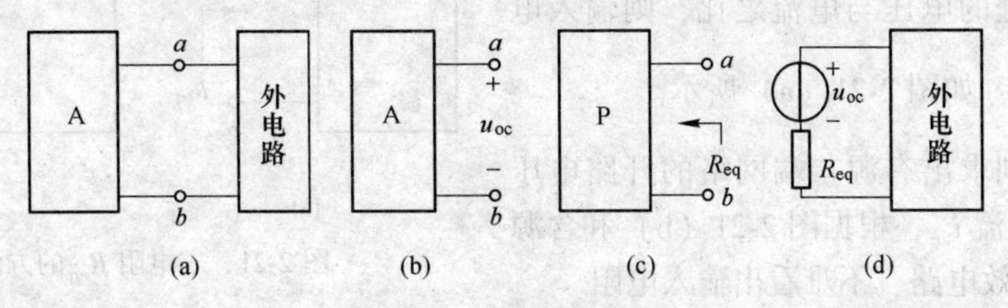

图 2-19　戴维南定理

戴维南定理可证明如下：根据替代定理，图 2-20（a）所示电路中，用 $i_S = i$ 的电流源替代电阻 R，替代后电路如图 2-20（b）所示，再对图 2-20（b）应用叠加定理，得到图 2-20（c）。图 2-20（c）上面一个电路为电流源不作用（$i_S = 0$），有源网络 A 中所有独立电源作用；下面一个图表示 i_S作用，而 A 中所有独立电源不作用（此时有源网络 A 变成了无源二端网络 P）。

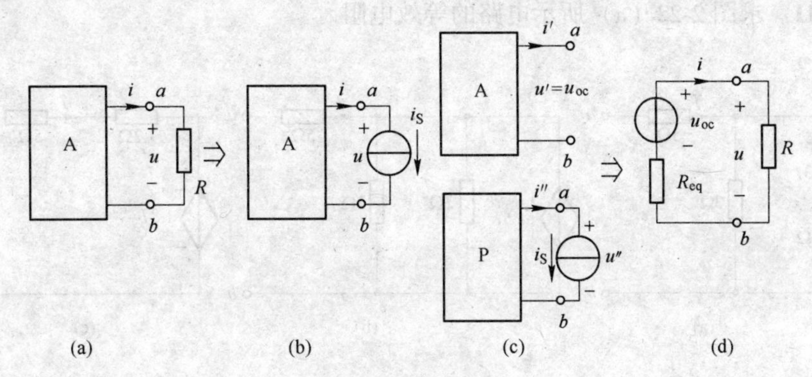

图 2-20　定理证明

当网络 A 的所有电源作用时，$u' = u_{oc}$；
当只有 i_S作用时，$u'' = -R_{eq}i_S$；
根据叠加定理，ab 间电压

$$u = u' + u'' = u_{oc} - R_{eq}i_S = u_{oc} - R_{eq}i$$

上式即为有源二端网络 A 在端口 a、b 处电压与电流的关系方程。此方程对应的等效电路如图 2-20（d）中 a、b 左侧的含源支路，即有源二端网络 A 可用该有源支路等效替代。这就证明了戴维南定理。

图 2-20（a）的外部电路为电阻 R，当然它也可为任意元件、复杂的无源二端网络或有源二端网络。

在应用戴维南定理时，应注意以下几点：

(1) 此定理只能用来求解有源二端网络外部的某条支路的电压或电流。

(2) 只要被等效的网络是线性的，外部电路即使非线性也可以应用此定理。

(3) 求等效电阻（输入电阻）R_{eq}时，要将一端口内部的全部独立电源置零（电压源短路，电流源开路）。

输入电阻R_{eq}除用电阻化简的方法进行求解外，还可以用下述两种方法来计算：

1) 网络内所有独立电源置零，在端口a、b处施加一电压源u（或电流源i），求出端钮a、b处的电压与电流之比，则输入电阻$R_{eq}=\dfrac{u}{i}$，如图2-21（a）所示。

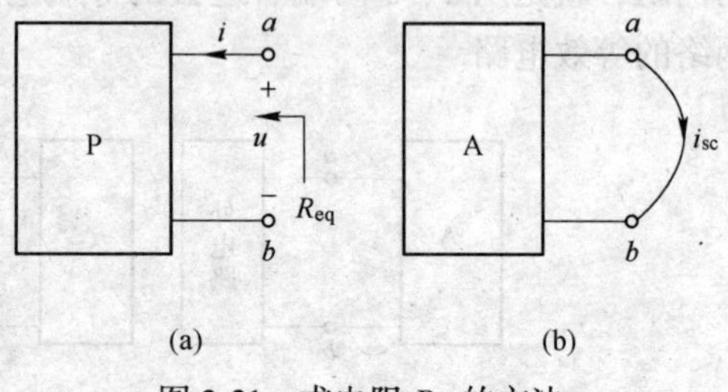

图2-21 求电阻R_{eq}的方法

2) 分别求出有源二端网络的开路电压u_{oc}和短路电流i_{sc}，根据图2-21（b）和含源二端网络等效电路，不难看出输入电阻

$$R_{eq}=\frac{u_{oc}}{i_{sc}}$$

应当注意，在电路中含有受控源时，求等效电阻（或输入电阻）R_{eq}必须采用上面的两种方法。

(4) 电路中含有受控源时，受控源和控制量应同处于有源二端网络之内。

用戴维南定理求解电路时，一般把待求支路以外的部分作为有源二端网络来分析。

例2-11 求图2-22（a）所示电路的等效电阻。

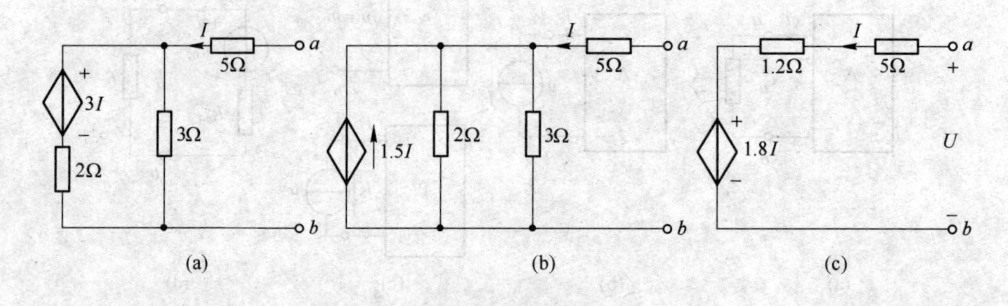

图2-22 例2-11

解 对最左边支路进行电源变换得图2-22（b）所示电路，再将图2-22（b）进行电源变换后得图2-22（c）所示电路，图2-22（c）电路端口加电压源U后，则端口电压与电流的伏安关系为

$$U=(5+1.2)I+1.8I=8I$$

所以等效电阻为

$$R_{eq}=\frac{U}{I}=8\Omega$$

例2-12 图2-23所示电路中，$U_{S1}=40\text{V}$，$U_{S2}=40\text{V}$，$R_1=4\Omega$，$R_2=2\Omega$，$R_3=5\Omega$，$R_4=10\Omega$，$R_5=8\Omega$，$R_6=2\Omega$，求I_3。

解　先求出除 R_3 支路外有源二端网络的戴维南等效电路。求开路电压的电路如图 2-24（a）所示。由 KVL 得

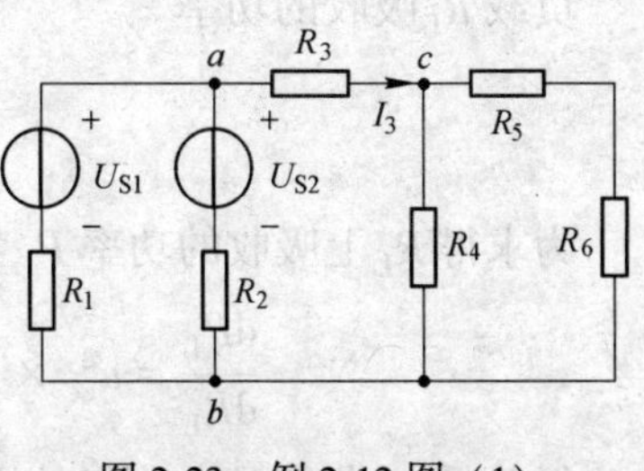

图 2-23　例 2-12 图（1）

$$\begin{aligned} U_{ac} &= U_{S2} - R_2 I_2 \\ &= U_{S2} - R_2 \times \frac{-U_{S1} + U_{S2}}{R_1 + R_2} \\ &= 40 - 2 \times \frac{-40 + 40}{4 + 2} \\ &= 40\text{V} \end{aligned}$$

求有源二端网络输入电阻 R_{ac} 的电路，如图 2-24（b）所示。

$$\begin{aligned} R_{ac} &= R_{ab} + R_{bc} \\ &= \frac{R_1 R_2}{R_1 + R_2} + \frac{R_4(R_5 + R_6)}{R_4 + (R_5 + R_6)} \\ &= \frac{4 \times 2}{4 + 2} + \frac{10 \times 10}{10 + 10} = 6.333\Omega \end{aligned}$$

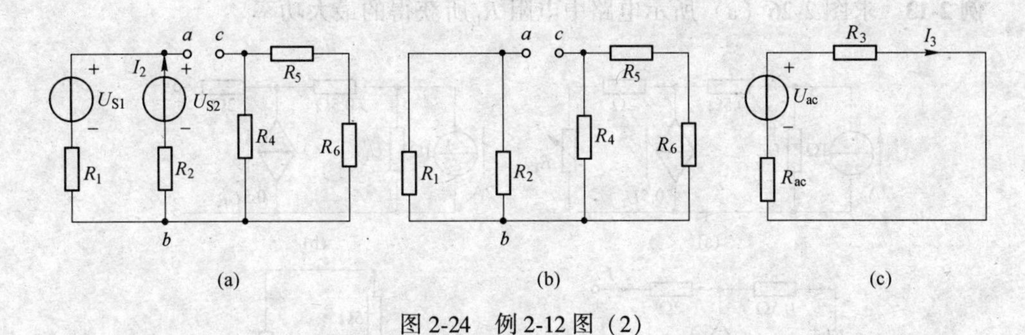

图 2-24　例 2-12 图（2）

于是得到图 2-23 所示电路的等效电路，如图 2-24（c）所示，求 I_3。

$$I_3 = \frac{U_{ack}}{R_{ac} + R_3} = \frac{40}{6.333 + 5} = 3.53\text{A}$$

在实际电子设备设计中，常常要求负载从给定电源（或信号源）获得最大功率，这就是最大功率传输问题。

许多电子设备所用的电源或信号源内部结构都比较复杂，可将其视为一个有源的二端电路。用戴维南定理可将该二端电路进行等效，如图 2-25 虚框所示。由于电源或信号源给定，所以戴维南等效电路中的独立电压源 u_{oc} 和电阻 R_{eq} 为定值。负载电阻 R_L 所吸收的功率 P_L 只随电阻 R_L 的变化而变化。

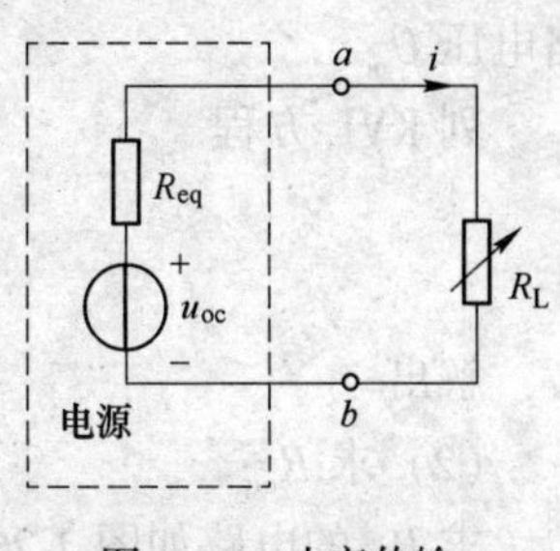

图 2-25　功率传输

图 2-25 所示的电路中，流经负载 R_L 的电流

$$i = \frac{u_{oc}}{R_{eq} + R_L}$$

负载R_L吸收的功率

$$P_L = R_L i^2 = \frac{R_L u_{oc}^2}{(R_{eq} + R_L)^2} \tag{2-17}$$

为求得R_L上吸收的功率P_L为最大的条件，对上式求导，并令其等于零，即

$$\frac{dP_L}{dR_L} = u_{oc}^2 \times \frac{(R_{eq} + R_L)^2 - R_L \times 2(R_{eq} + R_L)}{(R_{eq} + R_L)^4} = 0$$

得负载R_L获得最大功率时的条件为

$$R_L = R_{eq} \tag{2-18}$$

将以上条件代入式（2-17）中，得负载R_L获得的最大功率

$$P_{Lmax} = \frac{u_{oc}^2}{4R_{eq}} \tag{2-19}$$

可见，为了能从给定的电源（u_{oc}和R_{eq}已知）获得最大功率，应使负载电阻R_L等于电源内阻R_{eq}（即负载与电源匹配）。此条件称为最大功率匹配条件，此定理称为最大功率传输定理。可见，求解最大功率传输问题的关键就是求有源二端网络的戴维南等效电路。

例 2-13　求图 2-26（a）所示电路中电阻R_L所获得的最大功率。

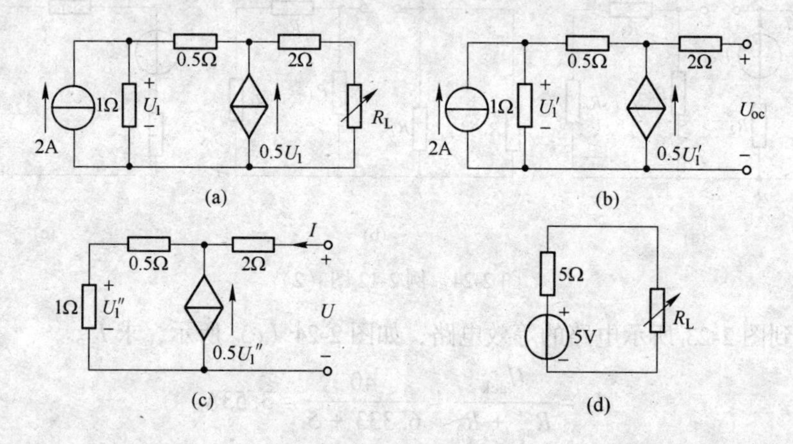

图 2-26　例 2-13

解　（1）断开R_L，求余下的有源二端网络的戴维南等效电路。由图 2-26（b）求开路电压U_{oc}。

列 KVL 方程

$$U_{oc} = 0.5 \times (0.5U_1') + U'$$

$$U_1 = 1 \times (2 + 0.5U_1') + U'$$

解出

$$U_{oc} = 5\text{V}$$

（2）求R_{eq}。

求R_{eq}的电路如图 2-26（c）所示，列 KVL 方程

$$U = 2I + (1 + 0.5)(I + 0.5U_1'') + U_1''$$

$$U_1'' = 1 \times (I + 0.5U_1'')$$

解出 $$U = 5I, \quad R_{eq} = \frac{U}{I} = 5\Omega$$

（3）作出戴维南等效电路，接上 R_L，如图 2-26（d）所示。当 $R_L = R_{eq} = 5\Omega$ 时可获得最大功率

$$P_{Lmax} = \frac{U_{oc}^2}{4R_{eq}} = \frac{5^2}{4 \times 5} = 1.25W$$

2.6.2 诺顿定理

因为实际电压源与实际电流源之间可以进行等效变换，所以由戴维南定理很容易推出诺顿定理。其内容是：任何一个含源线性二端网络，对外电路来说，可以用一个电流源与一个电阻并联等效代替，其等效电流源电流等于该含源二端网络端口的短路电流，等效内阻为该含源二端网络化为无源二端网络的输入电阻或等效电阻。在图 2-27（b）和（c）中的虚框部分，分别为含源二端网络 A 的戴维南等效电路和诺顿等效电路。

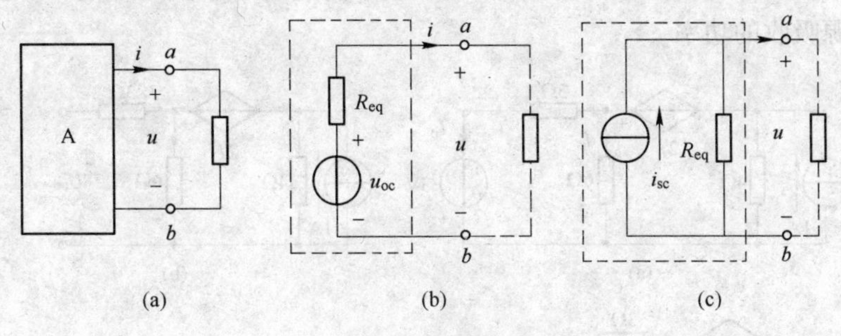

图 2-27 诺顿定理

戴维南定理和诺顿定理统称为等效电源定理或等效发电机定理。这两个定理除了用于分析电路中某一支路的电压或电流外，在计算电路中某电阻获得最大功率，以及电路中电压或电流对某元件参数变化的灵敏度时，用起来也极为方便。

例 2-14 用诺顿定理求图 2-28 所示电路中的电流 I。

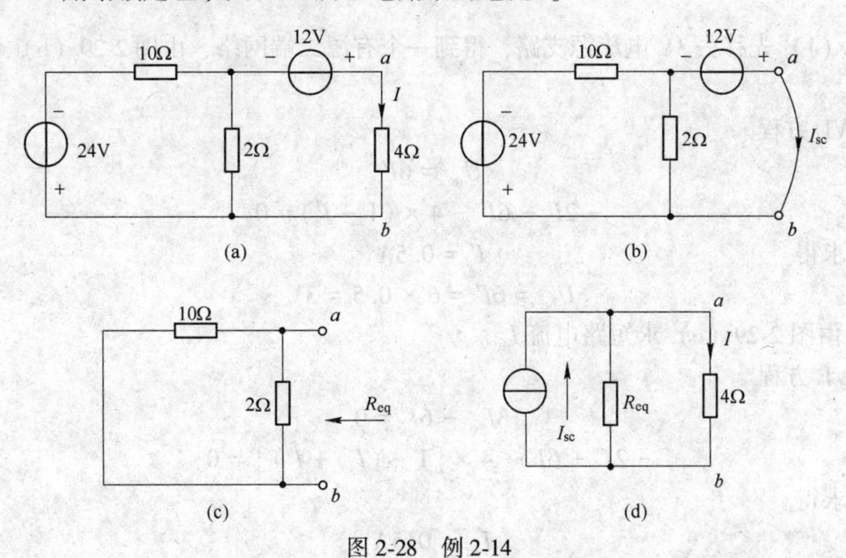

图 2-28 例 2-14

解　把图 2-28（a）中除了 4Ω 电阻以外的部分利用诺顿定理进行等效。

由图 2-28（b）所示的电路求短路电流 I_{sc}。

根据叠加定理得

$$I_{SC}=-\frac{24}{10}+\frac{12}{10//12}=4.8\text{A}$$

根据图 2-28（c）求 R_{eq}

$$R_{eq}=10//2=\frac{5}{3}\Omega$$

求得诺顿等效电路后，再把 4Ω 电阻接上，如图 2-28（d）所示，由分流公式得

$$I=\frac{R_{eq}}{4+R_{eq}}I_{SC}=\frac{\frac{5}{3}}{4+\frac{5}{3}}\times 4.8=1.42\text{A}$$

例 2-15　图 2-29（a）所示电路，分别用戴维南定理和诺顿定理求 3V 电压源中的电流 I_0 和该电源吸收的功率。

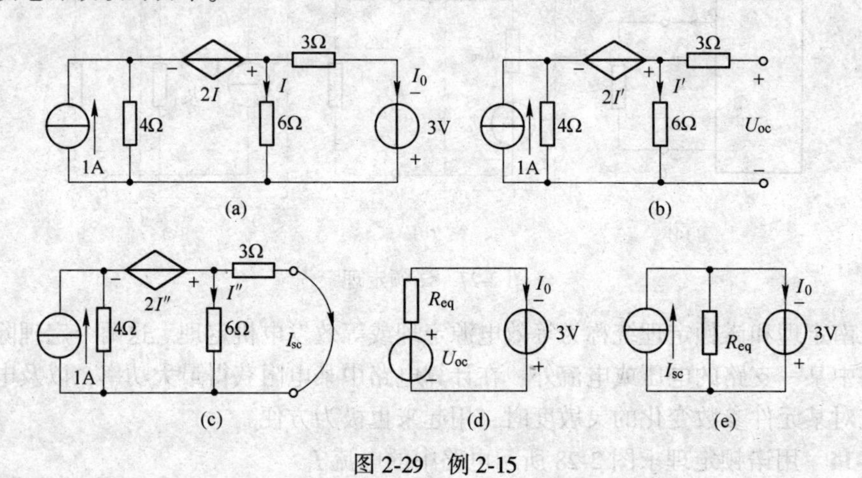

图 2-29　例 2-15

解　（1）先移去 3V 电压源支路，得到一个有源二端网络，由图 2-29（b）可求出开路电压 U_{oc}。

列 KVL 方程

$$U_{oc}=6I'$$

$$-2I'+6I'-4\times(1-I')=0$$

联立求得　$I'=0.5\text{A}$

所以　$U_{oc}=6I'=6\times 0.5=3\text{V}$

（2）由图 2-29（c）求短路电流 I_{sc}。

列 KVL 方程

$$3I_{sc}-6I''=0$$

$$-2I''+6I''-4\times[1-(I_{sc}+I'')]=0$$

联立求得

$$I_{sc}=0.5\text{A}$$

(3) 由 $R_{eq} = \dfrac{U_{oc}}{I_{sc}}$ 得输入电阻（等效电阻）

$$R_{eq} = 6\Omega$$

(4) 对应的戴维南等效电路如图 2-29（d）所示。

$$I_0 = \frac{3+3}{6} = 1\text{A}, \quad P = 3 \times 1 = 3\text{W}\ (\text{发出功率})$$

(5) 对应的诺顿等效电路如图 2-29（c）所示。

$$I_0 = 0.5 + \frac{3}{6} = 1\text{A}, \quad P = 3 \times 1 = 3\text{W}\ (\text{发出功率})$$

例 2-16 图 2-30（a）所示电路为一晶体管放大电路，已知 $U_{be} = 0.7\text{V}$，$I_c = 100 I_b$，$U_{CC} = 15\text{V}$，$R_{b1} = 50\text{k}\Omega$，$R_{b2} = 100\text{k}\Omega$，$R_c = 5\text{k}\Omega$，$R_e = 3\text{k}\Omega$。求节点 c 的电压。

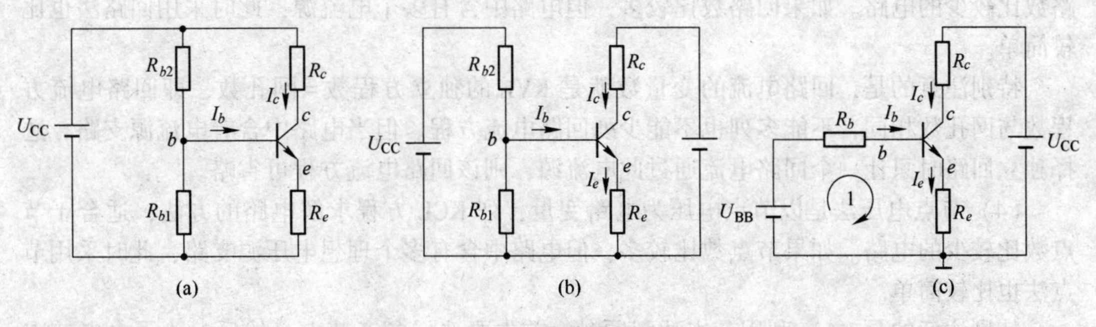

图 2-30 例 2-16

解 将直流电压源表示为两个，电路如图 2-30（b）所示，再将晶体管基极（节点 b）以左的部分用戴维南电路等效，如图 2-30（c）所示，则

$$R_b = \frac{R_{b1}R_{b2}}{R_{b1} + R_{b2}} = \frac{50 \times 100}{50 \times 100} = 33.3\text{k}\Omega$$

$$U_{BB} = \frac{R_{b1}}{R_{b1} + R_{b2}} U_{OC} = \frac{50}{50 + 100} \times 15 = 5\text{V}$$

对回路 1 应用 KVL

$$R_b I_b + U_{be} + R_e I_e = U_{BB}$$

若令

$$\beta = \frac{I_c}{I_b} = 100$$

由于

$$I_e = I_b + I_c = (1 + \beta) I_b$$

所以

$$I_b = \frac{U_{BB} - U_{be}}{R_b + (1+\beta) R_e} = \frac{5 - 0.7}{33.3 + (1 + 100) \times 3} = 0.0128\text{mA}$$

$$I_c = \beta I_b = 1.28\text{mA}$$

根据 KVL，节点的电压

$$U_c = U_{OC} - R_c I_c = 15 - 5 \times 1.28 = 8.6\text{V}$$

2.7 学习指导

(1) 电路的一般分析方法，就是依据 KCL 和 KVL 列电路方程，求解电路响应的方法，主要有支路电流法、回路电流法和节点电压法。KCL 的独立方程数为 $n-1$，n 为电路的节点数；KVL 的独立方程数=网孔数=$b-(n-1)=b-n+1$，b 为电路的支路数。

(2) 支路电流法是以支路电流为电路变量，列 KCL 和 KVL 方程求解电路的方法，适合于支路数比较少的电路。

特别注意的是，当电路中含有电流源支路时，选回路列 KVL 方程时应避开电流源。

(3) 回路电流法是以回路电流为电路变量，列 KVL 方程求解电路的方法，适合于回路数比较少的电路。如果回路数比较多，但电路中含有多个电流源，此时采用回路法也比较简单。

特别注意的是，回路电流的变量数就是 KVL 的独立方程数=网孔数，即回路电流方程数与网孔数相同，不能多列也不能少列回路电流方程。但当电路中含有电流源支路，选择独立回路时只让一个回路电流通过此电流源，则该回路电流方程可省略。

(4) 节点电压法是以节点电压为电路变量，列 KCL 方程求解电路的方法，适合于节点数比较少的电路。如果节点数比较多，但电路中含有多个理想电压源支路，此时采用节点法也比较简单。

特别注意的是：1）利用节点法解题时，首先要选择参考节点，然后对除了参考节点以外的其他节点，按标准形式列节点电压方程即可。当电路中含有理想电压源支路时，可把电压源的一端作为参考节点，则理想电压源另一端的节点电压为已知，故此节点电压方程可省略。2）电路中含有电流源与电阻串联支路时，此串联电阻不要计入到节点方程中的自导和互导中。

(5) 求解电路时无论采用哪种分析方法，都会得到相同的结果。但是如果方法选择的不合适，会使求解过程很繁琐；如果方法选择得当，求解过程就会变得很简捷。所以解题时选择方法的最主要原则就是变量数最少。如果几种方法的变量数相同，以求解电路更为便利作为选择原则。

(6) 电路定理为分析复杂电路提供了丰富的解题方法，它们的实质就是把复杂电路变换为简单电路处理。叠加定理可以把多电源电路变换为单一电源处理，使复杂电路变换为简单电路；戴维南定理和诺顿定理是用戴维南等效电路或诺顿等效电路置换含源二端网络，使电路转换为单一回路的简单电路。

特别注意的是：1）如果电路中含有受控源，应用叠加定理拆分电路时，拆分的个数由独立电源个数决定，与受控源个数无关。2）戴维南定理和诺顿定理适合于求解某一条支路的电压或电流。电路中含有受控源时，等效电阻求解应采用外加电源法或开路电压、短路电流法。

习 题

2-1 试用支路电流法求各支路电流，如图 2-31 所示。

2-2 试用节点法求 I，如图 2-32 所示。

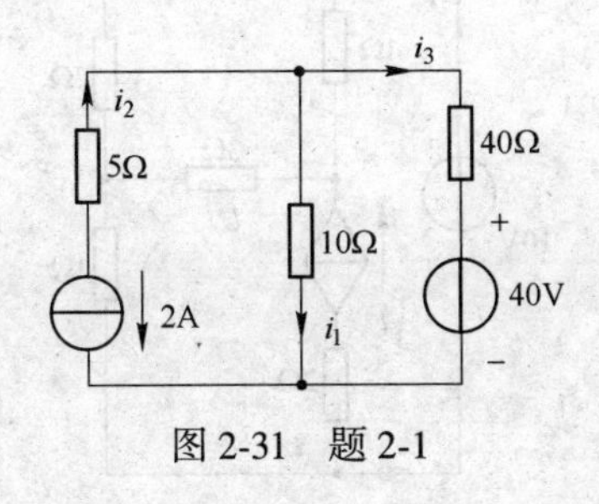

图 2-31　题 2-1

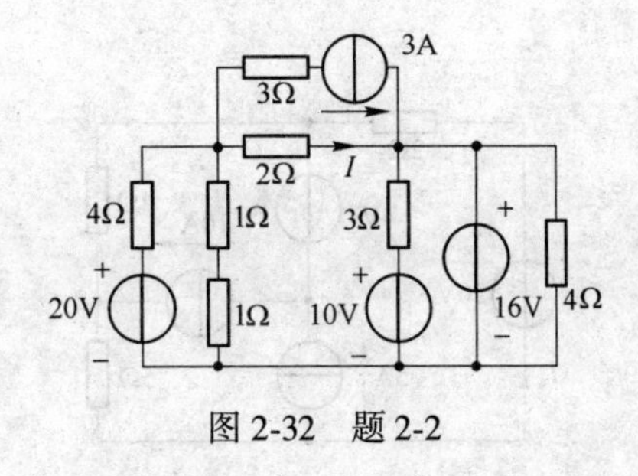

图 2-32　题 2-2

2-3 试求如图 2-33 所示电路中各受控源产生的功率。

2-4 求图 2-34 所示含有二极管电路中的电位 U_a。

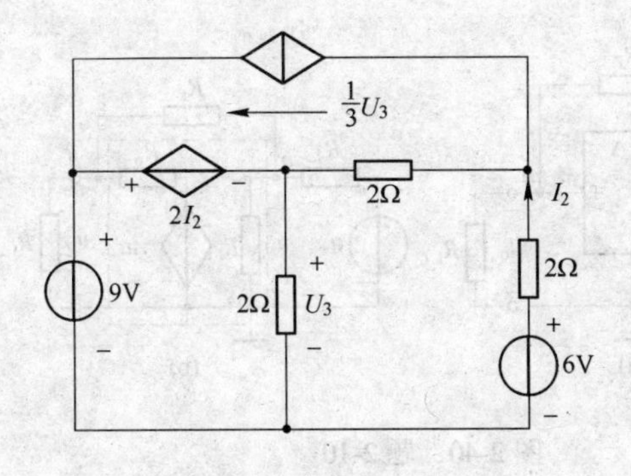

图 2-33　题 2-3

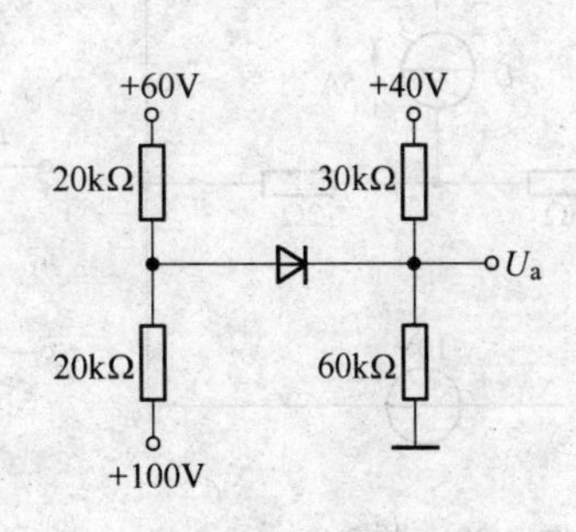

图 2-34　题 2-4

2-5 若电路中只有一个独立节点，则用节点法得到的该节点电压的表达式为弥尔曼定理的表达式，试用节点法求如图 2-35 所示电路的节点电压，并总结弥尔曼定理。

2-6 试用回路法求 I，如图 2-36 所示。

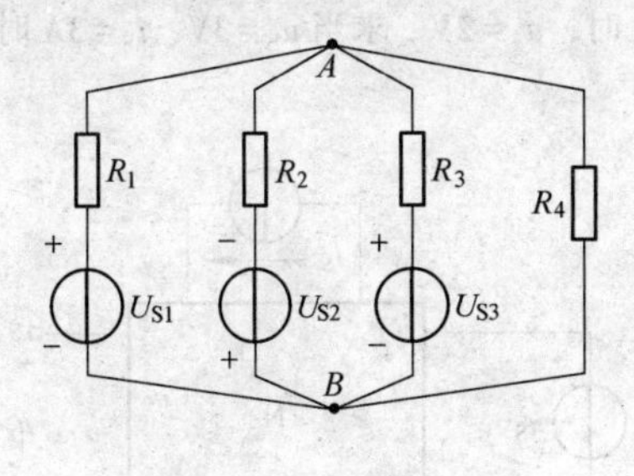

图 2-35　题 2-5

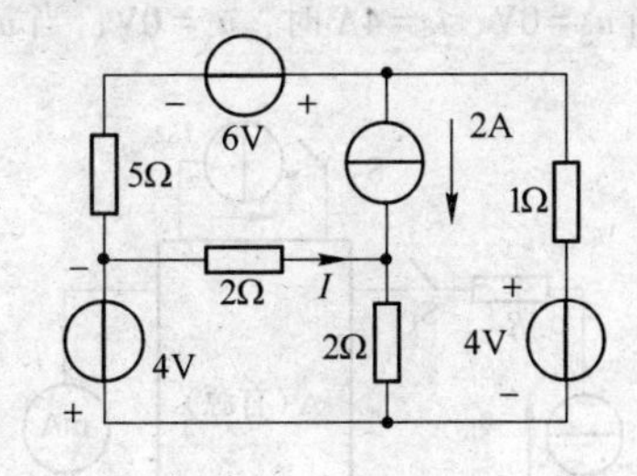

图 2-36　题 2-6

2-7 用最简单的方法求 I_x，如图 2-37 所示。

2-8 用回路法求 U_x 和 I_y，如图 2-38 所示。

2-9 用叠加定理求 U，如图 2-39 所示。

2-10 图 2-40（a）所示电路，方框部分是运算放大器。运算放大器的输入电压为 u'，输入电阻为 R_i，输出电阻为 R_o，放大倍数为 A。运算放大器的电路模型可用受控源表示，如图 2-40（b）中虚线所示。若选用 μA741 运算放大器，其参数为：$R_i = 2\text{M}\Omega$，$R_o = 75\Omega$，$A = 200000$。求当 $R_1 = 5\text{k}\Omega$，$R_f = 50\text{k}\Omega$，负载电阻 $R_L = 1\text{k}\Omega$ 时的输出电压 u_o 与输入电压 u_i 的关系。

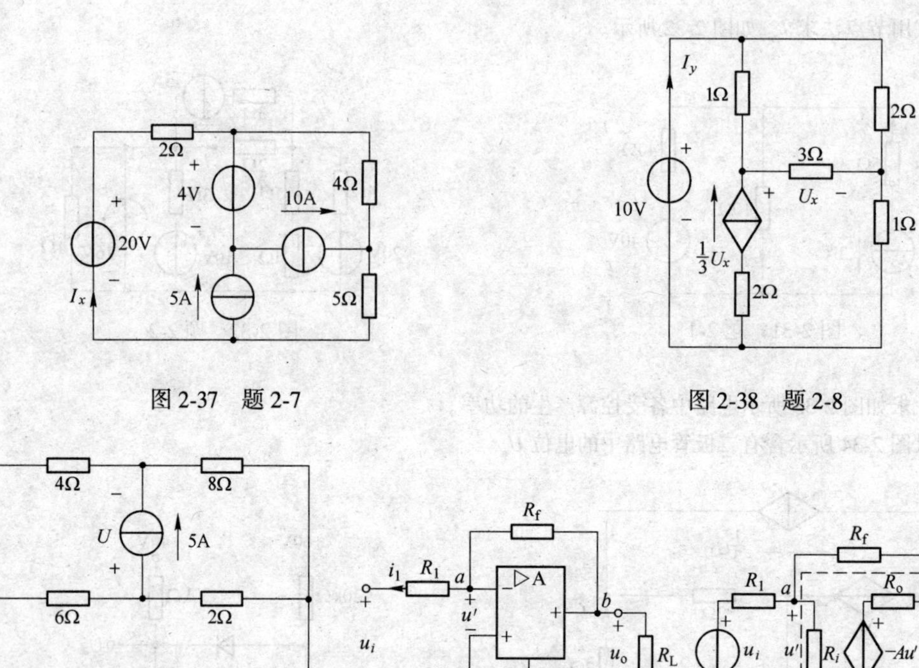

图 2-37 题 2-7　　图 2-38 题 2-8

图 2-39 题 2-9　　图 2-40 题 2-10

2-11 如图 2-41 所示电路中：(1) 开关 S_1 和 S_2 都打开时，毫安表的读数为 100mA；(2) 当 S_1 闭合 ($i_{S1}=1A$) S_2 打开时，毫安表的读数为 150mA；(3) 当 S_1 和 S_2 都闭合时 ($i_{S1}=1A$，$i_{S2}=1A$)，毫安表读数为 100mA。试求当 $i_{S1}=3A$、$i_{S2}=-5A$ 时，毫安表的读数。

2-12 图 2-42 中的电路 N 是含有独立源的线性电阻电路。已知：当 $u_S=6V$、$i_S=0$ 时，开路端电压 $u_x=4V$；当 $u_S=0V$、$i_S=4A$ 时，$u_x=0V$；当 $u_S=-3V$、$i_S=-2A$ 时，$u_x=2V$。求当 $u_S=3V$、$i_S=3A$ 时的 u_x。

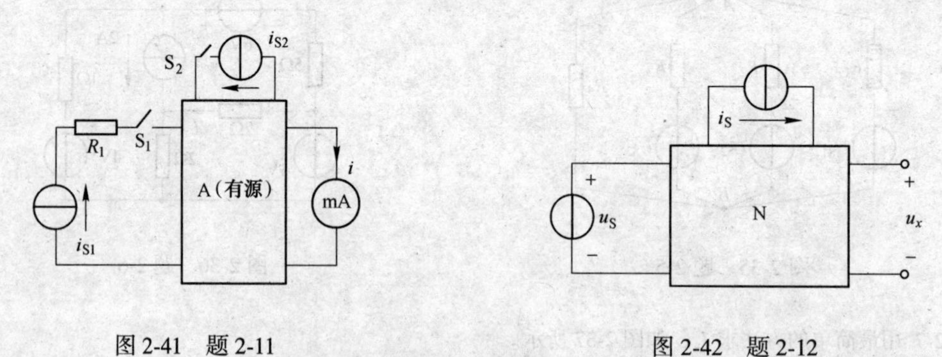

图 2-41 题 2-11　　图 2-42 题 2-12

2-13 在图 2-43 电路中，已知 $R_5=8\Omega$ 时，$i_5=20A$，当 $R_5=2\Omega$ 时，$i_5=50A$。试求 R_5 等于 3Ω 时，通过 R_5 中电流多大。

2-14 如图 2-44 所示，已知 B 元件的伏安关系为 $u=2i^2$，试求 $i=?$

2-15 已知图 2-45 (a) 所示电路中 $u_{ab}=1V$ 时，$i_1=0.1A$，$i_2=0.02A$；图 2-45 (b) 中 $u_{cd}=12V$；图 2-45 (c) 中 $u_{ab}=10V$。试求图 2-45 (c) 中的 i_2 和含源二端网络 A 的等效电路。

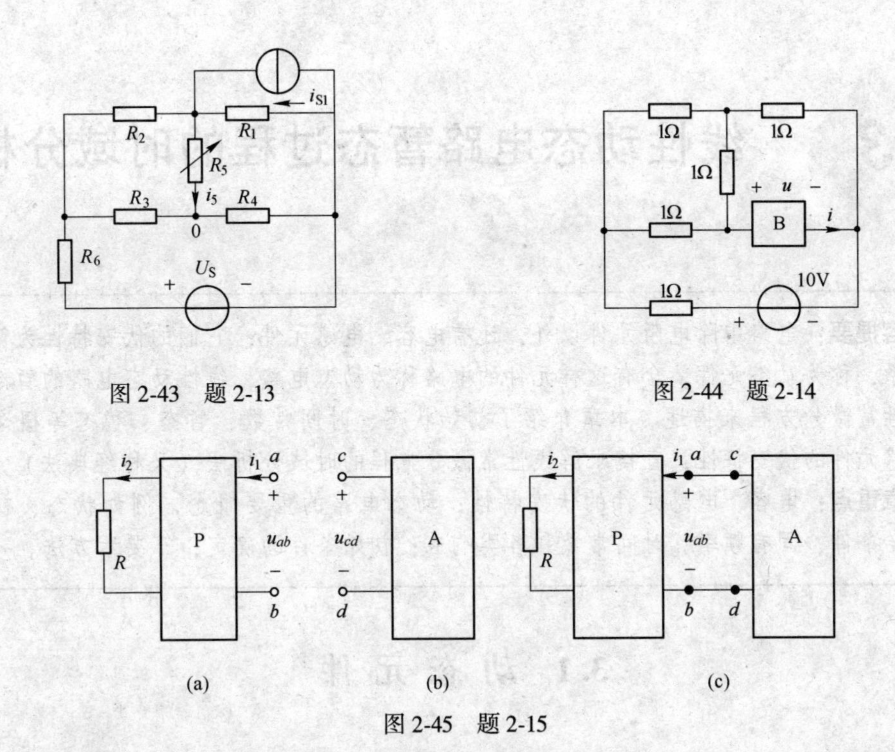

图 2-43　题 2-13

图 2-44　题 2-14

图 2-45　题 2-15

2-16 求图 2-46 所示电路的戴维南等效电路和诺顿等效电路。

2-17 已知图 2-47 电路中，当 $R=5\Omega$ 时，电流表的读数为 1A；当 $R=15\Omega$ 时，电流表读数为 0.5A。求 U_S 和 R_2。

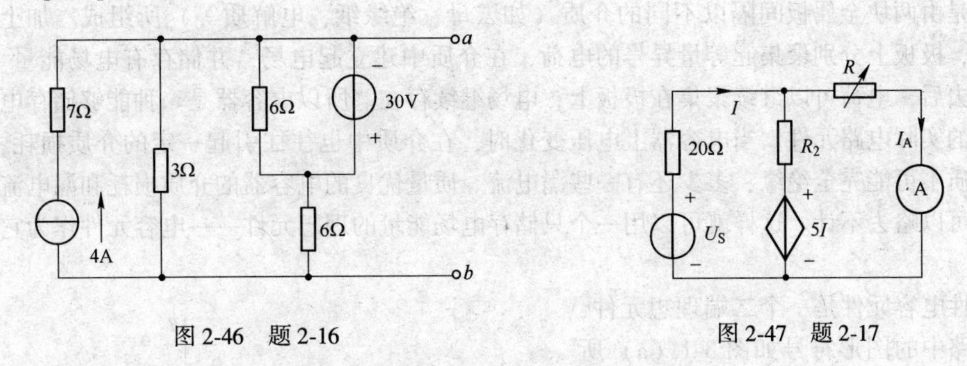

图 2-46　题 2-16

图 2-47　题 2-17

2-18 求如图 2-48 所示电路的戴维南等效电路。

2-19 如图 2-49 所示电路，求 R 为多大时可获得最大功率，并求之。

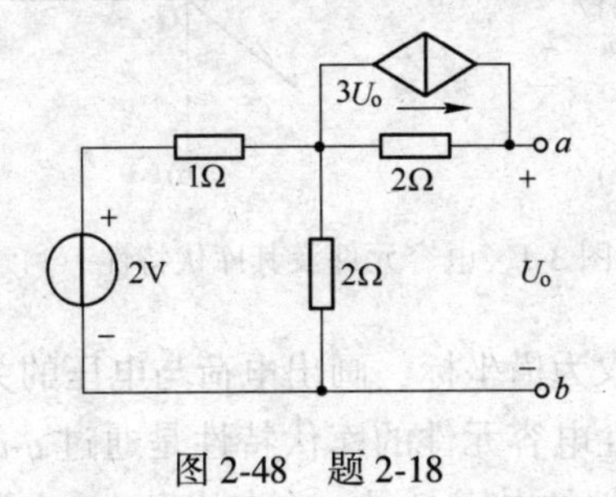

图 2-48　题 2-18

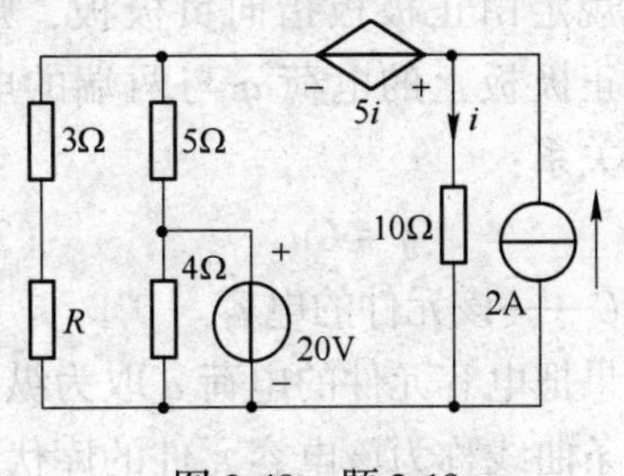

图 2-49　题 2-19

3 线性动态电路暂态过程的时域分析

内容提要：电路中除电阻元件以外，还有电容、电感元件，它们的伏安特性为微分或积分关系，称为动态元件。含有这样元件的电路称为动态电路，线性动态电路的暂态过程可用线性常微分方程来描述。本章介绍了初始状态、时间常数、暂态、稳态等概念，电容、电感元件的伏安特性，直接求解线性常微分方程的时域分析法（又称经典法）。

本章重点：电容、电感元件的伏安特性；动态电路的重要概念，例如状态、初始状态、初始条件、固有频率、时间常数和各类响应；初始条件的确定；三要素方法。

3.1 动态元件

3.1.1 电容元件

在工程中，电容器应用极为广泛。电容器虽然规格和品种很多，但就其构成原理来说，都是由两块金属板间隔以不同的介质（如云母、绝缘纸、电解质等）所组成。加上电源后，极板上分别聚集起等量异号的电荷，在介质中建立起电场，并储存有电场能量。电源移去后，电荷可以继续聚集在极板上，电场继续存在。所以电容器是一种能够储存电场能量的实际电路元件。当电容器上电压变化时，在介质中也往往引起一定的介质损耗，并且介质不可能完全绝缘，多少还有一些漏电流。质量优良的电容器的介质损耗和漏电流很小，可以略去不计。这样就可以用一个只储存电场能量的理想元件——电容元件作为它的模型。

线性电容元件是一个二端理想元件，它在电路中的图形符号如图 3-1（a）所示。图中$+q$和$-q$是该元件正极板和负极板上的电荷量。若电容元件上电压的参考方向规定由正极板指向负极板，则任何时刻正极板上的电荷 q 与两端的电压有以下关系：

$$q = Cu \tag{3-1}$$

式中　C——该元件的电容。

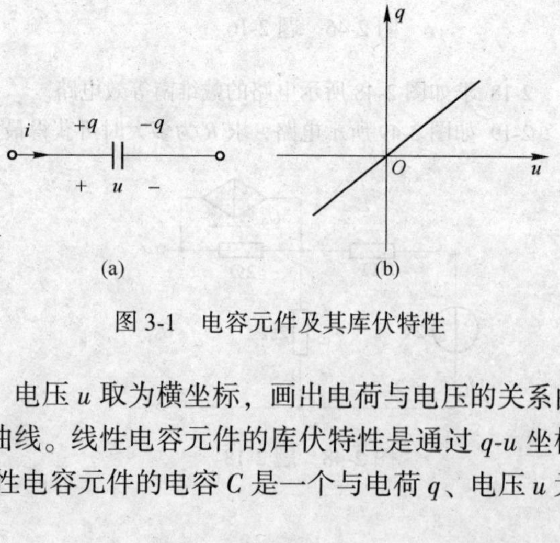

(a)　(b)

图 3-1　电容元件及其库伏特性

如果把电容元件的电荷 q 取为纵坐标，电压 u 取为横坐标，画出电荷与电压的关系曲线，这条曲线称为该电容元件的库伏特性曲线。线性电容元件的库伏特性是通过 q-u 坐标原点的直线，如图 3-1（b）所示。所以线性电容元件的电容 C 是一个与电荷 q、电压 u 无关的正实常数。当 $q=1$ 库仑、$u=1$ 伏特时，$C=1$ 法拉，简称法，用 F 表示。实际电容器的电容往往比 1F 小得多，因此通常采用微法（μF）、皮法（pF）（或微微法）作为电容的单位，且有

$$1\mu\text{F} = 10^{-6}\text{F}$$
$$1\text{pF} = 10^{-12}\text{F}$$

当极板间电压变化时，极板上的电荷也随着改变，于是电容电路中出现电流。如果指定电流参考方向与电压参考方向一致，即电流从正极板流进，如图 3-1（a）所示，则

$$i = \frac{\mathrm{d}q}{\mathrm{d}t}$$

把式（3-1）代入得

$$i = C\frac{\mathrm{d}u}{\mathrm{d}t} \tag{3-2}$$

因为电容元件的伏安关系是一种微分关系，故电容元件又称为动态元件。

在图 3-1（a）中，当电压的实际极性与参考极性一致且从零上升时，即 $u>0$ 且 $\frac{\mathrm{d}u}{\mathrm{d}t}>0$，电容极板上的电荷增多，这种过程称为充电。当电压下降时，即 $\frac{\mathrm{d}u}{\mathrm{d}t}<0$，电容器极板上的电荷减少，这就是放电过程。电容元件的电压若不断变动，元件则不停地充电或放电，电容器中就形成了电流。

从式（3-2）可以看出，任何时刻，线性电容元件中的电流与该时刻电压的变化率成正比。当电压发生剧变，即 $\frac{\mathrm{d}u}{\mathrm{d}t}$ 很大时，电流也很大；当电压不随时间变化（即使此刻电压值很大）时电容中的电流也为零，这时电容元件相当于开路，故电容元件有隔直作用。在图 3-2（a）所示的直流电路中，由于电容元件的隔直作用，该电路各元件电压、电流的大小与图 3-2（b）所示电路中相应元件的电压、电流的大小一致，或者说图 3-2（b）为图 3-2（a）的等效电路。

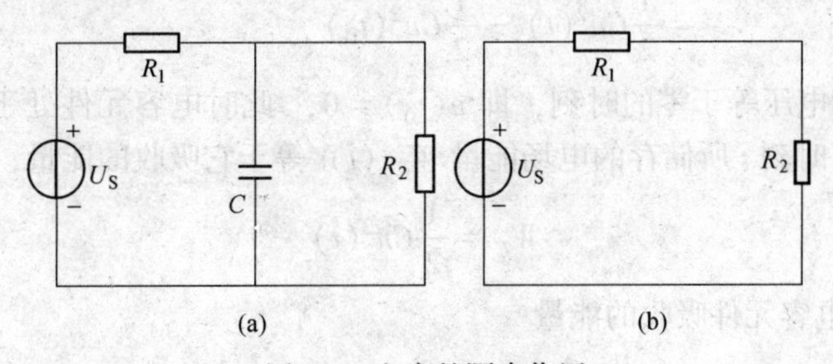

图 3-2 电容的隔直作用

在图 3-1（a）所示的电流参考方向和电荷参考极性下，由 $i=\frac{\mathrm{d}q}{\mathrm{d}t}$，电容元件中的电荷 q 与电流 i 的积分关系可以表示为

$$\int_{q(t_0)}^{q(t)} \mathrm{d}q = \int_{t_0}^{t} i(\xi)\,\mathrm{d}\xi$$

即

$$q(t) - q(t_0) = \int_{t_0}^{t} i(\xi)\mathrm{d}\xi$$

$$q(t) = q(t_0) + \int_{t_0}^{t} i(\xi)\mathrm{d}\xi$$

式中，t_0为一指定值。如果取t_0为计时起点且设其为零，则上式可写为

$$q(t) = q(0) + \int_{0}^{t} i(\xi)\mathrm{d}\xi$$

其中，$q(0)$ 是电荷在起始时刻的值，即电容元件原来所带的电荷。

对于线性电容元件，其电压为

$$u(t) = \frac{1}{C}q(t) = \frac{1}{C}q(t_0) + \frac{1}{C}\int_{t_0}^{t} i(\xi)\mathrm{d}\xi$$

$$= u(t_0) + \frac{1}{C}\int_{t_0}^{t} i(\xi)\mathrm{d}\xi$$

式中，$u(t_0) = \frac{1}{C}q(t_0)$。同样，若取$t_0$为计算时间起点并且设为零，则

$$u(t) = u(0) + \int_{0}^{t} i(\xi)\mathrm{d}\xi$$

从上式可看出，在任何时刻t，电容元件的电压$u(t)$与初始值$u(0)$以及从0到t的所有电流值有关。因而电容元件为记忆元件。

在电压和电流的关联参考方向下，线性电容元件吸收的功率为

$$p = ui = uC\frac{\mathrm{d}u}{\mathrm{d}t}$$

从t_0到t时间内，电容元件吸收的电能为

$$W_C = \int_{t_0}^{t} u(\xi)i(\xi)\mathrm{d}\xi = \int_{t_0}^{t} Cu(\xi)\frac{\mathrm{d}u(\xi)}{\mathrm{d}\xi}\cdot\mathrm{d}\xi$$

$$= C\int_{u(t_0)}^{u(t)} u(\xi)\cdot\mathrm{d}u(\xi)$$

$$= \frac{1}{2}Cu^2(t) - \frac{1}{2}Cu^2(t_0)$$

如果选取t_0为电压等于零的时刻，即$u(t_0) = 0$，此时电容元件处于未充电状态，那么电容元件在任何时刻t所储存的电场能量$W_C(t)$等于它吸收的能量，可写为

$$W_C = \frac{1}{2}Cu^2(t) \tag{3-3}$$

从时间t_1到t_2，电容元件吸收的能量

$$W_C = C\int_{u(t_1)}^{u(t_2)} u\cdot\mathrm{d}u = \frac{1}{2}Cu^2(t_2) - \frac{1}{2}Cu^2(t_1)$$

$$= W_C(t_2) - W_C(t_1)$$

它等于电容元件在t_1和t_2时刻的电场能量之差。

电容元件充电时，$|u(t_2)| > |u(t_1)|$，$W_C(t_2) > W_C(t_1)$，元件吸收能量，并全部转换成电场能量；电容元件放电时，$|u(t_2)| < |u(t_1)|$，$W_C(t_2) < W_C(t_1)$，$W_C < 0$，电容元件释放电场能量。所以，电容元件是一种储能元件，而且电容元件不会

释放出多于它所吸收或储存的能量，因此电容元件是一种无源元件。

今后为了叙述方便，把线性电容元件简称为电容。所以，“电容”这个术语以及它的相应符号 C，一方面表示一个电容元件，另一方面也表示这个元件的参数。

电容器是为了获得一定大小的电容特制的元件。但是，电容的效应在许多别的场合也存在。如一对架空输电线之间就有电容，因为一对输电线可视做电容的两个极板，输电线之间的空气则为电容极板间的介质，这就相当于电容器的作用。又如一只电感线圈，各线匝之间也都有电容，不过这种所谓的匝间电容是很小的，若线圈中电流和电压随时间变化不快时，其电容效应可略去不计。

3.1.2 电感元件

线性电感元件是一理想的二端元件。假设它是由无阻导线绕制而成的线圈，线圈中通以电流 i 后，在线圈内部将产生磁通 ϕ_L，若磁通 ϕ_L 与线圈 N 匝交链，则磁链 $\psi_L = N\phi_L$，如图 3-3（a）所示，图 3-3（b）画出了线性电感元件在电路中的图形符号。

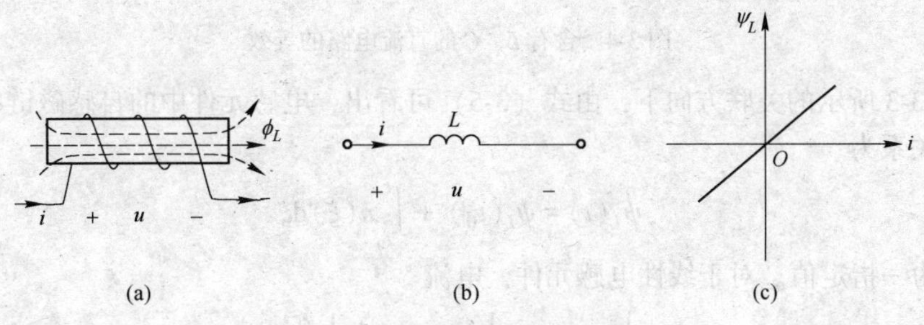

图 3-3 电感元件及其韦安特性

这里的 ϕ_L 和 ψ_L 都是由线圈本身的电流产生的，分别称为自感磁通和自感磁链。我们规定磁通 ϕ_L 和磁链 ψ_L 的参考方向与电流 i 参考方向之间满足右手螺旋关系，在这种关联的参考方向下，任何时刻线性电感元件的自感磁链 ψ_L 与元件中电流 i 有以下关系

$$\psi_L(t) = Li(t) \quad 或 \quad L = \frac{\psi_L}{i} \tag{3-4}$$

式中 L——元件的自感系数或电感系数，简称电感。

在 SI 单位制中，磁通和磁链的单位是韦伯（Wb），电感的单位是亨利（H），简称亨，有时还采用毫亨（mH）和微亨（μH）作为电感的单位，且有 $1\text{H} = 10^3\text{mH} = 10^6\mu\text{H}$。

如果把电感元件的自感磁链 ψ_L 取为纵坐标、电流 i 为横坐标，画出自感磁链 ψ_L 和电流 i 的关系曲线，这条曲线称为电感元件的韦安特性曲线。线性电感元件的韦安特性是通过 ψ_L-i 坐标原点的直线，如图 3-3（c）所示。所以，线性电感元件的自感 L 是一个与自感磁链 ψ_L、电流 i 无关的正实常数。

在电感元件中，电流 i 随时间变化时，磁链随之改变，元件两端便感应有电压，此感应电压等于磁链的变化率。在电压和电流的关联参考方向下，电压的参考方向与磁链的参考方向也为右手螺旋关系，如图 3-3（a）所示，根据楞次定律，感应电压

$$u(t) = \frac{\mathrm{d}\psi_L}{\mathrm{d}t}$$

把式（3-4）代入，得

$$u(t) = L\frac{\mathrm{d}i(t)}{\mathrm{d}t} \tag{3-5}$$

由式（3-5）可知，任何时刻，线性电感元件上的电压与该时刻的电流变化率成正比。电流变化快，感应电压高；电流变化慢，感应电压低。当电流不随时间变化时，则感应电压为零。这时电感元件相当于短接。如图 3-4（a）所示的直流电路中，由于电感元件相当于短接，电容 C 相当于开路，所以可画出它的等效电路如图 3-4（b）所示。

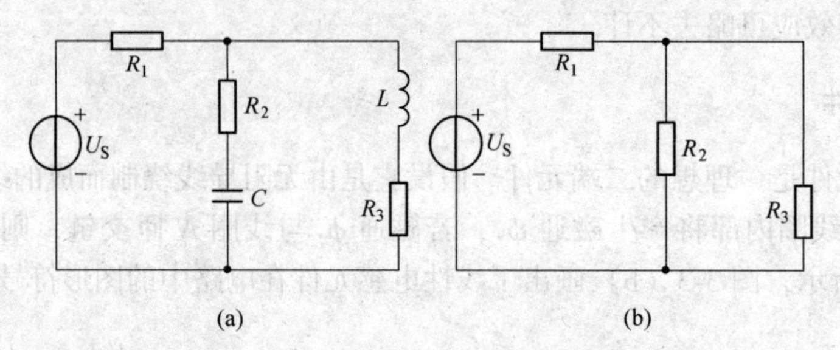

图 3-4　含有 L、C 的直流电路的等效

在图 3-3 所示的关联方向下，由式（3-5）可看出，电感元件中的自感磁链 ψ_L 与电压 u 的积分关系为

$$\psi_L(t) = \psi_L(t_0) + \int_{t_0}^{t} u(\xi)\mathrm{d}\xi$$

式中，t_0为一指定值。对于线性电感元件，电流

$$i(t) = \frac{1}{L}\psi_L(t) = \frac{1}{L}\psi_L(t_0) + \frac{1}{L}\int_{t_0}^{t} u(\xi)\mathrm{d}\xi$$

$$= i(t_0) + \frac{1}{L}\int_{t_0}^{t} u(\xi)\mathrm{d}\xi$$

如果选取 $t_0=0$ 为计时起点，则

$$i(t) = i(0) + \frac{1}{L}\int_{t_0}^{t} u(\xi)\mathrm{d}\xi \tag{3-6}$$

式（3-6）指出，在任何时刻 t，电感元件的电流 $i(t)$ 与初始值 $i(0)$ 以及 0 到 t 的所有电压值有关，电感元件也为记忆元件。

在电压和电流的关联参考方向下，线性电感元件吸收的功率为

$$p = u \cdot i = Li\frac{\mathrm{d}i}{\mathrm{d}t}$$

从 t_0 到 t 时间内，电感元件吸收的电能为

$$W_L = \int_{t_0}^{t} u(\xi)i(\xi)\mathrm{d}\xi = \int_{t_0}^{t} Li(\xi)\frac{\mathrm{d}i(\xi)}{\mathrm{d}\xi}\cdot\mathrm{d}\xi$$

$$= L\int_{i(t_0)}^{i(t)} i(\xi)\mathrm{d}i(\xi)$$

$$= \frac{1}{2}Li^2(t) - \frac{1}{2}Li^2(t_0)$$

如果选取 t_0为电流等于零的时刻，即 $i(t_0)=0$，此时电感元件没有磁链，故可以认为

其磁场能量为零。电感元件吸收的能量以磁场能量的形式储存在元件的磁场中，因此在上述条件下，电感元件在任何时刻 t 所储存的磁场能量 $W_L(t)$ 等于它所吸收的能量，即

$$W_L(t)=\frac{1}{2}Li^2(t) \tag{3-7}$$

从时间 t_1 到 t_2 内，线性电感元件吸收的能量

$$\begin{aligned}W_L&=L\int_{i(t_1)}^{i(t_2)}i\mathrm{d}i=\frac{1}{2}Li^2(t_2)-\frac{1}{2}Li^2(t_1)\\&=W_L(t_2)-W_L(t_1)\end{aligned}$$

它等于元件在 t_2 和 t_1 时刻磁场能量之差。

当电流 $|i|$ 增加时，$W_L(t_2)>W_L(t_1)$，$W_L>0$，电感元件吸收能量，并全部转换成磁场能量；当电流 $|i|$ 减少时，$W_L(t_2)<W_L(t_1)$，$W_L<0$，电感元件释放磁场能量。所以，电感元件是一种储能元件。与电容元件一样，电感元件也不会释放出多于它所吸收或储存的能量，因此它也是一种无源二端元件。

空心线圈这个实际电路元件，可以用线性电感来表征其储存磁场能量的特性。由于空心线圈的电感一般不大，而线圈导线电阻的损耗又不可忽略，故往往用线性电阻元件和线性电感元件的串联组合作为空心线圈的电路模型。

在线圈中放入铁心后，一般说来电感就不再是常数，它的电路模型为非线性电感。非线性电感元件的韦安特性曲线不是直线，而是其他形状的曲线。如果铁心中含有较大的空气隙，或者当铁磁材料在非饱和状态下工作时，韦安特性仍近似是线性的。所以，在这种情况下，铁心线圈可以当作线性元件来处理。

以后为了方便，把线性电感元件简称为电感。所以“电感”这个术语以及它相应的符号 L，一方面表示一个电感元件，另一方面也表示这个元件的参数。

3.2 动态电路的暂态过程及初始条件的确定

3.2.1 动态电路的暂态过程

电容和电感为动态储能元件，含有这样元件的电路称为动态电路。如图 3-5（a）所示 RC 电路为一阶动态电路。当 $t<0$ 时，开关 S 断开，电容未被充电，电容上电压及储存的电场能量均为零，电路处于一种稳态。在 $t=0$ 时，将 S 闭合，破坏了电路原来的稳定条件，使电路改变了原来的工作状态。S 闭合后，由于电场能量 $W_C(t)$ 不能突变，所以 $u_C(t)$ 不能突变，合闸瞬间 $u_C(0)=0$，之后由电源给电容充电，电容电压由零逐渐升高到 U_S，此时电路中电流 $i(t)=0$，电路达到新的稳态。这中间所经历的就是一个暂态过程，在工程上也称为过渡过程。$u_C(t)$ 变化曲线定性画于图 3-5（b）中。

电路出现暂态过程的原因是：

（1）电路的结构或元件参数发生了变化（统称为换路），破坏了原来的稳定条件。

（2）电路中动态储能元件能量变化需要时间。如将换路时刻记为 $t=0$，则换路前瞬间为 $t=0_-$，换路后瞬间为 $t=0_+$。分析动态电路的暂态过程，就是求解从换路后瞬间 $t=0_+$ 时开始的电路变量（电压或电流）随时间变化的规律。

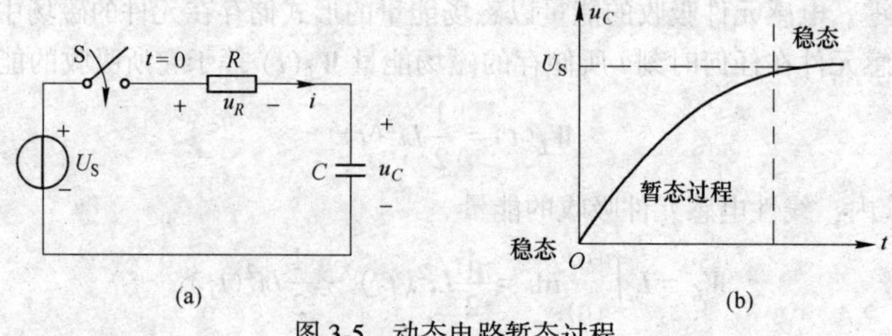

图 3-5 动态电路暂态过程

3.2.2 初始条件的确定

因为时域分析法是直接求解微分方程的方法，所以必须要用初始条件确定积分常数。初始条件就是所求变量及其各阶导数在换路结束瞬间的值。

在电路系统中，电容电压 u_C(或电荷 q)、电感电流 i_L(或磁链 ψ_L) 是一组独立变量。$u_C(0_+)$[或 $q(0_+)$]、$i_L(0_+)$[或 $\psi_L(0_+)$] 是一组独立初始条件。所谓独立就是说该组变量和初始条件中任何一个都不能用其他变量和初始条件推导出来。而电路中任何一个响应都可用 u_C、i_L 和激励来表示，任何一个初始条件都可用 $u_C(0_+)$、$i_L(0_+)$ 和激励来表示。因此，确定动态电路初始条件的关键是确定 $u_C(0_+)$ 和 $i_L(0_+)$。

独立变量 u_C、i_L 又称状态变量，因而 $u_C(0_+)$[或 $q(0_+)$]、$i_L(0_+)$[或 $\psi_L(0_+)$] 称为初始状态。状态是电路和系统理论中一个专用术语，它是这样一些量最少的集合，这些量在 $t=0$ 时刻必须是确定的，根据 $t=0$ 时这些量的数值和 $t \geqslant 0$ 时的激励(输入)就能唯一地决定 $t \geqslant 0$ 时的电路或系统的动态特性。

由电容和电感元件特性知道：

$$q(t) = q(t_0) + \int_{t_0}^{t} i_C(\xi)\,\mathrm{d}\xi$$

$$u_C(t) = u_C(t_0) + \frac{1}{C}\int_{t_0}^{t} i_C(\xi)\,\mathrm{d}\xi$$

$$\psi_L(t) = \psi_L(t_0) + \int_{t_0}^{t} u_L(\xi)\,\mathrm{d}\xi$$

$$i_L(t) = i_L(t_0) + \frac{1}{L}\int_{t_0}^{t} u_L(\xi)\,\mathrm{d}\xi$$

如果换路是在 $t=0$ 时刻发生的，则

$$q(t) = q(0_-) + \int_{0_-}^{t} i_C(\xi)\,\mathrm{d}\xi$$

$$u_C(t) = u_C(0_-) + \frac{1}{C}\int_{0_-}^{t} i_C(\xi)\,\mathrm{d}\xi$$

$$\psi_L(t) = \psi_L(0_-) + \int_{0_-}^{t} u_L(\xi)\,\mathrm{d}\xi$$

$$i_L(t) = i_L(0_-) + \frac{1}{L}\int_{0_-}^{t} u_L(\xi)\,\mathrm{d}\xi$$

若计算 $t=0_+$ 时的电容电荷或电压，电感磁链或电流，可得

$$q(0_+)=q(0_-)+\int_{0_-}^{0_+}i_C(\xi)\,\mathrm{d}\xi \tag{3-8}$$

$$u_C(0_+)=u_C(0_-)+\frac{1}{C}\int_{0_-}^{0_+}i_C(\xi)\,\mathrm{d}\xi \tag{3-9}$$

$$\psi_L(0_+)=\psi_L(0_-)+\int_{0_-}^{0_+}u_L(\xi)\,\mathrm{d}\xi \tag{3-10}$$

$$i_L(0_+)=i_L(0_-)+\frac{1}{L}\int_{0_-}^{0_+}u_L(\xi)\,\mathrm{d}\xi \tag{3-11}$$

在换路瞬间，若 i_C 为有限值，则 $\int_{0_-}^{0_+}i_C(\xi)\,\mathrm{d}\xi=0$，从而有

$$q(0_+)=q(0_-),\ u_C(0_+)=u_C(0_-) \tag{3-12}$$

在换路瞬间，若 u_L 为有限值，则 $\int_{0_-}^{0_+}u_L(\xi)\,\mathrm{d}\xi=0$，从而有

$$\psi_L(0_+)=\psi_L(0_-),\ i_L(0_+)=i_L(0_-) \tag{3-13}$$

如换路瞬间 i_C、u_L 出现无限值，例如冲击函数，则 u_C、i_L 在换路瞬间就会发生跃变，即

$$q(0_+)\neq q(0_-),\ u_C(0_+)\neq u_C(0_-)$$
$$\psi_L(0_+)\neq \psi_L(0_-),\ i_L(0_+)\neq i_L(0_-)$$

式（3-12）和式（3-13）分别说明在换路前后电容电流和电感电压为有限值的条件下，换路前后瞬间电容电压和电感电流不跃变。

确定初始条件可用下述方法：首先，据换路前瞬间计算 $u_C(0_-)$、$i_L(0_-)$，据式（3-12）和式（3-13）可得独立初始条件 $u_C(0_+)$、$i_L(0_+)$；其次，将 $u_C(0_+)$、$i_L(0_+)$ 分别用理想电压源和理想电流源表示，画出 0_+时刻的等效电路；最后，用线性稳态电路的分析方法求出所需的非独立初始条件。

例 3-1　如图 3-6（a）所示电路，$t=0$ 时将开关 S 闭合，$t<0$ 时电路已达稳态，试求各元件电流、电压初始值。

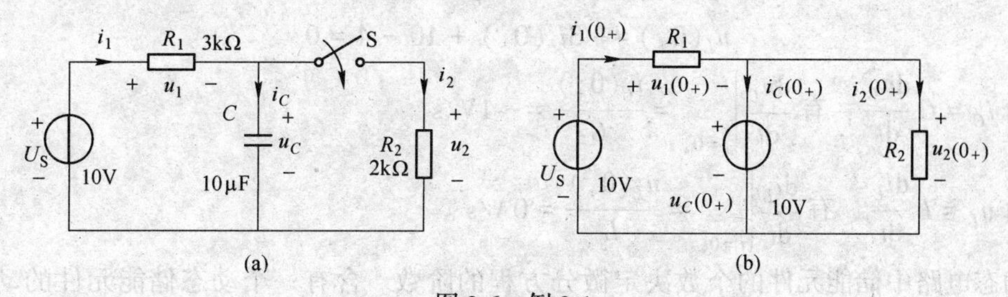

图 3-6　例 3-1

解　因 $t<0$ 电路已达到稳态，电容相当开路。

$$u_C(0_-)=U_S=10\text{V}$$
$$u_C(0_+)=u_C(0_-)=10\text{V}$$

（$t=0_+$）时刻等效电路如图 3-6（b）所示。

$$u_1(0_+)=U_S-u_C(0_+)=0,\quad i_1(0_+)=\frac{u_1(0_+)}{R_1}=0$$

$$u_2(0_+) = u_C(0_+) = 10\text{V}, \quad i_2(0_+) = \frac{u_2(0_+)}{R_2} = 5\text{mA}$$

$$i_C(0_+) = i_1(0_+) - i_2(0_+) = 0 - 5 = -5\text{mA}$$

例 3-2　电路如图 3-7（a）所示，$t<0$ 电路处于稳态，$t=0$ 时将开关 S 由①扳向②，试求各元件电压、电流初始值及 $\left.\frac{di_L}{dt}\right|_{t=0_+}$、$\left.\frac{du_C}{dt}\right|_{t=0_+}$。

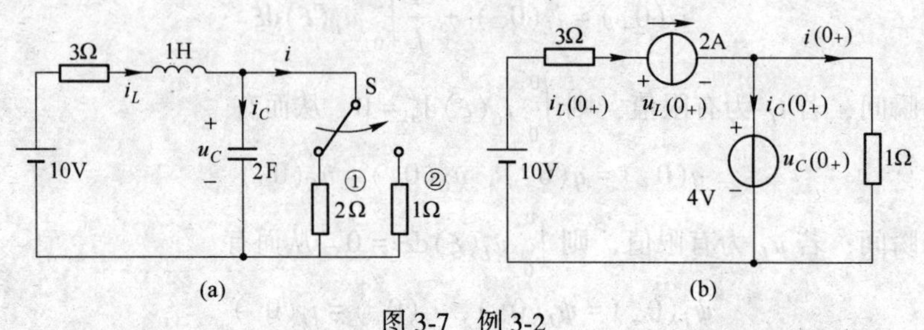

图 3-7　例 3-2

解　首先，求独立初始值 $u_C(0_+)$，$i_L(0_+)$。据 $t<0$ 时的稳态电路可得：

$$i_L(0_-) = \frac{10}{3+2} = 2\text{A}$$

$$u_C(0_-) = 2i_L(0_-) = 4\text{V}$$

由换路定律，可得

$$u_C(0_+) = u_C(0_-) = 4\text{V}$$

$$i_L(0_+) = i_L(0_-) = 2\text{A}$$

$t=0_+$ 时刻的等效电路如图 3-7（b）所示，开关 S 已合于②。

各元件电压、电流初始值为

$$i(0_+) = \frac{u_C(0_+)}{1} = 4\text{A}$$

$$i_C(0_+) = i_L(0_+) - i(0_+) = 2 - 4 = -2\text{A}$$

$$u_L(0_+) = -3i_L(0_+) + 10 - 4 = 0$$

由 $i_C = C\frac{du_C}{dt}$，有 $\left.\frac{du_C}{dt}\right|_{t=0_+} = \frac{i_C(0_+)}{C} = -1\text{V/s}$。

由 $u_L = L\frac{di_L}{dt}$，有 $\left.\frac{di_L}{dt}\right|_{t=0_+} = \frac{u_L(0_+)}{L} = 0\text{A/s}$。

动态电路中储能元件的个数决定微分方程的阶数。含有一个动态储能元件的动态电路，电路方程将是一阶常微分方程，称为一阶电路，具有两个独立动态储能元件的动态电路，则称为二阶电路，以此类推。三阶以上的动态电路又称高阶电路。

3.3　一阶电路的零输入响应

一阶电路中独立的储能元件（电感或电容）只有一个。若在换路瞬间储能元件的储能不等于零，换路后，电路虽无外加电源作用仍有响应产生，此时，电路的输入为零，所以称为零输入响应。电路的响应是由储能元件的储能产生的，储能元件的储能通过电阻以热能的形式释放出来。

3.3.1 一阶 *RC* 电路的零输入响应

图 3-8（a）为 *RC* 充放电电路。因换路前电容已充电，即 $u_C(0_-) = u_C(0_+) = U_0$，换路后，电容电压从 U_0开始逐渐减小，一直下降到零，动态过程结束。下面分析 u_C 及其他响应的变化规律。对换路后的电路，据基尔霍夫定律有

$$u_R = u_C$$

而

$$u_R = Ri$$

按图 3-8（b）所示参考方向

$$i_C = -C\frac{du_C}{dt}$$

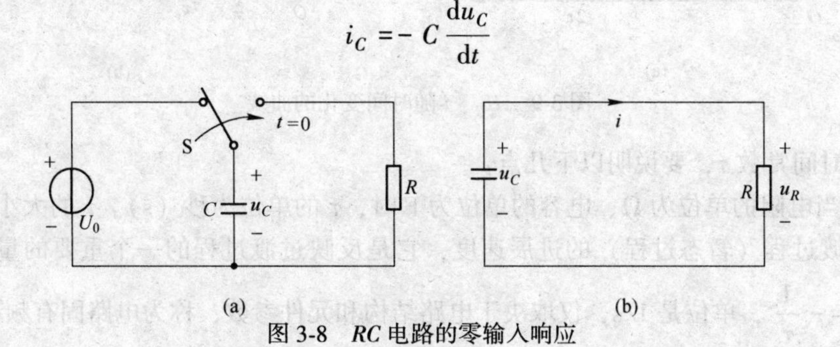

图 3-8 *RC* 电路的零输入响应

以 u_C 为电路变量，得一阶线性齐次微分方程：

$$RC\frac{du_C}{dt} + u_C = 0 \tag{3-14}$$

令 $u_C(t) = Ae^{pt}$ 得相应的特征方程

$$RCp + 1 = 0$$

其特征根

$$p = -\frac{1}{RC}$$

则

$$u_C(t) = Ae^{-\frac{t}{RC}} \tag{3-15}$$

式中，常数 *A* 要由初始条件来确定。把 $u_C(0_+) = U_0$ 代入式（3-15），得 $A = U_0$，于是，得到满足初始条件的微分方程的解

$$u_C(t) = U_0 e^{-\frac{t}{RC}} \text{V} \quad (t \geqslant 0) \tag{3-16}$$

电路中的电流

$$i = -C\frac{du_C}{dt} = -C\frac{d}{dt}U_0 e^{-\frac{t}{RC}} = \frac{U_0}{R}e^{-\frac{t}{RC}} \text{A} \quad (t \geqslant 0) \tag{3-17}$$

电阻上的电压

$$u_R(t) = u_C(t) = U_0 e^{-\frac{t}{RC}} \text{V} \quad (t \geqslant 0) \tag{3-18}$$

可以看出 u_C、i、u_R 都是按相同指数规律变化的，因 $p = -\frac{1}{RC} < 0$，所以这些响应都是随时间衰减的，最终趋于零。

令 $RC=\tau$，称为时间常数。则式（3-16）、式（3-17）可表示为

$$u_C(t)=U_0 e^{-\frac{t}{\tau}}\ \text{V}\quad (t\geqslant 0) \tag{3-19}$$

$$i=\frac{U_0}{R}e^{-\frac{t}{\tau}}\ \text{A}\qquad (t\geqslant 0) \tag{3-20}$$

U_C、i 的变化曲线分别如图 3-9（a）、（b）所示。

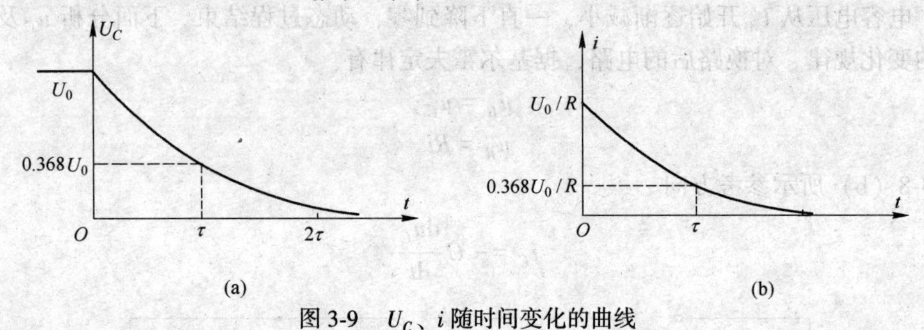

图 3-9　U_C、i 随时间变化的曲线

关于时间常数 τ，要说明以下几点：

（1）当电阻的单位为 Ω、电容的单位为 F 时，τ 的单位为秒（s）。τ 的大小反映了一阶电路过渡过程（暂态过程）的进展速度，它是反映过渡过程的一个重要的量。特征方程的根 $p=-\dfrac{1}{\tau}$，单位是 1/s，仅取决于电路结构和元件参数，称为电路固有频率。

（2）将 U_C、i 不同时刻的数值列于表 3-1，可见换路后，经过一个时间常数 τ 后，U_C 衰减为初始值 U_0 的 36.8%。

表 3-1　零输入响应衰减与时间常数的关系

t	$e^{-t/\tau}$	u_C	i
0	$e^0=1$	u_0	U_0/R
τ	$e^{-1}=0.368$	$0.368U_0$	$0.368U_0/R$
2τ	$e^{-2}=0.135$	$0.135U_0$	$0.135U_0/R$
3τ	$e^{-3}=0.050$	$0.050U_0$	$0.050U_0/R$
4τ	$e^{-4}=0.018$	$0.018U_0$	$0.018U_0/R$
5τ	$e^{-5}=0.007$	$0.007U_0$	$0.007U_0/R$
⋮	⋮	⋮	⋮
∞	$e^{-\infty}=0$	0	0

因为
$$u_C(t)=U_0 e^{-\frac{t}{\tau}}\ \text{V}\quad (t\geqslant 0)$$

当 $t=t_0+\tau$ 时
$$u_C(t_0+\tau)=U_0 e^{-\frac{t_0+\tau}{\tau}}=U_0 e^{-\frac{t_0}{\tau}-1}=0.368u_C(t_0)\ \text{V}\quad (t\geqslant 0)$$

由此可见，从任意时刻算起，经过一个时间常数 τ 后，U_C 衰减为原值的 36.8%，即 U_C 衰减到原值的 36.8%所经历的时间是一个时间常数 τ（见图 3-9）。

（3）如果不知道网络的结构和参数，无法计算时间常数，可从响应的动态曲线上用几何方法求得，可以证明，动态曲线上任意点的次切距等于时间常数 τ。

在 $t=t_0$ 时，u_C 的变化率为

$$\left.\frac{\mathrm{d}u_C}{\mathrm{d}t}\right|_{t=t_0}=-\frac{U_0}{\tau}\mathrm{e}^{-\frac{t}{\tau}}=-\frac{u_C(t_0)}{\tau}$$

若 $u_C(t_0)$ 从 t_0 时刻按此变化率减小，即按图 3-10 中的直线下降，经 τ 那么长时间一定下降到零。

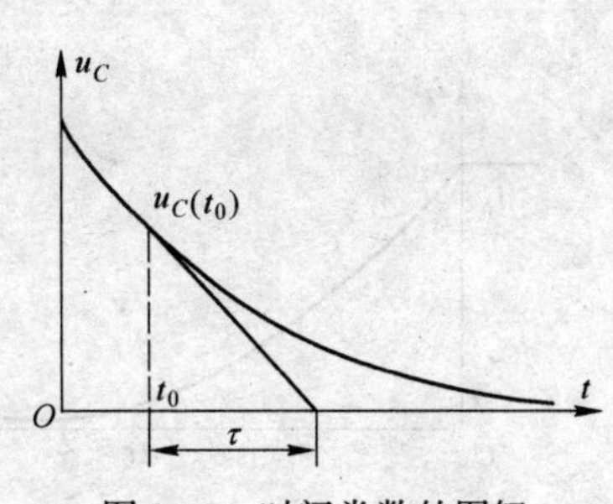

图 3-10　时间常数的图解

(4) 从理论上讲，只有 t 趋于∞，暂态过程才能结束，但从表 3-1 可知，当时间为 5τ 时，U_C 相对于初始值来讲已变得很小。因而工程上一般认为经过 3τ～5τ 时间，暂态过程就结束了。可见动态过程的快慢是由时间常数的大小来决定的。

动态过程中能量转换的关系是，电容储存的电场能量全部变成了电阻消耗的能量。

$$W_R=\int_0^{\infty}R\frac{U_0^2}{R^2}\mathrm{e}^{-\frac{2t}{\tau}}\mathrm{d}t=\frac{1}{2}CU_0^2=W_C(0_+)$$

3.3.2　一阶 *RL* 电路的零输入响应

对图 3-11 的 *RL* 充放电电路，其动态过程和上面讨论的 *RC* 电路放电过程是类似的。

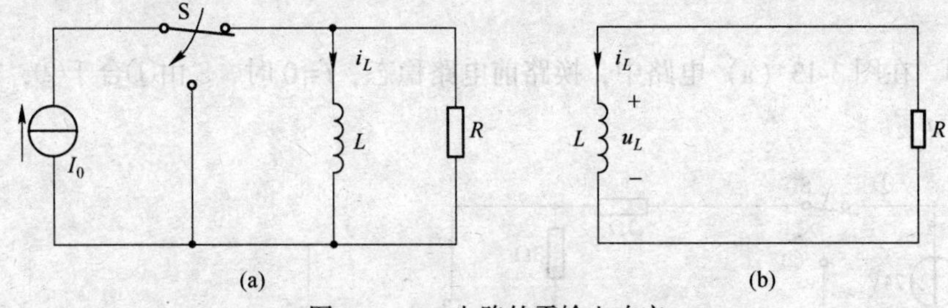

图 3-11　*RL* 电路的零输入响应

由图 3-11 (a) 可知 $i_L(0_-)=i_L(0_+)=I_0$，据 KVL

$$L\frac{\mathrm{d}i_L}{\mathrm{d}t}+Ri_L=0 \tag{3-21}$$

$$\frac{L}{R}\frac{\mathrm{d}i_L}{\mathrm{d}t}+i_L=0 \tag{3-22}$$

式 (3-22) 与式 (3-14) 类似，也是一阶线性齐次微分方程，其通解为

$$i_L(t)=A\mathrm{e}^{-\frac{t}{L/R}} \tag{3-23}$$

由初始条件 $i_L(0_+)=I_0$，确定待定系数 $A=I_0$，则解得

$$i_L(t)=I_0\mathrm{e}^{-\frac{t}{L/R}} \tag{3-24}$$

令 $\frac{L}{R}=\tau$，为做 *RL* 电路的时间常数，于是

$$i_L(t)=I_0\mathrm{e}^{-\frac{t}{\tau}}\quad(t\geqslant 0) \tag{3-25}$$

电感电压为

$$u_L(t) = L\frac{\mathrm{d}i_L}{\mathrm{d}t} = -RI_0\mathrm{e}^{-\frac{t}{\tau}}\ \mathrm{V} \quad (t \geqslant 0) \tag{3-26}$$

i_L、u_L 随时间变化的曲线如图 3-12 所示。

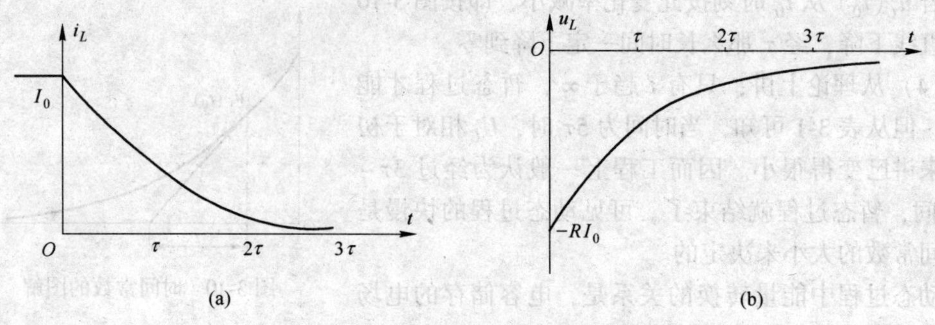

图 3-12 i_L、u_L 随时间变化的曲线

在 RL 放电电路的动态过程中，能量转换关系是，电感储存的磁场能量全部变成了电阻消耗的能量。

$$W_R = \int_0^\infty Ri_L^2\mathrm{d}t = \int_0^\infty RI_0^2\mathrm{e}^{-\frac{2t}{\tau}}\mathrm{d}t = \frac{1}{2}LI_0^2 = W_L(0_+)$$

综合前面对 RC 电路的分析可知，零输入响应都是从初始值按指数规律衰减到零的变化过程。

例 3-3 在图 3-13（a）电路中，换路前电路稳态，$t=0$ 时，S 由①合于②，求换路后的 i_L、u_L、u_{12}。

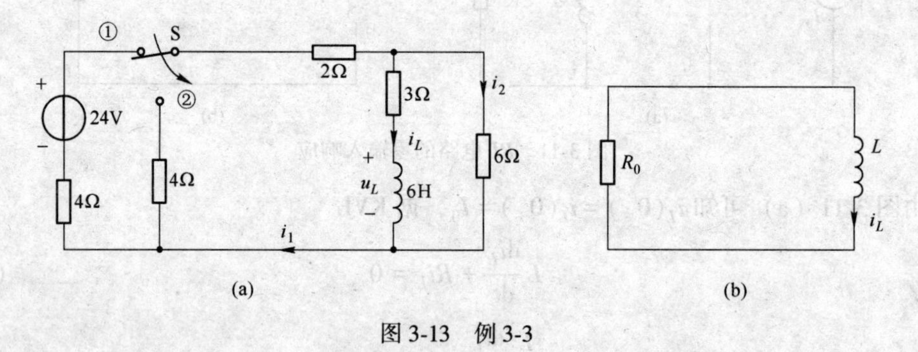

图 3-13 例 3-3

解

$$i_L(0_-) = \frac{24}{4+2+2} \times \frac{6}{3+6} = 2\mathrm{A} = i_L(0_+)$$

换路后的电路输入为零，所求响应是零输入响应。从电感两端输入的等效电阻

$$R_0 = 3 + \frac{6 \times (2+4)}{6+2+4} = 6\Omega$$

等效电路如图 3-13（b）所示，时间常数

$$\tau = \frac{L}{R_0} = 1\mathrm{s}$$

$$i_L(t) = i_L(0_+)\mathrm{e}^{-\frac{t}{\tau}} = 2\mathrm{e}^{-t}\mathrm{A} \quad (t \geqslant 0)$$

$$u_L(t) = L\frac{\mathrm{d}i_L}{\mathrm{d}t} = -12_0\mathrm{e}^{-t}\ \mathrm{V} \quad (t \geqslant 0)$$

$$i_1(t) = \frac{1}{2}i_L(t) = \mathrm{e}^{-t}\mathrm{A} \quad (t \geqslant 0)$$

$$u_{12}(t) = 24 + 4i_1(t) = 24 + 4\mathrm{e}^{-t}\ \mathrm{V} \quad (t \geqslant 0)$$

例 3-4 图 3-14（a）所示为直流发电机激磁电路，电源电压 $U_S = 220\mathrm{V}$，激磁绕组的电阻 $R_i = 22\Omega$，电感 $L = 18\mathrm{H}$，并接在绕组两端的电阻 $R = 8\Omega$ 上。$t<0$ 时电路处于稳态，$t = 0$将开关 S 断开，试求零输入响 应 i_L、u_R。

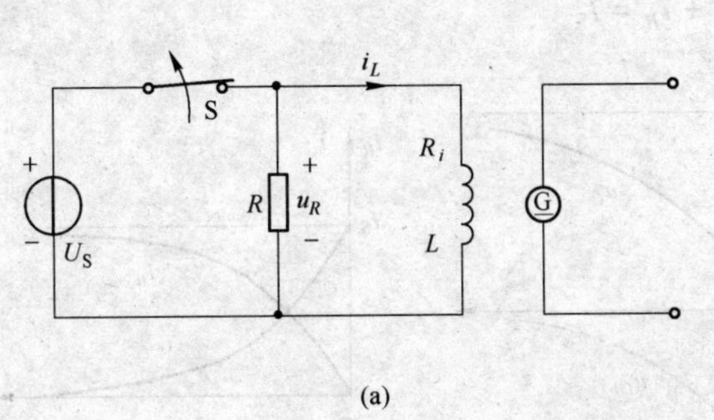

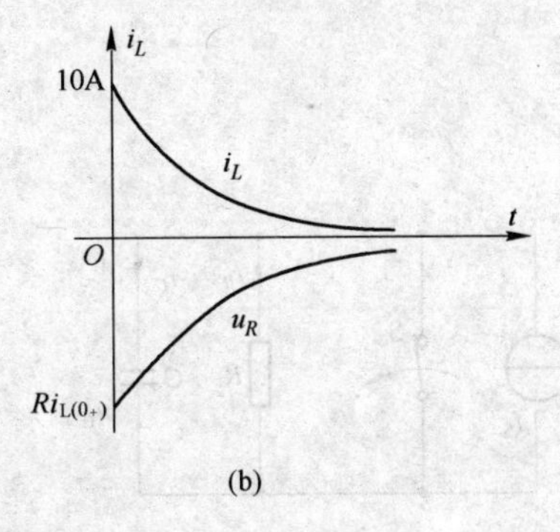

图 3-14　例 3-4

解

$$i_L(0_-) = \frac{220}{22} = 10\mathrm{A} = i_L(0_+)$$

时间常数

$$\tau = \frac{18}{22 + 8} = 0.6\mathrm{s}$$

$$i_L(t) = 10\mathrm{e}^{-\frac{t}{0.6}} = 10\mathrm{e}^{-1.67t}\mathrm{A} \quad (t \geqslant 0)$$

$$u_R(t) = -Ri_L = -8 \times 10\mathrm{e}^{-1.67t} = -80\mathrm{e}^{-1.67t}\ \mathrm{V} \quad (t \geqslant 0)$$

i_L、u_R 的变化曲线画于图 3-14（b）。

假如 R 处所接是电压表，其内阻为 1MΩ，在换路瞬间 $u_R(0_+) = -R\,i_L(0_+) = -10^{-6} \times 10 = -10\mathrm{MV}$，这样的高电压将造成电压表和激磁绕组损坏。因此，工程实际电路中，对感性负载，当开关扳断时，必须考虑磁场能量的泄放。实用的办法是在感性负载两端并接二极管（称泄放或续流二极管）或阻值小的电阻（称泄放或续流电阻），如图 3-15（a）、（b）所示。

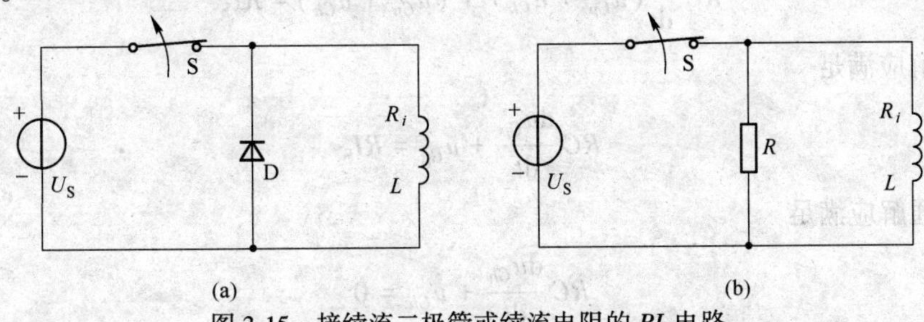

图 3-15　接续流二极管或续流电阻的 RL 电路

3.4　一阶电路的零状态响应

电路的初始状态为零，即 $u_C(0_+)$ 或 $i_L(0_+)$ 等于零，由外加激励引起的响应称为零状态响应。本节分别讨论 *RC*、*RL* 电路在直流电源激励下产生的响应。

3.4.1　一阶 *RC* 电路的零状态响应

图 3-16（a）所示电路，换路前开关 S 闭合，$u_C(0_-)=0$，换路后，据 KCL

$$i_C + i_R = I_S$$

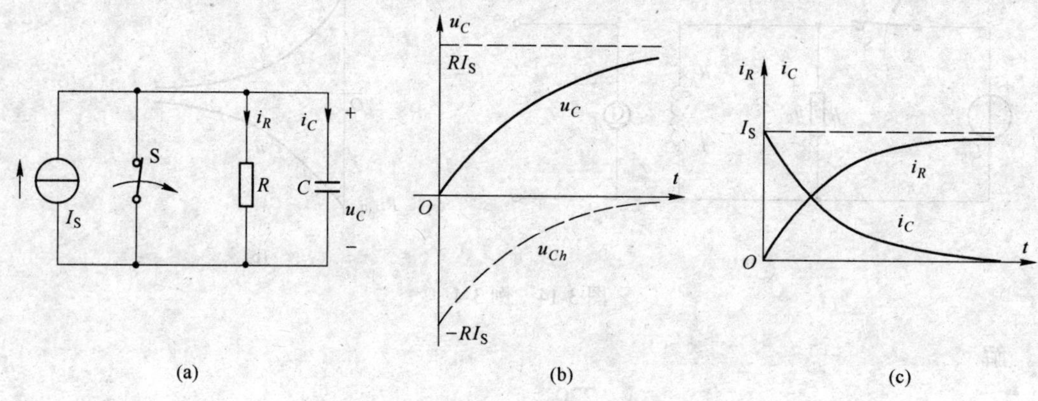

图 3-16　*RC* 零状态响应电路及曲线

另据 $i_C = C\dfrac{du_C}{dt}$，$i_R = \dfrac{u_C}{R}$，于是可得

$$C\frac{du_C}{dt} + \frac{u_C}{R} = I_S$$

或

$$RC\frac{du_C}{dt} + u_C = RI_S \tag{3-27}$$

式(3-27)为一阶线性非齐次方程，它的全解由其特解 u_{Cp} 和相应齐次方程的通解 u_{Ch} 组成，即

$$u_C = u_{Cp} + u_{Ch} \tag{3-28}$$

因而有

$$RC\frac{d}{dt}(u_{Cp} + u_{Ch}) + (u_{Cp} + u_{Ch}) = RI_S \tag{3-29}$$

其中，特解应满足

$$RC\frac{du_{Cp}}{dt} + u_{Cp} = RI_S \tag{3-30}$$

齐次方程通解应满足

$$RC\frac{du_{Ch}}{dt} + u_{Ch} = 0 \tag{3-31}$$

式（3-31）的解应为

$$u_{Ch}(t) = Ae^{-\frac{t}{RC}} = Ae^{-\frac{t}{\tau}} \tag{3-32}$$

式中，$\tau = RC$，是 RC 电路时间常数

在式（3-30）中，因 RI_S 是常数，则特解应是常数，令 $u_{Cp}=K$，则由式（3-30）可知

$$RC \cdot 0 + K = RI_S \tag{3-33}$$

求得特解

$$u_{Cp} = K = RI_S \tag{3-34}$$

则全解为

$$u_C = RI_S + Ae^{-\frac{t}{\tau}} \tag{3-35}$$

A 由初始条件来确定。因电路是零状态，$u_C(0_+) = u_C(0_-) = 0$，故

$$0 = RI_S + A$$

所以

$$A = -RI_S$$

得

$$u_C = RI_S - RI_S e^{-\frac{t}{\tau}} = RI_S(1 - e^{-\frac{t}{\tau}})\ \text{V} \quad (t \geqslant 0) \tag{3-36}$$

$$i_R = \frac{u_C}{R} = I_S(1 - e^{-\frac{t}{\tau}})\ \text{A} \quad (t > 0) \tag{3-37}$$

$$i_C = I_S - i_R = I_S e^{-\frac{t}{\tau}}\ \text{A} \quad (t > 0) \tag{3-38}$$

u_C、i_C、i_R 的变化曲线绘于图 3-16（b）、（c）。

电路的暂态过程为，换路瞬间 $u_C(0_+)=u_C(0_-)=0$，电容相当短路，$i_R(0_+)=0$，I_S 流经电容，给电容充电。随着 u_C 增长，i_R 增长，而 i_C 减小，当 $t=\infty$，$i_C(\infty)=0$，电容相当开路，I_S 流经电阻，$u_C(\infty)=RI_S$，这时 $\left.\frac{du_C}{dt}\right|_{t=\infty}=0$，电容电压不再变化，电路达到了新的稳态。

在这个动态过程中，u_C 有两个分量，一个是特解 $u_{Cp}=RI_S$，它是电容电压达到稳态时的值，简称稳态值，也叫稳态分量。由于这个分量是外加激励作用产生的最终结果，它的变化规律与外加激励相同，因此又称为强制分量。一般情况下，当外加激励是常量或周期函数时，电路都能达到稳态。另一个分量 u_{Ch} 是相应齐次方程的通解，它只存在于电路的动态过程中，其变化规律与外加激励无关，即总是按指数规律衰减到零，衰减的快慢与特征方程的根，即电路的固有频率有关，因而称为暂态分量或自由分量。

3.4.2 一阶 *RL* 电路的零状态响应

图 3-17（a）所示 RL 电路，在直流理想电压源作用下，所产生的也是零状态响应，其分析方法与 RC 电路相同。

电路的微分方程

$$L\frac{di_L}{dt} + Ri_L = U_S \tag{3-39}$$

全解包含两部分

$$i_L = i_{Lp} + i_{Lh} \tag{3-40}$$

其中

$$i_{Lp}(t) = \frac{U_S}{R} \tag{3-41}$$

$$i_{Lh}(t) = Ae^{-\frac{t}{L/R}} = Ae^{-\frac{t}{\tau}} \tag{3-42}$$

式（3-42）中 $\tau = \frac{L}{R}$ 为 RL 电路时间常数，故

$$i_L(t) = \frac{U_S}{R} + Ae^{-\frac{t}{\tau}} \quad (t \geqslant 0) \tag{3-43}$$

由初始条件定常数 A

$$i_L(0_+) = \frac{U_S}{R} + A = 0\ ,\ A = -\frac{U_S}{R}$$

所以

$$i_L(t) = \frac{U_S}{R} - \frac{U_S}{R}e^{-\frac{t}{\tau}} = \frac{U_S}{R}(1 - e^{-\frac{t}{\tau}})\ \text{A} \quad (t \geqslant 0) \tag{3-44}$$

$$u_L(t) = L\frac{di_L}{dt} = U_S e^{-\frac{t}{\tau}}\ \text{V} \quad (t > 0) \tag{3-45}$$

i_L的变化曲线画于图 3-17（b）。

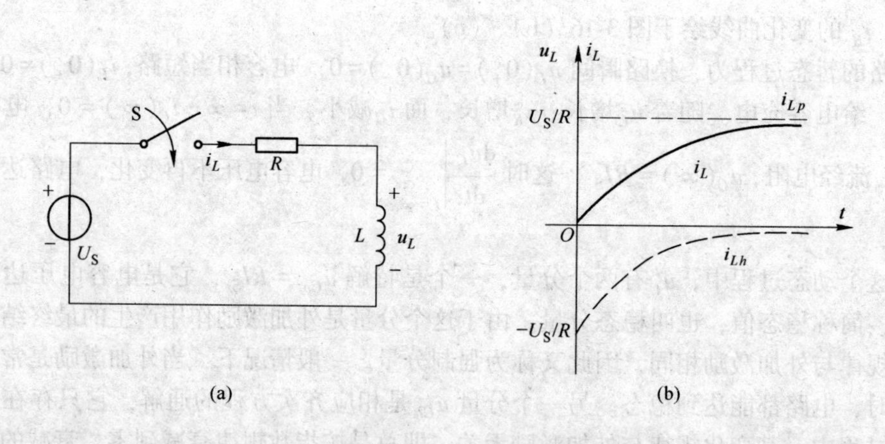

图 3-17　RL 零状态响应电路及曲线

由于电感中电流不能跃变，换路瞬间 $i_L(0_+) = 0$，相当开路，$u_R(0_+) = 0$，外加电源电压全部加在电感两端，使电感中电流增长，u_R 增长，同时 u_L减小，当 $t = \infty$ 时，$u_R = U_S$，$i_L(\infty) = \frac{U_S}{R}$ 不再变化，即 $\left.\frac{di_L}{dt}\right|_{t=\infty} = 0$，$u_L(\infty) = 0$，电感相当短路，电路又达到稳态。

可见，一阶电路的零状态响应是以初始值向稳态值变化的过程。对于零状态电路，由于 $u_C(0_+) = 0$、$i_L(0_+) = 0$，u_C、i_L 这两个响应都是从零变化到稳态值。

零状态电路的动态过程，能量转换关系是，电源提供的能量，一部分被电阻消耗，一部分转换成电容储存的电场能量或电感储存的磁场能量。

例 3-5　在图 3-18 电路中，电容原未充电。已知 $E=100\text{V}$，$R=500\Omega$，$C=10\mu\text{F}$。在 $t=0$ 时将 S 闭合，求：(1) $t\geqslant 0$ 的 u_C 和 i；(2) u_C 达到 80V 所需要的时间。

解　(1) 时间常数

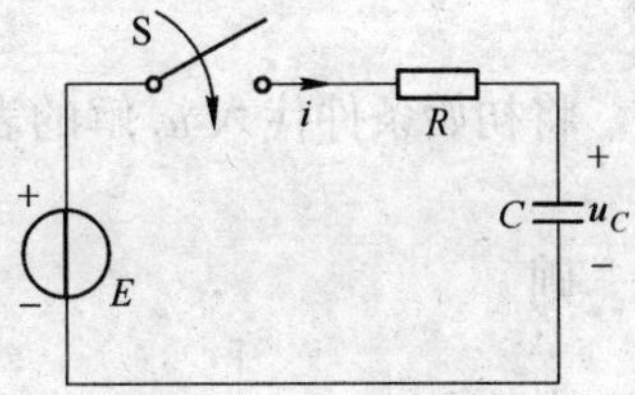

$$\tau = RC = 500\times 10\times 10^{-6} = 5\times 10^{-3}\text{s} = 5\text{ms}$$

$$u_C(0_+) = u_C(0_-) = 0\text{ , }u_C(\infty) = E = 100\text{V}$$

$$u_C(t) = 100(1-\text{e}^{-200t})\text{V}\quad (t\geqslant 0)$$

图 3-18　例 3-5

(2) 设换路后经 t_1 秒 u_C 充电到 80V，则

$$80 = 100(1-\text{e}^{-200t_1})$$

$$100\text{e}^{-200t_1} = 20$$

$$t_1 = \frac{\ln 0.2}{-200} = 8.05\times 10^{-3}\text{s} = 8.05\text{ms}$$

例 3-5 也可通过列、解微分方程进行分析。

如果要求的响应不是 u_C、i_L，可以要求的响应为变量列微分方程，然后求解，也可先求出 u_C、i_L，再根据 KCL、KVL 计算所要求的响应。

3.5　求解一阶电路全响应的三要素方法

3.5.1　一阶电路的全响应

工程实际中，经常会遇到一阶动态网络分析问题，尤其是在数字电子技术中广泛应用各种 RC 充放电电路，电路中的开关可以是机械的、继电器的、半导体三极管的等等。激励可能是直流信号、矩形脉冲或阶跃信号（在 3.6 节中介绍）等，响应都属于恒定激励所产生的响应。分析这类问题，如果都去列、解微分方程，那是很麻烦的，工程上希望找到一种直观的，简捷的方法，这就是本节所要讨论的三要素法。

前两节讨论过的一阶电路的零输入响应、零状态响应是动态电路分析中最简单的问题，现在我们来研究输入和初始状态都不为零时一阶电路的响应，这种响应称为电路的全响应。

求解电路的全响应仍是求解非齐次微分方程的问题，其步骤与求零状态响应时相同，只是在确定积分常数时初始条件不同。下面，仍以 RC 并联电路与直流理想电流源接通为例说明全响应的计算方法。

设在图 3-19 所示电路中，换路前电容电压已充电到 U_0，即 $u_C(0_-)=U_0$。在 $t=0$ 时开关 S_1 由 a 接到 b，同时闭合开关 S_2。换路后，电路既有输入作用，初始状态又不为零，所产生的响应就是全响应，电路的微分方程仍与式 (3-27) 一样，即为

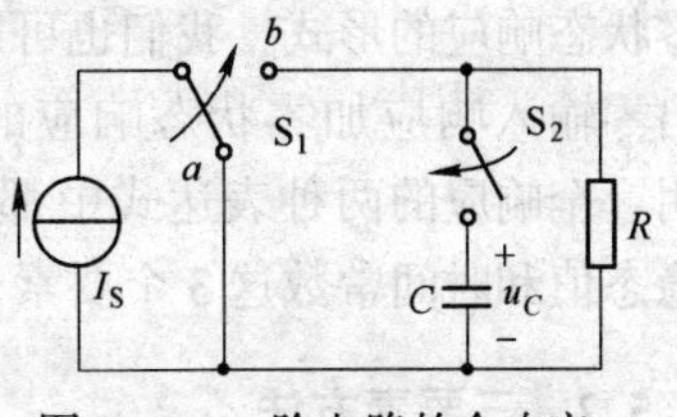

图 3-19　一阶电路的全响应

$$RC\frac{\text{d}u_{Cp}}{\text{d}t} + u_{Cp} = RI_{\text{S}}$$

其解答仍与式 (3-35) 一样

$$u_C = RI_S + Ae^{-\frac{t}{\tau}}$$

根据换路定律

$$u_C(0_+) = u_C(0_-) = U_0$$

将初始条件代入 u_C 解的表达式，即

$$U_0 = RI_S + A$$

则

$$A = U_0 - RI_S$$

电路的全响应为

$$u_C(t) = \underbrace{RI_S}_{\text{稳态响应}} + \underbrace{(U_0 - RI_S)e^{-\frac{t}{\tau}}}_{\text{暂态响应}} \quad (t \geqslant 0) \tag{3-46}$$

显然，u_C 仍由两个分量组成：

(1) 稳态分量又称为强制分量；

(2) 暂态分量又称为自由分量。

稳态分量的变化规律取决于激励源的变化规律，现在激励是直流电源，稳态分量也是恒定不变的，若输入是正弦量，稳态分量则是同频率的正弦量。暂态分量则既与初始状态有关，又与激励有关（但变化规律与激励无关）。式（3-46）可改写成

$$u_C(t) = \underbrace{U_0e^{-\frac{t}{\tau}}}_{\text{零输入响应}} + \underbrace{RI_S(1 - e^{-\frac{t}{\tau}})}_{\text{零状态响应}} \quad (t \geqslant 0) \tag{3-47}$$

式中，第一项是零输入响应，第二项是零状态响应，说明电路的全响应等于零输入响应和零状态响应之和，这是叠加原理在线性动态网络分析中的体现。也就是说，在求电路的全响应时，可以把非零初始状态作为一种“理想电压源”或“理想电流源”看待。当外加激励为零时，得到的是零输入响应，而当初始状态为零时，得到的是零状态响应。把两个结果叠加起来就得到全响应。

图 3-20 中，曲线 1 是稳态分量，曲线 2 是暂态分量，曲线 3 是零输入响应，曲线 4 是零状态响应。

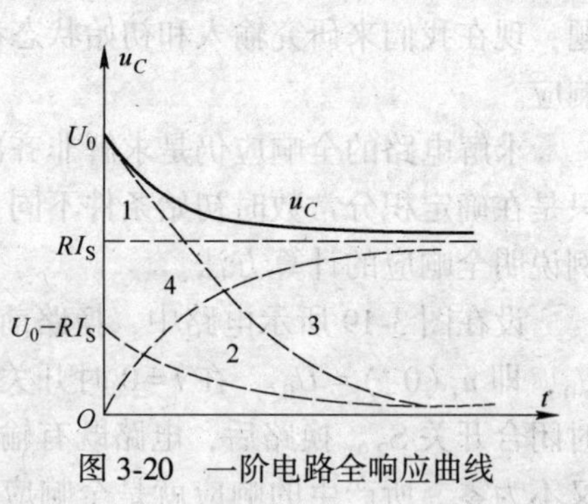

图 3-20 一阶电路全响应曲线

在上面的分析中，是先用经典法解微分方程得出稳态分量和暂态分量，然后改写成零输入响应和零状态响应的形式，我们也可以通过解微分方程求出零输入响应加零状态响应的结果。分析结果表明：全响应的两种表达式中都含有响应的初始值、稳态值和时间常数这 3 个要素。

3.5.2 三要素方法

考虑普遍情况，一阶电路任何网络变量 $f(t)$ 的微分方程可写成

$$\frac{df(t)}{dt} + \frac{1}{\tau}f(t) = v(t) \tag{3-48}$$

解为

$$f(t)=f(\infty)+Ae^{-\frac{t}{\tau}} \tag{3-49}$$

由初始条件确定待定系统数 A

$$A=f(0_+)-f(\infty)\big|_{t=0}$$

全响应

$$f(t)=f(\infty)+\left[f(0_+)-f(\infty)\big|_{t=0}\right]e^{-\frac{t}{\tau}} \tag{3-50}$$

当激励是直流电源时，$f(\infty)$ 不是时间的函数，即 $f(\infty)\big|_{t=0}=f(\infty)$，则

$$f(t)=f(\infty)+\left[f(0_+)-f(\infty)\right]e^{-\frac{t}{\tau}} \tag{3-51}$$

式（3-50）、式（3-51）叫作求解一阶电路的三要素公式，式中所包含的 3 个要素中，初始值按 3.2 节中给出的方法计算；稳态值［$f(\infty)$］按电路到达新的稳态时的情况来计算，如果激励是直流电源，则稳态时电容应视为开路，电感应视为短路。因为时间常数是从解齐次微分方程得到的，所以它与激励无关，而应由储能元件两端输入的无源二端网络（将有源二端网络内部独立源置零）的等效电阻 R_e 和储能元件的参数来决定，若储能元件是电容，则 $\tau=R_eC$，若储能元件是电感，则 $\tau=L/R_e$。只要求出了初始值、稳态值、时间常数这 3 个要素，则全响应可按公式直接写出，这就是解一阶电路的三要素法。

例 3-6 如图 3-21（a）所示电路，开关 S 闭合前电路已达稳态，$u_C(0_-)=-3V$，$t=0$ 时 S 闭合，试求全响应 $u_C(t)$、$i(t)$。

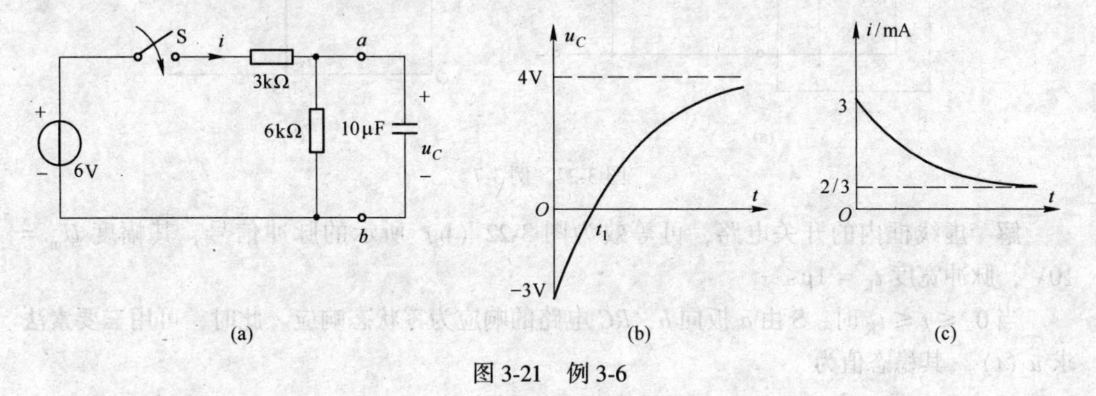

图 3-21 例 3-6

解 用三要素法求 u_C、i。

首先求初始值

$$u_C(0_-)=u_C(0_+)=-3V$$

$$i(0_+)=\frac{6-(-3)}{3\times10^3}=3mA$$

其次求稳态值

$$u(\infty)=\frac{6}{3+6}\times6=4V$$

$$i(\infty)=\frac{6}{9\times10^3}=0.667mA$$

最后求时间常数

$$\tau = R_e C,\ 其中\ R_e = \frac{3 \times 6}{3 + 6} = 2\text{k}\Omega$$

$$\tau = 2 \times 10^3 \times 10 \times 10^{-6} = 20\text{ms}$$

所以 $u_C(t) = 4 + (-3 - 4)e^{-\frac{t}{\tau}} = 4 - 7e^{-\frac{t}{20\times10^{-3}}} = 4 - 7e^{-50t}\text{V} \qquad (t \geqslant 0)$

$$i(t) = 0.667 + (3 - 0.667)e^{-\frac{t}{\tau}} = 0.667 + 2.33e^{-50t}\text{mA} \qquad (t \geqslant 0)$$

其波形如图 3-21（b）、（c）所示。图中 t_1 由式

$$u_C(t) = 4 - 7e^{-50t}$$

可得

$$0 = 4 - 7e^{-50t_1}$$

$$-50t_1 = \ln\frac{4}{7} = -0.560$$

$$t_1 = 11.2\text{ms}$$

例 3-7 如图 3-22（a）所示 RC 电路，当 $-\infty \leqslant t \leqslant 0_-$ 时，开关 S 接于 a，$u_S = 0\text{V}$，当 $t=0$ 时 S 由 a 扳向 b，经 1μs 后，再将 S 由 b 扳向 a，试求全响应 $u_2(t)$。

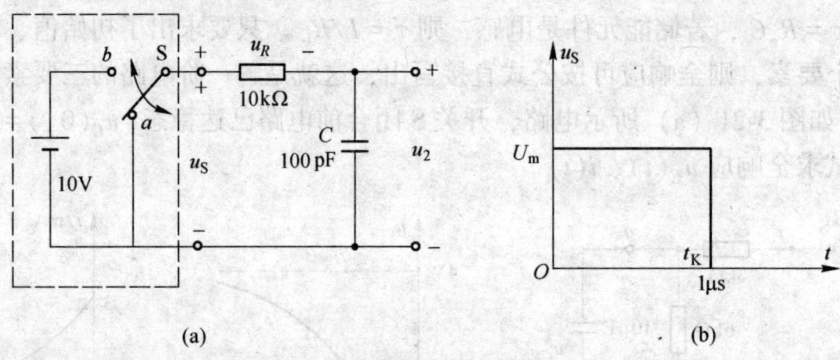

图 3-22 例 3-7

解 虚线框内的开关电路，可等效为图 3-22（b）所示的脉冲信号、其幅度 $U_m = 10\text{V}$，脉冲宽度 $t_K = 1\mu\text{s}$。

当 $0_+ \leqslant t \leqslant t_K$ 时，S 由 a 扳向 b，RC 电路的响应为零状态响应。此时，可用三要素法求 $u_2(t)$。其稳态值为

$$u_2(\infty) = 10\text{V}$$

此值并非电路的最终稳态值，称为虚稳态值。

初始值为 $$u_2(0_-) = u_2(0_+) = 0\text{V}$$

时间常数为

$$\tau = RC = 10 \times 10^3 \times 100 \times 10^{-12} = 10^{-6}\text{s} = 1\mu\text{s}$$

由三要素公式得

$$u_2(t) = 10(1 - e^{-\frac{t}{10^{-6}}}) = 10(1 - e^{-10^6 t})\ \text{V} \qquad (0 \leqslant t \leqslant 1\mu\text{s})$$

当 $t \geqslant t_K$ 时，开关 S 由 b 扳向 a，$u_S = 0\text{V}$，相当短路，电容通过电阻放电。此时，RC 电路的响应为零输入响应。当 $t = t_K$ 时的电容电压由前式可得

$$u_2(t_{K-}) = 10 - 10e^{-\frac{t_K}{\tau}} = 10 - 10e^{-1} = 6.32\text{V}$$

因电容电压不能跃变，故

$$u_2(t_{K+}) = u_2(t_{K-}) = 6.32\text{V}$$

稳态值（最终稳态值）为

$$u_2(\infty) = 0\text{V}$$

时间常数与前一个动态过程相同，因而当 $t \geqslant t_{K+}$ 时

$$u_2(t) = 6.32\text{e}^{-\frac{t-t_K}{\tau}}\text{V} \qquad (t \geqslant t_{K+})$$

其波形绘于图 3-23（a）。

因为
$$u_R = u_S - u_2$$

则
$$u_R(t) = 10\text{e}^{-\frac{t}{\tau}}\text{V} \quad (0 \leqslant t \leqslant t_K)$$
$$u_R(t_{K+}) = 0 - u_2(t_{K+}) = -6.32\text{V}$$
$$u_R(\infty) = 0\text{V}$$

所以
$$u_R(t) = -6.32\text{e}^{-\frac{t-t_K}{\tau}}\text{V} \quad (t > t_K)$$

或者，$t \geqslant t_K$ 时，$u_S = 0\text{V}$，$u_R = -u_2$，

则
$$u_R(t) = -6.32\text{e}^{-\frac{t-t_K}{\tau}}\text{V} \quad (t > t_K)$$

u_R的波形如图 3-23（b）所示。

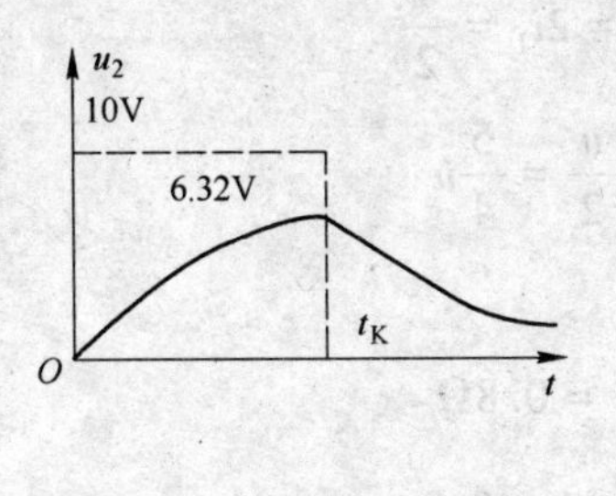

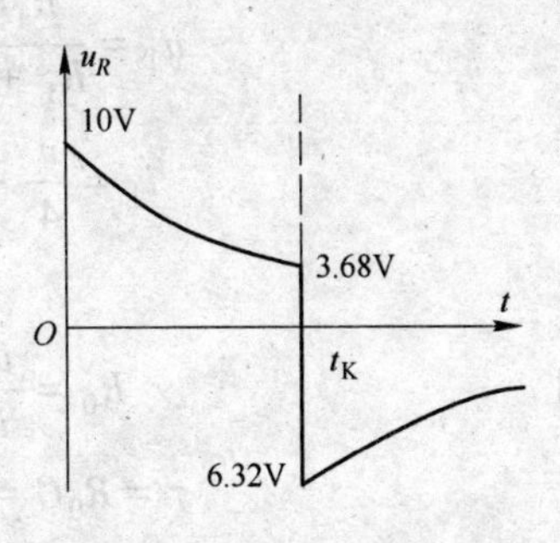

图 3-23 例 3-7 的输入和响应的波形

例 3-8 在图 3-24（a）所示电路中，电容 C 原未充电，$t=0$ 时将开关 S 闭合，求 S 闭合后的 $u_C(t)$。已知 $E = 10\text{V}$，$R_1 = 4\Omega$，$R_2 = 4\Omega$，$R_3 = 2\Omega$，$C=1\text{F}$。

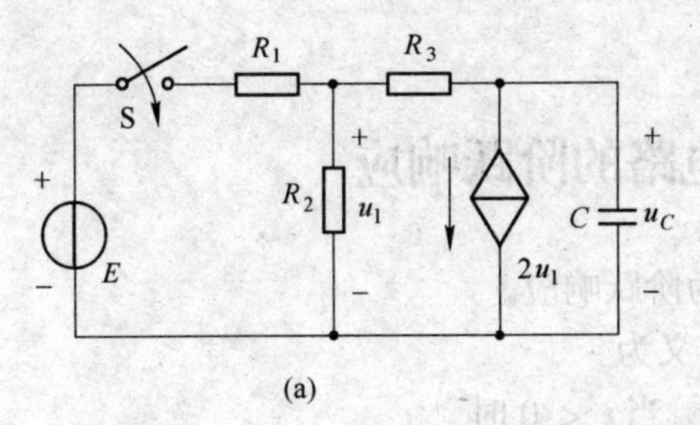

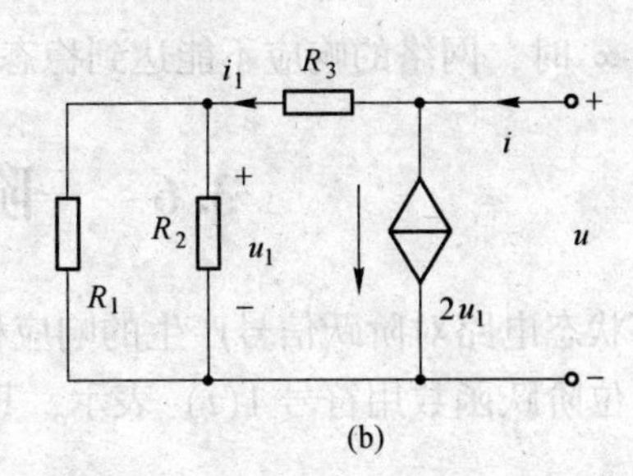

图 3-24 例 3-8

解 （1）初始值 $u_C(0_+) = u_C(0_-) = 0$

（2）稳态值。稳态时电容支路电流为零，故 R_3中电流为 $2u_1(\infty)$，而 R_1中的电流为

$\frac{u_1(\infty)}{R_2}+2u_1(\infty)$，所以

$$E=R_1\left[\frac{u_1(\infty)}{R_2}+2u_1(\infty)\right]+u_1(\infty)$$

$$10=4\left[\frac{u_1(\infty)}{4_2}+2u_1(\infty)\right]+u_1(\infty)$$

从而求得

$$u_1(\infty)=1\text{V}$$

于是 $$u_C(\infty)=u_1(\infty)-R_3 2u_1(\infty)=-3\text{V}$$

(3) 时间常数。为了求出时间常数 τ，首先要求出从电容两端输入的无源二端网络的等效电阻，按图 3-24 (b)，则

$$i=i_1+2u_1$$

$$i_1=\frac{u}{R_3+\frac{R_1R_2}{R_1+R_2}}=\frac{u}{4}$$

$$u_1=\frac{R_1R_2}{R_1+R_2}i_1=2i_1=\frac{u}{2}$$

$$i_1=\frac{u}{4}+2\times\frac{u}{2}=\frac{5}{4}u$$

等效电阻 $$R_0=\frac{u}{i}=\frac{4}{5}=0.8\Omega$$

$$\tau=R_0C=0.8\times1=0.8\text{s}$$

由三要素公式得 $$u_C(t)=-3+[0-(-3)]\text{e}^{-\frac{t}{0.8}}=-3+3\text{e}^{-1.25t}\text{V}\quad(t\geqslant0)$$

应当指出的是，含受控源网络的等效电阻可能出现负值，则 $\tau=R_0C$ 或 $\tau=\frac{L}{R_0}$ 为负值，网络的固有频率 $p=-\frac{1}{\tau}$ 则为正值，因而暂态分量（自由分量）$A\text{e}^{pt}$ 为随时间增长的函数，当 $t\to\infty$ 时，网络的响应不能达到稳态。

3.6 一阶电路的阶跃响应

零状态电路对阶跃信号产生的响应称为阶跃响应。

单位阶跃函数用符号 $1(t)$ 表示，其定义为

$$1(t)=\begin{cases}0 & \text{当 } t<0 \text{ 时}\\ 1 & \text{当 } t>0 \text{ 时}\end{cases}\tag{3-52}$$

它的波形如图 3-25 (a) 所示，$t=0$ 处函数不连续，函数值由 0 跃变到 1。

在 $t=0$ 时，把零状态电路接通到 1V 直流理想电压源时，可用图 3-26 (a) 中开关 S 的动作来描述，也可以用图 3-26 (b) 中电路加单位阶跃电压来描述，用后面一种方法时

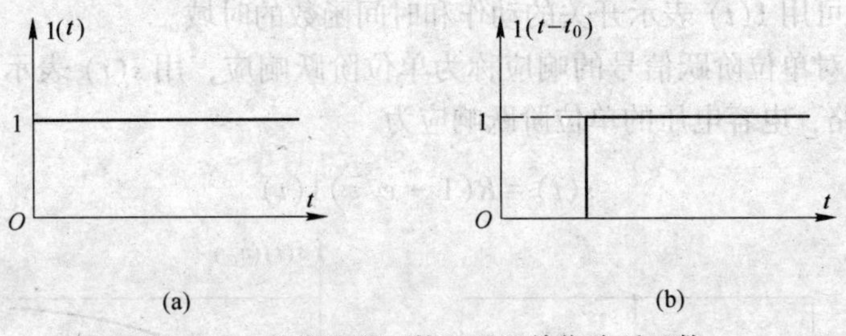

图 3-25 单位阶跃函数和延迟单位阶跃函数

不用画出开关 S，只要把激励写成单位阶跃电压就可以了。同理，在 $t=0$ 时，把零状态电路接通到 1A 直流理想电流源时，可用开关的动作来描述，如图 3-26（c）所示，也可用电路加单位阶跃电流描述，如图 3-26（d）所示。

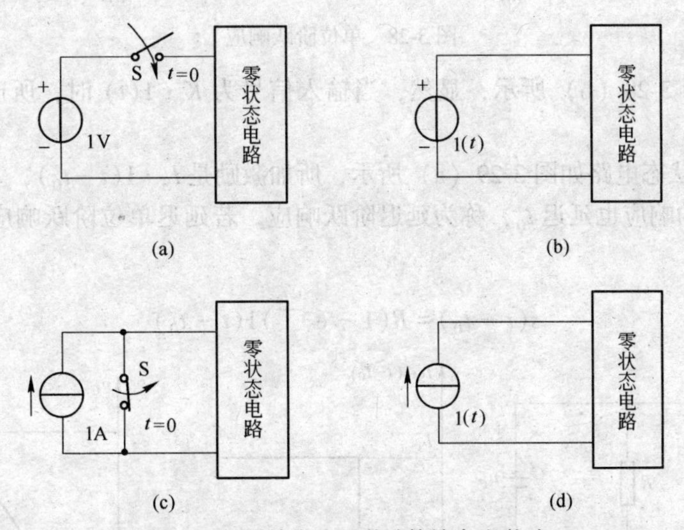

图 3-26 用单位阶跃激励等效直流激励

如果在 $t=0$ 时，零状态电路接通到直流电压源 U_S或直流电流源 I_S，则外加激励可以写作 $U_S1(t)$或$I_S1(t)$。

单位阶跃函数表示的是从 $t=0$ 时开始阶跃，如果阶跃是从 $t=t_0$时开始的，它就是 $1(t)$ 在时间上延迟 t_0后得到的结果。所以把它叫作延迟的阶跃函数，并记作 $1(t-t_0)$。其定义为

$$1(t-t_0)=\begin{cases}0 & \text{当 } t<t_0 \text{ 时} \\ 1 & \text{当 } t>t_0 \text{ 时}\end{cases} \tag{3-53}$$

式中，$1(t-t_0)$ 的波形如图 3-25（b）所示。

引用单位阶跃函数后，可给我们带来许多方便。首先，如图 3-16 之类的电路可以不用再画开关，简化为图 3-27 的电路图。其次，对图 3-27 所示电路，其响应可写成

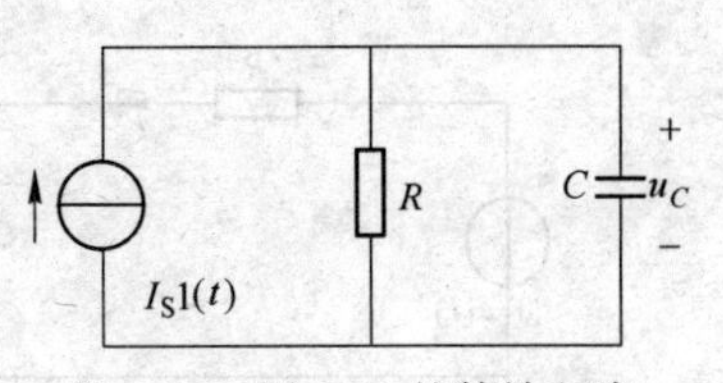

图 3-27 图 3-16 的等效电路

$$u_C(t)=RI_S(1-e^{-\frac{t}{\tau}})1(t)$$

式中，$1(t)$ 可以表明响应的时域。因此，不必再注明 t

$\geqslant 0$ 了。就是说可用 $1(t)$ 表示开关的动作和时间函数的时域。

零状态网络对单位阶跃信号的响应称为单位阶跃响应，用 $s(t)$ 表示。例如，如图 3-28（a）所示电路，电容电压的单位阶跃响应为

$$s(t) = R(1 - \mathrm{e}^{-\frac{t}{\tau}})1(t) \tag{3-54}$$

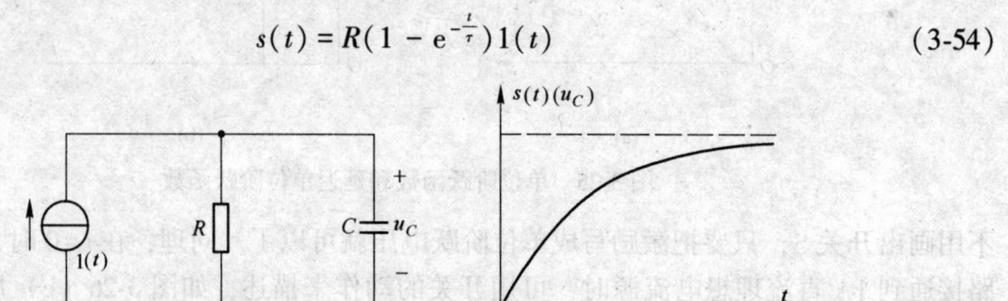

图 3-28　单位阶跃响应

其波形如图 3-28（b）所示，显然，当输入信号为 $K \cdot 1(t)$ 时，所产生的响应就是 $Ks(t)$。

RC 并联零状态电路如图 3-29（a）所示，所加激励是 $I_{\mathrm{S}} \cdot 1(t-t_0)$，其波形绘于图 3-29（b），产生的响应也延迟 t_0，称为延迟阶跃响应。若延迟单位阶跃响应用 $s(t-t_0)$ 表示，则

$$s(t-t_0) = R(1 - \mathrm{e}^{-\frac{t-t_0}{\tau}})1(t-t_0) \tag{3-55}$$

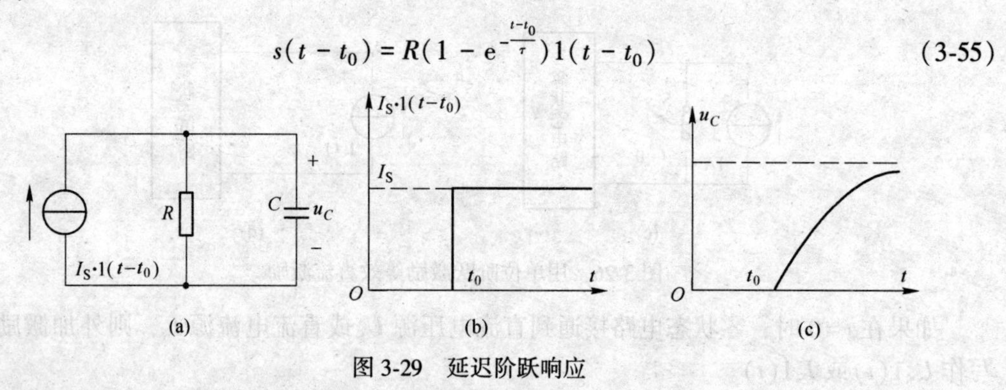

图 3-29　延迟阶跃响应

图 3-29（a）中的电容电压 u_C 就是延迟阶跃响应，应写成

$$u_C(t) = RI_{\mathrm{S}}(1 - \mathrm{e}^{-\frac{t-t_0}{\tau}})1(t-t_0) \tag{3-56}$$

其波形如图 3-29（c）所示。

例 3-9　如图 3-30（a）所示零状态电路，激励是幅度为 E、脉冲宽度为 t_0 的矩形脉冲电压，如图 3-30（b）所示，试求输出电压 $u_C(t)$。

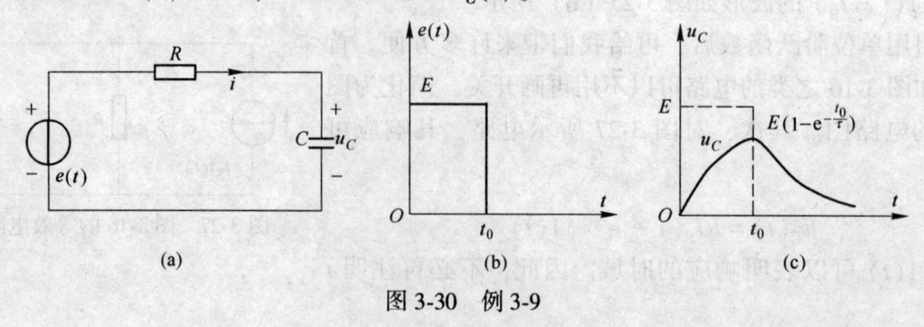

图 3-30　例 3-9

解 方法（1） 在 $0 \leqslant t \leqslant t_0$ 时，u_C是电路的零状态响应，这时有

$$u_C(t) = E(1 - e^{-\frac{t}{\tau}}) \quad (0 \leqslant t \leqslant t_0)$$

当 $t = t_0$ 时

$$u_C(t_0) = E(1 - e^{-\frac{t_0}{\tau}})$$

当 $t \geqslant t_0$ 时，$e(t) = 0$，u_C 是零输入响应，因为

$$u_C(t_{0-}) = E(1 - e^{-\frac{t_0}{\tau}}) = u_C(t_{0+})$$

所以

$$u_C(t) = E(1 - e^{-\frac{t_0}{\tau}})e^{-\frac{t-t_0}{\tau}} \quad (t \geqslant t_0)$$

u_C 的波形如图 3-30（c）所示。

方法（2） 把矩形脉冲看作两个阶跃函数之差，如图 3-31（a）所示，即

$$e(t) = E[1(t) - 1(t - t_0)]$$

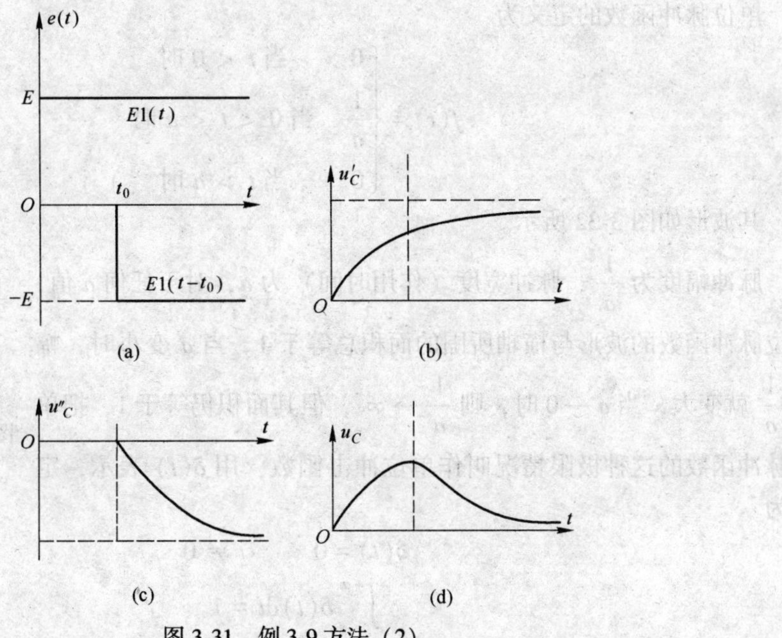

图 3-31 例 3-9 方法（2）

然后利用叠加原理分别计算电路对阶跃函数和延迟阶跃函数的响应，将所得结果叠加，就得到电路在矩形脉冲激励作用下的响应。

当 $E(t)$ 作用时

$$u_C'(t) = E(1 - e^{-\frac{t}{\tau}})1(t)$$

当 $-E1(t - t_0)$ 作用时

$$u_C''(t) = -E(1 - e^{-\frac{t-t_0}{\tau}})1(t - t_0)$$

于是，在 $e(t)$ 作用下有

$$\begin{aligned} u_C(t) &= u_C'(t) + u_C''(t) \\ &= E(1 - e^{-\frac{t}{\tau}})1(t) - E(1 - e^{-\frac{t-t_0}{\tau}})1(t - t_0) \end{aligned}$$

$u_C'(t)$、$u_C''(t)$、$u_C(t)$ 波形分别如图 3-31（b）、（c）、（d）所示。

在方法（2）的解答中，当 $0 \leqslant t \leqslant t_0$ 时，$1(t-t_0)=0$，$1(t)=1$，故 $u_C(t)=E(1-e^{-\frac{t}{\tau}})1(t)$；而当 $t \geqslant t_0$ 时，$1(t-t_0)=1$，$1(t)=1$，故

$$u_C(t)=E(1-e^{-\frac{t}{\tau}})-E(1-e^{-\frac{t-t_0}{\tau}})=E(1-e^{-\frac{t_0}{\tau}})e^{-\frac{t-t_0}{\tau}}$$

说明两种解法结果相同。

3.7　一阶电路的冲击响应

零状态电路对冲击函数所产生的响应称为冲击响应。本节将要讨论单位脉冲函数、冲击函数、冲击响应、电容电压和电感电流跃变等问题。

3.7.1　单位脉冲函数和单位冲击函数

单位脉冲函数的定义为

$$f(t)=\begin{cases}0 & \text{当 } t<0 \text{ 时}\\ \dfrac{1}{a} & \text{当 } 0<t<a \text{ 时}\\ 0 & \text{当 } t>a \text{ 时}\end{cases} \tag{3-57}$$

其波形如图 3-32 所示。

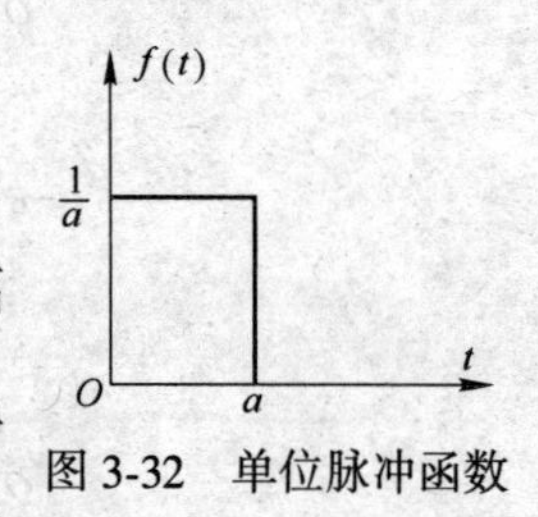

图 3-32　单位脉冲函数

脉冲幅度为 $\frac{1}{a}$，脉冲宽度（作用时间）为 a，对于任何 a 值，单位脉冲函数的波形与横轴所围的面积总等于 1。当 a 变小时，幅度 $\frac{1}{a}$ 就变大，当 $a \to 0$ 时，则 $\frac{1}{a} \to \infty$，但其面积仍等于 1，把单位脉冲函数的这种极限情况叫作单位冲击函数，用 $\delta(t)$ 表示，定义为

$$\delta(t)=0 \qquad t \neq 0$$

$$\int_{-\infty}^{+\infty}\delta(t)\mathrm{d}t=1 \tag{3-58}$$

其波形如图 3-33 所示。图中（1）表示单位冲击函数的强度或面积，当强度不等于 1 时，称为冲击函数，用 $K\delta(t)$ 表示。

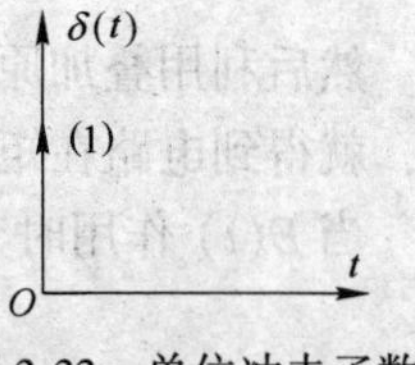

图 3-33　单位冲击函数

如果单位冲击函数是在 $t=t_0$ 时刻出现的，则称为延迟单位冲击函数，记作 $\delta(t-t_0)$。还可以用 $K\delta(t-t_0)$ 表示一个强度为 K、发生在 t_0 时刻的冲击函数。

冲击函数有两个主要性质：

（1）根据 $1(t)$ 和 $\delta(t)$ 的定义，两者存在以下重要关系：

$$\int_{-\infty}^{t}\delta(\tau)\mathrm{d}\tau=\begin{cases}0 & t<0\\ 1 & t>0\end{cases}=1(t) \tag{3-59}$$

$$\frac{\mathrm{d}1(t)}{\mathrm{d}t}=\delta(t) \tag{3-60}$$

$\int_{-\infty}^{t}\delta(\tau)\mathrm{d}\tau = 1(t)$ 是很显然的，因为单位冲击函数是单位脉冲函数的极限情况，它与横轴所围面积等于 1，因此当冲击函数出现时积分结果等于 1，这就是单位阶跃函数。而对单位阶跃函数求导，得到的是幅度极大、脉冲宽度极窄的脉冲，即单位冲击函数。

（2）单位冲击函数的筛选性质（或采样性质）。因为冲击函数 $t\neq0$ 时为零，则对任意 $t=0$ 处连续的函数 $g(t)$ 有

$$g(t)\delta(t) = g(0)\delta(t)$$

故 $\int_{-\infty}^{\infty} g(t)\delta(t)\mathrm{d}t = g(0)\int_{-\infty}^{\infty}\delta(t)\mathrm{d}t = g(0)$

对任意 $t = t_0$ 处连续的函数 $g(t)$，将有

$$\int_{-\infty}^{\infty} g(t)\delta(t - t_0)\mathrm{d}t = g(t_0) \tag{3-61}$$

如图 3-34 所示，式（3-61）说明，延迟的单位冲击函数 $\delta(t - t_0)$ 能把 $g(t)$ 在 t_0 处的值筛选出来。

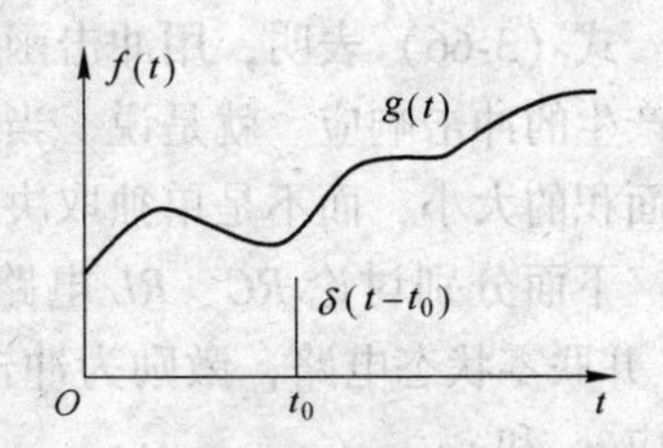

图 3-34 单位冲击函数的筛选性质

3.7.2 冲击响应

零状态电路对单位冲击函数的响应称为单位冲击响应，用 $h(t)$ 表示。因为单位冲击函数是单位脉冲函数脉冲宽度趋于零的极限，所以可以先求电路对单位脉冲函数的响应，然后再求脉冲宽度趋于零的极限，就可以得到单位冲击响应。

单位脉冲函数 $f(t)$ 可写成阶跃函数和延迟阶跃函数之差

$$f(t) = \frac{1}{a}[1(t) - 1(t - a)] \tag{3-62}$$

单位脉冲函数的响应为

$$\frac{1}{a}[s(t) - s(t - a)] \tag{3-63}$$

则单位冲击响应为

$$h(t) = \lim_{a\to0}\frac{1}{a}[s(t) - s(t - a)] = \frac{\mathrm{d}s(t)}{\mathrm{d}t} \tag{3-64}$$

可见，单位阶跃响应对时间的导数就是单位冲击响应。这为我们提供了计算冲击响应的一种方法，即可先求电路的单位阶跃响应，然后求导，便得到单位冲击响应。

对线性电路来说，描述其状态的微分方程是线性常系数微分方程，若所加激励是 $e(t)$，产生的响应是 $r(t)$，则当激励变成 $e(t)$ 的导数或积分时，所得响应必相应地变成 $r(t)$ 的导数或积分。

据式（3-60）有

$$\frac{\mathrm{d}1(t)}{\mathrm{d}t} = \delta(t)$$

则

$$\frac{\mathrm{d}s(t)}{\mathrm{d}t} = h(t)$$

据式（3-59）有

$$\int_{0}^{t}\delta(\tau)\mathrm{d}\tau = 1(t)$$

则
$$\int_0^t h(\tau)\mathrm{d}\tau = s(t) \tag{3-65}$$

可见，对单位阶跃响应求导可得单位冲击响应，而单位冲击响应的积分便是单位阶跃响应。

电路对冲击函数 $K\delta(t)$ 所产生的冲击响应

$$h_K(t) = K\frac{\mathrm{d}s(t)}{\mathrm{d}t} = Kh(t) \tag{3-66}$$

式（3-66）表明，用冲击函数的强度乘以单位冲击响应便得到该冲击函数作用于电路所产生的冲击响应。就是说，当脉冲宽度变得极小时，它对电路所产生的响应，取决于脉冲面积的大小，而不是单独取决于脉冲的幅度或宽度。

下面分别讨论 RC、RL 电路的冲击响应。图 3-35 为 RC 并联零状态电路，激励为冲击电流源 $K\delta(t)$，求冲击响应 u_C 和 i_C。

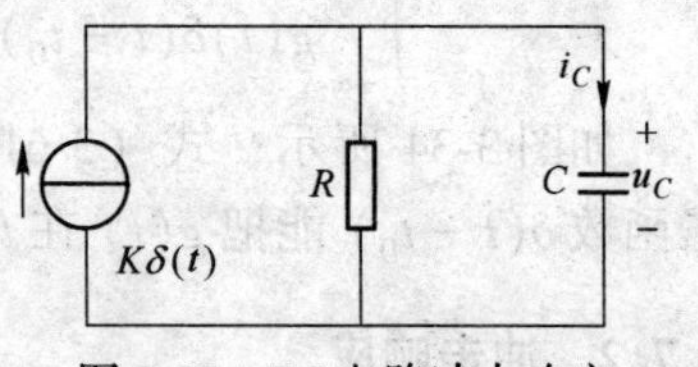

图 3-35　RC 电路冲击响应

首先求出电容电压的单位阶跃响应，根据式（3-64）可以求得电容电压的单位冲击响应，最后由式（3-66）可求得电路对 $K\delta(t)$ 所产生的响应 u_C 和 i_C。这个电路电压的单位阶跃响应在前面已经求出［式（3-53）］为

$$s(t) = R(1 - \mathrm{e}^{-\frac{t}{RC}})1(t)$$

电容电压的单位冲击响应为

$$h(t) = \frac{\mathrm{d}s(t)}{\mathrm{d}t} = \frac{\mathrm{d}}{\mathrm{d}t}[R(1 - \mathrm{e}^{-\frac{t}{RC}})1(t)]$$

$$= \frac{1}{C}\mathrm{e}^{-\frac{t}{RC}}1(t) + R(1 - \mathrm{e}^{-\frac{t}{RC}})\delta(t)$$

因为 $\delta(t)$ 只在 $t=0$ 时存在，而 $(1 - \mathrm{e}^{-\frac{t}{RC}})$ 在 $t=0$ 时为零，故上式中第二项为零。所以

$$h(t) = \frac{1}{C}\mathrm{e}^{-\frac{t}{RC}}1(t) \tag{3-67}$$

据式（3-66），电路对冲击电流源 $K\delta(t)$ 产生的响应

$$u_C(t) = Kh(t) = \frac{K}{C}\mathrm{e}^{-\frac{t}{RC}}1(t) \tag{3-68}$$

而
$$i_C(t) = C\frac{\mathrm{d}u_C}{\mathrm{d}t} = -\frac{K}{RC}\mathrm{e}^{-\frac{t}{RC}}1(t) + K\mathrm{e}^{-\frac{t}{RC}}\delta(t)$$

$$= -\frac{K}{RC}\mathrm{e}^{-\frac{t}{RC}}1(t) + K\delta(t) \tag{3-69}$$

图 3-36 为 u_C、i_C 随时间变化的曲线。

当 $t<0$ 时，$K\delta(t)=0$，冲击电流源相当开路，而电路是零状态，故 $u_C(0_-)=0$，在 $t=0$ 瞬间，冲击电流源给电容充电，使电容获得电压。应当说明的是，在 $t=0$ 瞬间，电阻中不可能流过冲击电流，如果冲击电流流过电阻，则其两端电压为无限大，而与之并联的电容即使有冲击电流给它充电，其电压只能是有限值，这样就会违背基尔霍夫电压定律。所

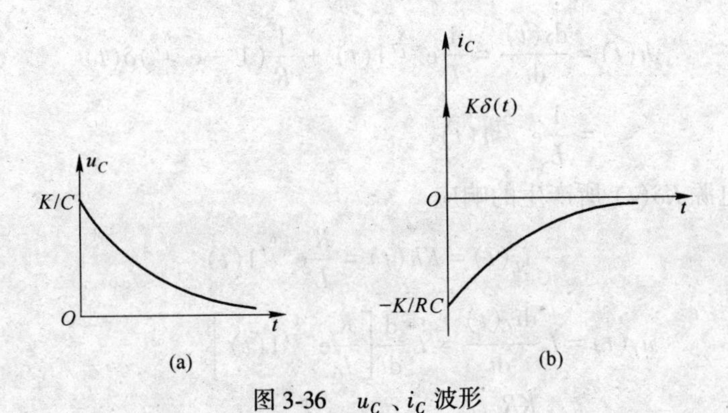

图 3-36　u_C、i_C 波形

以，$t=0$ 瞬间的情况就是冲击电流源给电容充电，电路如图 3-37（a）所示，故

$$u_C(0_+) = \frac{1}{C}\int_{0_-}^{0_+} K\delta(t)\,\mathrm{d}t = \frac{K}{C}$$

当 $t>0$ 时，$K\delta(t)=0$，冲击电流源相当开路。于是已经充电的电容通过电阻放电，所产生的响应是零输入响应，电路如图 3-37（b）所示，则

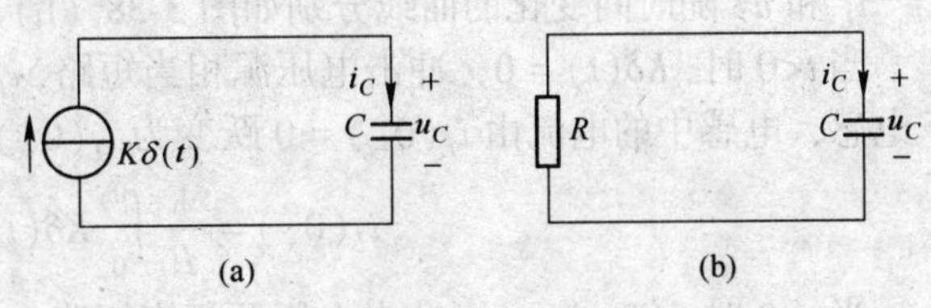

图 3-37　图 3-35 电路 $t=0$ 和 $t>0$ 时的等效电路

$$u_C(t) = u_C(0_+)\mathrm{e}^{-\frac{t}{RC}}1(t) = \frac{K}{C}\mathrm{e}^{-\frac{t}{\tau}}1(t)$$

而

$$i_C(t) = C\frac{\mathrm{d}u_C}{\mathrm{d}t} = K\delta(t) - \frac{K}{RC}\mathrm{e}^{-\frac{t}{RC}}1(t)$$

可见，电容中的电流在 $t=0$ 瞬间是一个冲击电流，随后立即变成绝对值按指数规律衰减的放电电流。由于冲击电流的作用，$u_C(0_-) \neq u_C(0_+)$，这种情况称为电容电压的跃变。两种分析方法所得的结果是相同的。

图 3-38（a）为 RL 串联的零状态电路，受冲击电压源激励。下面来求冲击的响应 i_L、u_L。

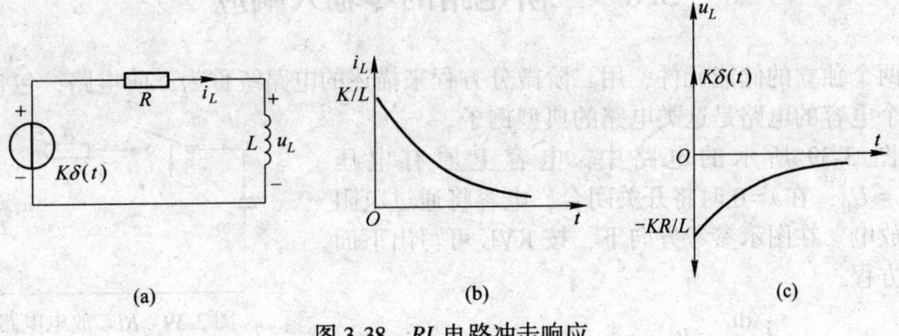

图 3-38　RL 电路冲击响应

电感电流的单位阶跃响应为

$$s(t) = \frac{1}{R}(1 - \mathrm{e}^{-\frac{R}{L}t})1(t)$$

电感电流单位冲击响应为

$$h(t)=\frac{\mathrm{d}s(t)}{\mathrm{d}t}=\frac{1}{L}\mathrm{e}^{-\frac{R}{L}t}1(t)+\frac{1}{R}(1-\mathrm{e}^{-\frac{R}{L}t})\delta(t)$$
$$=\frac{1}{L}\mathrm{e}^{-\frac{R}{L}t}1(t) \tag{3-70}$$

冲击电压电源 $K\delta(t)$ 所产生的响应

$$i_L(t)=Kh(t)=\frac{K}{L}\mathrm{e}^{-\frac{R}{L}t}1(t)$$

$$u_L(t)=L\frac{\mathrm{d}i_L(t)}{\mathrm{d}t}=L\frac{\mathrm{d}}{\mathrm{d}t}\left[\frac{K}{L}\mathrm{e}^{-\frac{R}{L}t}1(t)\right]$$
$$=-\frac{KR}{L}\mathrm{e}^{-\frac{R}{L}t}1(t)+K\mathrm{e}^{-\frac{R}{L}t}\delta(t) \tag{3-71}$$
$$=-\frac{KR}{L}\mathrm{e}^{-\frac{R}{L}t}1(t)+K\delta(t)$$

i_L 和 u_L 随时间变化的曲线分别如图 3-38（b）、（c）所示。

当 $t<0$ 时，$K\delta(t)=0$，冲击电压源相当短路，$i_L(0_-)=0$，在 $t=0$ 瞬间，冲击电压作用于电感，电感中的电流由 $i_L(0_-)=0$ 跃变为 $i_L(0_+)$。

$$i_L(0_+)=\frac{1}{L}\int_{0_-}^{0_+}K\delta(t)\,\mathrm{d}t=\frac{K}{L}$$

当 $t>0$ 时，$K\delta(t)=0$，冲击电压源相当短路，电感放电，产生零输入响应。所以，当 $t>0$ 时，电路中的电流为

$$i_L(t)=i_L(0_+)\mathrm{e}^{-\frac{R}{L}t}1(t)=\frac{K}{L}\mathrm{e}^{-\frac{R}{L}t}1(t)$$

电感电压在 $t=0$ 瞬间是一个冲击电压，随后变成绝对值按指数规律衰减的电压，即

$$u_L(t)=L\frac{\mathrm{d}i_L}{\mathrm{d}t}=K\delta(t)-\frac{KR}{L}\mathrm{e}^{-\frac{R}{L}t}1(t)$$

$i_L(0_-)\neq i_L(0_+)$，这是因为冲击电压源使电感电流发生了跃变。

3.8 二阶电路的零输入响应

有两个独立的储能元件，用二阶微分方程来描述的电路统称为二阶电路，包含一个电感和一个电容的电路是这类电路的典型例子。

在图 3-39 所示的电路中，电容上原有电压 $u_C(0_-)=U_0$，在 $t=0$ 时将开关闭合，电容将通过电阻和电感放电。在图示参考方向下，按 KVL 可写出下面的电压方程

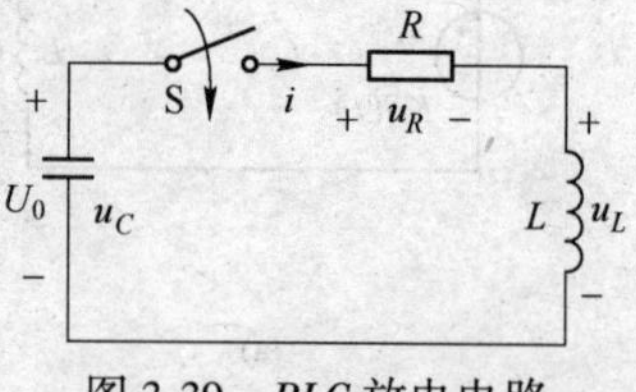

$$L\frac{\mathrm{d}i}{\mathrm{d}t}+Ri-u_C=0$$

图 3-39 *RLC* 放电电路

以 $i=-C\frac{\mathrm{d}u_C}{\mathrm{d}t}$ 代入上式就得到以 u_C 为变量的微分方程

$$LC\frac{\mathrm{d}^2u_C}{\mathrm{d}t^2}+RC\frac{\mathrm{d}u_C}{\mathrm{d}t}+u_C=0 \tag{3-72}$$

这是一个二阶线性常系数齐次微分方程，设 $u_C = Ae^{pt}$，代入式（3-72）得到微分方程的特征方程

$$LCp^2 + RCp + 1 = 0 \tag{3-73}$$

式（3-73）的根，即特征根为

$$\begin{cases} p_1 = -\dfrac{R}{2L} + \sqrt{\left(\dfrac{R}{2L}\right)^2 - \dfrac{1}{LC}} = -\delta + \sqrt{\delta^2 - \omega_0^2} \\ p_2 = -\dfrac{R}{2L} - \sqrt{\left(\dfrac{R}{2L}\right)^2 - \dfrac{1}{LC}} = -\delta - \sqrt{\delta^2 - \omega_0^2} \end{cases} \tag{3-74}$$

式（3-74）中

$$\begin{cases} \delta = \dfrac{R}{2L} \\ \omega_0 = \dfrac{1}{\sqrt{LC}} \end{cases} \tag{3-75}$$

由式（3-74）可知，当 $\delta > \omega_0$ 时，特征根 p_1 与 p_2 是两个不等的负实根；当 $\delta < \omega_0$ 时，p_1、p_2 是一对具有负实部的共轭复根；当 $\delta = \omega_0$ 时，p_1、p_2 是两个相等的负实根。下面分别对这三种情况进行讨论。

3.8.1 $\delta>\omega_0$ 非振荡放电过程

此时 $R > 2\sqrt{\dfrac{L}{C}}$，特征根 p_1 与 p_2 是两个不等的负实根，电容电压的暂态解为

$$u_{Ch} = A_1 e^{p_1 t} + A_2 e^{p_2 t} \tag{3-76}$$

因电容电压稳态解 $u_{Cp} = 0$，故电容电压为

$$u_C = u_{Cp} + u_{Ch} = A_1 e^{p_1 t} + A_2 e^{p_2 t} \tag{3-77}$$

式（3-77）中的两项都是单调衰减的指数函数，随着时间增长将衰减到零，动态过程是非振荡的放电过程。在这个过程中，电路中的电流

$$i = -C\frac{du_C}{dt} = -C(A_1 p_1 e^{p_1 t} + A_2 p_2 e^{p_2 t}) \tag{3-78}$$

利用初始条件来确定常数 A_1 和 A_2。因电容电压、电感电流不能跃变，可得初始条件如下

$$u_C(0_+) = u_C(0_-) = U_0$$
$$i(0_+) = i(0_-) = 0$$

式（3-72）是以 u_C 为变量的微分方程，确定常数需要的初始条件是 $u_C(0_+)$ 及 $\left[\dfrac{du_C}{dt}\right]_{t=0_+}$。后面一个初始条件可由 $C\left[\dfrac{du_C}{dt}\right]_{t=0_+} = i(0_+)$ 算出，把两个初始条件代入式（3-77）和式（3-78），得

$$U_0 = A_1 + A_2$$
$$0 = A_1 p_1 + A_2 p_2$$

联立解得

$$A_1 = \frac{p_2}{p_2 - p_1} U_0$$

$$A_2 = \frac{p_1}{p_1 - p_2} U_0 = -\frac{p_1}{p_2 - p_1} U_0$$

将 A_1 和 A_2 代入式（3-77），得

$$u_C = \frac{U_0}{p_2 - p_1}(p_2 e^{p_1 t} - p_1 e^{p_2 t}) \tag{3-79}$$

$$i = -C\frac{du_C}{dt} = -\frac{CU_0 p_1 p_2}{p_2 - p_1}(e^{p_1 t} - e^{p_2 t})$$

因为

$$p_1 p_2 = \frac{1}{LC}$$

所以

$$i = -\frac{U_0}{L(p_2 - p_1)}(e^{p_1 t} - e^{p_2 t}) \quad (t \geqslant 0) \tag{3-80}$$

$$u_R = Ri = -\frac{RU_0}{L(p_2 - p_1)}(e^{p_1 t} - e^{p_2 t}) \quad (t \geqslant 0) \tag{3-81}$$

$$u_L = L\frac{di}{dt} = -\frac{U_0}{p_2 - p_1}(p_1 e^{p_1 t} - p_2 e^{p_2 t}) \quad (t \geqslant 0) \tag{3-82}$$

由式（3-74）可知，p_1、p_2 都是负实数，且 $|p_1| < |p_2|$，因而 u_C 表达式中第一项衰减得慢，第二项衰减得快，如图 3-40 所示。u_C 从 U_0 开始单调地衰减到零，说明电容一直处于放电状态。由于 $p_2 - p_1 < 0$，电流 i 始终是正值，这也说明电容一直是放电的。$t=0$ 时，$i=0$，当 $t=\infty$ 时，仍有 $i=0$，在动态过程中 i 是连续变化的，且始终大于零，因此一定有一个极大值 i_{max}，这个极大值出现在 $t=t_m$ 时，即 $\frac{di}{dt}=0$ 或 $u_L=0$ 时刻，因而有

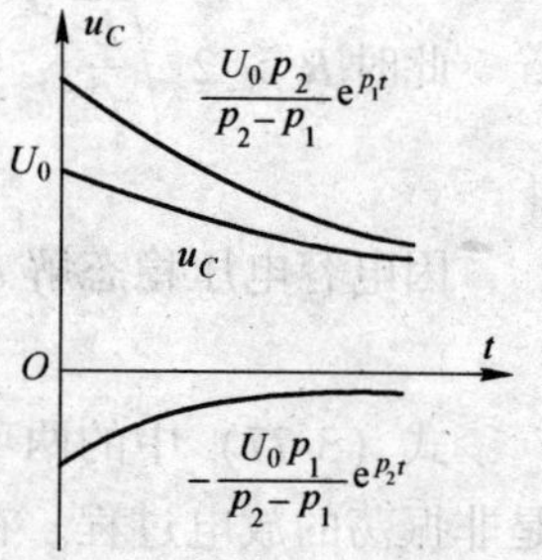

图 3-40 *RLC* 放电电路 u_C 非振荡响应曲线的分解

$$p_1 e^{p_1 t_m} - p_2 e^{p_2 t_m} = 0$$

$$\frac{e^{p_1 t_m}}{e^{p_2 t_m}} = e^{(p_1 - p_2)t_m} = \frac{p_2}{p_1}$$

解得

$$t_m = \frac{\ln \frac{p_2}{p_1}}{p_1 - p_2}$$

放电开始，因 $i=0$，$u_R=0$，故 $u_L=u_C=U_0$，在 t_m 以前，因为电流是增长的，$\frac{di}{dt}>0$，故电感电压 $u_L>0$；在 t_m 时刻，$\frac{di}{dt}=0$，故 $u_L=0$；在 t_m 以后，因电流不断减小，$\frac{di}{dt}<0$，所以 $u_L<0$。放电结束时，即 $t\to\infty$ 时 $u_L=0$，因此电感电压在两个零值之间有一个极小值，对 u_L 求导，并令 $\frac{du_L}{dt}=0$，就可以确定电感电压极小值出现的时刻

$$t = \frac{2\ln\frac{p_2}{p_1}}{p_1 - p_2} = 2t_m$$

u_C、i、u_L的响应曲线如图 3-41 所示。

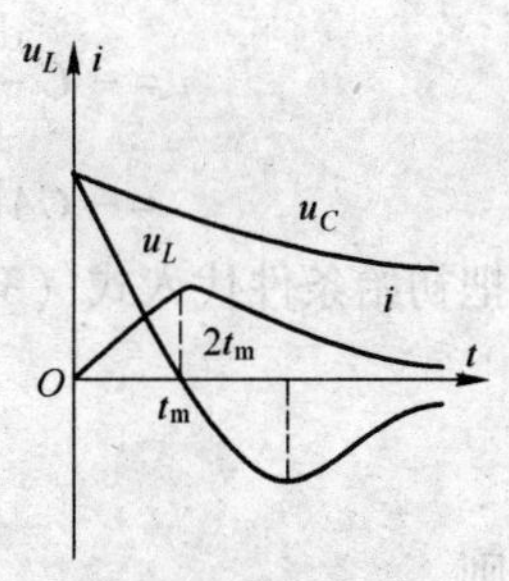

图 3-41 *RLC* 放电电路 u_C、i、u_L 非振荡响应曲线

在整个放电过程中，能量转换情况是按下述过程进行的。在 $0 < t < t_m$ 期间，电容电压 u_C 随时间减少，而电流 i 随时间增大，说明电容不断释放能量，电场能量逐渐减少；电感则不断吸收能量，使磁场能量逐渐增加；而电阻则总是消耗能量的。在这段时间里，电容释放的电场能量一部分转化为电感储存的磁场能量，一部分则被电阻所消耗。当 $t > t_m$ 时，u_C 和 i 都不断减小，电容、电感都向外释放能量，它们释放的能量全部被电阻所消耗。能量转换的情况如图 3-42 所示。

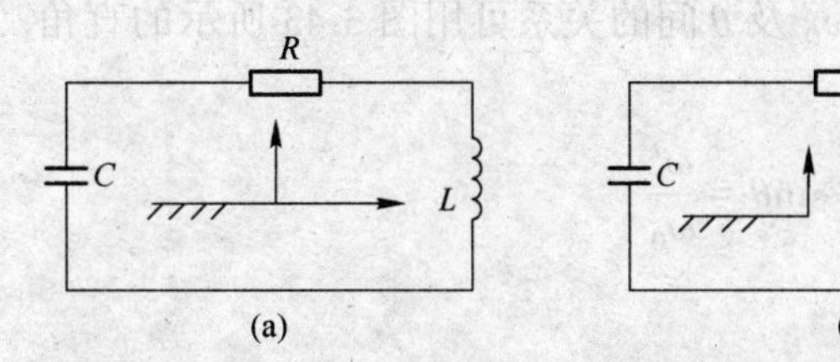

图 3-42 非振荡放电过程中能量的转换

3.8.2 $\delta<\omega_0$ 振荡放电过程

此时 $R < 2\sqrt{\frac{L}{C}}$，特征根 p_1、p_2 是一对共轭复根

$$\begin{cases} p_1 = -\delta + \sqrt{\delta^2 - \omega_0^2} = -\delta + \mathrm{j}\sqrt{\omega_0^2 - \delta^2} = -\delta + \mathrm{j}\omega' \\ p_2 = -\delta - \sqrt{\delta^2 - \omega_0^2} = -\delta - \mathrm{j}\sqrt{\omega_0^2 - \delta^2} = -\delta - \mathrm{j}\omega' \end{cases} \tag{3-83}$$

式中
$$\omega' = \sqrt{\omega_0^2 - \delta^2} \tag{3-84}$$

电容电压

$$\begin{aligned} u_C &= u_{Cp} + u_{Ch} = 0 + A_1 e^{p_1 t} + A_2 e^{p_2 t} \\ &= A_1 e^{(-\delta + \mathrm{j}\omega')t} + A_2 e^{(-\delta - \mathrm{j}\omega')t} \\ &= e^{-\delta t}(A_1 e^{\mathrm{j}\omega' t} + A_2 e^{-\mathrm{j}\omega' t}) \\ &= e^{-\delta t}[(A_1\cos\omega' t + \mathrm{j}A_1\sin\omega' t) + (A_2\cos\omega' t - \mathrm{j}A_2\sin\omega' t)] \\ &= e^{-\delta t}(A_3\cos\omega' t + A_4\sin\omega' t) \end{aligned}$$

式中，$A_3 = A_1 + A_2$、$A_4 = \mathrm{j}(A_1 - A_2)$ 用三角函数两角和公式将括号中的两项合并成一项，即令

$$A_3 = A\sin\theta,\ A_4 = A\cos\theta$$

于是得

$$\begin{aligned} u_C &= e^{-\delta t}(A\sin\theta\cos\omega' t + A\cos\theta\sin\omega' t) \\ &= A e^{-\delta t}\sin(\omega' t + \theta) \end{aligned} \tag{3-85}$$

因为 u_C 是 t 的实函数，即 A_1+A_2、$j(A_1-A_2)$ 都应是实数，则 A_1、A_2 必是共轭复数。为计算方便，将这两个共轭复数用两个实常数 A、θ 来代替。

电流

$$i = -C\frac{du_C}{dt}$$
$$= -CA[\omega' e^{-\delta t}\cos(\omega' t + \theta) - \delta e^{-\delta t}\sin(\omega' t + \theta)] \tag{3-86}$$

把初始条件代入式（3-85）和式（3-86），得

$$U_0 = A\sin\theta$$
$$0 = \omega'\cos\theta - \delta\sin\theta$$

则

$$\tan\theta = \frac{\sin\theta}{\cos\theta} = \frac{\omega'}{\delta}$$
$$\theta = \arctan\frac{\omega'}{\delta}$$

式（3-84）中的 ω'、δ、ω_0 及 θ 间的关系可用图 3-43 所示的直角三角形来表示。可见

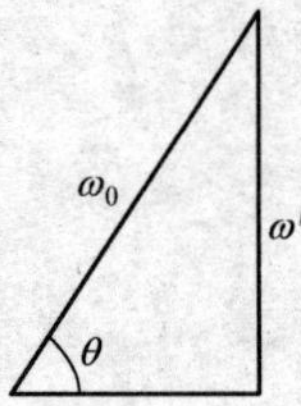

图 3-43　ω'、δ、ω_0 及 θ 之间的关系三角形

$$\sin\theta = \frac{\omega'}{\omega_0}$$

故

$$A = \frac{U_0}{\sin\theta} = \frac{\omega_0}{\omega'}U_0$$

所以

$$u_C = \frac{\omega_0}{\omega'}U_0 e^{-\delta t}\sin(\omega' t + \arctan\frac{\omega'}{\delta}) \quad (t \geqslant 0) \tag{3-87}$$

$$i = -C\omega_0 U_0 e^{-\delta t}\cos(\omega' t + \theta) + C\frac{\omega_0}{\omega'}U_0\delta e^{-\delta t}\sin(\omega' t + \theta)$$
$$= \frac{\omega_0}{\omega'}CU_0 e^{-\delta t}[\delta\sin(\omega' t + \theta) - \omega'\cos(\omega' t + \theta)]$$

据图 3-43 有

$$\delta = \omega_0\cos\theta\ ,\ \omega' = \omega_0\sin\theta$$

因此

$$i = \frac{\omega_0}{\omega'}CU_0 e^{-\delta t}[\omega_0\sin(\omega' t + \theta)\cos\theta - \omega_0\cos(\omega' t + \theta)\sin\theta]$$
$$= \frac{\omega_0^2}{\omega'}CU_0 e^{-\delta t}\sin\omega' t$$
$$= \frac{U_0}{\omega' L}e^{-\delta t}\sin\omega' t \quad (t \geqslant 0) \tag{3-88}$$

电感电压

$$u_L = L\frac{di}{dt} = \frac{U_0}{\omega'}(-\delta)e^{-\delta t}\sin\omega' t + U_0 e^{-\delta t}\cos\omega' t$$

$$= -\frac{U_0}{\omega'}\mathrm{e}^{-\delta t}(\delta\sin\omega' t - \omega'\cos\omega' t)$$

$$= -\frac{U_0}{\omega'}\mathrm{e}^{-\delta t}(\omega_0\sin\omega' t\cos\theta - \omega_0\cos\omega' t\sin\theta)$$

$$= -\frac{U_0}{\omega'}\omega_0\mathrm{e}^{-\delta t}\sin(\omega' t - \theta)$$

$$= \frac{\omega_0}{\omega'}U_0\mathrm{e}^{-\delta t}\sin\left(\omega' t + \pi - \arctan\frac{\omega'}{\delta}\right)\quad (t \geqslant 0) \tag{3-89}$$

u_C、i 及 u_L随时间变化的曲线如图 3-44 所示。

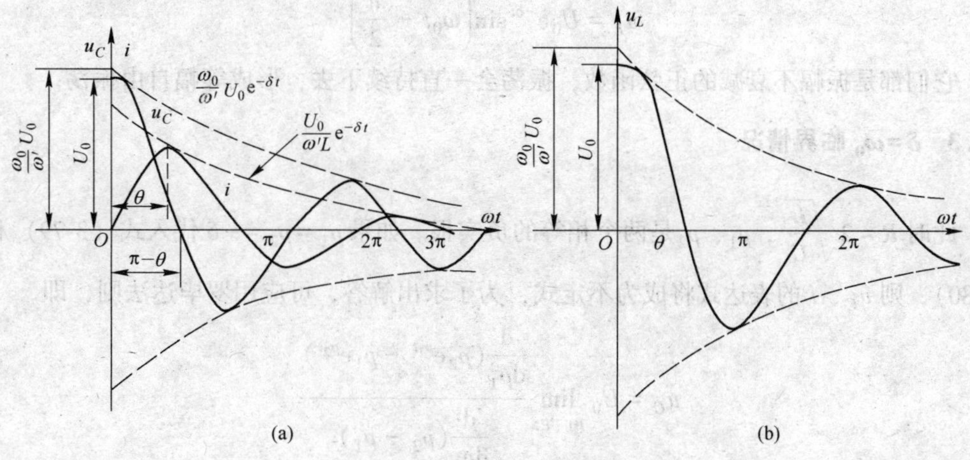

图 3-44　振荡放电过程

(a) u_C、i 波形；(b) u_L波形

图中 u_C曲线可按下述方法画出：因 u_C的振幅是按指数规律衰减的，所以首先画出包络线 $\frac{\omega_0}{\omega'}U_0\mathrm{e}^{-\delta t}$ 和 $-\frac{\omega_0}{\omega'}U_0\mathrm{e}^{-\delta t}$，然后用求极值方法确定 u_C出现极大值和极小值的 $\omega' t$ 的值，也就是由 $\frac{\mathrm{d}u_C}{\mathrm{d}t} = 0$ 即 $i = 0$ 处，得到 $\omega' t = 0$，2π，4π，… 时 u_C有极大值，而当 $\omega' t = \pi$，3π，5π，… 时，u_C具有极小值。由 u_C的表达式可知，当 $\omega' t = \pi - \theta$，$2\pi - \theta$，$3\pi - \theta$，… 时，$u_C = 0$。i、u_L曲线与 u_C曲线画法相同。由 u_C、i、u_L的表达式和曲线可以看出它们都是振幅按指数规律衰减的同频率正弦量，因此把这种过程称为衰减振荡的放电过程。

在衰减振荡放电过程中，在 $0 < \omega' t < \theta$ 期间，电容电压下降，释放电场能量，由于电路中电阻较小，电容释放的能量除一小部分被电阻消耗外，大部分随放电电流的增长转化为磁场能量储存于电感之中。在 $\theta < \omega' t < \pi - \theta$ 期间，电流 i 由增加变为减小，说明电感把它储存的磁场能量释放出来，同时 u_C继续减小，直到放电结束，说明这期间电容也在释放能量，电感、电容释放的能量被电阻所消耗。当 $\pi - \theta < \omega' t < \pi$ 时，电流 i 仍然减小，电感继续放电，而电容电压变为负值且绝对值逐渐增大，这表明电感释放的磁场能量一部分被电阻消耗，另一部分则给电容反方向充电。上述是第一个半周期能量转换情况，第二个半周期与第一个半周期情况相似，只是电容放电的方向相反而已。由于电路中存在

电阻，电阻始终是消耗能量的，使电路原来储存的能量逐渐减少，因而形成了衰减振荡的放电过程。衰减的快慢取决于δ，所以δ称为衰减系数，振荡角频率ω'大小取决于电路参数，称为电路的固有振荡角频率。

若电路中的电阻为零，则$\delta = \dfrac{R}{2L} = 0, \omega' = \omega_0 = \dfrac{1}{\sqrt{LC}}$，这种情况下

$$u_C = U_0 \sin\left(\omega_0 t + \frac{\pi}{2}\right)$$

$$i = \frac{U_0}{\omega_0 L} \sin\omega_0 t$$

$$u_L = U_0 e^{-\delta t} \sin\left(\omega_0 t - \frac{\pi}{2}\right)$$

它们都是振幅不衰减的正弦函数，振荡会一直持续下去，形成等幅自由振荡。

3.8.3 $\delta = \omega_0$ 临界情况

此时$R = 2\sqrt{\dfrac{L}{C}}$，p_1、p_2是两个相等的负实根。如果$p_1 = p_2 = -\delta$代入式（3-79）和式（3-80），则u_C、i的表达式将成为不定式，为了求出解答，可应用罗毕达法则，即

$$\begin{aligned} u_C &= U_0 \lim_{p_1 \to p_2} \frac{\dfrac{d}{dp_1}(p_2 e^{p_1 t} - p_1 e^{p_2 t})}{\dfrac{d}{dp_1}(p_2 - p_1)} \\ &= U_0 \lim_{p_1 \to p_2} \frac{p_2 t e^{p_1 t} - e^{p_2 t}}{-1} \\ &= U_0 (1 - p_2 t) e^{p_1 t} \\ &= U_0 (1 + \delta t) e^{-\delta t} \quad (t \geqslant 0) \end{aligned} \tag{3-90}$$

$$i = -C \frac{du_C}{dt} = \frac{U_0}{L} t e^{-\delta t} \quad (t \geqslant 0) \tag{3-91}$$

$$u_L = L \frac{di}{dt} = U_0 (1 - \delta t) e^{-\delta t} \quad (t \geqslant 0) \tag{3-92}$$

由式（3-90）~式（3-92）可以看出，它们仍属于非振荡放电类型，但是恰好介于非振荡与振荡之间，所以称为临界非振荡放电过程。电阻$R = 2\sqrt{\dfrac{L}{C}}$称为临界电阻。电压、电流的波形与非振荡情形相似，因此不再画出。

例 3-10 在图 3-45 所示电路中，开关S原是闭合的，电路已经稳定。在$t=0$时，将开关S打开，试求在下列两种情况下的u_C和i。

（1）$E=100\text{V}$，$R_0 = 1\text{k}\Omega$，$R = 1\text{k}\Omega$，$L=10\text{H}$，$C = 100\mu\text{F}$；

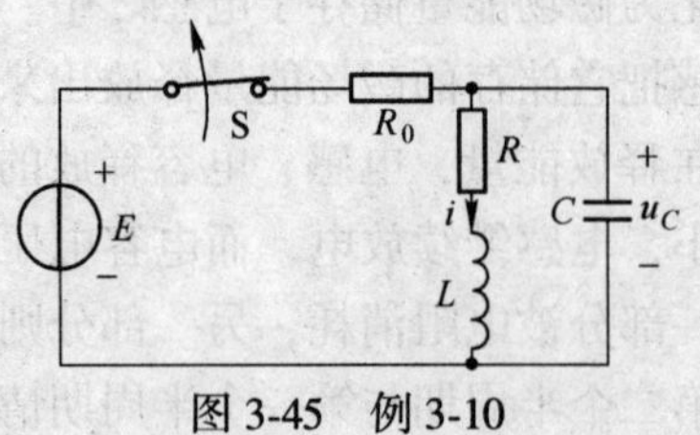

图 3-45 例 3-10

（2）C 改为 $10\mu F$，其他条件不变。

解 开关打开前

$$i(0_-)=\frac{E}{R_0+R}=\frac{100}{2000}=0.05\text{A}$$

$$u_C(0_-)=i(0_-)R=0.05\times1000=50\text{V}$$

开关打开后，形成 RLC 放电电路，因而有

$$LC\frac{\mathrm{d}^2u_C}{\mathrm{d}t^2}+RC\frac{\mathrm{d}u_C}{\mathrm{d}t}+u_C=0$$

特征方程为

$$LCp^2+RCp+1=0$$

（1）把数据代入特征方程，得

$$10^{-3}p^2+10^{-1}p+1=0$$

$$p^2+100p+1000=0$$

特征根

$$p_{1,2}=\frac{-100\pm\sqrt{10000-4000}}{2}=\frac{-100\pm77.5}{2}$$

$$=-11.3,\ -88.7$$

$$u_C=A_1\mathrm{e}^{-11.3t}+A_2\mathrm{e}^{-88.7t}$$

$$i=-C\frac{\mathrm{d}u_C}{\mathrm{d}t}=-100\times10^{-6}(-11.3A_1\mathrm{e}^{-11.3t}-88.7A_2\mathrm{e}^{-88.7t})$$

以初始条件 $u_C(0_+)=u_C(0_-)=50\text{V}$，$i(0_+)=i(0_-)=0.05\text{A}$ 代入，有

$$50=A_1+A_2$$

$$0.05=-100\times10^{-6}(-11.3A_1-88.7A_2)$$

联立解得

$$A_1=50.8,\ A_2=-0.820$$

所以

$$u_C=(50.8\mathrm{e}^{-11.3t}-0.820\mathrm{e}^{-88.7t})\text{V}\quad(t\geqslant0)$$

$$i=-100\times10^{-6}(-11.3\times50.8\mathrm{e}^{-11.3t}+88.7\times0.820\mathrm{e}^{-88.7t})$$

$$=(0.0573\mathrm{e}^{-11.3t}-0.00727\mathrm{e}^{-88.7t})\text{A}\quad(t\geqslant0)$$

（2）特征方程同（1），代入数据

$$10^{-4}p^2+10^{-2}p+1=0$$

$$p^2+100p+10000=0$$

特征根为

$$p_{1,2}=\frac{-100\pm\sqrt{10000-40000}}{2}=-50\pm\mathrm{j}86.6$$

故 $$u_C=A\mathrm{e}^{-50t}\sin(86.6t+\theta)$$

$$i=-10\times10^{-6}[-50A\mathrm{e}^{-50t}\sin(86.6t+\theta)+86.6A\mathrm{e}^{-50t}\cos(86.6t+\theta)]$$

以初始条件代入，有

$$50 = A\sin\theta$$
$$0.05 = -10 \times 10^{-6}(-50A\sin\theta + 86.6A\cos\theta)$$

联立求解

$$A\cos\theta = \frac{-5000 + 50 \times 50}{86.6} = -28.9$$
$$\tan\theta = \frac{A\sin\theta}{A\cos\theta} = \frac{50}{-28.9} = -1.73$$
$$\theta = 120°$$
$$A = \frac{50}{\sin 120°} = 57.7$$

所以

$$u_C = 57.7\mathrm{e}^{-50t}\sin(86.6t + 120°)\,\mathrm{V} \quad (t \geqslant 0)$$
$$i = -10 \times 10^{-6}[-50 \times 57.7\mathrm{e}^{-50t}\sin(86.6t + 120°) + 86.6 \times 57.7\mathrm{e}^{-50t}\cos(86.6t + 120°)]$$
$$= \mathrm{e}^{-50t}[0.0289\sin(86.6t + 120°) - 0.05\cos(86.6t + 120°)]\,\mathrm{A} \quad (t \geqslant 0)$$

可用相量加法将中括号内两项合并

$$0.0289\angle 120° - 0.05\angle 210°$$
$$= -0.0145 + \mathrm{j}0.025 + 0.0433 + \mathrm{j}0.025$$
$$= 0.0289 + \mathrm{j}0.05 = 0.0578\angle 60°$$
$$i = 0.0578\mathrm{e}^{-50t}\sin(86.6t + 60°)\,\mathrm{A} \quad (t \geqslant 0)$$

3.9　二阶电路的阶跃响应

在图3-46 *RLC* 串联电路中，如果电容原来没充电，在 $t=0$ 时将开关闭合，使电路与直流电源接通，求接通后的 u_C、i 和 u_L，这就是 *RLC* 串联电路受阶跃函数激励、求零状态响应的问题。

在图示参考方向下，可列出下面的电压方程

$$L\frac{\mathrm{d}i}{\mathrm{d}t} + Ri + u_C = E$$

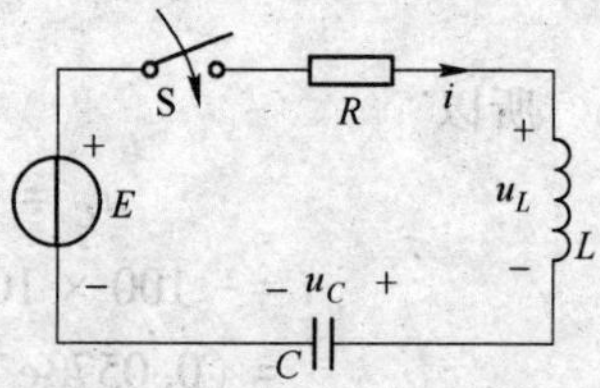

将 $i = C\frac{\mathrm{d}u}{\mathrm{d}t}$ 代入上式，得

$$LC\frac{\mathrm{d}^2u_C}{\mathrm{d}t^2} + RC\frac{\mathrm{d}u_C}{\mathrm{d}t} + u_C = E \qquad (3\text{-}93)$$

S　R　i　+　E　u_L　L　−　− u_C +　C

图3-46　二阶电路的阶跃响应

这是一个二阶线性常系数非齐次微分方程，它的特解，即 u_C的稳态解 $u_{Cp}=E$，而 u_C的暂态解是与式（3-93）相对应的齐次微分方程的通解，根据3.8节的分析，因电路参数不同将有三种可能，因此，电路零状态响应仍有非振荡、振荡与临界三种情形。

3.9.1　$R>2\sqrt{\frac{L}{C}}$ 非振荡充电过程

此时出现非振荡的充电过程，即

$$u_C = u_{Cp} + u_{Ch} = E + A_1\mathrm{e}^{p_1t} + A_2\mathrm{e}^{p_2t} \qquad (3\text{-}94)$$

$$i = C\frac{\mathrm{d}u_C}{\mathrm{d}t} = C(A_1p_1\mathrm{e}^{p_1t} + A_2p_2\mathrm{e}^{p_2t}) \tag{3-95}$$

由初始条件

$$u_C(0_+) = u_C(0_-) = 0$$
$$i(0_+) = i(0_-) = 0$$

可得

$$E + A_1 + A_2 = 0$$
$$C(A_1p_1 + A_2p_2) = 0$$

联立解得

$$A_1 = \frac{-p_2}{p_2 - p_1}E$$

$$A_2 = \frac{p_1}{p_2 - p_1}E$$

故

$$u_C = E - \frac{E}{p_2 - p_1}(p_2\mathrm{e}^{p_1t} - p_1\mathrm{e}^{p_2t}) \quad (t \geqslant 0) \tag{3-96}$$

$$\begin{aligned} i &= C\left(\frac{-p_1p_2}{p_2 - p_1}E\mathrm{e}^{p_1t} + \frac{p_1p_2}{p_2 - p_1}E\mathrm{e}^{p_2t}\right) \\ &= \frac{E}{L(p_1 - p_2)}(\mathrm{e}^{p_1t} - \mathrm{e}^{p_2t}) \quad (t \geqslant 0) \end{aligned} \tag{3-97}$$

$$u_L = L\frac{\mathrm{d}i}{\mathrm{d}t} = \frac{E}{p_1 - p_2}(p_1\mathrm{e}^{p_1t} - p_2\mathrm{e}^{p_2t}) \quad (t \geqslant 0) \tag{3-98}$$

因为这种情况下，p_1、p_2是不等的负实数，所以u_C是单调增长的，最终趋近电源电压。图3-47给出了u_C、i和u_L随时间变化的曲线。

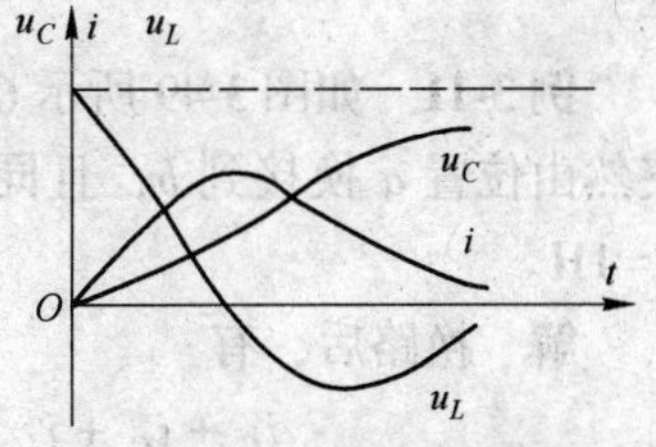

图3-47　非振荡充电过程 u_C、i、u_L波形

3.9.2　$R<2\sqrt{\frac{L}{C}}$振荡充电过程

此时出现振荡的充电过程，即

$$u_C = u_{Cp} + u_{Ch} = E + A\mathrm{e}^{-\delta t}\sin(\omega' t + \theta)$$

$$i = C\frac{\mathrm{d}u_C}{\mathrm{d}t} = C[\omega' A\mathrm{e}^{-\delta t}\cos(\omega' t + \theta) - A\delta\mathrm{e}^{-\delta t}\sin(\omega' t + \theta)]$$

代入初始条件，得

$$E + A\sin\theta = 0$$
$$CA(\omega'\cos\theta - \delta\sin\theta) = 0$$

联立解得

$$A = -\frac{E}{\sin\theta} = -\frac{\omega_0}{\omega'}E$$

$$\theta = \arctan\frac{\omega'}{\delta}$$

故

$$u_C = E - \frac{\omega_0}{\omega'}E\mathrm{e}^{-\delta t}\sin(\omega' t + \arctan\frac{\omega'}{\delta}) \quad (t \geqslant 0) \tag{3-99}$$

$$i = C\frac{\mathrm{d}u_C}{\mathrm{d}t} = \frac{E}{\omega' L}\mathrm{e}^{-\delta t}\sin\omega' t \quad (t \geqslant 0) \tag{3-100}$$

$$u_L = L\frac{\mathrm{d}i}{\mathrm{d}t} = -\frac{\omega_0}{\omega'}E\mathrm{e}^{-\delta t}\sin\left(\omega' t - \arctan\frac{\omega'}{\delta}\right) \quad (t \geqslant 0) \tag{3-101}$$

图 3-48 为 u_C和 i 随时间变化的曲线。由图可见，充电开始时电容电压会超出电源电压，若电路中的电阻很小，u_C的最大值将接近电源电压的两倍。

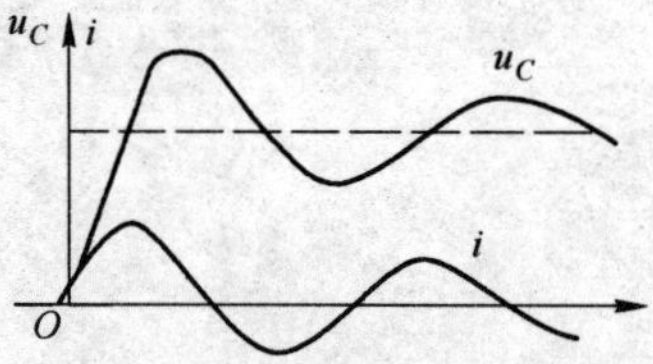

图 3-48 振荡充电过程 u_C和 i 波形

3.9.3 $R=2\sqrt{\frac{L}{C}}$临界情况

此时出现临界非振荡充电过程，即

$$u_C = E - E\lim_{p_1\to p_2}\frac{\frac{\mathrm{d}}{\mathrm{d}p_1}(p_2\mathrm{e}^{p_1 t} - p_1\mathrm{e}^{p_2 t})}{\frac{\mathrm{d}}{\mathrm{d}p_1}(p_2 - p_1)} \tag{3-102}$$

$$= E - E(1+\delta t)\mathrm{e}^{-\delta t} \quad (t \geqslant 0)$$

$$i = C\frac{\mathrm{d}u_C}{\mathrm{d}t} = \frac{E}{L}t\mathrm{e}^{-\delta t} \quad (t \geqslant 0) \tag{3-103}$$

$$u_L = L\frac{\mathrm{d}i}{\mathrm{d}t} = E(1-\delta t)\mathrm{e}^{-\delta t} \quad (t \geqslant 0) \tag{3-104}$$

例 3-11 如图 3-49 所示 GCL 并联电路中，电容已充电到 1V，极性如图 3-49 所示，S_1 突然由位置 a 换接到 b，且同时闭合 S_2，求 $t>0$ 时的 i_L。已知 $I_S = 1\mathrm{A}$，$G = 1\mathrm{S}$，$C = 1\mathrm{F}$，$L = 1\mathrm{H}$。

解 换路后，有

$$i_G + i_C + i_L = I_S$$

将

$$i_G = Gu = GL\frac{\mathrm{d}i_L}{\mathrm{d}t}$$

$$i_C = C\frac{\mathrm{d}u}{\mathrm{d}t} = LC\frac{\mathrm{d}^2 i_L}{\mathrm{d}t^2}$$

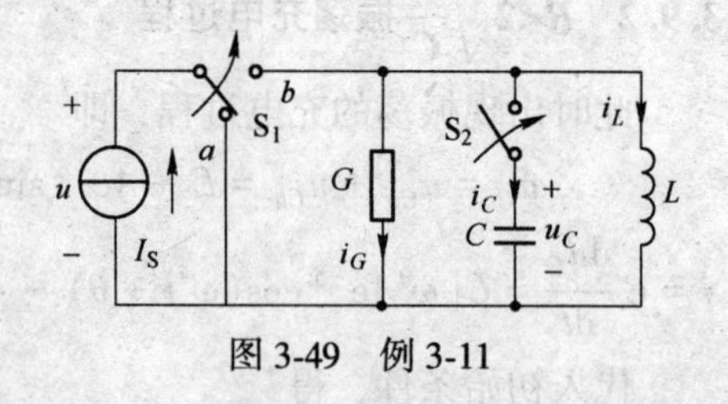

图 3-49 例 3-11

代入，得到以 i_L为变量的二阶常系数非齐次微分方程为

$$LC\frac{\mathrm{d}^2 i_L}{\mathrm{d}t^2} + GL\frac{\mathrm{d}i_L}{\mathrm{d}t} + i_L = I_S$$

代入数据有

$$\frac{d^2 i_L}{dt^2} + \frac{di_L}{dt} + i_L = 1$$

此微分方程的解为

$$i_L = i_{Lp} + i_{Lh}$$
$$i_{Lp} = 1$$

齐次微分方程的特征方程为

$$p^2 + p + 1 = 0$$

特征根为

$$p_{1,2} = \frac{-1 \pm \sqrt{1-4}}{2} = -0.5 \pm j0.866$$

所以

$$i_{Lh} = Ae^{-0.5t}\sin(0.866t + \theta)$$
$$i_L = 1 + Ae^{-0.5t}\sin(0.866t + \theta)$$

据题意知初始条件 $i_L(0_+) = i_L(0_-) = 0$, $u_C(0_+) = u_C(0_-) = 1$，所以 $\left.\frac{di_L}{dt}\right|_{t=0_+} = u_C(0_+) = 1$。

$$\left.\frac{di_L}{dt}\right|_{t=0_+} = -0.5Ae^{-0.5t}\sin(0.866t + \theta) + 0.866Ae^{-0.5t}\cos(0.866t + \theta)$$

代入初始条件，则有

$$0 = 1 + A\sin\theta$$
$$1 = -0.5A\sin\theta + 0.866A\cos\theta$$

联立解得

$$A\cos\theta = \frac{1-0.5}{0.866} = 0.577$$

$$\tan\theta = \frac{-1}{0.577} = -1.73$$

$$\theta = -60°$$

$$A = \frac{-1}{\sin(-60°)} = 1.16$$

所以

$$i_L = 1 + 1.16e^{-0.5t}\sin(0.866t - 60°)\text{A} \quad (t \geqslant 0)$$

把本例中的非齐次微分方程和 RLC 串联电路接通直流电压源时的微分方程比较，就会发现它们之间存在着对偶关系。

计算二阶电路的冲击响应，可采用计算一阶电路冲击响应的同样方法。

3.10 学 习 指 导

(1) 基本概念和基本定律：

1) 动态过程。含有 L 与 C 的电路称为动态电路，动态电路是由一种稳定状态到另一种稳定状态的过程。

2）换路。电路中开关通断、结构改变或元件参数变化等统称为换路。换路时刻记为 $t=0$。换路前结束时刻记为 $t=0_-$，换路后开始时刻记为 $t=0_+$。

3）换路定律。换路前、后瞬间电容两端电压、电感中电流保持不变，即 $u_C(0_+)=u_C(0_-)$，$i_L(0_+)=i_L(0_-)$。

4）初始值（条件）。初始值是指换路后瞬间各元件电压或电流及其各阶导数的值。初始值的求解方法为：

①由换路前瞬间电路求出 $u_C(0_-)$、$i_L(0_-)$；

②对于非跃变电路，根据换路定律得到 $u_C(0_+)$、$i_L(0_+)$；

③画出 0_+时刻的等效电路：将换路后的电路中的电容 C 和电感 L 用值为 $u_C(0_+)$ 和 $i_L(0_+)$ 的理想电压源和理想电流源代替；

④用线性稳态电路的分析方法求出所需的电压或电流的初始值。

5）阶跃函数和冲击函数。

①单位阶跃函数用符号 $1(t)$ 表示，其定义为：$1(t)=\begin{cases}0 & \text{当}\ t<0\ \text{时}\\ 1 & \text{当}\ t>0\ \text{时}\end{cases}$。

阶跃函数的波形如图 3-50 所示，图 3-50（a）为单位阶跃函数 $1(t)$，图 3-50（b）为强度为 k 的阶跃函数 $k1(t)$，图 3-50（c）为延迟的阶跃函数 $k1(t-t_0)$。

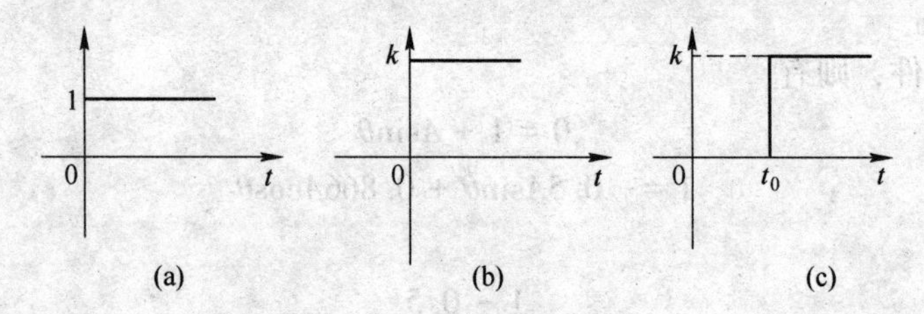

图 3-50　阶跃函数

②单位冲击函数用符号 $\delta(t)$ 表示。其定义为：

$$\delta(t)=\begin{cases}0 & t\neq 0\\ \int_{-\infty}^{\infty}\delta(t)\,\mathrm{d}t=1\end{cases}$$

冲击函数的波形如图 3-51 所示，图 3-51（a）为单位冲击函数 $\delta(t)$，图 3-51（b）为强度为 k 的冲击函数 $k\delta(t)$，图 3-51（c）为延迟的冲击函数 $k\delta(t-t_0)$。

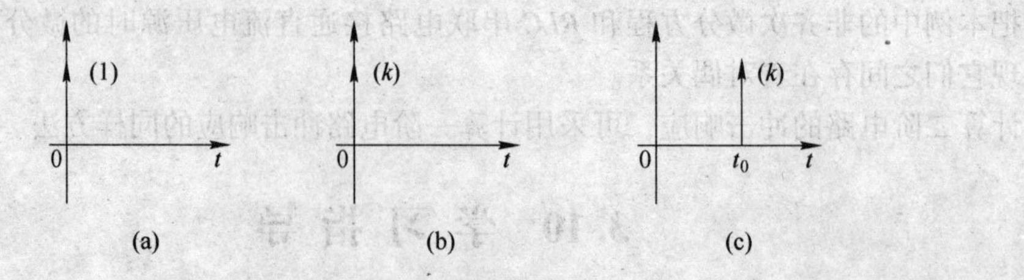

图 3-51　冲击函数

(2) 时域分析方法。动态电路的电路方程为微分方程，电路方程为一阶微分方程对应的电路称为一阶电路；二阶微分方程对应的电路称为二阶电路。通常只含有一个储能元件的电路为一阶电路，含有两个储能元件的电路为二阶电路。本章介绍的动态电路的时域分析法也称经典法，具有思路清晰、物理意义明确的特点，尤其对一阶动态电路的分析计算比较简单直观。

换路后，电路无外加电源作用，由电路原来储存的能量引起的响应称为零输入响应。电路的初始状态为零，由外加激励引起的响应称为零状态响应。外加电源和初始状态都不为零的响应称为全响应。

1）求解一阶电路的三要素公式。

$$f(t)=f(\infty)+[f(0_+)-f(\infty)|_{t=0}]e^{-\frac{t}{\tau}}$$

说明：

①初始值、稳态值、时间常数为一阶电路的三要素。初始值的求解如前所述；稳态值按电路到达新的稳态时的情况来计算；RC 电路的时间常数是 $\tau=R_eC$，RL 电路的时间常数 $\tau=L/R_e$，R_e 为储能元件两端的无源二端网络的等效电阻。一个电路中只有一个时间常数。

②当激励是直流电源时，$f(\infty)|_{t=0}=f(\infty)$，则一阶电路的三要素公式为

$$f(t)=f(\infty)+[f(0_+)-f(\infty)]e^{-\frac{t}{\tau}}$$

③三要素公式既可以求解一阶电路的全响应，也可以求一阶电路的零输入响应和零状态响应。

④三要素公式中的响应 $f(t)$ 可以是独立变量也可以是非独立变量。

2）二阶电路的时域分析。二阶电路的电路方程是二阶微分方程。二阶电路的动态响应包含二阶微分方程的特解和通解。特解是二阶电路的最终稳态解；通解因电路的参数不同有三种形式，取决于二阶微分方程对应的特征方程的特征根。

①当特征根 p_1 与 p_2 是两个不等的负实根，通解为：$A_1e^{p_1t}+A_1e^{p_2t}$。

②当特征根 $p_{1,2}=-\delta\pm j\omega$ 是一对共轭根，通解为：$Ae^{-\delta}\sin(\omega t+\theta)$。

③当特征根 $p_1=p_2=-\delta$ 是两个相等的负实根，通解为：$(A_1+A_1t)e^{-\delta t}$。

习　题

3-1 如图 3-52 所示电路中，$U=100V$，$R_1=100\Omega$，$L_2=0.1H$，$R_3=100\Omega$，$t=0$ 时将开关 S 打开，求 $i(0_+)$、$u_{L2}(0_+)$。

3-2 电路如图 3-53 所示，换路前电路已达稳态，$t=0$ 时将 S 闭合，求解下列问题：

(1) $u_C(0_-)$、$i_C(0_-)$ 和 $u_C(0_+)$、$i_C(0_+)$ 各是多少？

(2) $u_L(0_-)$、$i_L(0_-)$ 和 $u_L(0_+)$、$i_L(0_+)$ 各是多少？

(3) $u_R(0_-)$、$i_R(0_-)$ 和 $u_R(0_+)$、$i_R(0_+)$ 各是多少？

(4) 总结换路时哪些初值跃变，哪些不跃变？

3-3 电路如图 3-54 所示，电路原已稳定，$t=0$ 时将开关 S 由 a 投向 b，求 $t\geqslant0$ 时的 u_L、i_L 和 u_{ab}。

3-4 电路如图 3-55 所示，电路原已稳定，已知 $R_1=R_2=R_3=10\Omega$，$L=2H$，$C=0.1F$，$U_S=20V$，$t=0$ 时开关 S 闭合，求 $t\geqslant0$ 时 i_S。

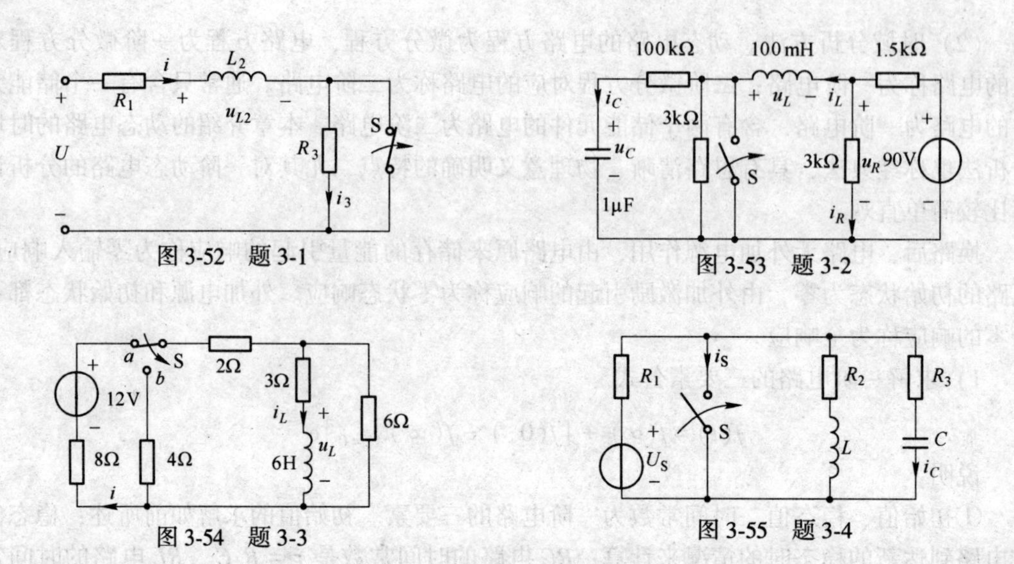

图 3-52 题 3-1　　图 3-53 题 3-2

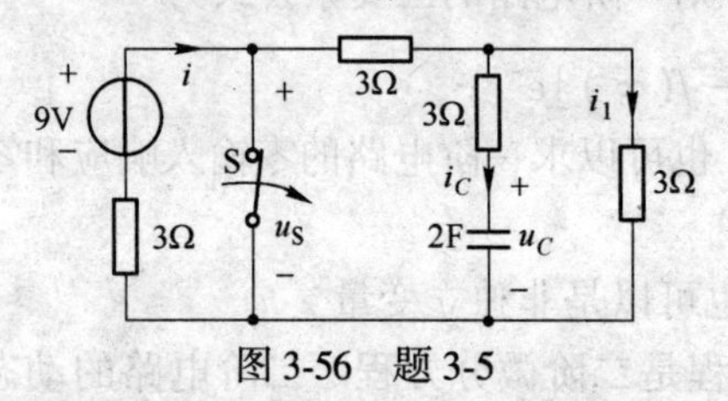

图 3-54 题 3-3

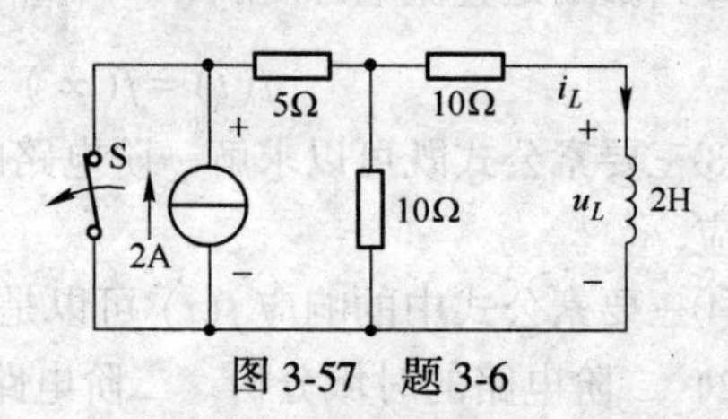

图 3-55 题 3-4

3-5 电路如图 3-56 所示，S 原是闭合的，电路已达稳态，$t=0$ 时将 S 打开，求 $t \geqslant 0$ 时的 u_C、i_1、i_C、i 和 u_S。

3-6 电路如图 3-57 所示，开关 S 原是闭合的，电路已达稳态，$t=0$ 时将 S 打开，求 $t \geqslant 0$ 时的 i_L、u_L 和 u。

图 3-56 题 3-5　　图 3-57 题 3-6

3-7 电路如图 3-58 所示，$U_S = 100\text{V}$，$R_1 = R_2 = 100\Omega$，$C = 1\mu\text{F}$，且电容原未充电。当开关 S_1 闭合（此时 S_2 也是闭合的）后经过 0.1ms 再将开关 S_2 打开，求 S_2 打开后的电容电压。

3-8 电路如图 3-59 所示，电路换路前已达稳态，在 $t=0$ 时将开关 S 闭合，求 $t \geqslant 0$ 时的 u_C。

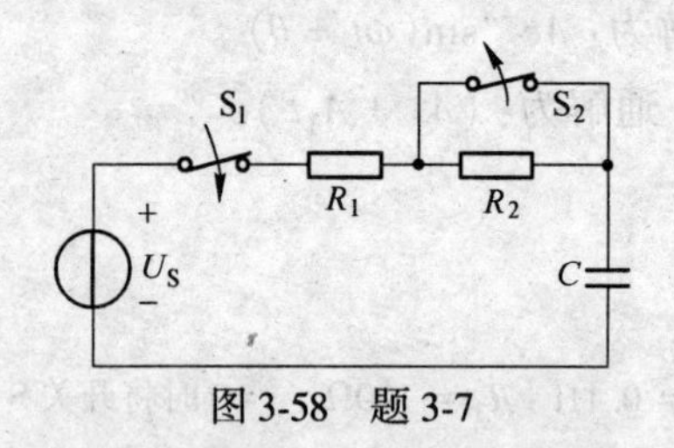

图 3-58 题 3-7

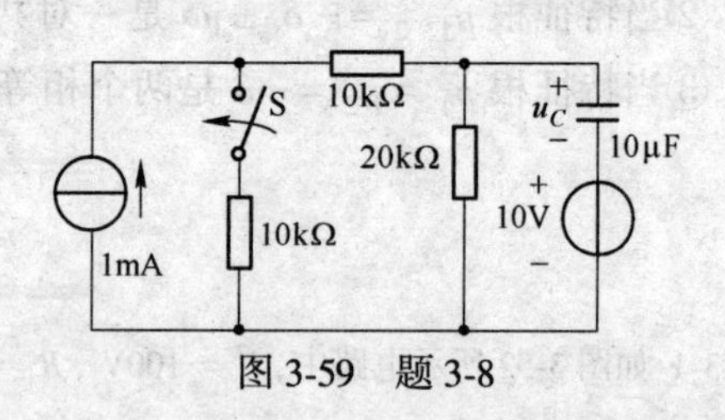

图 3-59 题 3-8

3-9 电路如图 3-60 所示，换路前电路已达稳态，$t=0$ 时将开关 S 闭合，求 $t \geqslant 0$ 时的 i_L。

3-10 电路如图 3-61 所示，开关 S 原是打开的，电路已经稳定，$t=0$ 时合上开关 S，求 $t \geqslant 0$ 时的 i。

3-11 在图 3-62 电路中，$t=0$ 时开关 S 闭合，求 $t \geqslant 0$ 时的 u_C。

3-12 电路如图 3-63 所示，换路前电路处于稳态，$t=0$ 时将开关 S 闭合，求 $t \geqslant 0$ 时的 u_C。

3-13 电路如图 3-64 所示，开关 S 原在闭合位置，电路已达稳态，在 $t=0$ 时将开关 S 打开，求 $t \geqslant 0$ 时的 u_C、i_L 和 u_S。

3-14 电路如图 3-65 所示，换路前电路已达稳态，$t=0$ 时开关 S 闭合，已知 $u_C(0_-) = 10\text{V}$，求 $t \geqslant 0$ 时的 i。

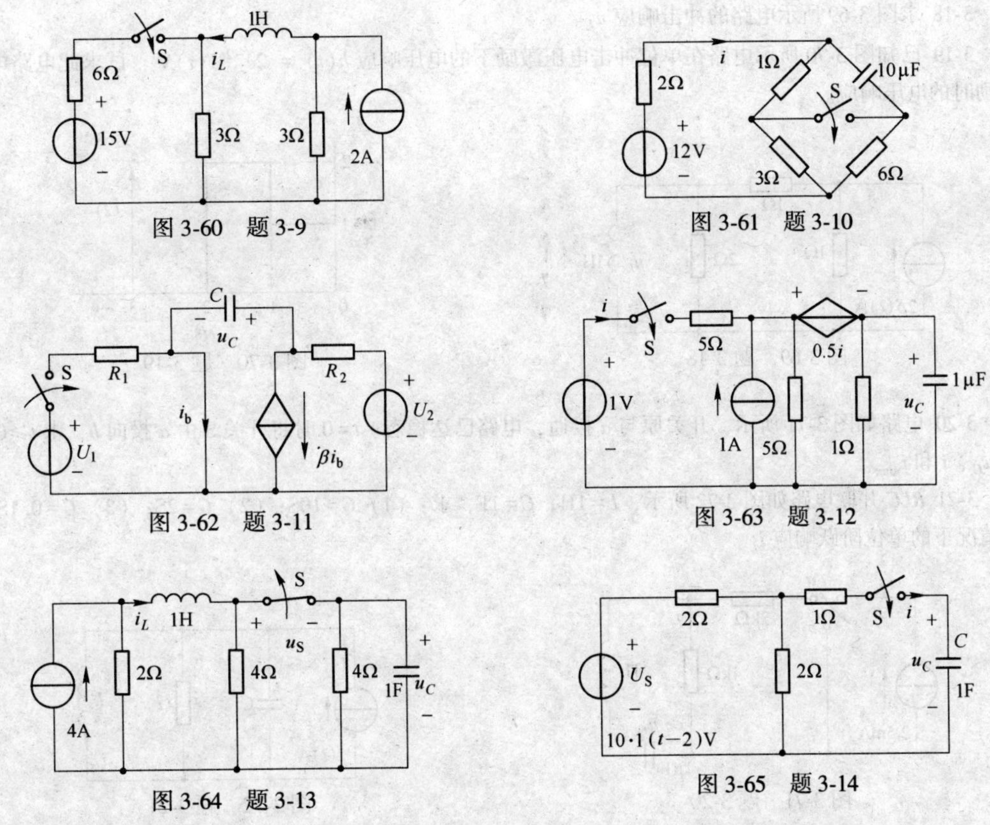

图 3-60　题 3-9

图 3-61　题 3-10

图 3-62　题 3-11

图 3-63　题 3-12

图 3-64　题 3-13

图 3-65　题 3-14

3-15 延迟脉冲电压 $U_S(t) = [1(t-1) - 1(t-2)]$ 作用于图 3-66 所示的零状态电路，求 $t \geqslant 0$ 时的 i。

3-16 如图 3-67 电路中方框表示不含受控源的无源线性电路，电路参数为固定值，$t=0$时开关 S 闭合，在 22′两端接不同元件时，其两端电压的零状态响应也不同。已知：22′接电阻 $R = 2\Omega$ 时，响应为 $u_{22'}(t) = \frac{1}{4}(1-e^{-t})1(t)$；22′接电容 $C=1$F 时，响应为 $u_{22'}(t) = \frac{1}{2}(1-e^{-0.25t})1(t)$。求把 RC 并联接在 22′端时，响应 $u_{22'}(t)$ 的表达式。

图 3-66　题 3-15

图 3-67　题 3-16

3-17 电路如图 3-68 所示，把正、负脉冲电压加在 RC 串联电路上，电路零状态，脉冲宽度 $T=RC$，正脉冲的幅度为 10V，求负脉冲幅度 U 多大才能使负脉冲结束时（$t=2T$）电容电压为零。

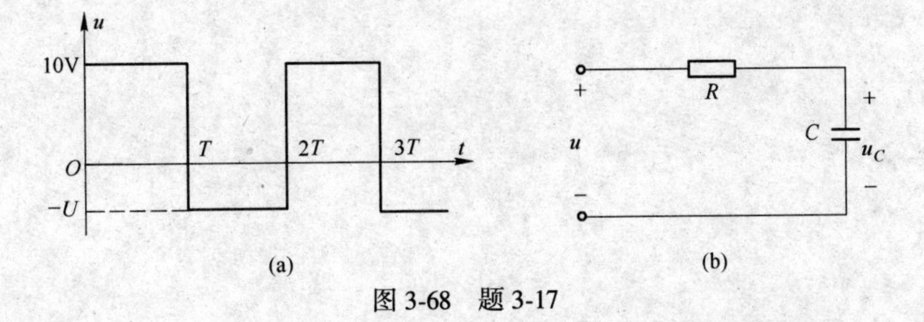

图 3-68　题 3-17

3-18 求图 3-69 所示电路的冲击响应 u_L。

3-19 已知图 3-70 所示电路在单位冲击电压激励下的电压响应 $h(t)=2e^{-2t}1(t)\text{V}$，试求此电路电压激励时的电压响应。

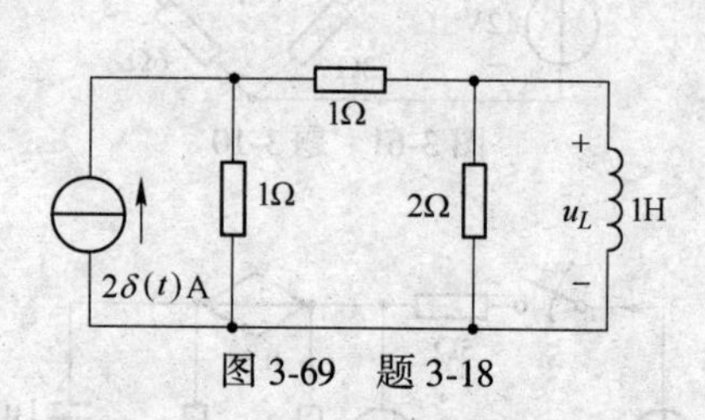

图 3-69　题 3-18

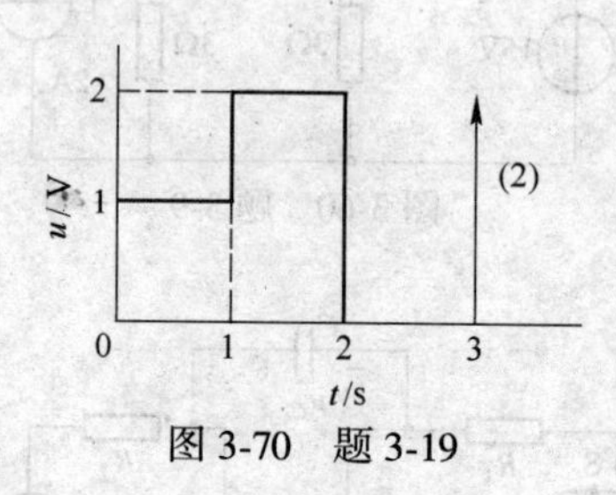

图 3-70　题 3-19

3-20 电路如图 3-71 所示，开关原与 a 接通，电路已达稳态。$t=0$ 时将开关 S 由 a 投向 b，求 $t\geqslant0$ 时的 u_C、i 和 i_{max}。

3-21 *RLC* 并联电路如图 3-72 所示，$L=1\text{H}$，$C=1\text{F}$，求：（1）$G=10\text{S}$；（2）$G=2\text{S}$；（3）$G=0.1\text{S}$ 三种情况下的单位阶跃响应 i_L。

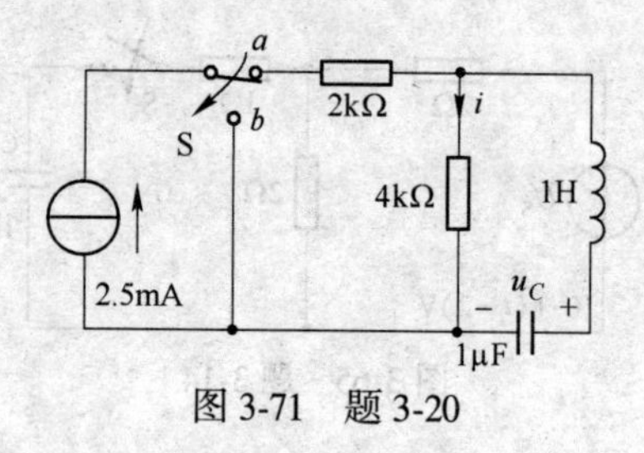

图 3-71　题 3-20

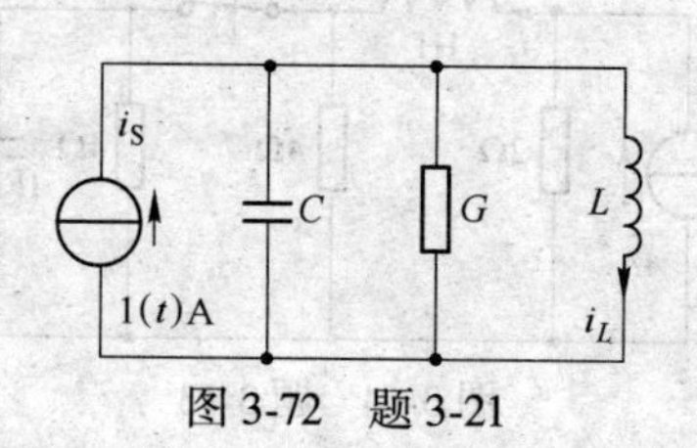

图 3-72　题 3-21

4 正弦电路的稳态分析

内容提要：本章介绍正弦稳态电路的相量分析法，主要包括：正弦量的相量表示，元件伏安关系和基尔霍夫定律的相量表示形式，正弦稳态电路相量模型的建立，正弦稳态电路的计算，正弦稳态电路的功率，对称三相电路的特点和计算，互感电路及几种常见变压器的分析计算。

本章重点：两类约束的相量形式；用相量法分析计算正弦稳态电路。

4.1 正弦量的基本概念

4.1.1 正弦量的三要素

随时间按正弦规律变化的电压或电流称为正弦电压和正弦电流，它们都可称为正弦量。如图 4-1 所示的正弦电流，其表达式为

$$i(t) = I_{\mathrm{m}}\sin(\omega t + \theta) \tag{4-1}$$

式中 I_{m}——正弦电流的振幅或最大值；

ω——角频率，表示正弦量变化的速率，单位是弧度/秒，或写作 rad/s；

θ——初相位，简称初相，在振幅一定时，它可反映正弦量的初始值；

$(\omega t+\theta)$——相位或相位角，是时间的函数，可表示正弦量的进程。

初相位与计时起点有关，计时起点选择不同，初相也不同。当计时起点和正弦量零点（函数由负值向正值的方向变化所经过的零值点称为正弦量零点）重合时，初相为零，这时正弦电流表达式为 $i(t) = I_{\mathrm{m}}\sin\omega t$，如图 4-1 中虚线所示。当正弦量零点在计时起点之前，初相为正；当正弦量零点在计时起点之后，初相为负。正弦量的振幅、初相位和角频率是决定正弦量的三个基本参数，称为正弦量的三要素。

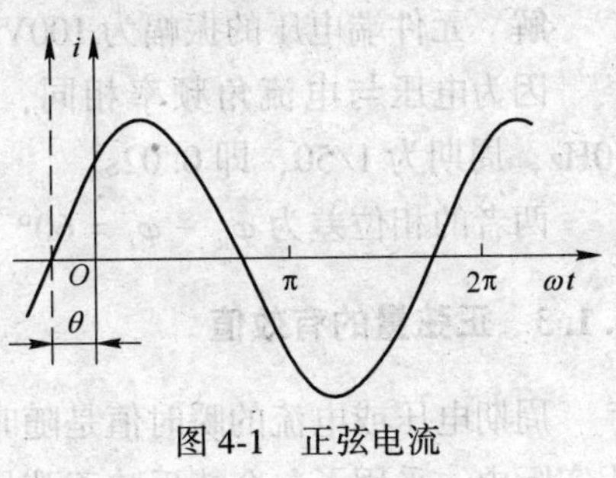

图 4-1 正弦电流

4.1.2 正弦量的相位差

两个同频率正弦电流

$$i_1(t) = I_{m1}\sin(\omega t + \varphi_{i_1})$$

$$i_2(t) = I_{m2}\sin(\omega t + \varphi_{i_2})$$

其波形如图 4-2 所示，则它们之间的相位差为

$$\varphi = (\omega t + \varphi_{i_1}) - (\omega t + \varphi_{i_2}) = \varphi_{i_1} - \varphi_{i_2} \tag{4-2}$$

可见，同频率正弦量的相位差，等于二者初相位之差，这是一个不随时间变化的常量，且与计时起点的选择无关。如果上面两个正弦电流的相位差为零，说明这两个正弦量同相位，如图 4-3（a）所示。若两个正弦量的相位差为$\frac{\pi}{2}$，则称为正交，如图 4-3（b）所示；当两个正弦量相位差为 π 弧度，称其为反相，如图 4-3（c）所示。若相位差 $\varphi = \varphi_{i_1} - \varphi_{i_2} > 0$，称 i_1 超前于 i_2，超前的相位角为 φ，或者说 i_2 落后于 i_1，通常相位差取值 $|\varphi| \leqslant \pi$。

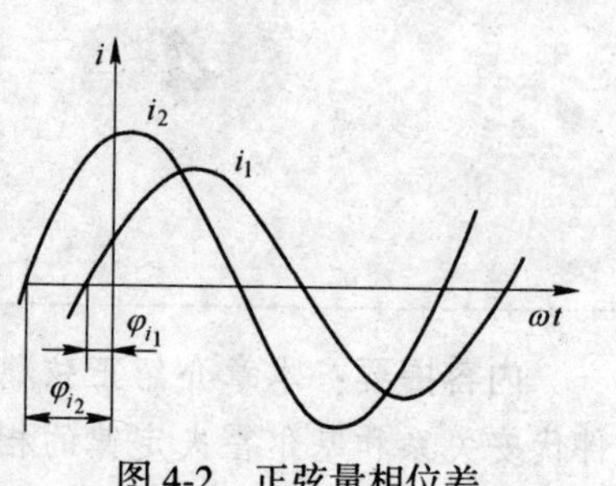

图 4-2 正弦量相位差

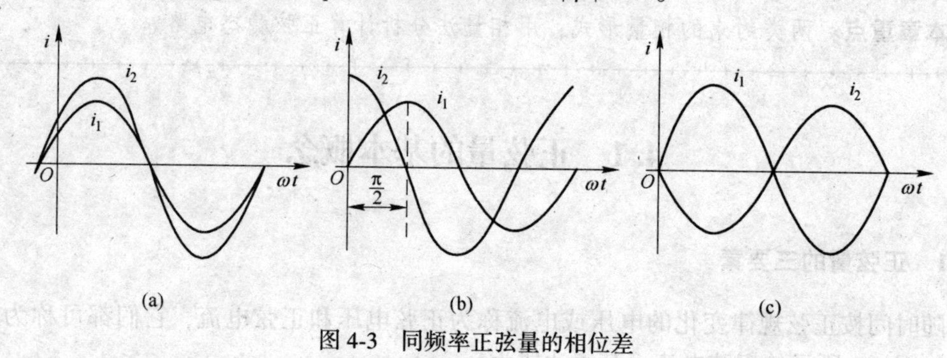

图 4-3 同频率正弦量的相位差

例 4-1 如图 4-4 所示元件中通过的电流为

$$i = 5\sin(100\pi t - 20°)A$$

其电压

$$u = 100\sin(100\pi t + 60°)\text{V}$$

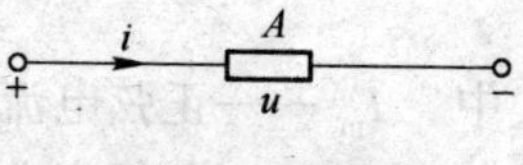

图 4-4 例 4-1

试求电压、电流的振幅、初相位、周期、频率和两者的相位差。

解 元件端电压的振幅为 100V，初相位为 60°；电流的振幅为 5A，初相位为-20°。因为电压与电流角频率相同，所以它们的角频率均为 100π，频率为 100π/2π，即 50Hz，周期为 1/50，即 0.02s。

两者的相位差为 $\varphi_u - \varphi_i = 60° - (-20°) = 80°$。

4.1.3 正弦量的有效值

周期电压或电流的瞬时值是随时间变化的，为了确切地衡量其做功本领的大小，在工程实际中，采用了一个能反映正弦量做功效果的量值，称为有效值。以周期电流为例，一个周期电流的有效值是这样确定的：如果这个周期电流 i 通过电阻 R，在一个周期的时间内所消耗的能量，恰好等于某一直流电流 I 通过同一个电阻 R，在同样时间内所消耗的能量，则把这个直流电流的值 I 定义为该周期电流 i 的有效值。

当一个周期电流 i 通过电阻 R 时，该电阻在一个周期内所消耗的电能为

$$\int_0^T i^2 R \mathrm{d}t$$

当直流电流 I 在同一时间 T 通过同一电阻 R 时，其消耗的能量为 I^2RT。

若两个电流在同一周期 T 内所消耗的电能相等，则有

$$I^2RT = \int_0^T i^2 R \mathrm{d}t$$

即得

$$I = \sqrt{\frac{1}{T}\int_0^T i^2 \mathrm{d}t} \tag{4-3}$$

由式（4-3）有效值的定义可知，周期电流的有效值等于它的瞬时值的平方在一个周期内的平均值再取平方根，故周期电压或电流的有效值又称为它们的方均根值。

同样，可求得周期电压 u 的有效值为

$$U = \sqrt{\frac{1}{T}\int_0^T u^2 \mathrm{d}t} \tag{4-4}$$

对于正弦电流，$i = I_m \sin(\omega t + \varphi_i)$，其有效值为

$$\begin{aligned} I &= \sqrt{\frac{1}{T}\int_0^T i^2 \mathrm{d}t} = \sqrt{\frac{1}{T}\int_0^T I_m^2 \sin^2(\omega t + \varphi_i) \mathrm{d}t} \\ &= \sqrt{\frac{1}{T}\left[\frac{I_m^2}{2}\int_0^T \mathrm{d}t - \frac{I_m^2}{2}\int_0^T \cos(2\omega t + 2\varphi_i) \mathrm{d}t\right]} \\ &= \frac{I_m}{\sqrt{2}} = 0.707 I_m \end{aligned}$$

或

$$I_m = \sqrt{2} I \tag{4-5}$$

由此可知，正弦量有效值为最大值的 $\frac{1}{\sqrt{2}}$ 倍，则正弦电压和正弦电动势的有效值为

$$U = \frac{U_m}{\sqrt{2}} = 0.707 U_m$$

$$E = \frac{E_m}{\sqrt{2}} = 0.707 E_m \tag{4-6}$$

在交流电路中，用大写英文字母表示有效值，用小写字母表示瞬时值。带有下标 m 的大写字母则表示振幅，通常用的交流电压表和电流表所测量的数值都是有效值。一般所说交流电压值和电流值也都指有效值。

4.2 正弦量的相量表示

在分析电路的正弦稳态响应时，经常遇到正弦量的代数运算和微分、积分运算，而用三角函数去直接计算是相当麻烦的。由于同频率正弦量的计算只需计算出各响应的振幅和初相，因此可以应用数学上的变换思想，利用正弦量与复数可以互相变换的特点，将正弦量用复数表示，然后用复数计算代替正弦量计算，可降低计算的复杂性，最后将复数形式的计算结果反变换成正弦量。这种变换方法称为相量法，表示正弦量的复数称为相量。下面简要复习复数知识。

4.2.1 复数

复数一般有代数型、三角型、指数型和极型四种表示形式。

设有一个复数 A，可以写成

$$A = a_1 + \mathrm{j}a_2$$

这样的表达式称为复数的代数型，其中 a_1 和 a_2 分别表示复数的实部和虚部。式中 $\mathrm{j}=\sqrt{-1}$，是虚数单位，复数的实部和虚部可以这样表示：

$$\mathrm{Re}[A] = \mathrm{Re}[a_1 + \mathrm{j}a_2] = a_1$$

$$\mathrm{Im}[A] = \mathrm{Im}[a_1 + \mathrm{j}a_2] = a_2$$

$\mathrm{Re}[A]$ 是取复数实部的符号表示，$\mathrm{Im}[A]$ 是取复数虚部的符号表示。

若把复数 A 在复数平面上表示出来，用直角坐标系的横轴表示复数的实部，称为实轴，以+1 为单位；用纵轴表示虚部，称为虚轴，以+j 为单位。实轴和虚轴所构成的平面称为复数平面。每一个复数都唯一和复数平面上的点一一对应；相反，复数平面上的每一点都唯一地对应于一个复数。图 4-5 中示出的 $A=3+\mathrm{j}4$ 和 $B=-3-\mathrm{j}4$ 两个不同的复数，分别对应复数平面的 A 点和 B 点。

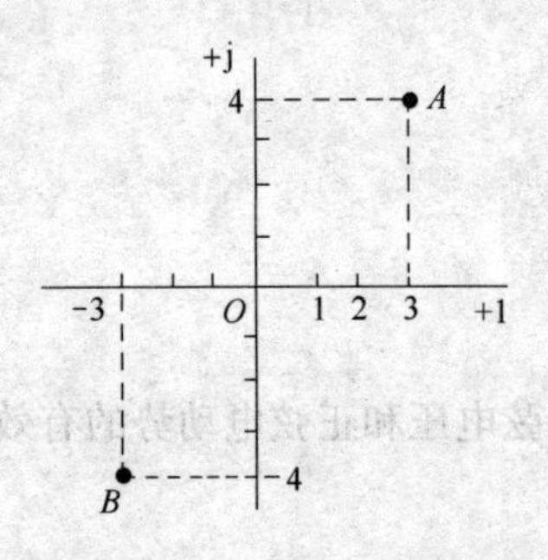

图 4-5 复数与复平面

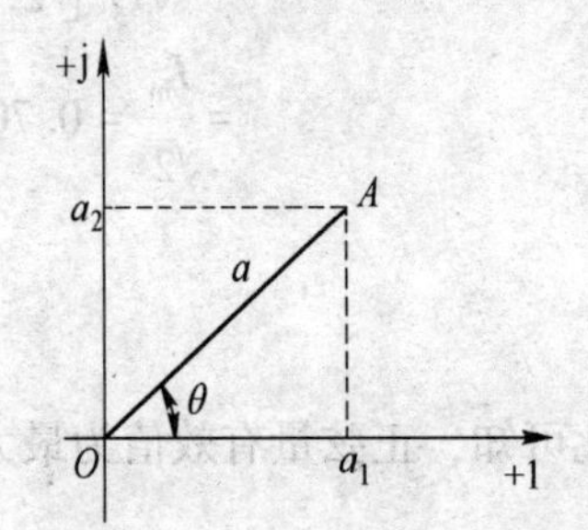

图 4-6 用有向线段表示复数

复数还可以在复平面上用有向线段表示，如图 4-6 所示。复数 $A=a_1+\mathrm{j}a_2$，可用有向线段 $|\overline{OA}|$ 表示，称为复数的模，它总为正值。有向线段与实轴正向之间夹角 θ，称为复数 A 的幅角。由图 4-6 可知

$$\begin{cases} a_1 = a\cos\theta \\ a_2 = a\sin\theta \end{cases} \tag{4-7}$$

及

$$a = \sqrt{a_1^2 + a_2^2} \tag{4-8}$$

$$\tan\theta = \frac{a_2}{a_1} \tag{4-9}$$

从上式可得到复数的三角函数形式

$$A = a\cos\theta + \mathrm{j}a\sin\theta \tag{4-10}$$

根据尤拉公式 $\mathrm{e}^{\mathrm{j}\theta} = \cos\theta + \mathrm{j}\sin\theta$，复数还可以表示为指数型

$$A = a(\cos\theta + \mathrm{j}\sin\theta) = a\mathrm{e}^{\mathrm{j}\theta}$$

为书写方便，复数的指数型还可用极型表示

$$A = a\angle\theta$$

复数的加减法运算，一般采用代数型；复数的乘除运算，一般采用指数型或极型。

值得注意的是，在把复数的代数型转化为极型或指数型时，要根据实部和虚部的正负来确定幅角所在的象限，反之由极型或指数型化为代数型时，要根据幅角所在的象限来确定其实部与虚部的正负号。

复数 $\mathrm{e}^{\mathrm{j}\theta} = 1\angle\theta$ 是模为 1 而幅角为 θ 的复数。任一复数乘以（或除以）$\mathrm{e}^{\mathrm{j}\theta}$，就等于把该复数向逆时针方向（或顺时针方向）旋转一个角度 θ，其模保持不变。所以把 $\mathrm{e}^{\mathrm{j}\theta} = 1\angle\theta$ 称为旋转因子。

例 4-2　把下列复数化为极型：

（1）$A_1 = -\mathrm{j}10$；

（2）$A_2 = -2+\mathrm{j}4$；

（3）$A_3 = 2-\mathrm{j}4$。

解　（1）由式（4-8）和式（4-9）可知

$A_1 = 0 - \mathrm{j}10$

$|A_1| = \sqrt{0^2 + 10^2} = 10$

$\theta_1 = \tan\dfrac{-10}{0} = -90°$

故有 $A_1 = 10\angle -90°$

（2）

$|A_2| = \sqrt{2^2 + 4^2} = 4.47$

$\theta_2 = \arctan\dfrac{4}{-2} = \pi - 63.4°$　　　（θ_2在第二象限）

即 $A_2 = 4.47\angle\pi - 63.4°$

（3）

$|A_3| = \sqrt{2^2 + 4^2} = 4.47$

$\theta_2 = \arctan\dfrac{-4}{2} = -63.4°$　　　（θ_3在第四象限）

即 $A_3 = 4.47\angle -63.4°$

例 4-3　把下列复数化为代数型：

(1) $A_1 = 5\angle 126.9°$；

(2) $A_2 = 10\angle -180°$；

(3) $A_3 = 4\angle 90°$。

解　（1）$a_1 = 5\cos 126.9° = -3$

$b_1 = 5\sin 126.9° = 4$

$A_1 = a_1 + \mathrm{j}b_1 = -3+\mathrm{j}4$

（2）$a_2 = 10\cos(-180°) = -10$

$b_2 = 10\sin(-180°) = 0$

$A_2 = a_2 + \mathrm{j}b_2 = -10$

（3）$a_3 = 4\cos 90° = 0$

$b_3 = 4\sin 90° = 4$

$A_3 = a_3 + \mathrm{j}b_3 = \mathrm{j}4$

例 4-4 已知 $A = 1+\mathrm{j}2$，$B = 5+\mathrm{j}2$，试计算 $A+B$、$A-B$、$A \cdot B$ 和 A/B。

解 $A + B = 1 + \mathrm{j}2 + 5 + \mathrm{j}2 = 6 + \mathrm{j}4 = 7.21\angle 33.69°$

$A - B = 1 + \mathrm{j}2 - 5 - \mathrm{j}2 = -4 = 4\angle 180°$

$A \cdot B = (1 + \mathrm{j}2) \times (5 + \mathrm{j}2) = 2.24\angle 63.43° \times 5.39\angle 21.8° = 12.07\angle 85.23°$

$$A/B = \frac{1 + \mathrm{j}2}{5 + \mathrm{j}2} = \frac{2.24\angle 63.43°}{5.39\angle 21.8°} = 0.42\angle 41.63°$$

4.2.2 正弦量的相量表示

研究正弦量与复数的变换，需建立正弦量与复数的对应关系。根据尤拉公式，一个复指数函数 $U_{\mathrm{m}}\mathrm{e}^{\mathrm{j}(\omega t+\varphi)}$ 可写成

$$\begin{aligned} U_{\mathrm{m}}\mathrm{e}^{\mathrm{j}(\omega t+\varphi)} &= U_{\mathrm{m}}[\cos(\omega t + \varphi) + \mathrm{j}\sin(\omega t + \varphi)] \\ &= U_{\mathrm{m}}\cos(\omega t + \varphi) + \mathrm{j}U_{\mathrm{m}}\sin(\omega t + \varphi) \end{aligned}$$

从上式可以看出，正弦量是复指数函数 $U_{\mathrm{m}}\mathrm{e}^{\mathrm{j}(\omega t+\varphi)}$ 的虚部，因此，正弦量可以用复指数函数表示为

$$\begin{aligned} u &= U_{\mathrm{m}}\sin(\omega t + \varphi) = \mathrm{Im}[U_{\mathrm{m}}\mathrm{e}^{\mathrm{j}(\omega t+\varphi)}] \\ &= \mathrm{Im}[U_{\mathrm{m}}\mathrm{e}^{\mathrm{j}\varphi}\mathrm{e}^{\mathrm{j}\omega t}] = \mathrm{Im}[\dot{U}_{\mathrm{m}}\mathrm{e}^{\mathrm{j}\omega t}] = \mathrm{Im}[\sqrt{2}\dot{U}\mathrm{e}^{\mathrm{j}\omega t}] \end{aligned} \tag{4-11}$$

式中，Im 是取虚部的符号，$\dot{U}_{\mathrm{m}}$ 、$\dot{U}$ 是复数，分别是

$$\begin{aligned} \dot{U}_{\mathrm{m}} &= U_{\mathrm{m}}\mathrm{e}^{\mathrm{j}\varphi} = U_{\mathrm{m}}\angle\varphi \\ \dot{U} &= U\mathrm{e}^{\mathrm{j}\varphi} = U\angle\varphi \end{aligned} \tag{4-12}$$

式中，$\dot{U}$ 称为正弦量 u 的有效值相量，简称为相量，幅角 φ 是正弦量的初相位，$\dot{U}$ 对应着正弦量的两个要素。$\dot{U}_{\mathrm{m}}$ 称为正弦量 u 的振幅相量。式（4-11）给出了正弦量和相量的变换关系，每一个正弦量都对应着一个相量。对一个正弦量，可以通过复指数函数 $U_{\mathrm{m}}\mathrm{e}^{\mathrm{j}(\omega t+\varphi)}$ 得到它的相量 $\dot{U}$；对一个相量，可以通过将相量 $\dot{U}$ 乘以 $\sqrt{2}\mathrm{e}^{\mathrm{j}\omega t}$，再取其虚部得到对应的正弦量。由于这个变换关系比较直观，所以对于一个正弦量，可直接写出它的相量，不必通过式（4-11）进行演算；反之，知道了相量，也可以直接写出对应的正弦量。相量在复数平面上的表示称为相量图，如图 4-7 所示。

在实际应用中，一般电压相量和电流相量均用其有效值来定义，即

$\dot{U} = U\mathrm{e}^{\mathrm{j}\varphi_u} = U\angle\varphi_u$ 为电压相量，$\dot{I} = I\mathrm{e}^{\mathrm{j}\varphi_i} = I\angle\varphi_i$ 为电流相量。例如，对于正弦电流

$$i = \sqrt{2}16\sin(\omega t + 70°)\,\mathrm{A}$$

其电流相量为 $\dot{I} = 16\mathrm{e}^{\mathrm{j}70°} = I\angle 70°\mathrm{A}$

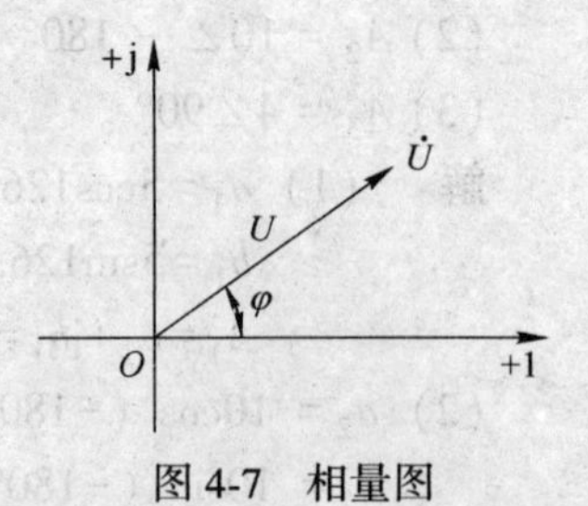

图 4-7 相量图

应该说明的是，相量只能表示正弦量，并不等于正弦量。

例 4-5 有两个相同频率的电流，$\omega=314\text{rad/s}$，已知 $I_1=5\text{A}$，$I_2=10\text{A}$，且 i_2滞后 i_1的角度为45°。试求 $i=i_1+i_2$。

解 取 i_1为参考正弦量（即初相为零），可写出 i_1和 i_2的表达式为

$$i_1 = 5\sqrt{2}\sin 314t\ \text{A}$$

$$i_2 = 10\sqrt{2}\sin(314t - 45°)\ \text{A}$$

计算 i_1与 i_2之和，可直接由三角函数求解，也可由二者波形逐点相加求得，但前者计算麻烦，后种方法作图麻烦，且误差较大。为此，我们用相量法求解。

（1）先求出表示 i_1、i_2的相量

$$\dot{I}_1 = 5\angle 0°\text{A}\ ,\ \dot{I}_2 = 10\angle -45°\text{A}$$

（2）求要求量 i 对应的相量

$$\dot{I} = \dot{I}_1 + \dot{I}_2 = 5 + 10\cos(-45°) + \text{j}10\sin(-45°)$$
$$= 12.07 - \text{j}7.07 = 13.99\angle -30.36°\text{A}$$

（3）写出电流相量 $\dot{I}$ 对应的正弦量

$$i = 13.99\sqrt{2}\sin(314t - 30.36°)\text{A}$$

4.3 电路基本定律的相量形式

4.3.1 基尔霍夫定律的相量形式

电路元件的伏安关系和基尔霍夫定律是分析、计算各种电路的基础。现在，我们先来讨论基尔霍夫定律的相量形式。

根据基尔霍夫第一定律，对于任意瞬间有 $\sum i = 0$

例如，对图4-8中节点 A 有

$$\sum i = i_1 - i_2 + i_3 = 0$$

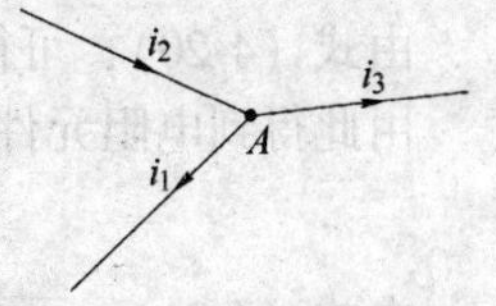

图 4-8 节点电流定律

若 i_1、i_2和 i_3是同频率正弦电流，就可用相量 $\dot{I}_1$、$\dot{I}_2$ 和 $\dot{I}_3$ 表示，则上式可写为

$$\text{Im}[\sqrt{2}\dot{I}_1 e^{\text{j}\omega t}] - \text{Im}[\sqrt{2}\dot{I}_2 e^{\text{j}\omega t}] + \text{Im}[\sqrt{2}\dot{I}_3 e^{\text{j}\omega t}] = 0$$

即
$$\text{Im}[(\dot{I}_1 - \dot{I}_2 + \dot{I}_3)e^{\text{j}\omega t}] = \text{Im}[\sum \dot{I} e^{\text{j}\omega t}]$$

式中，$\dot{I}e^{\text{j}\omega t}$ 为旋转相量，若其虚部在任何时刻均为零，必须系数本身为零，故

$$\sum \dot{I} = 0 \qquad (4\text{-}13)$$

或写作
$$\dot{I}_1 - \dot{I}_2 + \dot{I}_3 = 0 \qquad (4\text{-}14)$$

上两式为基尔霍夫第一定律的相量形式，它表明：在正弦稳态电路中，任一时刻流出（或流入）任一节点的各支路电流相量的代数和恒为零。

同理也可得出基尔霍夫第二定律的相量形式

$$\sum \dot{U} = 0 \tag{4-15}$$

即在正弦稳态电路中，任一时刻沿任意闭合回路绕行一周，各支路电压相量代数和恒为零。

4.3.2 *RLC* 元件伏安关系的相量形式

在端电压 u 和电流 i 为关联参考方向时，电阻、电感和电容元件的伏安关系分别为

$$u = R \cdot i \tag{4-16}$$

$$u = L\frac{\mathrm{d}i}{\mathrm{d}t} \tag{4-17}$$

$$i = C\frac{\mathrm{d}u}{\mathrm{d}t} \tag{4-18}$$

下面我们将分别导出在正弦稳态电路中，这三种基本元件 VAR 的相量形式。

4.3.2.1　电阻元件

电阻 R 的端电压与电流采用关联方向，如图 4-9（a）所示，设电流

$$i = \sqrt{2} \cdot I\sin(\omega t + \varphi_i) \tag{4-19}$$

根据欧姆定律有

$$u = R \cdot i = \sqrt{2} \cdot RI\sin(\omega t + \varphi_i) = \sqrt{2}U\sin(\omega t + \varphi_u) \tag{4-20}$$

由式（4-20）可知，电阻元件电压电流有效值关系为　$U=RI$

相位关系为　$\varphi_u = \varphi_i$

可见，电阻元件电压 u 与电流 i 同相位，u、i 波形如图 4-9（b）所示。

下面将电阻元件电压 u 与电流 i 分别用相量表示，然后分析电阻元件电压相量与电流相量的关系。由式（4-19），可写出

$$\dot{I} = I\angle\varphi_i$$

由式（4-20），可得　　$\dot{U} = U\angle\varphi_u = RI\angle\varphi_i = R\dot{I}$

由此得到电阻元件伏安特性的相量形式

$$\dot{U} = R\dot{I} \tag{4-21}$$

由式（4-21），可画出电阻元件的相量电路模型，如图 4-9（c）所示。电压相量、电流相量如图 4-9（d）所示。

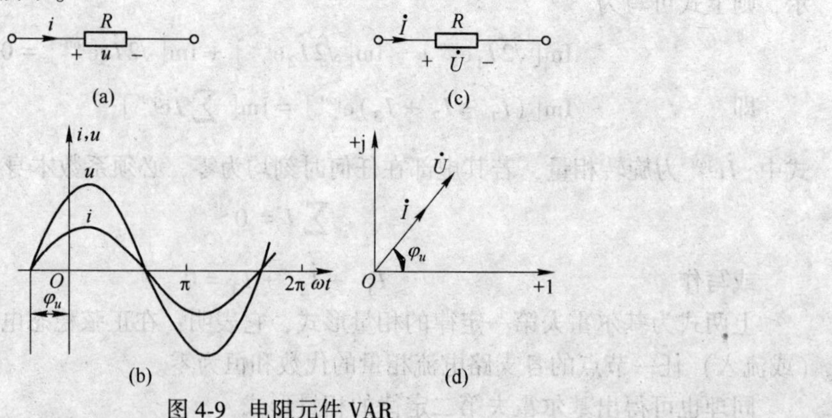

图 4-9　电阻元件 VAR

4.3.2.2 电感元件

如图 4-10（a）所示为电感元件，设电流为

$$i = I_m \sin(\omega t + \varphi_i) = \sqrt{2} \cdot I\sin(\omega t + \varphi_i) \tag{4-22}$$

则电感电压为

$$u = L\frac{di}{dt} = \sqrt{2}\omega LI\cos(\omega t + \varphi_i) = \sqrt{2}\omega LI\sin\left(\omega t + \varphi_i + \frac{\pi}{2}\right)$$

$$= \sqrt{2}U\sin(\omega t + \varphi_u) \tag{4-23}$$

式中 $$U = \omega LI\ ,\ \varphi_u = \varphi_i + \frac{\pi}{2}$$

由式（4-22）和式（4-23）看出，电感电压与电感电流是同频率的正弦量，有效值关系是 $U = \omega LI$，相位关系是电感电压超前于电感电流 90°，波形图如图 4-10（b）所示。

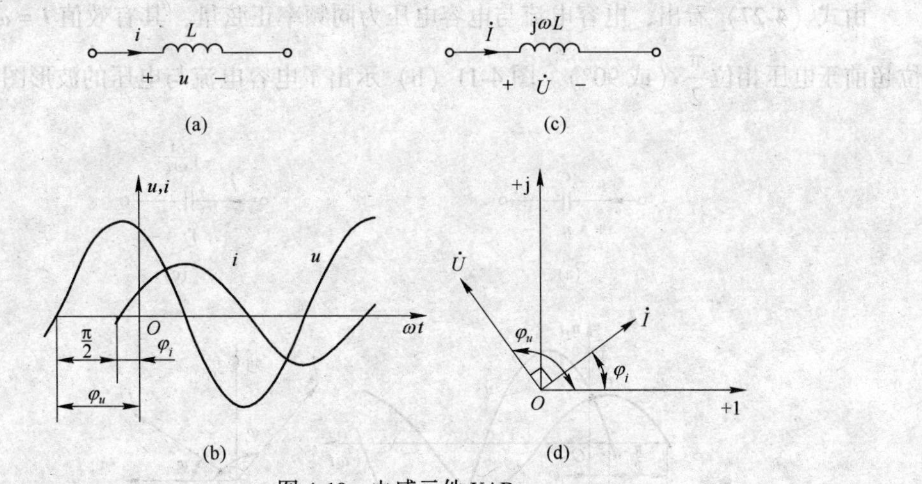

图 4-10 电感元件 VAR

下面将电感元件的电压 u 与电流 i 分别用相量表示，然后分析电感元件的电压相量与电流相量的关系。由式（4-22），可写出

$$\dot{I} = I\angle\varphi_i$$

由式（4-23），可得 $\dot{U} = U\angle\varphi_u = \omega LI\angle(\varphi_i + 90°) = \omega L\angle 90° I\angle\varphi_i = \omega Lj\dot{I}$

其中，$1\angle 90° = j$，$I\angle\varphi_i = \dot{I}$，由上式得到电感元件伏安特性的相量形式

$$\dot{U} = j\omega L\dot{I} \tag{4-24}$$

由式（4-24）可以看出，在电感电压有效值 U 一定时，ωL 越小，电感电流有效值 I 越大，ωL 具有与电阻 R 相同的量纲，称为感抗，用 X_L 表示。$X_L = \omega L$，单位为欧姆。式（4-24）也可以写成

$$\dot{U} = jX_L\dot{I} \tag{4-25}$$

感抗 ωL 的大小与频率有关，$\omega = 0$（在直流电路中），则 $X_L = 0$，电感相当于短路；当 $\omega \to \infty$ 时，$X_L \to \infty$，电感相当于断路。所以，电感对高频电流有较强的抑制作用。感抗的倒数称为感纳，用 B_L 表示，$B_L = \dfrac{1}{\omega L}$，单位为西门子（S）。

由式（4-24）表示的电感元件伏安关系的相量形式，可画出电感元件的相量电路模型，如图 4-10（c）所示，电感电压和电流的相量图如图 4-10（d）所示。

4.3.2.3 电容元件

设加在电容两端电压

$$u = U_{\mathrm{m}}\sin(\omega t + \varphi_u) = \sqrt{2} \cdot U\sin(\omega t + \varphi_u) \tag{4-26}$$

则电容中将有电流通过，根据图 4-11（a）所示参考方向，有

$$\begin{aligned} i &= C\frac{\mathrm{d}u}{\mathrm{d}t} = \sqrt{2}\omega CU\cos(\omega t + \varphi_u) = \sqrt{2}\omega CU\sin\left(\omega t + \varphi_u + \frac{\pi}{2}\right) \\ &= \sqrt{2}I\sin(\omega t + \varphi_i) \end{aligned} \tag{4-27}$$

式中 $$I = \omega CU\ ,\ \varphi_i = \varphi_u + \frac{\pi}{2}$$

由式（4-27）看出，电容电流与电容电压为同频率正弦量，其有效值 $I = \omega CU$，其相位超前于电压相位$\frac{\pi}{2}$（或 90°）。图 4-11（b）示出了电容电流与电压的波形图。

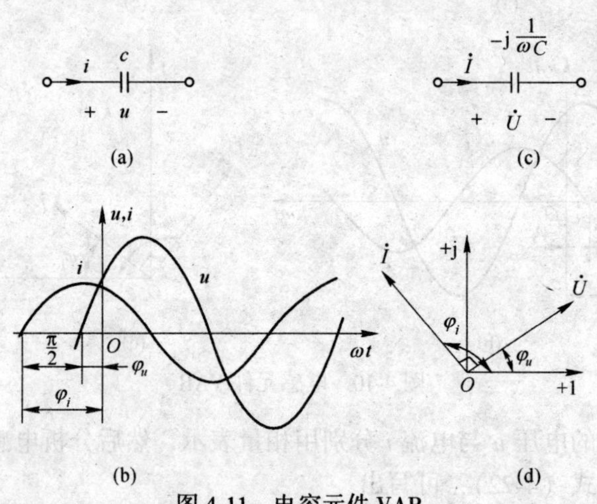

图 4-11 电容元件 VAR

下面将电容元件的电压 u 与电流 i 分别用相量表示，然后建立电容元件的电压相量与电流相量的关系。由式（4-26）可写出

$$\dot{U} = U\angle\varphi_u$$

由式（4-27）可写出

$$\dot{I} = I\angle\varphi_i = \omega CU\angle(\varphi_u + 90°) = \omega C\angle 90° U\angle\varphi_u = \omega C\mathrm{j}\dot{U}$$

其中，$1\angle 90° = \mathrm{j}$，$U\angle\varphi_u = \dot{U}$，由此得到电容元件伏安特性的相量形式

$$\dot{I} = \mathrm{j}\omega C\dot{U} \quad 或 \quad \dot{U} = \frac{1}{\mathrm{j}\omega C}\dot{I} = -\mathrm{j}\frac{1}{\omega C}\dot{I} \tag{4-28}$$

由式（4-28）可以看出，在电容电压有效值 U 一定时，$\frac{1}{\omega C}$ 越大，电容电流有效值 I 越小，$\frac{1}{\omega C}$ 具有与电阻 R 相同的量纲，称为容抗，用 X_C 表示。$X_C = \frac{1}{\omega C}$，单位为欧姆。式

(4-28) 也可以写成

$$\dot{U}=-\mathrm{j}X_C\dot{I}$$

容抗 $\frac{1}{\omega C}$ 的大小与频率有关，$\omega=0$（在直流电路中），则 $X_C\to\infty$，电容相当于开路，所以，电容对低频电流有较强的抑制（阻碍）作用；当 $\omega\to\infty$ 时，$X_C=0$，即电容相当于短路。容抗的倒数称为容纳，用 B_C 表示，$B_C=\omega C$，单位为西门子（S）。

由式（4-28）表示的电容元件伏安关系的相量形式，可画出电容元件电路模型的相量形式，如图 4-11（c）所示。电容电压相量、电流相量的相量图如图 4-11（d）所示。

例 4-6 已知某线圈的电感为 0.1H，加在线圈上的正弦电压为 10V（有效值），初相为 30°，角频率为 10^6rad/s。若线圈可看作纯电感，试求线圈中的电流，写出其瞬时值表达式并画出相量图。

解

$$\dot{I}=\frac{\dot{U}}{\mathrm{j}\omega L}=\frac{10\angle 30^\circ}{10^5\angle 90^\circ}=10^{-4}\angle-60^\circ\mathrm{A}$$

由相量可写出正弦量为

$$i=\sqrt{2}\times10^{-4}\sin(\omega t-60^\circ)\mathrm{A}$$

相量图如图 4-12 所示。

例 4-7 已知一电容 $C=500$pF，通过该电容的电流 $i=\sqrt{2}\cdot20\sin(10^6t+30^\circ)$ mA，求电容两端的电压，写出瞬时值表达式并画出相量图（设电压、电流为关联方向）。

解

$$\begin{aligned}\dot{U}_C&=-\mathrm{j}\frac{1}{\omega C}\dot{I}\\&=-\mathrm{j}\frac{1}{10^6\times500\times10^{-12}}\times20\times10^{-3}\angle30^\circ\\&=-\mathrm{j}2\times10^3\times20\times10^{-3}\angle30^\circ=40\angle-60^\circ\mathrm{V}\end{aligned}$$

由相量写出正弦量为

$$u_C=\sqrt{2}\times40\sin(10^6t-60^\circ)\mathrm{V}$$

相量图如图 4-13 所示。

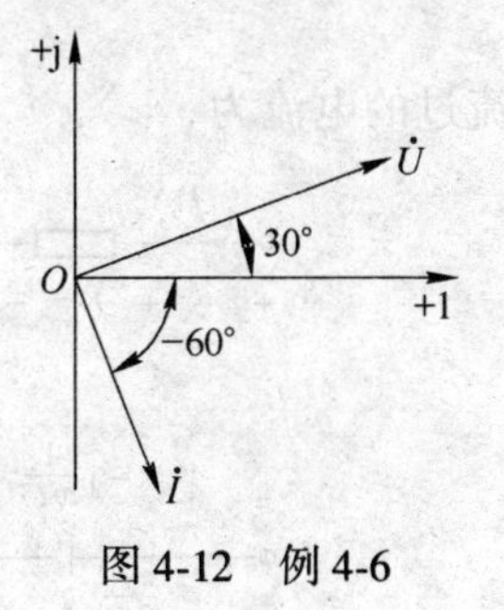

图 4-12 例 4-6

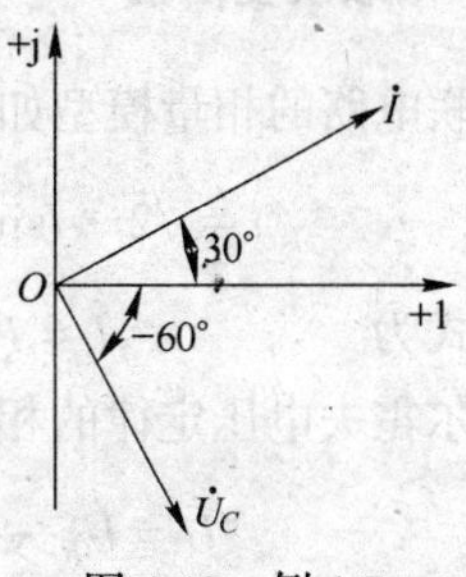

图 4-13 例 4-7

例 4-8 电路如图 4-14（a）所示。已知 $R=6\Omega$，$L=31.85$mH，$u(t)=30\sqrt{2}\sin314t$V。

求电流 $i(t)$ 并画相量图。

解 电压源 $u(t)$ 的相量为

$$\dot{U} = 30\angle 0°\ \text{V}$$

感抗 X_L 为

$$X_L = \omega L = 314 \times 31.85 \times 10^{-3} = 10\Omega$$

由各元件 VAR 的相量形式，有

$$\dot{I}_R = \frac{\dot{U}}{R} = 5\angle 0°\ \text{A}$$

$$\dot{I}_L = \frac{\dot{U}}{\text{j}\omega L} = -3\text{jA}$$

由 KCL 相量形式，得

$$\dot{I} = \dot{I}_R + \dot{I}_L = 5 - \text{j}3 = 5.83\angle -30.96°\ \text{A}$$

其瞬时表达式为

$$i = 5.83\sqrt{2}\sin(314t - 30.96°)\,\text{A}$$

其相量图如图 4-14（b）所示。

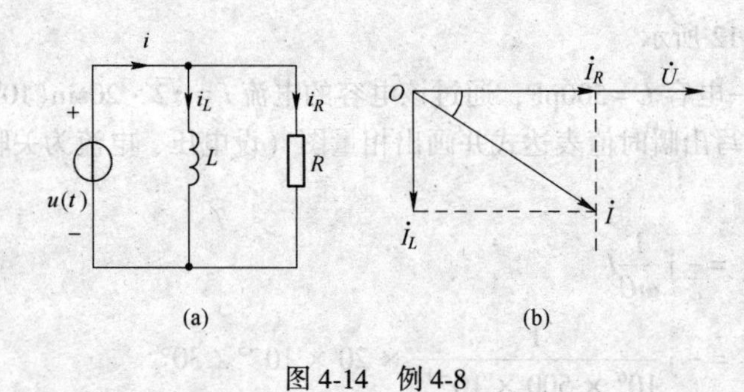

图 4-14　例 4-8

4.4　复阻抗、复导纳及其等效变换

4.4.1　*RLC* 串联及复阻抗

RLC 串联电路的相量模型如图 4-15 所示，设电路中流过的电流为

$$i = \sqrt{2} \cdot I\sin(\omega t + \varphi_i)$$

相量形式为　　　　$\dot{I} = I\angle\varphi_i$

根据基尔霍夫电压定律的相量形式可写出

$$\dot{U} = \dot{U}_R + \dot{U}_L + \dot{U}_C$$

又根据各元件伏安特性的相量形式可写出

$$\dot{U}_R = R\dot{I}\ ,\ \dot{U}_L = \text{j}\omega L\dot{I}\ ,\ \dot{U}_C = -\text{j}\,\frac{1}{\omega C}\dot{I}$$

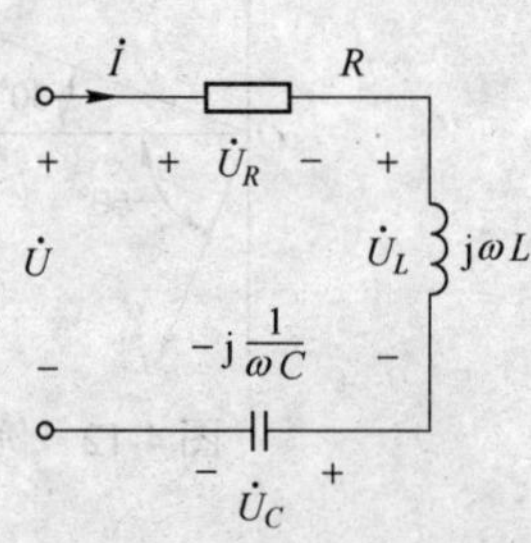

图 4-15　*RLC* 串联电路

代入上式有

$$\dot{U} = R\dot{I} + \mathrm{j}(\omega L - \frac{1}{\omega C})\dot{I}$$
$$= [R + \mathrm{j}(X_L - X_C)]\dot{I}$$
$$= (R + \mathrm{j}X)\dot{I} = Z\dot{I} \tag{4-29}$$

式（4-29）在形式上与欧姆定律相似，称为欧姆定律的相量形式。式中

$$Z = R + \mathrm{j}X = z\angle\varphi \tag{4-30}$$

式中，Z 称为复阻抗，它等于电压相量与电流相量之比。RLC 串联电路复阻抗的实部为电阻 R，虚部为感抗和容抗之差，即 $X=X_L-X_C$，X 称为电抗。复阻抗的模和幅角分别为

$$z = \sqrt{R^2 + X^2} = \sqrt{R^2 + (X_L - X_C)^2} \tag{4-31}$$

$$\varphi = \arctan\frac{X}{R} = \arctan\frac{X_L - X_C}{R} \tag{4-32}$$

为进一步说明电压相量、电流相量与复阻抗之间的关系，下面对式（4-29）进行分析。因为

$$Z = \frac{\dot{U}}{\dot{I}} = \frac{U\angle\varphi_u}{I\angle\varphi_i} = z\angle\varphi_u - \varphi_i = z\angle\varphi$$

由此得出

$$\left.\begin{aligned} \frac{U}{I} &= z \\ \varphi_u - \varphi_i &= \varphi \end{aligned}\right\} \tag{4-33}$$

可见复阻抗的模等于电压与电流有效值之比，复阻抗的幅角 φ（称阻抗角）等于电压与电流的相位差，所以复阻抗不但反映了电压与电流的大小关系，同时又表示出它们之间的相位关系。

由式（4-31）、式（4-32）看出，电阻 R、电抗 X 与阻抗 Z 构成一个直角三角形，叫作阻抗三角形，如图 4-16 所示。

注意两点：(1) Z 虽然是复数，但它与时间无关，为了与电压、电流相量相区别，Z 字母上面不带点。(2) 当 $X>0$，即 $X_L>X_C$，则电抗为电感性的；当 $X<0$，即 $X_L<X_C$，则电抗为电容性的；当 $X_L= X_C$时，电路呈纯电阻性。

RLC 串联电路中的电流与各元件上电压的相量图如图 4-17 所示。由图中看出，在 RLC 串联时，在一瞬间总电压相量等于各元件电压相量的代数和，由于三元件电压的相位不同，所以总电压有效值不等于各元件上电压有效值之和，它们的关系是

$$U = z \cdot I$$
$$= \sqrt{R^2 + (X_L - X_C)^2} \cdot I$$
$$= \sqrt{(RI)^2 + (X_L - X_C)^2 I^2}$$
$$= \sqrt{U_R^2 + (U_L - U_C)^2} \tag{4-34}$$

式中，U_R 为电阻电压有效值；$U_L - U_C$ 是电抗电压有效值，两者相减是因为它们的相位相反所致。

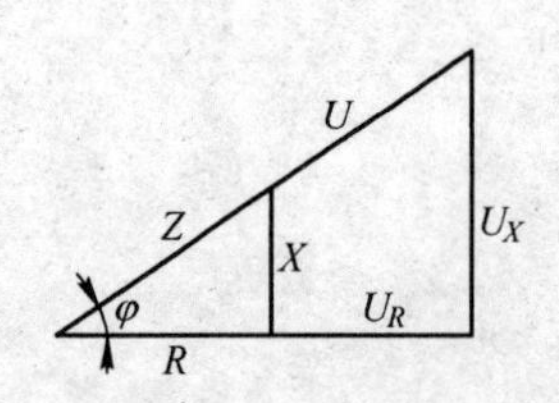

图 4-16　阻抗三角形与电压三角形

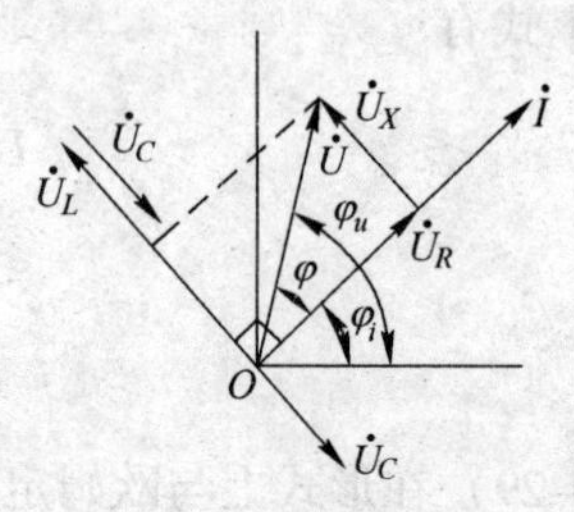

图 4-17　电压相量图

由式（4-34）看出，3 个电压构成一个直角三角形，叫作电压三角形，如图 4-16 所示。阻抗三角形和电压三角形是相似三角形，因为 $U_R=RI$，$U_X=XI$，$U = z\cdot I$。

4.4.2　*RLC* 并联及复导纳

RLC 并联电路的相量模型如图 4-18 所示，设电源电压为

$$u = \sqrt{2}\cdot U\sin(\omega t + \varphi_u)$$

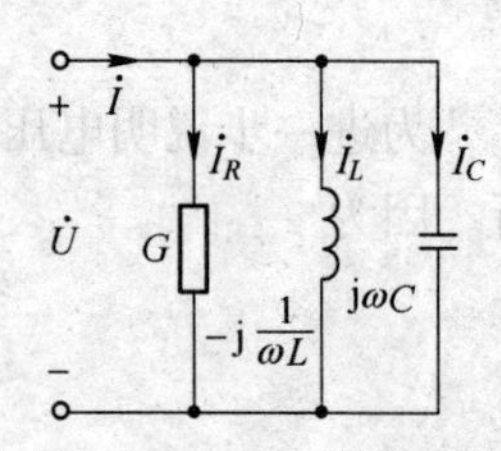

图 4-18　*RLC* 并联电路

相量形式为

$$\dot{U} = U\angle\varphi_u$$

各元件伏安特性的相量形式为

$$\dot{I}_R = G\dot{U}\ ,\ \dot{I}_L = -\mathrm{j}\,\frac{1}{\omega L}\dot{U} = -\mathrm{j}B_L\ ,\ \dot{I}_C = \mathrm{j}\omega C\dot{U} = \mathrm{j}B_C\dot{U}$$

根据基尔霍夫电流定律的相量形式，可写出

$$\begin{aligned}\dot{I} &= \dot{I}_R + \dot{I}_L + \dot{I}_C\\ &= G\dot{U} + (-\mathrm{j}B_L)\dot{U} + \mathrm{j}B_C\dot{U}\\ &= [G + \mathrm{j}(B_C - B_L)]\dot{U}\\ &= (G + \mathrm{j}B)\dot{U}\\ &= Y\cdot\dot{U}\end{aligned} \tag{4-35}$$

式中

$$Y = G + \mathrm{j}B = y\angle\theta = y\angle -\varphi \tag{4-36}$$

称为电路的复导纳，复导纳等于电流相量与电压相量之比。*RLC* 并联电路中的复导纳实部是电导 G，虚部是容纳和感纳之差，即 $B = B_C - B_L$，B 称为电纳。

复导纳与复阻抗一样，它也不是时间函数，因此，Y 上面也不带点。式（4-35）也是欧姆定律的相量形式。复导纳的模与幅角分别为

$$y = \sqrt{G^2 + B^2} = \sqrt{G^2 + (B_C - B_L)^2} \tag{4-37}$$

$$\varphi = \arctan\frac{B}{G} = \arctan\frac{B_C - B_L}{G} \tag{4-38}$$

由式（4-35）可知，复导纳可用电流相量与电压相量之比表示

$$Y = \frac{\dot{I}}{\dot{U}} = \frac{I\angle\varphi_i}{U\angle\varphi_u} = \frac{I}{U}\angle\varphi_i - \varphi_u = y\angle\theta = y\angle -\varphi$$

其中
$$y=\frac{I}{U},\theta=\varphi_i-\varphi_u=-\varphi$$

可见，复导纳的模等于电流与电压有效值之比，幅角 θ 叫作导纳角，等于电流与电压的相位差，$-\theta$ 就是阻抗角 φ。φ 的正负由 B 的正负来决定，当 $B<0$ 时，$\varphi>0$，电压相位越前于电流相位，电路呈感性；当 $B>0$ 时，$\varphi<0$，电压相位落后于电流相位，电路呈容性。

RLC 并联电路中各支路电流与电源电压的相量图如图 4-19 所示。与分析 *RLC* 串联电路一样，*RLC* 并联电路总电流有效值不等于各支路电流有效值之和，而是

$$I=yU=\sqrt{G^2+B^2}\cdot U=\sqrt{G^2+(B_C-B_L)^2}\cdot U$$
$$=\sqrt{(GU)^2+[(B_C-B_L)\cdot U]^2}=\sqrt{I_R^2+(I_C-I_L)^2} \tag{4-39}$$

式中 I_R——电导支路电流有效值；

I_L——感纳支路电流有效值；

I_C——容纳支路电流有效值。

由式（4-37）、式（4-38）可以看出，电导 G、电纳 B 与导纳 Y 构成一个直角三角形，叫作导纳三角形，如图 4-20 所示。由式（4-39）看出，3 个电流也构成一个直角三角形，叫作电流三角形，如图 4-20 所示。导纳三角形与电流三角形也是相似三角形，因为 $I_R=GU$，$I_B=BU$，$I=yU$ 所致。

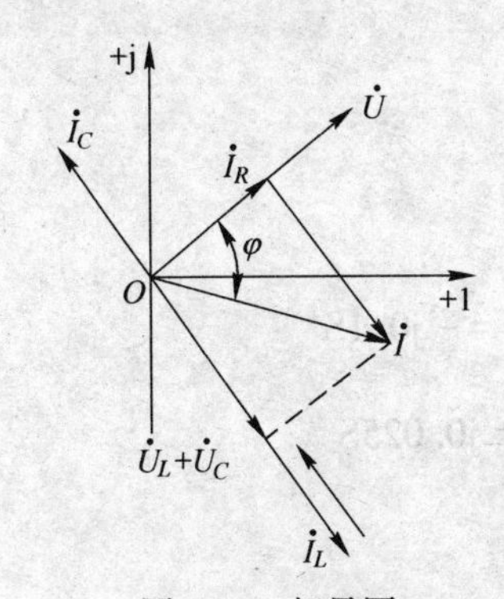

图 4-19 相量图

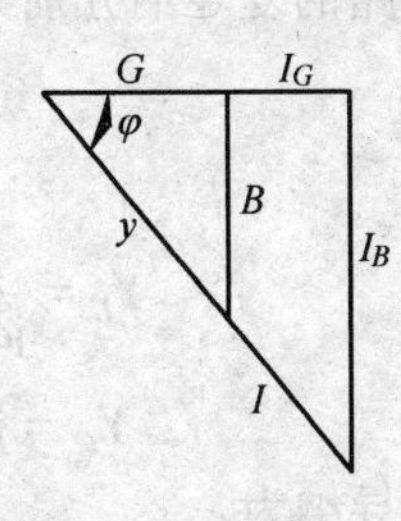

图 4-20 导纳三角形、电流三角形

例 4-9 日光灯正常工作时，若不计镇流器的电阻，可看作一个 L（镇流器）和 R（灯管）的串联电路，如图 4-21 所示。设电源电压 $U=220\text{V}$，$f=50\text{Hz}$，电流 $I=0.36\text{A}$，若灯管电阻为 308.6Ω。试求镇流器的电感 L。

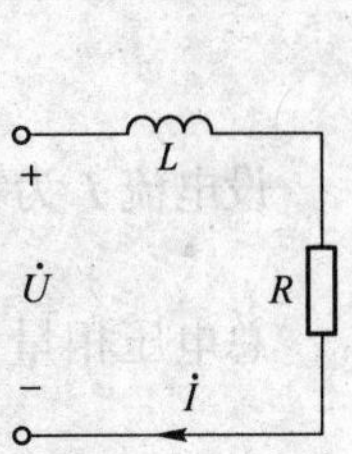

图 4-21 例 4-9

解 方法（1）：根据电压三角形，已知 $U_R=0.36\times308.6=111.1\text{V}$，$U=220\text{V}$，故

$$U_L=\sqrt{U^2-U_R^2}=\sqrt{220^2-111.1^2}\approx189.9\text{V}$$

由此得

$$X_L=\frac{U_L}{I}=\frac{189.9}{0.36}=527.5\Omega$$

$$L=\frac{X_L}{\omega}=1.679H$$

方法（2）：以电流为参考相量，即

$$\dot{I}=0.36\angle 0^\circ\text{A}$$

则
$$\dot{U}=220\angle\varphi\text{V}$$

根据式（4-29），有

$$220\angle\varphi=(308.6+\text{j}X_L)0.36\angle 0^\circ$$

写成代数型，有 $220\cos\varphi+\text{j}220\sin\varphi=111.1+\text{j}0.36X_L$

根据复数相等的条件，得出

$$\begin{cases}220\cos\varphi=111.1\\220\sin\varphi=0.36X_L\end{cases}$$

联立解得
$$\varphi=59.67^\circ$$
$$X_L=527.5\Omega$$

故
$$L=\frac{X_L}{\omega}=\frac{527.5}{2\pi\cdot 50}=1.679\text{H}$$

例 4-10 一个由 RLC 组成的并联电路，已知 $R=25\Omega$，$L=2\text{mH}$，$C=5\mu\text{F}$，总电流有效值 $I=0.34\text{A}$，电源角频率 $\omega=5000\text{rad/s}$，试求总电压相量和通过各元件的电流相量（电压、电流均为关联方向）。

解 各支路的复导纳分别为

$$Y_R=\frac{1}{R}=\frac{1}{25}=0.04\text{S}$$

$$Y_L=\frac{1}{\text{j}\omega L}=-\text{j}\frac{1}{5000\times 2\times 10^{-3}}=-\text{j}0.1\text{S}$$

$$Y_C=\text{j}\omega C=\text{j}5000\times 5\times 10^{-6}=\text{j}0.025\text{S}$$

电路总复导纳为

$$Y=\frac{1}{R}+\text{j}\omega C-\text{j}\frac{1}{\omega L}$$
$$=0.04+\text{j}0.025-\text{j}0.1=0.04-\text{j}0.075=0.085\angle-61.93^\circ\text{S}$$

设电流 $\dot{I}$ 为参考相量 $\dot{I}=0.34\angle 0^\circ\text{A}$

总电压相量为 $\dot{U}=\frac{\dot{I}}{Y}=\frac{0.34\angle 0^\circ}{0.085\angle-61.93^\circ}=4\angle 61.93^\circ\text{V}$，$U=4\text{V}$

根据
$$\dot{I}_R=G\dot{U},\ \dot{I}_L=-\text{j}\frac{1}{\omega L}\dot{U},\ \dot{I}_C=\text{j}\omega C\dot{U}$$

各元件的电流相量分别为

$$\dot{I}_R=G\dot{U}=0.04\times 4\angle 61.93^\circ=0.16\angle 61.93^\circ\text{A}$$

$$\dot{I}_L=-\text{j}\frac{1}{\omega L}\dot{U}=-\text{j}0.1\times 4\angle 61.93^\circ=0.4\angle-28.07^\circ\text{A}$$

$$\dot{I}_C=\text{j}\omega C\dot{U}=\text{j}0.0254\times 4\angle 61.93^\circ=0.1\angle 151.93^\circ\text{A}$$

4.4.3 复阻抗与复导纳的等效变换

前面已经分别讨论了复阻抗与复导纳，它们之间是互为倒数的关系。一个负载或无源二端网络，总可以用一个等效的复阻抗或复导纳来表示。所谓等效，是指用同一电压相量加到这个负载上和加到等效的复阻抗或复导纳上所产生的电流相量完全一样。如图 4-22（a）所示无源二端网络，当所加电压相量为 $\dot{U}$ 时，通过电路的电流相量为 $\dot{I}$，则等效复阻抗为

$$Z=\frac{\dot{U}}{\dot{I}}=R+\mathrm{j}X$$

说明负载可用 R 与 X 串联的等效电路来代替，称为负载的串联等效电路，如图 4-22（b）所示。还可以把负载等效成复导纳形式，即

$$Y=\frac{\dot{I}}{\dot{U}}=G+\mathrm{j}B$$

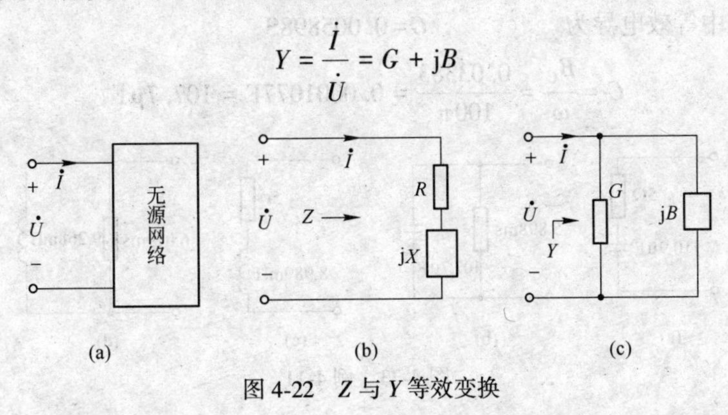

图 4-22　Z 与 Y 等效变换

用 G 与 $\mathrm{j}B$ 并联的等效电路代替这个负载或无源二端网络，称为无源二端网络的并联等效电路，如图 4-22（c）所示。

一个网络既可用串联等效电路表示，又可用并联等效电路表示。根据 Z 与 Y 互为倒数的关系，可以得到这两个等效电路参数间的关系。

若已知一个无源二端网络的复导纳 $Y=G+\mathrm{j}B$，则该网络的复阻抗 Z 为

$$Z=\frac{1}{Y}=\frac{1}{G+\mathrm{j}B}=\frac{G}{G^2+B^2}+\mathrm{j}\frac{-B}{G^2+B^2}=R+\mathrm{j}X \tag{4-40}$$

同理，若已知一个无源二端网络的复阻抗 $Z=R+\mathrm{j}X$，也可求出该网络的复导纳为

$$Y=\frac{1}{Z}=\frac{1}{R+\mathrm{j}\omega L}=\frac{R}{R^2+(\omega L)^2}+\mathrm{j}\frac{-\omega L}{R^2+(\omega L)^2}=G+\mathrm{j}B \tag{4-41}$$

应当注意的是，当把电阻与电感串联组成的电路化为等效的电导与电纳并联的电路时，它的等效电导不等于原电路中电阻的倒数（$G\neq\frac{1}{R}$），它的等效电纳也不等于原电路中感抗的倒数（$B\neq\frac{1}{\omega L}$）。

例 4-11　有一 RLC 串联电路，其中 $R=5\Omega$，$L=0.01\mathrm{H}$，$C=100\mu\mathrm{F}$，试在下列两种频率下求其串联等效电路和并联等效电路参数：（1）$f=50\mathrm{Hz}$；（2）$f=500\mathrm{Hz}$。

解 (1) $f=50\text{Hz}$ 时，电路的复阻抗为

$$Z = R + \mathrm{j}\left(\omega L - \frac{1}{\omega C}\right) = 5 + \mathrm{j}\left(100\pi \times 0.01 - \frac{10^6}{100\pi \times 100}\right)$$

$$= 5 + \mathrm{j}(3.142 - 31.83) = (5 - \mathrm{j}28.69)\Omega$$

因电抗为负值，故电路呈容性，其串联等效电路由电阻和电容构成，如图 4-23 (a) 所示。

等效电容为 $$C = \frac{1}{\omega X_C} = \frac{1}{100\pi \times 28.69} = 110.9\mu\text{F}$$

这个电路的等效复导纳为 $$Y = \frac{1}{Z} = \frac{1}{5 - \mathrm{j}28.69} = \frac{1}{29.12\angle -80.11^\circ}$$

$$= 0.03434\angle 80.11^\circ = (0.005898 + \mathrm{j}0.03383)\text{S}$$

因电纳为正值，故电路呈容性，其并联等效电路是由电导和容纳构成，如图 4-23 (b) 所示，其中等效电导为 $G=0.005898\text{S}$

电容为 $$C = \frac{B_C}{\omega} = \frac{0.03383}{100\pi} = 0.0001077\text{F} = 107.7\mu\text{F}$$

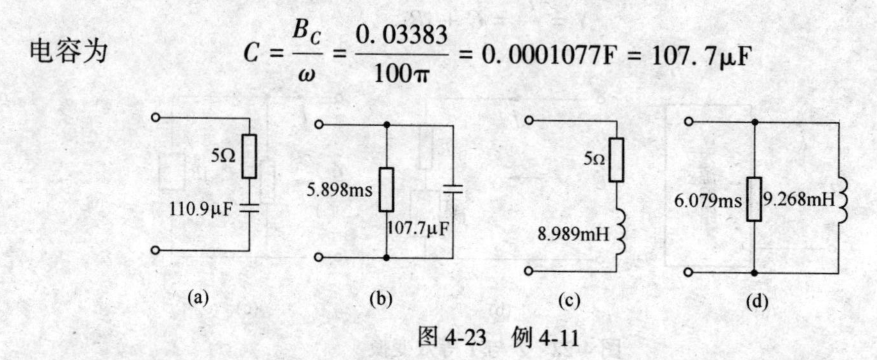

图 4-23 例 4-11

(2) $f=500\text{Hz}$ 时，电路的复阻抗为

$$Z = 5 + \mathrm{j}\left(1000\pi \times 0.01 - \frac{10^6}{1000\pi \times 100}\right)$$

$$= 5 + \mathrm{j}(31.42 - 3.183) = (5 + \mathrm{j}28.24)\Omega$$

因电抗为正，故电路呈感性，其串联等效电路是由电阻与电感串联，如图 4-23 (c) 所示。其中电感为

$$L = \frac{X_L}{\omega} = \frac{28.24}{1000\pi} = 0.008989\text{H} = 8.989\text{mH}$$

这个电路的等效复导纳为

$$Y = \frac{1}{Z} = \frac{1}{5 + \mathrm{j}28.24} = \frac{5}{5^2 + 28.24^2} - \mathrm{j}\frac{28.24}{5^2 + 28.24^2} = (0.006079 - \mathrm{j}0.034)\text{S}$$

因电纳为负值，故电路呈感性，其并联等效电路是由电导和感纳并联，如图 4-23 (d) 所示。

其中电导为 $G=0.006079\text{S}$

电感为

$$L = \frac{1}{\omega B_L} = \frac{1}{1000\pi \times 0.03434} = 0.009268\text{H} = 9.268\text{mH}$$

从上例可见，在某一频率下得出的等效参数，只在该频率的电路中才是有效的，也就

是说，对于一个电路，一般不存在适合于所有频率的等效电路。

4.5 正弦稳态电路的功率

如图 4-24 所示的二端网络，设其端电压为

$$u(t) = \sqrt{2}U\sin(\omega t + \varphi)$$

其端口电流为

$$i(t) = \sqrt{2}I\sin\omega t$$

二者参考方向如图 4-24 所示，波形如图 4-25 所示。其中 φ 是电压 u 超前 i 的相位差，若网络 N 为无源网络，则 φ 就是二端网络等值阻抗的阻抗角。

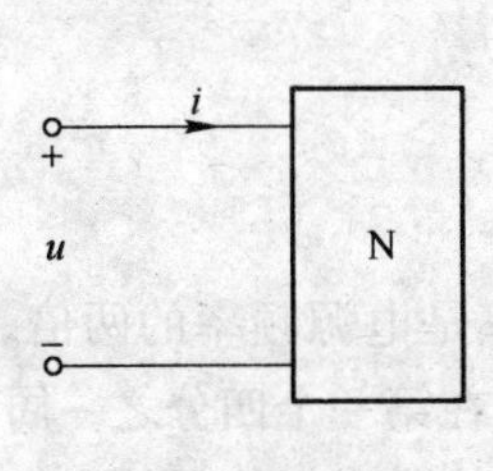

图 4-24 二端网络

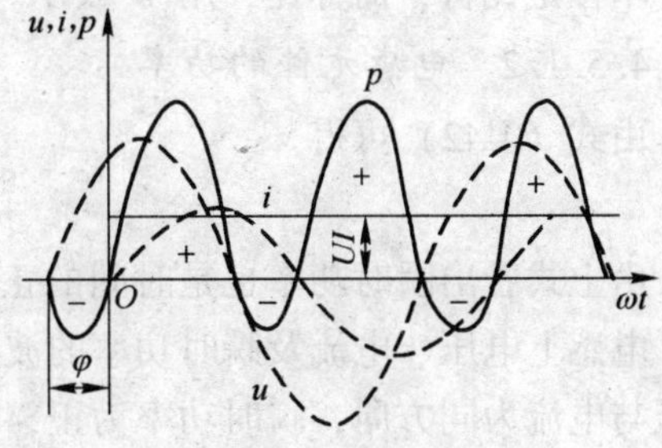

图 4-25 u、i 及 p

4.5.1 瞬时功率和平均功率

任一时刻，网络 N 吸收的瞬时功率为

$$\begin{aligned} p = u \cdot i &= 2UI\sin(\omega t + \varphi) \cdot \sin\omega t \\ &= 2UI \times \frac{1}{2}[\cos\varphi - \cos(2\omega t + \varphi)] \\ &= UI\cos\varphi - UI\cos(2\omega t + \varphi) \end{aligned} \quad (4\text{-}42)$$

从式（4-42）看出，瞬时功率由两部分组成，一部分是恒定分量 $UI\cos\varphi$，另一部分是余弦分量，其频率是电源频率的两倍。瞬时功率曲线如图 4-25 所示。由图 4-25 可看出，当 u、i 实际方向一致时，$p>0$ 表示负载吸收功率；当 u 与 i 实际方向相反时，$p<0$ 表示负载送出功率，这是因为无源二端网络内既有耗能元件也有储能元件所致。

网络实际吸收的有功功率，即平均功率为

$$P = \frac{1}{T}\int_0^T p\mathrm{d}t = \frac{1}{T}\int_0^T u \cdot i\mathrm{d}t = \frac{1}{T}\int_0^T UI[\cos\varphi - \cos(2\omega t + \varphi)]\mathrm{d}t = UI\cos\varphi \quad (4\text{-}43)$$

可见在正弦交流电路中平均功率一般不等于电压与电流有效值的乘积，它不仅与电压、电流有效值有关，而且还与电压、电流的相位差角有关。若电路 N 不含独立电源，则可等效成阻抗 Z, φ 即为阻抗角，$\cos\varphi$ 称为功率因数，用 λ 表示，故 φ 也称为功率因数角。

下面分析当阻抗 Z 分别为电阻、纯电感和纯电容时的特殊情况。

4.5.1.1 电阻元件的功率

由式（4-42），电阻的瞬时功率为

$$p = u \cdot i = \sqrt{2}U\sin\omega t \cdot \sqrt{2}I\sin\omega t$$
$$= 2UI\sin^2\omega t = UI - UI\cos 2\omega t \tag{4-44}$$

瞬时功率的波形如图4-26所示，由图可见，当电压和电流为零时，瞬时功率为零。当电压、电流最大时，瞬时功率也最大，当电压、电流为负值时，瞬时功率仍为正值，这是因为不论电流从哪个方向流经电阻，电阻总是消耗功率的，所以说电阻是一个耗能元件。

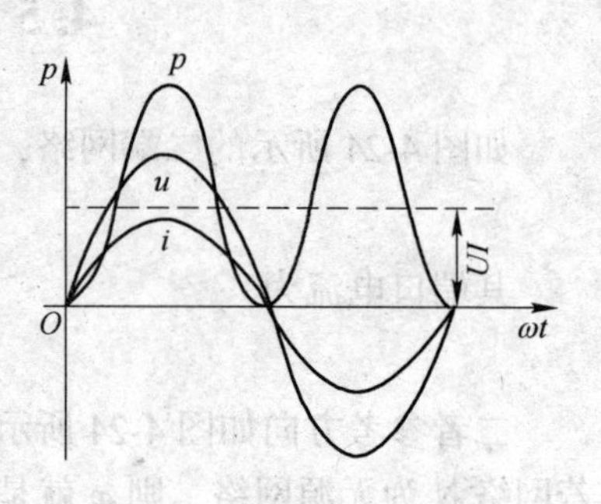

图4-26 R的u、i、p

由式（4-43）可得此时平均功率为

$$P = UI = I^2R = U^2/R \tag{4-45}$$

上式说明，电阻的平均功率是一个与时间无关的常量，单位是瓦特，简称瓦，用W表示。

4.5.1.2 电感元件的功率

由式（4-42）可得

$$p = UI\sin 2\omega t \tag{4-46}$$

由上式看出瞬时功率也是时间的正弦函数，只是频率是电源频率的两倍。图4-27给出了电感上电压、电流及瞬时功率的波形图。由图可知，在第一个四分之一周期内，由于电压与电流为同方向，瞬时功率为正，电感吸收的电能转换成磁场能量储存在磁场中，其能量为 $W_L = \frac{1}{2}Li^2$，它随电流增大而增加，当电流达到最大值时，p 也达最大值。在第二个四分之一周期内，电感电流与电压的真实方向相反，瞬时功率为负，在此期间电流在下降，磁场能量减少，即电感中原先储存的磁场能量又返回给电源，到第二个四分之一周期结束，电流下降到零，磁场能量全部放出。第三个和第四个四分之一周期与第一个和第二个四分之一周期相似，只是电流方向相反而已。磁场能量与电流平方成正比，与电流方向无关，所以磁场能量的转换关系与前面一样，这里不再重复。

据式（4-43）可知平均功率为

$$P = UI\cos\varphi = 0 \tag{4-47}$$

可见电感只是储存和释放能量，并不消耗能量。

4.5.1.3 电容元件的功率

由式（4-42）可得

$$p = -UI\sin 2\omega t \tag{4-48}$$

由上式可看出，瞬时功率也是时间的函数，且频率为电源频率的两倍，图4-28给出了电容上电流、电压及瞬时功率的波形。由图4-28可见，在第一个四分之一周期内，电压由零增加到最大值，电流是从电容正极流入，所以瞬时功率为正，表示电容吸收能量，且储存在电容器的电场中，这是电容器充电过程，此时，电场能量是由零增加到最大值。在第二个四分之一周期内，由于电压由最大值减小到零，此时，电流从电容器负极板流入，瞬时功率为负，而电容器放出能量，原先储存的电场能量此时放出，直到全部放完为止，称为电容器放电过程。后半个周期同前半个周期比较，只是电压、电流都反了一个方向，即是对电容器反方向充电、放电的过程。

据式（4-43）可知平均功率

$$P = UI\cos\varphi = 0 \tag{4-49}$$

说明电容是储能元件，不消耗功率。

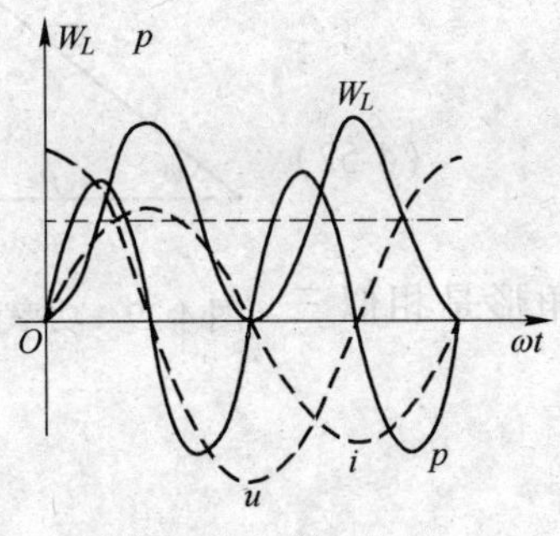

图 4-27　L 的 u、i、p

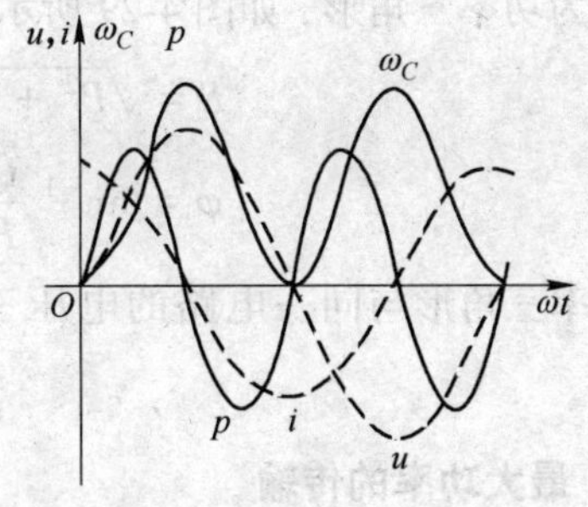

图 4-28　C 的 u、i、p

4.5.2　视在功率和无功功率

视在功率是用来表示某些电气设备容量的。如一台发电机，正常情况下的端电压是由电机的绝缘性能限定的，称为额定电压，用 V_H 表示。而可能提供的最大电流，则是由导线的截面、材料和散热条件确定的，称为额定电流，用 I_H 表示。额定电压与额定电流的乘积，则表示这台电机的容量，即表示这台发电机可能提供的最大功率。我们把电压的有效值与电流的有效值的乘积定义为视在功率，用 S 表示，即

$$S = UI \tag{4-50}$$

视在功率的单位与平均功率相同，但为了相区别，视在功率的单位为伏安（V · A），或千伏安（kV · A）。平均功率和视在功率的比称为功率因数。功率因数决定于电路元件参数和工作频率，纯电阻电路的功率因数等于 1；纯电抗电路的功率因数等于 0。一般情况下，电路功率因数是在 1 与 0 之间。

$$\lambda = \frac{P}{S} = \cos\varphi$$

对于式（4-42）表示的瞬时功率

$$\begin{aligned} p &= UI\cos\varphi - UI\cos(2\omega t + \varphi) \\ &= UI\cos\varphi - UI\cos\varphi\cos2\omega t - UI\sin\varphi\sin2\omega t \\ &= UI\cos\varphi(1 - \cos\omega t) + UI\sin\varphi\sin2\omega t \end{aligned}$$

上式前一部分和电阻瞬时功率相同，它的平均值称为平均功率；后一部分和电抗瞬时功率相同，它的平均值为零，但能反映能量交换情况，我们以其最大值来定义无功功率，即

$$Q = UI\sin\varphi \tag{4-51}$$

式中，Q 单位是无功伏安，简称乏（var）或千乏（kvar）。

无功功率有正负之分，对于感性电路，$\varphi > 0$，Q 为正值；对于容性电路，$\varphi < 0$，Q 为负值。当元件为纯电感和纯电容时，其无功功率分别为

$$Q_L = UI = I^2X_L = U^2/X_L$$

$$Q_C = -UI = -I^2X_C = -U^2/X_C$$

这里的负号表明两者充电、放电的时刻不同。

根据式（4-49）~式（4-51）可以看出，平均功率、视在功率和无功功率三者的关系如式（4-52）所示，可以用一直角三角形表示，称为功率三角形，如图4-29所示。

$$\left.\begin{aligned} S &= \sqrt{P^2 + Q^2} \\ \varphi &= \tan^{-1}\frac{Q}{P} \end{aligned}\right\} \tag{4-52}$$

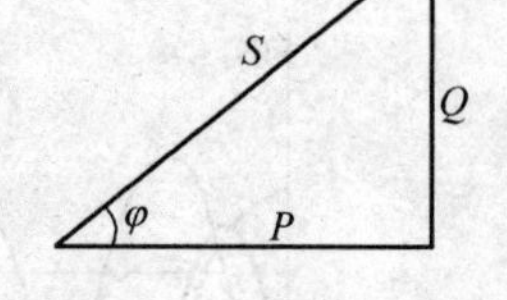

图4-29　功率三角形

功率三角形与同一电路的电压三角形、阻抗三角形是相似三角形。

4.5.3　最大功率的传输

前面在直流电路中讨论过最大功率传输的条件，现在分析一下在正弦稳态电路中，负载吸收最大功率的条件。

如图4-30所示电路，电源电压为 $\dot{U}_S$，其内阻抗为 $Z_S = R_S + jX_S$，负载阻抗 $Z_L = R_L + jX_L$。

（1）当电源电压 $\dot{U}_S$、复数内阻抗 Z_S 为恒定值，负载的 R_L、X_L 可独立变化时，负载获取的平均功率为

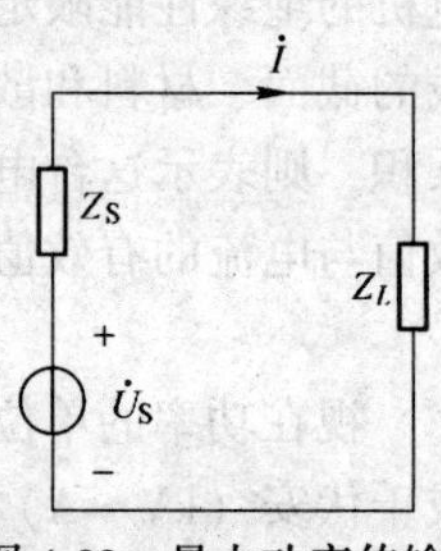

图4-30　最大功率传输

$$P_L = I^2 R_L = \left[\frac{U_S}{\sqrt{(R_S + R_L)^2 + (X_S + X_L)^2}}\right]^2 R_L$$

$$= \frac{U_S^2}{(R_S + R_L)^2 + (X_S + X_L)^2} R_L$$

式中，R_S、X_S 及 U_S 为定值，若仅改变 X_L，使

$$X_S + X_L = 0$$

即

$$X_L = -X_S$$

此时，P_L 为

$$P_L = \frac{U_S^2}{(R_S + R_L)^2} R_L$$

此时再改变 R_L，令 $\frac{dP_L}{dR_L} = 0$，便可得到负载获取最大功率的条件为

$$\frac{dP_L}{dR_L} = U_S^2 \frac{(R_S + R_L)^2 - 2(R_S + R_L)R_L}{(R_S + R_L)^4} = U_S^2 \frac{R_S - R_L}{(R_S + R_L)^3} = 0$$

得出

$$R_L = R_S$$

结论：当负载复阻抗 $Z_L = R_L + jX_L$ 满足下述条件

$$\begin{aligned} R_L &= R_S \\ X_L &= -X_S \end{aligned} \tag{4-53}$$

即负载复阻抗与电源内阻抗为共轭复数（$Z_L = \overset{*}{Z}_S$）时，负载获得最大功率，称为共轭匹配。此最大功率为

$$P_{L\max}=\frac{U_S^2}{4R_L}$$

（2）实际中，有些负载常常是电阻性，也就是说，负载可看作一个纯电阻。下面便分析在这种情况下，负载吸收最大功率的条件。

设负载为 R_L，参考图 4-30 可求出

$$\dot{I}=\frac{\dot{U}_S}{Z_S+R_L}=\frac{\dot{U}_S}{(R_S+R_L)+jX_S}$$

其有效值

$$I=\frac{U_S}{\sqrt{(R_S+R_L)^2+X_S^2}}$$

负载吸收的功率为

$$P_L=I^2R_L=\frac{U_S^2\cdot R_L}{(R_S+R_L)^2+X_S^2}$$

当 R_L 改变时，P_L 为最大值的条件是

$$\frac{dP_L}{dR_L}=U_S^2\frac{(R_S+R_L)^2+X_S^2-2(R_S+R_L)R_L}{[(R_S+R_L)^2+X_S^2]^2}=0$$

则需

$$(R_S+R_L)^2+X_S^2-2(R_S+R_L)\cdot R_L=0$$

解后可得

$$R_L=\sqrt{R_S^2+X_S^2}=|Z_S| \tag{4-54}$$

结论：当负载为纯电阻时，负载获取最大功率的条件是负载电阻等于电源内阻抗的模，故常称为模匹配。当然和共轭匹配相比，此时负载获取的功率会小些。

例 4-12 在图 4-31（a）所示电路中，已知 $\dot{I}_S=1\angle 45°\text{A}$，$C=330\mu\text{F}$，$R=3\Omega$，$\omega=10^3\text{rad/s}$，$L_1=0.5\text{mH}$，$Z_L=R_L+jX_L$。

求：（1）Z_L 为何值其吸收功率最大？

（2）求此最大功率。

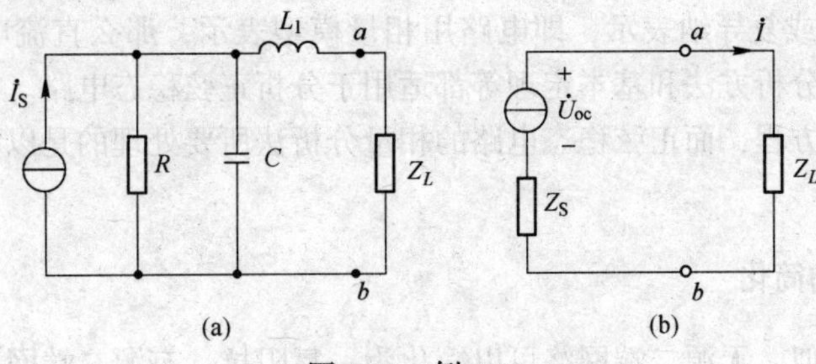

图 4-31 例 4-12

解 （1）图 4-31（a）中 a、b 左侧为一有源二端电路，即为 Z_L 的供电电源。先求 a、b 左侧的等值阻抗 Z_S。

$$\omega L_1=0.5\times10^{-3}\times10^3=0.5\Omega,\qquad \frac{1}{\omega C}=\frac{1}{10^3\times330\times10^{-6}}=3\Omega$$

等值内阻抗

$$Z_S = \frac{R \cdot \left(-j\frac{1}{\omega C}\right)}{R - j\frac{1}{\omega C}} + j\omega L_1 = \frac{3(-j3)}{3-j3} + j0.5 = 1.5 - j1.5 + j0.5$$

$$= (1.5 - j1)\Omega$$

所以当 $Z_L = \overset{*}{Z}_S = (1.5 + j1)\Omega$ 时，Z_L可获取最大功率。

（2）a、b 左侧开路电压为

$$\dot{U}_{oc} = \dot{I}_S \cdot Z_{RC} = \dot{I}_S \frac{R \cdot \left(-j\frac{1}{\omega C}\right)}{R - j\frac{1}{\omega C}}$$

$$= 1\angle 45° \times \frac{3(-j3)}{3-j3} = 1.5\sqrt{2}\angle 0°\text{V}$$

戴维南等值电路如图 4-31（b）所示。Z_L获取的最大功率为

$$P_{max} = \frac{U_{oc}^2}{4R_L} = \frac{(1.5\sqrt{2})^2}{4 \times 1.5} = 0.75\text{W}$$

4.6 正弦稳态电路的计算

通过前面的分析可知，对于正弦稳态电路，当用相量法时，基本定律（KCL、KVL和欧姆定律）的相量形式为

$$\sum \dot{I} = 0$$

$$\sum \dot{U} = 0$$

$$\dot{U} = Z\dot{I}$$

形式上与直流电路相同。在分析计算正弦稳态电路时，若电流、电压用相量表示，R、L、C 用复阻抗或复导纳表示，即电路用相量模型表示，那么直流电路中依据基本定律导出的各种电路分析方法和基本定理等都适用于分析正弦稳态电路。只不过直流电路中得到的是实数代数方程，而正弦稳态电路的相量分析法所要处理的是以相量形式表示的代数方程。

4.6.1 二端网络的简化

与直流电路类似，无源二端网络可以简化为一复阻抗，有源二端网络可以简化为一独立电源。

例 4-13 试分析图 4-32 输入阻抗 Z_{ab}的性质。

解 图 4-32 中为三条支路并联，直接求 Z_{ab} 比较麻烦，可先求复导纳 Y_{ab}。感抗为 $\omega L=\omega$，容抗 $\frac{1}{\omega C}=\frac{2}{\omega}$。

$$Y_{ab}=\frac{1}{-\mathrm{j}\dfrac{2}{\omega}}+\frac{1}{1}+\frac{1}{1+\mathrm{j}\omega}=\mathrm{j}\frac{\omega}{2}+1+\frac{1-\mathrm{j}\omega}{1+\omega^2}$$

$$=\frac{2+\omega^2}{1+\omega^2}+\mathrm{j}\frac{\omega^3-\omega}{2(1+\omega^2)}=G+\mathrm{j}B=y\angle\theta$$

由上式看出，Y_{ab}的实部永为正值，即为等效电阻，阻抗性质则由其虚部而定：

当$\omega<1$时，$\dfrac{\omega^3-\omega}{2(1+\omega^2)}$从负值增到零值，此时导纳角$\theta<0$，阻抗角$\phi>0$，$Z_{ab}$为感性；

当$\omega=1$时，虚部$B=0$，Z_{ab}为纯电阻；

当$1<\omega<\infty$时，B从0增到∞，$\theta>0$，即$\phi<0$，Z_{ab}为容性。

例 4-14 如图 4-33，已知$I_S=1\mathrm{A}$，$Z_1=-\mathrm{j}100\Omega$，$Z_2=80\Omega$，$Z_3=20+\mathrm{j}100\Omega$，$Z_0=50\Omega$。求$\dot{U}_3$及$\dot{U}$。

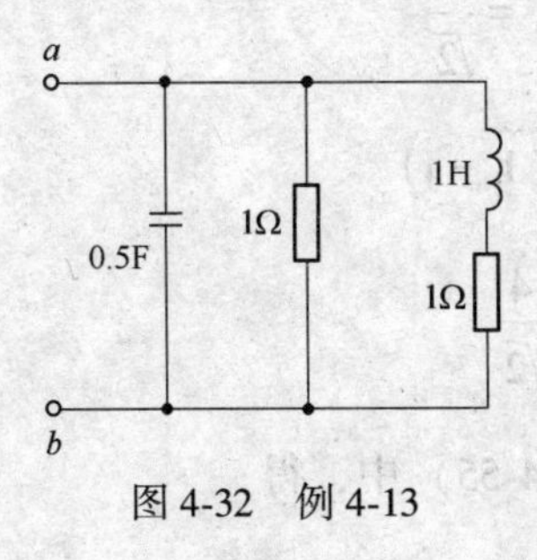

图 4-32 例 4-13

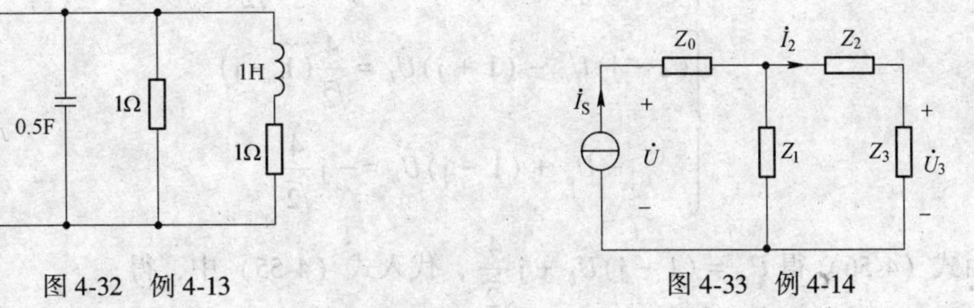

图 4-33 例 4-14

解 此题为简单电路的分析与计算。取$\dot{I}_S=1\angle0°\mathrm{A}$，根据分流关系及欧姆定律：

$$\dot{U}_3=\dot{I}_S\times\frac{Z_1}{Z_1+(Z_2+Z_3)}\times Z_3$$

$$=1\angle0°\times\frac{-\mathrm{j}100}{-\mathrm{j}100+(80+20+\mathrm{j}100)}\times(20+\mathrm{j}100)$$

$$=100-\mathrm{j}20=102\angle-11.3°\mathrm{V}$$

$$\dot{U}=\dot{I}_S\times\left[Z_0+\frac{Z_1(Z_2+Z_3)}{Z_1+(Z_2+Z_3)}\right]=1\angle0°\times\left[50+\frac{-\mathrm{j}100(80+20+\mathrm{j}100)}{-\mathrm{j}100+(80+20+\mathrm{j}100)}\right]$$

$$=50+100-\mathrm{j}100=150-\mathrm{j}100=180.28\angle-33.69°\mathrm{V}$$

从此题可看出，在计算正弦稳态电路时，除设出各支路电压、电流参考方向外，一般还要先设某相量为参考相量。

4.6.2 用基本定理和列电路方程计算正弦稳态电路

直流部分介绍的各种方法在此均适用，不同之处在于引入相量计算，所以每种方法的适用范围、解题思路及应注意的问题这里不再赘述。

例 4-15 已知图 4-34（a）中$u_S=4\sin100t\mathrm{V}$，$i_S=4\sin100t\mathrm{A}$，$L=0.01\mathrm{H}$，$R_1=1\Omega$，$R_2=1\Omega$，$R_S=1\Omega$，$C=0.01\mathrm{F}$。试用节点法和叠加定理求i。

解 $\omega L=1\Omega$，$\dfrac{1}{\omega C}=1\Omega$，$\dot{U}_S=\dfrac{4}{\sqrt{2}}\angle0°\mathrm{V}$，$\dot{I}_S=\dfrac{4}{\sqrt{2}}\angle0°\mathrm{A}$，相量模型不再另画。

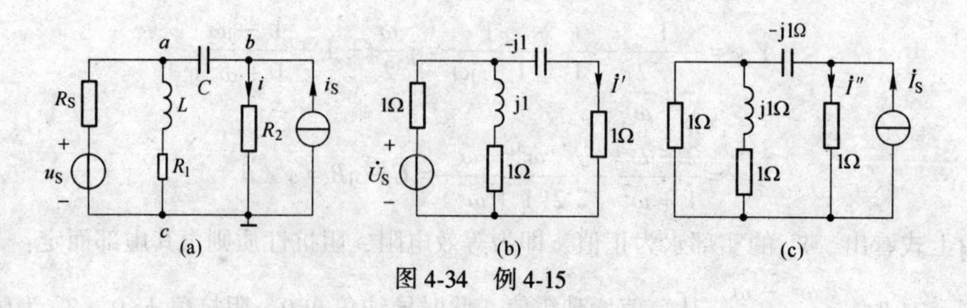

图 4-34　例 4-15

用节点法求解，取 $\dot{U}_C=0$

$$\begin{cases}\left(1+\dfrac{1}{1+\mathrm{j}1}+\dfrac{1}{-\mathrm{j}1}\right)\dot{U}_a-\dfrac{1}{-\mathrm{j}1}\dot{U}_b=\dfrac{\frac{4}{\sqrt{2}}}{1}\\ -\dfrac{1}{-\mathrm{j}1}\dot{U}_a+\left(\dfrac{1}{-\mathrm{j}1}+1\right)\dot{U}_b=\dfrac{4}{\sqrt{2}}\end{cases}\tag{4-55}$$

$$\begin{cases}(2-\mathrm{j})\dot{U}_a-(1+\mathrm{j})\dot{U}_b=\dfrac{4}{\sqrt{2}}(1-\mathrm{j})\\ -\dot{U}_a+(1-\mathrm{j})\dot{U}_b=-\mathrm{j}\dfrac{4}{\sqrt{2}}\end{cases}\tag{4-56}$$

由式（4-56）得 $\dot{U}_a=(1-\mathrm{j})\dot{U}_b+\mathrm{j}\dfrac{4}{\sqrt{2}}$，代入式（4-55）中，得

$$\dot{U}_b=\frac{3}{\sqrt{2}}$$

$$\dot{I}=\frac{\dot{U}_b}{R_2}=\frac{3}{\sqrt{2}}=1.5\sqrt{2}\angle 0°\mathrm{A}$$

所以
$$i=1.5\sqrt{2}\times\sqrt{2}\sin100t=3\sin100t\ \mathrm{A}$$

用叠加原理求解的电路分别如图 4-34（b）和图 4-34（c）所示。

$$\dot{I}'=\frac{\dot{U}_S}{1+\left[\dfrac{(1+\mathrm{j})(1-\mathrm{j})}{1+\mathrm{j}+1-\mathrm{j}}\right]}\times\frac{1+\mathrm{j}}{(1+\mathrm{j})+(1-\mathrm{j})}=\frac{1+\mathrm{j}}{\sqrt{2}}=\frac{\sqrt{2}}{2}+\mathrm{j}\frac{\sqrt{2}}{2}\mathrm{A}$$

$$\dot{I}''=\dot{I}_S\times\frac{-\mathrm{j}1+\dfrac{1+\mathrm{j}}{1+(1+\mathrm{j})}\dot{U}_S}{1+\left[-\mathrm{j}1+\dfrac{1+\mathrm{j}}{1+(1+\mathrm{j})}\right]}=\frac{2-\mathrm{j}}{\sqrt{2}}=\sqrt{2}-\mathrm{j}\frac{\sqrt{2}}{2}\mathrm{A}$$

$$\dot{I}=\dot{I}'+\dot{I}''=\frac{\sqrt{2}}{2}+\mathrm{j}\frac{\sqrt{2}}{2}+\sqrt{2}-\mathrm{j}\frac{\sqrt{2}}{2}=2.12\mathrm{A}$$

$$i=2.12\sqrt{2}\sin100t=3\sin100t\ \mathrm{A}$$

例 4-16　在如图 4-35（a）所示电路中，已知 $R=10\Omega$，$L=40\mathrm{mH}$，$C=500\mu\mathrm{F}$，$u_1(t)=40\sqrt{2}\sin400t\mathrm{V}$，$u_2(t)=30\sqrt{2}\sin(400t+90°)\mathrm{V}$，用网孔分析法求电阻两端的电压$u_R(t)$。

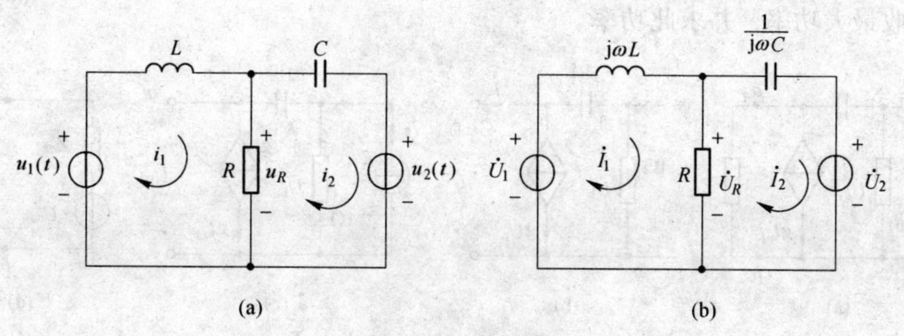

图 4-35　例 4-16

解　作相量模型如图 4-35（b）所示，其中

$$\mathrm{j}\omega L = \mathrm{j}400 \times 40 \times 10^{-3} = \mathrm{j}16\Omega$$

$$\frac{1}{\mathrm{j}\omega C} = -\mathrm{j}\,\frac{1}{400 \times 500 \times 10^{-6}} = -\mathrm{j}5\Omega$$

$\dot{I}_1$ 和 $\dot{I}_2$ 为网孔电流相量，网孔相量方程为

$$\begin{cases}(R + \mathrm{j}\omega L)\dot{I}_1 - R\dot{I}_2 = \dot{U}_1 \\ -R\dot{I}_1 + \left(R + \dfrac{1}{\mathrm{j}\omega C}\right)\dot{I}_2 = -\dot{U}_2\end{cases}$$

代入数据，得

$$\begin{cases}(10 + \mathrm{j}16)\dot{I}_1 - 10\dot{I}_2 = 40\angle 0° \\ -10\dot{I}_1 + (10 - \mathrm{j}5)\dot{I}_2 = -30\angle 90°\end{cases}$$

解得

$$\dot{I}_1 = \frac{\begin{vmatrix} 40 & -10 \\ -\mathrm{j}30 & 10 - \mathrm{j}5 \end{vmatrix}}{\begin{vmatrix} 10 + \mathrm{j}16 & -10 \\ -10 & 10 - \mathrm{j}5 \end{vmatrix}} = \frac{400 - \mathrm{j}500}{80 + \mathrm{j}110}$$

$$= 4.71\angle -105.3°\mathrm{A}$$

$$\dot{I}_2 = \frac{\begin{vmatrix} 10 + \mathrm{j}16 & 40 \\ -10 & -\mathrm{j}30 \end{vmatrix}}{\begin{vmatrix} 10 + \mathrm{j}16 & -10 \\ -10 & 10 - \mathrm{j}5 \end{vmatrix}} = \frac{800 - \mathrm{j}300}{80 + \mathrm{j}110}$$

$$= 6.84\angle -72.7°\mathrm{A}$$

于是得电压相量

$$\dot{U}_R = R(\dot{I}_1 - \dot{I}_2) = -32.77 + \mathrm{j}19.9$$

$$= 38.3\angle 149°\mathrm{V}$$

由相量写出对应的正弦量，为

$$u_R(t) = 38.3\sqrt{2}\sin(400t + 149°)\,\mathrm{V}$$

例 4-17　如图 4-36（a）所示，已知 $\dot{I}_S = 4\angle 0°\mathrm{A}$，$R_1 = 1\Omega$，$X_C = 1\Omega$，$g = 3\mathrm{S}$。问 Z 为

多大可吸收最大功率，并求此功率。

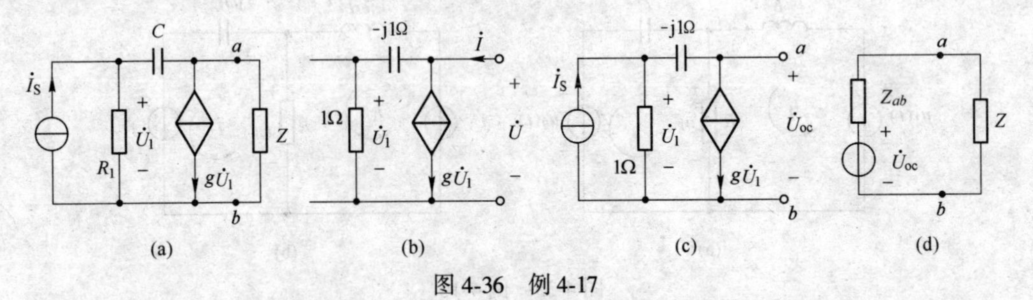

图 4-36　例 4-17

解　这是最大功率传输问题，用戴维南定理求解。先求除 Z 外有源二端网络的输入阻抗，电路图如图 4-36（b）所示。设出端口电压、电流方向后，可列出电路方程

$$\begin{cases}\dot{U}=(\dot{I}-g\dot{U}_1)\times(1-\mathrm{j}1)\\ \dot{U}_1=\dot{U}\times\dfrac{1}{1-\mathrm{j}1}\end{cases}$$

或

$$\begin{cases}\dot{I}=g\dot{U}_1+\dfrac{\dot{U}}{(1-\mathrm{j}1)}\\ \dot{U}_1=\dot{U}\times\dfrac{1}{1-\mathrm{j}1}\end{cases}$$

解出　$$z_{ab}=\frac{\dot{U}}{\dot{I}}=\frac{\sqrt{2}}{4}\angle-45^\circ=\frac{1}{4}-\mathrm{j}\frac{1}{4}=R-\mathrm{j}X$$

所以当 $Z=\overset{*}{Z}_{ab}=\dfrac{1}{4}+\mathrm{j}\dfrac{1}{4}\Omega$ 时可吸收最大功率。

下面求 a、b 左侧开路电压，即等效电路的电压源，电路如图 4-36（c）所示。

$$\begin{cases}\dot{U}_{oc}=-g\dot{U}_1(-\mathrm{j}1)+\dot{U}_1\\ \dot{U}_1=(\dot{I}_S-g\dot{U}_1)\times 1\end{cases}$$

解出开路电压　　$\dot{U}_{oc}=1+\mathrm{j}3=3.16\angle 71.57^\circ\mathrm{V}$

等效后电路如图 4-36（d）所示，Z 吸收的功率为

$$P=\frac{U_{oc}^2}{4R}\approx 10\mathrm{W}$$

4.6.3　用电压、电流有效值关系求解

有一类题，给出部分元件参数值，部分电压或电流有效值，计算时不需用相量法或相量图法去计算，只需依据基本定律和元件电压、电流有效值间关系去求解。常用关系式有：

单个元件 U、I 关系：　$$\begin{cases}U_R=RI_R\\ U_C=\dfrac{1}{\omega C}I_C\\ U_L=\omega LI_L\end{cases}$$

对 R 和理想电感 L（或理想电容 C）并联电路

$$I=\sqrt{I_R^2+I_X^2}$$

对 R 和理想电感 L（或电容 C）串联电路

$$U=\sqrt{U_R^2+U_X^2}$$

例 4-18 电路如图 4-37（a）所示，各电流表读数 A = 16.1A，A_1 = 8.93A，A_2 = 10A，R = 20Ω，求等值参数 g、b。

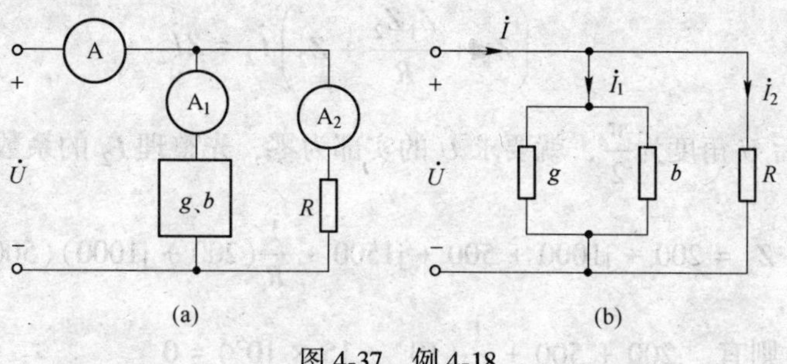

图 4-37 例 4-18

解 g、b 为并联两参数，g 为电导，b 为电纳，则图 4-37（a）可画成图 4-37（b）所示的等效电路

$$\begin{cases} I_1=\sqrt{(gU)^2+(bU)^2} \\ I=\sqrt{\left[\left(g+\dfrac{1}{R}\right)U\right]^2+(bU)^2} \end{cases}$$

$$U=I_2R=200\text{V}$$

代入数据

$$\begin{cases} 8.93=\sqrt{(200g)^2+(200b)^2} \\ 16.1=\sqrt{\left[200\left(g+\dfrac{1}{R}\right)\right]^2+(200b)^2} \end{cases}$$

解出 $g=0.02\text{S}$，$b=0.04\text{S}$

4.6.4 要求两条支路电压或电流间满足一定相位关系

这类问题的一般解题思路是：取其中一条支路的电压或电流为参考相量，然后依据 KCL、KVL 或列电路方程推导出另一支路电压或电流相量的表达式，然后根据题意要求二者应满足的相位关系，找出两个相量的实部、虚部间应满足的关系式，解出要求量。

例 4-19 如图 4-38 所示电路，已知 $Z_1=200+\text{j}1000\Omega$，$Z_2=500+\text{j}1500\Omega$，欲使 $\dot{I}_2$ 滞后于电压 $\dot{U}$ 的角度为 $\dfrac{\pi}{2}$，R 应为多大？

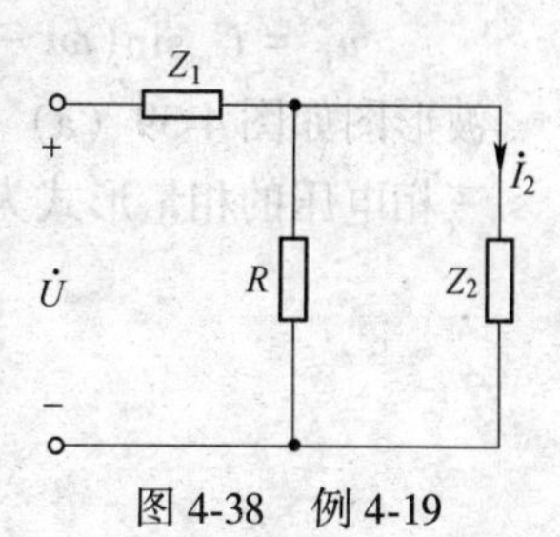

图 4-38 例 4-19

解 此题是要求 Z_2 支路电流 $\dot{I}_2$ 与电源电压 $\dot{U}$ 相差 $\dfrac{\pi}{2}$，根据上面介绍的思路，可先取 $\dot{I}_2$ 为参考相量（虚部为零），然后

推导出电压 $\dot{U}$ 的表达式，若 $\dot{I}_2$ 与 $\dot{U}$ 相差$\frac{\pi}{2}$，则要求 $\dot{U}$ 的实部为零，最后解 $\dot{U}$ 的实部等于零的方程即可求出 R。

取 $\dot{I}_2 = I_2\angle 0°$

$$\dot{U} = Z_1\left(\dot{I}_2 + \frac{Z_2\dot{I}_2}{R}\right) + Z_2\dot{I}_2$$

$$= \left(Z_1 + \frac{Z_1Z_2}{R} + Z_2\right)\dot{I}_2 = Z\dot{I}_2$$

若满足 $\dot{I}_2$ 滞后 $\dot{U}$ 角度为$\frac{\pi}{2}$，就要求 $\dot{U}$ 的实部为零，先整理 $\dot{I}_2$ 的系数

$$Z_1 + \frac{Z_1Z_2}{R} + Z_2 = 200 + j1000 + 500 + j1500 + \frac{1}{R}(200 + j1000)(500 + j1500)$$

若实部为零，则有 $200 + 500 + \frac{1}{R}(10^5 - 15 \times 10^5) = 0$

解出 $R = 2\text{k}\Omega$。

4.7 三相电路简述

在实际电力系统中大量遇到的是三相电路，它在发电、输电、配电和用电等方面与单相电路比较都有明显的优点，因而得到广泛的应用。三相电路可分为对称和不对称两大类，对称三相电路可化为单相电路进行分析和计算，不对称三相电路实际上是一个复杂的正弦稳态电路，所以可按正弦稳态电路的分析方法进行计算。本节着重介绍对称三相电路的分析和计算。

4.7.1 三相电源

常说的三相电源即指对称三相电源，它是由三个同频率、等振幅而相位依次相差120°的正弦电压源按一定方式连接而成的电源。我们把每个电压源称之为一相，三个相电压分别为 u_A、u_B、u_C，即 A、B、C 相的电压，其瞬时表达式为（以 u_A为参考正弦量）

$$\left.\begin{aligned} u_A &= U_m\sin\omega t = \sqrt{2}U_P\sin\omega t \\ u_B &= U_m\sin(\omega t - 120°) = \sqrt{2}U_P\sin(\omega t - 120°) \\ u_C &= U_m\sin(\omega t - 240°) = U_m\sin(\omega t + 120°) = \sqrt{2}U_P\sin(\omega t + 120°) \end{aligned}\right\} \tag{4-57}$$

波形图如图 4-39（a）所示。

三相电压的相量形式为

$$\left.\begin{aligned} \dot{U}_A &= U_P\angle 0° \\ \dot{U}_B &= U_P\angle -120° \\ \dot{U}_C &= U_P\angle 120° \end{aligned}\right\} \tag{4-58}$$

其相量图如图 4-39（b）所示。

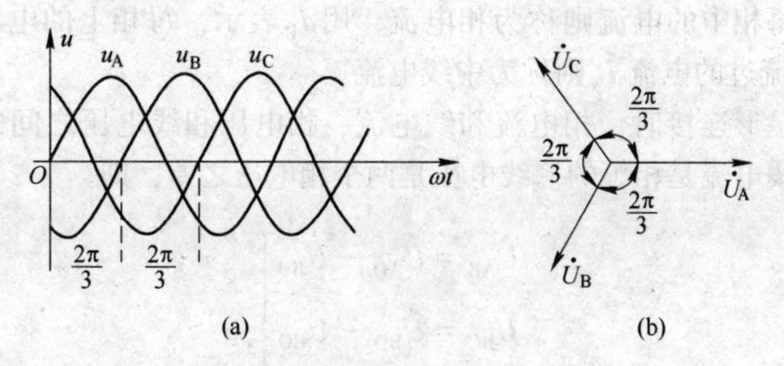

(a)　　(b)

图 4-39　三相电压波形与相量图

三个相电压达到同一数值（如达到最大值）的先后顺序叫作相序，上面对称三相电压的相序是 A→B→C，这种相序称为正序或顺序，若它们的顺序是 C→B→A，则称为负序或逆序。如果不加说明，三相电压的相序都是指正序。

对称三相电压一个很重要的特点是

$$u_A + u_B + u_C = 0$$

或

$$\dot{U}_A + \dot{U}_B + \dot{U}_C = 0$$

在三相电路中，负载一般也由三个部分组成，每一部分称为负载的一相，这样的负载称为三相负载。由三相电源、三相负载（包括个别单相负载在内）和连接导线所组成的电路就是三相电路。当三相电源对称，三个负载相同（称为对称三相负载），而且输电线的阻抗也相同时，所组成的三相电路为对称三相电路。

4.7.2　三相电源的连接

三相电路的电源和负载都有两种连接方式，即星形连接（又称Y接）和三角形连接（又称△接）。

4.7.2.1　*星形连接方式*

如图 4-40（a）所示的三相电源和负载都是接成星形的，也称Y形。这种连接方式是把三个绕组的末端 X、Y、Z 连在一起，用 O 表示，称为电源中点或零点，由始端 A、B、C 引出三根线与负载的 A'、B'、C'端相连，这三根导线称为火线（又称端线），负载的另一端 X'、Y'、Z'也连在一起，用 O'表示，称为负载中点，O'与 O 两点间的连线称为中线。这种连接方式，电源和负载之间用了四根连线，所以称为三相四线制。如果没有中线，则称三相三线制，如图 4-40（b）所示。

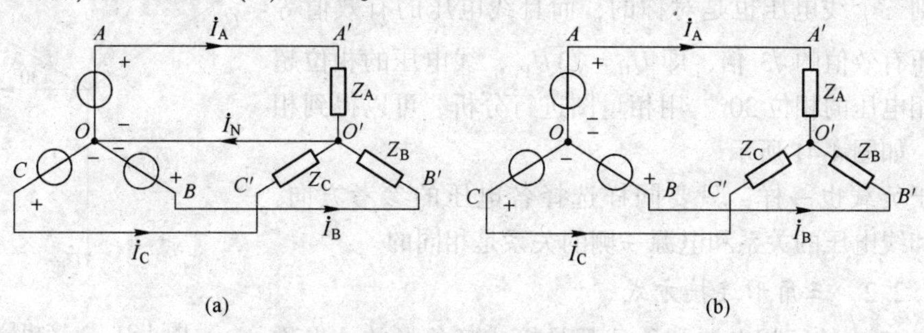

(a)　　(b)

图 4-40　Y接三相电路

流经火线的电流称为线电流，用 I_l 表示，两条端线之间的电压称为线电压，用 U_l 表示，负载或电源每相中的电流则称为相电流，用 I_P 表示，每相上的电压称为相电压，用 U_P 表示。而中线流过的电流 I_N 则称为中线电流。

下面讨论在星形连接时，相电流和线电流、相电压和线电压之间的关系，由图 4-40 看出，相电流和线电流是相等的。线电压是两个相电压之差，即

$$\left.\begin{aligned}\dot{U}_{AB} &= \dot{U}_{AO} - \dot{U}_{BO}\\ \dot{U}_{BC} &= \dot{U}_{BO} - \dot{U}_{CO}\\ \dot{U}_{CA} &= \dot{U}_{CO} - \dot{U}_{AO}\end{aligned}\right\} \tag{4-59}$$

若相电压对称，并以 A 相电压为参考相量，即 $\dot{U}_{AO} = U_P\angle 0°$，$\dot{U}_{BO} = U_P\angle -120°$，$\dot{U}_{CO} = U_P\angle -120°$，这时线电压为

$$\left.\begin{aligned}\dot{U}_{AB} &= \dot{U}_{AO} - \dot{U}_{BO} = U_P\angle 0° - U_P\angle -120°\\ &= U_P\left(1 + \frac{1}{2} + j\frac{\sqrt{3}}{2}\right) = \sqrt{3}\,U_P\angle 30°\\ \dot{U}_{BC} &= \dot{U}_{BO} - \dot{U}_{CO} = U_P\angle -120° - U_P\angle 120°\\ &= U_P\left(-\frac{1}{2} - j\frac{\sqrt{3}}{2} + \frac{1}{2} - j\frac{\sqrt{3}}{2}\right) = \sqrt{3}\,U_P\angle -90°\\ \dot{U}_{CA} &= \dot{U}_{CO} - \dot{U}_{AO} = U_P\angle 120° - U_P\angle 0°\\ &= U_P\left(-1 - \frac{1}{2} + j\frac{\sqrt{3}}{2}\right) = \sqrt{3}\,U_P\angle 150°\end{aligned}\right\} \tag{4-60}$$

上式也可写为

$$\left.\begin{aligned}\dot{U}_{AB} &= \sqrt{3}\,\dot{U}_A\angle 30°\\ \dot{U}_{BC} &= \sqrt{3}\,\dot{U}_B\angle 30°\\ \dot{U}_{CA} &= \sqrt{3}\,\dot{U}_C\angle 30°\end{aligned}\right\} \tag{4-61}$$

式（4-61）表明，在星形连接中，若三个相电压是对称的，则三个线电压也是对称的，而且线电压的有效值等于相电压有效值的 $\sqrt{3}$ 倍，即 $U_l = \sqrt{3}\,U_P$，线电压的相位超前对应相电压的相位 30°。用相量图进行分析，可以得到相同结论，如图 4-41 所示。

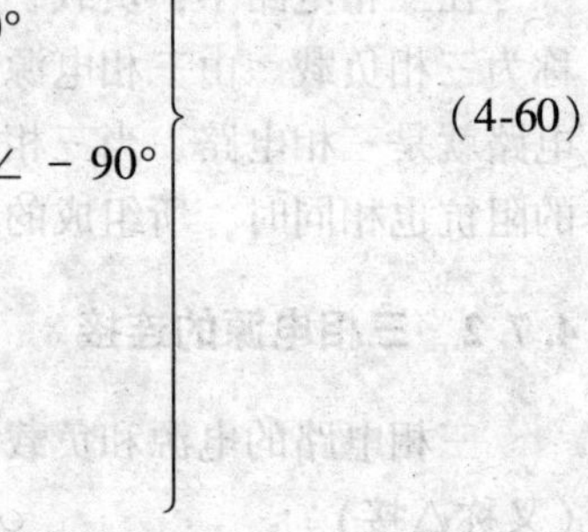

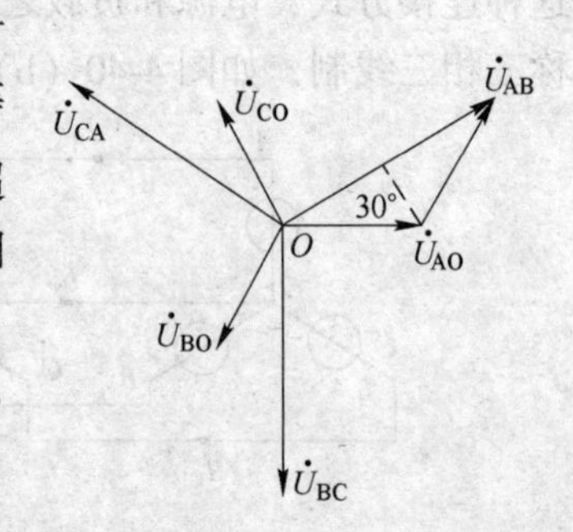

图 4-41　Y接相量图

对于负载也一样，只要同样选择各电压的参考方向，相电压和线电压的关系和电源一侧的关系是相同的。

4.7.2.2　三角形连接方式

图 4-42 中的三相电源和负载都是接成三角形的，也称

△形，电源方面，把三个绕组的始端与末端依次相连接，即 X 接 B，Y 接 C，Z 接 A，再从三个连接点引出三根导线，这样就组成三角形连接的电源。当电源三个相电压对称时，按上述连接方式连接时，则电源内部没有环流出现，因为

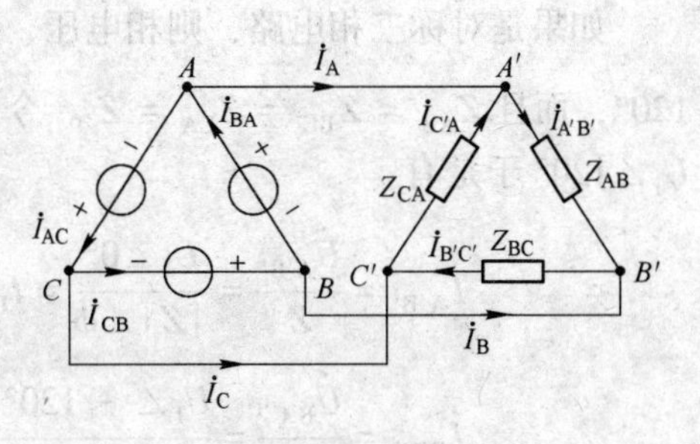

图 4-42 △接三相电路

$$\begin{aligned}\dot{U} &= \dot{U}_A + \dot{U}_B + \dot{U}_C \\ &= U_P\angle 0° + U_P\angle -120° + U_P\angle 120° \\ &= U_P\left(1 - \frac{1}{2} - j\frac{\sqrt{3}}{2} - \frac{1}{2} + j\frac{\sqrt{3}}{2}\right) = 0\end{aligned}$$

其相电压相量图如图 4-43（a）所示，三个相电压之和恒等于零，保证空载时电源内部无环流。若将某一相绕组（比如 C 相绕组）接反了（X 接 B，Y 接 Z，C 接 A），这时三个相电压之和 $\dot{U} = \dot{U}_A + \dot{U}_B - \dot{U}_C = -2\dot{U}_C$，如图 4-43（b）所示。这样一来，在空载情况下，电源内部的合成电压为某一相电压的二倍，而绕组内阻抗又很小，就会产生很大的环流，有可能烧毁绕组。所以在把三相电源连接成三角形时，先不要完全闭合，留下一个开口，在开口处接上一只交流电压表进行测量，如图 4-44 所示，如电压表指示为零，说明连接正确，再把开口处接在一起。

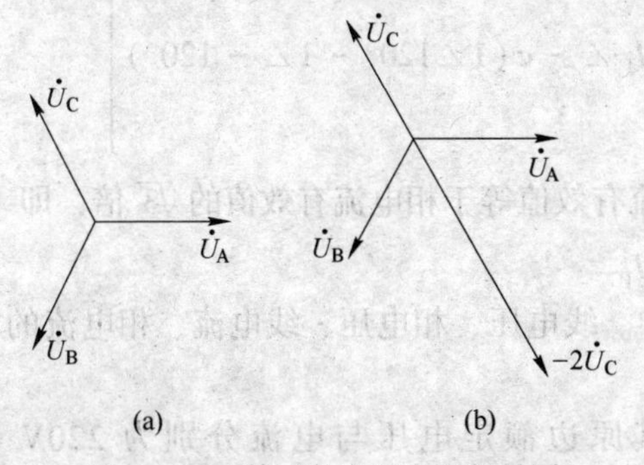

图 4-43 △接三相电源电压相量图

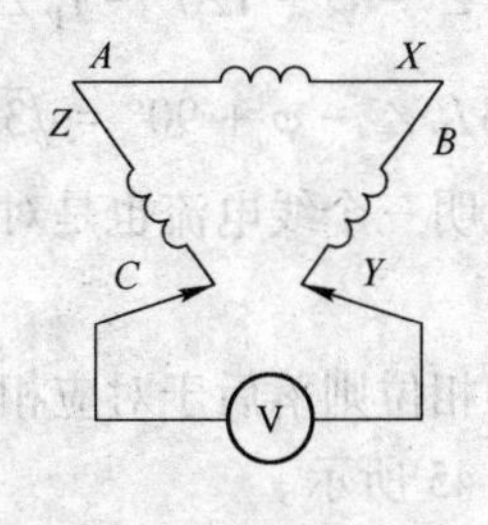

图 4-44 开口电压测量

在三角形连接中，没有中线，因此都是三相三线制，即

$$\dot{U}_{AB} = \dot{U}_{AO} = \dot{U}_{A'O'}$$

$$\dot{U}_{BC} = \dot{U}_{BO} = \dot{U}_{B'O'}$$

$$\dot{U}_{CA} = \dot{U}_{CO} = \dot{U}_{C'O'}$$

线电压等于相电压，简写成 $U_l = U_P$。但线电流不等于相电流，而等于两个相电流之差，按图 4-42 所示电流参考方向，在负载方面有

$$\left.\begin{aligned}\dot{I}_A &= \dot{I}_{A'B'} - \dot{I}_{C'A'} \\ \dot{I}_B &= \dot{I}_{B'C'} - \dot{I}_{A'B'} \\ \dot{I}_C &= \dot{I}_{C'A'} - \dot{I}_{B'C'}\end{aligned}\right\} \qquad (4\text{-}62)$$

如果是对称三相电路，则相电压、线电压都是对称的。电压大小相等，相位彼此相差120°，而且 $Z_{AB} = Z_{BC} = Z_{CA} = Z$ 。今设 $\dot{U}_{A'B'} = U_1\angle 0°$，$\dot{U}_{B'C'} = U_1\angle -120°$，$\dot{U}_{C'A'} = U_1\angle 120°$ 于是有

$$\left.\begin{aligned}\dot{I}_{A'B'} &= \frac{\dot{U}_{A'B'}}{Z} = \frac{U_1\angle 0°}{|Z|\angle\phi} = I_P\angle -\phi \\ \dot{I}_{B'C'} &= \frac{\dot{U}_{B'C'}}{Z} = \frac{U_1\angle -120°}{|Z|\angle\phi} = I_P\angle -\phi - 120° = \dot{I}_{A'B'}\angle -120° \\ \dot{I}_{C'A'} &= \frac{\dot{U}_{A'B'}}{Z} = I_P\angle 120° - \phi = \dot{I}_{A'B'}\angle 120°\end{aligned}\right\} \tag{4-63}$$

即三个相电流是对称的，将式（4-63）代入式（4-62），得到

$$\left.\begin{aligned}\dot{I}_A &= I_P\angle -\varphi - I_P\angle -\varphi + 120° = I_P\angle -\varphi(1 - 1\angle -120°) \\ &= \sqrt{3}I_P\angle -\varphi - 30° = \sqrt{3}\,\dot{I}_{A'B'}\angle -30° \\ \dot{I}_B &= I_P\angle -\varphi - 120° - I_P\angle -\varphi = I_P\angle -\varphi(1\angle -120° - 1) \\ &= \sqrt{3}I_P\angle -\varphi - 150° = \sqrt{3}\,\dot{I}_{B'C'}\angle -30° \\ \dot{I}_C &= I_P\angle -\varphi + 120° - I_P\angle -\varphi - 120° = I_P\angle -\varphi(1\angle 120° - 1\angle -120°) \\ &= \sqrt{3}I_P\angle -\varphi + 90° = \sqrt{3}\,\dot{I}_{C'A'}\angle -30°\end{aligned}\right\} \tag{4-64}$$

上式说明三个线电流也是对称的，且线电流有效值等于相电流有效值的 $\sqrt{3}$ 倍，即

$$I_l = \sqrt{3}I_P$$

而线电流的相位则落后于对应相电流的相位30°。线电压、相电压、线电流、相电流的相量图如图4-45所示。

例4-20　有三台相同的单相变压器，其原边额定电压与电流分别为220V与4.55A，副边额定电压与电流分别为110V与9.1A。要求将这三台变压器接成三相变压器组，原边接成星形，副边接成三角形。试画出接线图，并计算原、副边的额定电压与电流。

解　接线如图4-46所示。

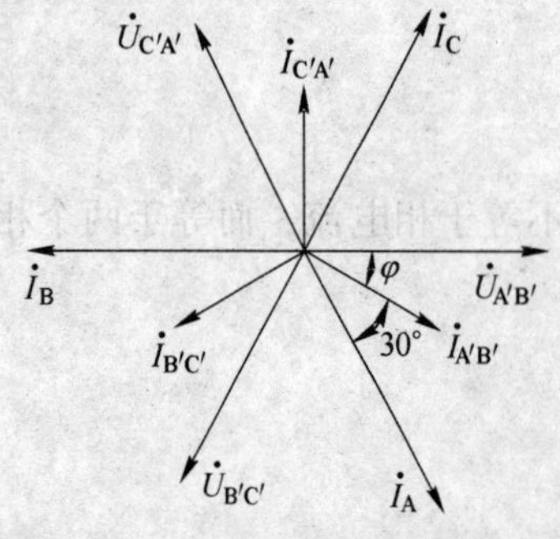

图4-45　△接三相电路相量图

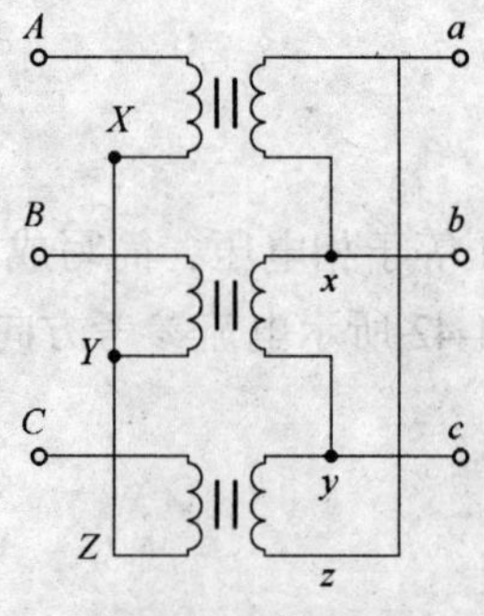

图4-46　例4-20

原边为星形连接，所以额定线电压与线电流为

$$U_{l1} = \sqrt{3}U_{P1} = \sqrt{3} \times 220 = 380\text{V}$$

$$I_{l1} = I_{P1} = 4.55\text{A}$$

副边为三角形连接，所以

$$U_{l2} = U_{P2} = 110\text{V}$$

$$I_{l2} = \sqrt{3}I_{P2} = \sqrt{3} \times 9.1 = 15.7\text{A}$$

例 4-21 对称三相负载做三角形连接，且知相电流 $I_P = 10\text{A}$。分别求出一相开路［见图 4-47（a）］和一线开路［见图 4-47（b）］时各线电流有效值。

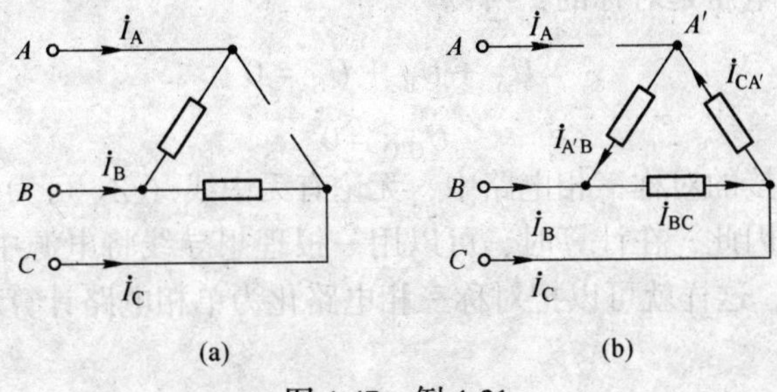

图 4-47 例 4-21

解 图 4-47（a）所示的一相开路时

$$I_{CA} = 0，I_{AB} = I_{BC} = 10\text{A}$$

由于 $\dot{I}_{AB}$、$\dot{I}_{BC}$ 相位与一相断开前一致，所以有

$$I_A = I_P = 10\text{A}$$

$$I_C = I_P = 10\text{A}$$

$$I_B = \sqrt{3}I_P = 10\sqrt{3}\ \text{A}$$

当一线开路时，如图 4-47（b）所示，因为各负载阻抗角相同，所以有

$$I_{CA'} = I_{A'B} = \frac{1}{2}I_P = 5\text{A}$$

$$I_{BC} = I_P = 10\text{A}$$

各线电流

$$I_A = 0$$

$$I_B = I_C = 10+5 = 15\text{A}$$

4.7.3 对称三相电路的计算

4.7.3.1 电源、负载均为星形连接（Y—Y接）

如图 4-48（a）所示为星形连接的对称三相电路，电路只有两个节点。根据节点电位法，可求出两个节点（电源中点 O 与负载中点 O'）间电压为

$$\dot{U}_{O'O} = \frac{\frac{1}{Z}(\dot{U}_A + \dot{U}_B + \dot{U}_C)}{\frac{3}{Z} + \frac{1}{Z_N}}$$

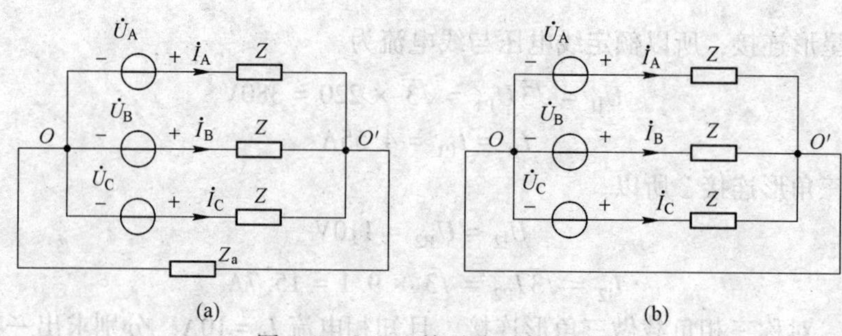

图 4-48　Y—Y接对称三相电路

因电源的三个相电压是对称的，所以

$$\dot U_A + \dot U_B + \dot U_C = 0$$

则

$$\dot U_{O'O} = 0 \tag{4-65}$$

这说明在星形连接的对称三相电路中，无论有无中线（Z_N 可为任意值）两中性点之间电压值均等于零。因此，在计算时，可以用一根理想导线将电源中点与负载中点相连，如图 4-48（b）所示，这样就可以把对称三相电路化为单相电路计算，单相电路如图 4-49 所示，各相线电流为

$$\left.\begin{aligned}\dot I_A &= \frac{\dot U_A}{Z}\\ \dot I_B &= \frac{\dot U_B}{Z}\\ \dot I_C &= \frac{\dot U_C}{Z}\end{aligned}\right\} \tag{4-66}$$

显然，三个相（线）电流是对称的。中线电流为

$$\dot I_{O'O} = \dot I_A + \dot I_B + \dot I_C = 0 \tag{4-67}$$

从上面的计算可以看出，并不需要对每一相都进行计算，只要算出一相（线）电流 $\dot I_A$，再根据电流的对称性，便可以由 $\dot I_A$ 去写出其他两相（线）电流 $\dot I_B$ 和 $\dot I_C$，即

$$\dot I_B = \dot I_A \angle -120°$$

$$\dot I_C = \dot I_A \angle 120°$$

图 4-50 中画出了感性负载时电压与电流相量图。

4.7.3.2　电源与负载均为三角形连接（△—△接）

对于图 4-51 所示三角形连接的对称三相电路，负载的相电流容易求出，即

$$\left.\begin{aligned}\dot I_{A'B'} &= \frac{\dot U_{A'B'}}{Z} = \frac{\dot U_{AB}}{Z}\\ \dot I_{B'C'} &= \frac{\dot U_{B'C'}}{Z} = \frac{\dot U_{BC}}{Z}\\ \dot I_{C'A'} &= \frac{\dot U_{C'A'}}{Z} = \frac{\dot U_{CA}}{Z}\end{aligned}\right\} \tag{4-68}$$

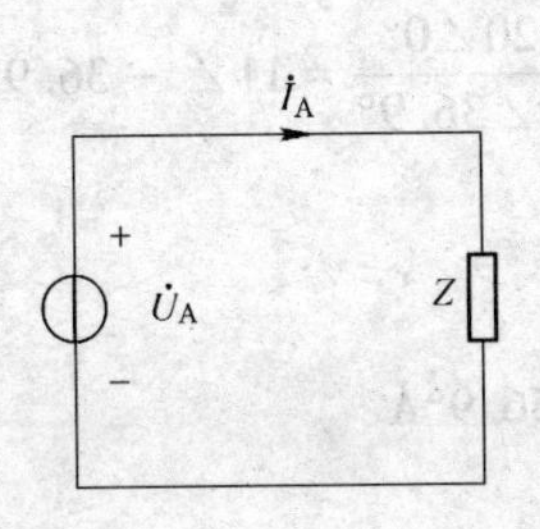

图 4-49 A 相电路图

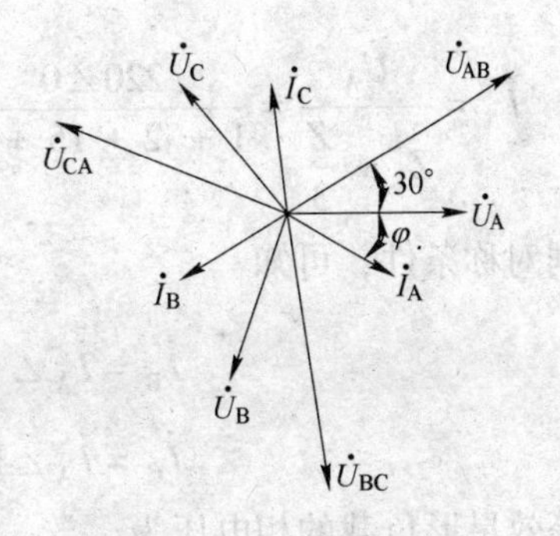

图 4-50 Y—Y接相量图

可看出三个相电流必然是对称的，故可只计算一相，其余两相根据对称性直接写出

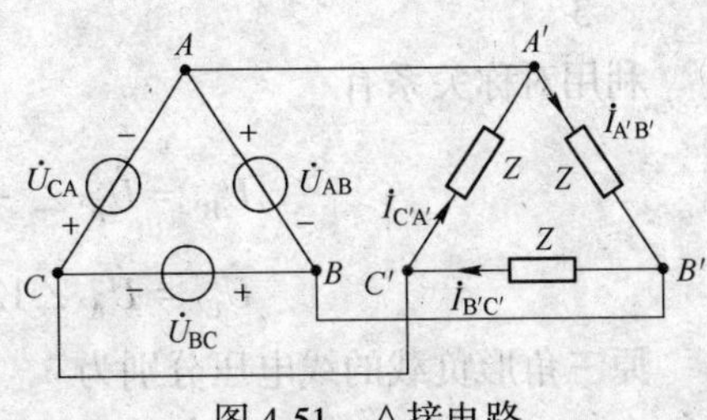

图 4-51 △接电路

$$\dot{I}_{A'B'} = \frac{\dot{U}_{AB}}{Z}$$

$$\dot{I}_{B'C'} = \dot{I}_{A'B'}\angle -120°$$

$$\dot{I}_{C'A'} = \dot{I}_{A'B'}\angle 120°$$

根据式（4-64），可以求得线电流为

$$\dot{I}_A = \sqrt{3}\dot{I}_{A'B'}\angle -30°$$

$$\dot{I}_B = \sqrt{3}\dot{I}_{B'C'}\angle -30°$$

$$\dot{I}_C = \sqrt{3}\dot{I}_{C'A'}\angle -30°$$

若需考虑线路阻抗，在计算时，首先要把电源和负载都化成等效的星形连接电路，然后化为单相电路计算。

例 4-22 如图 4-52（a）所示对称三相电路，已知电源线电压为 380V，$Z_1 = 1 + j2\Omega$，$Z = 45 + j30\Omega$。试求负载端各线电压、线电流和负载的相电流。

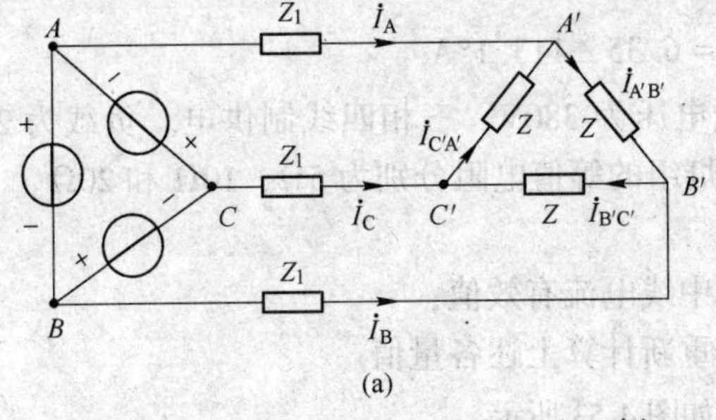

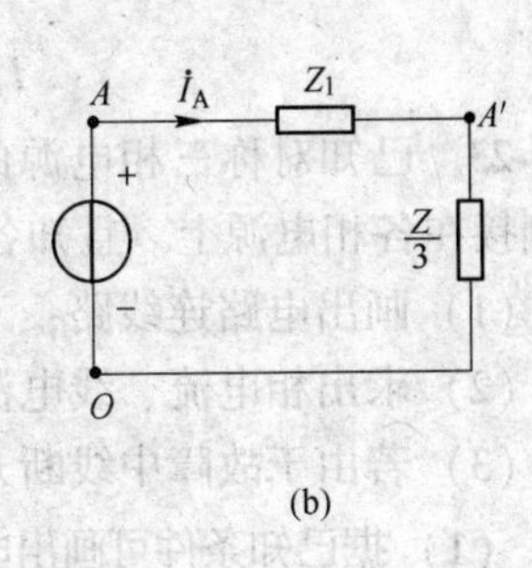

图 4-52 例 4-22

解 首先把三角形负载化成等效的星形负载。

$$Z' = \frac{1}{3}Z = \frac{1}{3}(45 + j30) = 15 + j10 = 18\angle 33.7°\Omega$$

再把电源化成等效的星形连接，则有 $\dot{U}_A = 220\angle 0°V$，$\dot{U}_B = 220\angle -120°V$，$\dot{U}_C = 220\angle -120°V$，得到单相计算电路，如图 4-52（b）所示，则

$$\dot{I}_A = \frac{\dot{U}_A}{Z_1 + \frac{Z}{3}} = \frac{220\angle 0°}{1 + j2 + 15 + j10} = \frac{220\angle 0°}{16 + j12} = \frac{220\angle 0°}{20\angle 36.9°} = 11\angle -36.9°\text{A}$$

据对称条件，可知

$$\dot{I}_B = \dot{I}_A\angle -120° = 11\angle -156.9°\text{A}$$

$$\dot{I}_C = \dot{I}_A\angle 120° = 11\angle 83.1°\text{A}$$

等效星形负载的相电压为

$$\dot{U}_{A'} = \frac{Z}{3}\dot{I}_A = (15 + j10) \times 11\angle -36.9° = 18\angle 33.7° \times 11\angle -36.9° = 198\angle -3.2°\text{V}$$

利用对称关系有

$$\dot{U}_{B'} = \dot{U}_{A'}\angle -120° = 198\angle -123.2°\text{V}$$

$$\dot{U}_{C'} = \dot{U}_{A'}\angle 120° = 198\angle 116.8°\text{V}$$

原三角形负载的线电压分别为

$$\dot{U}_{A'B'} = \sqrt{3}\dot{U}_A\angle 30° = \sqrt{3} \times 198\angle -3.2 + 30° = 343\angle 26.8°\text{V}$$

$$\dot{U}_{B'C'} = \sqrt{3}\dot{U}_{A'B'}\angle -120° = 343\angle -93.2°\text{V}$$

$$\dot{U}_{C'A'} = \sqrt{3}\dot{U}_{A'B'}\angle 120° = 343\angle 146.8°\text{V}$$

三角形负载的各相电流为

$$\dot{I}_{A'B'} = \frac{\dot{U}_{A'B'}}{Z} = \frac{343\angle 26.8°}{45 + j30} = \frac{343\angle 26.8°}{54\angle 33.7°} = 6.35\angle 6.9°\text{A}$$

再利用对称关系可得

$$\dot{I}_{B'C'} = 6.35\angle -126.9°\text{A}$$

$$\dot{I}_{C'A'} = 6.35\angle 113.1°\text{A}$$

例 4-23 已知对称三相电源的线电压为 380V，三相四线制供电。负载为 220V 白炽灯，分别接在各相电源上。且知各相灯组的等值电阻分别为 5Ω、10Ω 和 20Ω。

求：(1) 画出电路连线路；

(2) 求出相电流、线电流和中线电流有效值；

(3) 若由于故障中线断开，重新计算上述各量值。

解 (1) 据已知条件可画出电路如图 4-53 所示。

(2) 虽然三相负载不对称，但因是三相四线制，所以很容易求出各相电流。取 $\dot{U}_A = 220\angle 0°$，则有

$$\dot{I}_A = \frac{\dot{U}_A}{5} = \frac{220\angle 0°}{5} = 44\angle 0°\text{A}$$

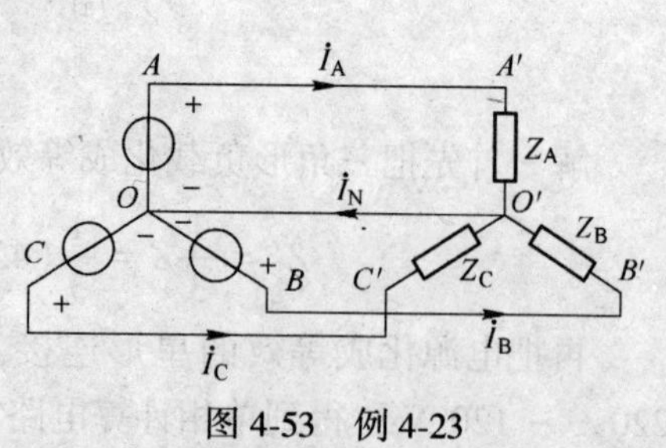

图 4-53 例 4-23

$$\dot{I}_B = \frac{\dot{U}_B}{10} = \frac{220\angle -120°}{10} = 22\angle -120°\text{A}$$

$$\dot{I}_C = \frac{\dot{U}_C}{20} = \frac{220\angle 120°}{20} = 11\angle 120°\text{A}$$

$$\dot{I}_N = \dot{I}_A + \dot{I}_B + \dot{I}_C = 44 + 22(-0.5 - \text{j}\frac{\sqrt{3}}{2}) + 11(-0.5 + \text{j}\frac{\sqrt{3}}{2})$$

$$= 27.5 - \text{j}9.53 = 29.1\angle -19.1°\text{A}$$

由此可看出，由于三相负载不对称，所以中线中有电流，但因为有中线，所以各相负载电压仍为电源相电压。

(3) 若中线断开，电源中点和负载中点则不等位。据节点法可求出电源中点和负载中点间电压（见图 4-52）：

$$\dot{U}_{O'O} = \frac{\frac{220}{5} + \frac{220\angle -120°}{10} + \frac{220\angle 120°}{20}}{\frac{1}{5} + \frac{1}{10} + \frac{1}{20}}$$

$$= \frac{44 + 22\angle -120° + 11\angle 120°}{\frac{7}{20}} = \frac{20}{7}(27.5 - \text{j}9.52)$$

$$= \frac{20}{7} \times 29.1\angle -19.1° = 83.1\angle -19.1°\text{V}$$

此时各相负载的电压分别为

$$\dot{U}_{AO'} = \dot{U}_{AO} + \dot{U}_{OO'} = \dot{U}_{AO} - \dot{U}_{O'O} = 220 - 83.1\angle -19.1° = 144\angle 10.89°\text{V}$$

$$\dot{U}_{BO'} = \dot{U}_{BO} - \dot{U}_{O'O} = 220\angle -120° - 83.1\angle -19.1° = 249.5\angle \pi + 40.9°\text{V}$$

$$\dot{U}_{CO'} = \dot{U}_{CO} - \dot{U}_{O'O} = 220\angle 120° - 83.1\angle -19.1° = 288\angle \pi - 49.1°\text{V}$$

由于没有中线，电源中点 O 与负载中点 O' 间电位不等，所以有的负载电压偏低，而有的负载电压比额定工作电压要高，则使负载被烧坏。因此，在实际照明的三相四线制电路中，中线上不允许安装保险丝和开关，以保证负载在额定电压下正常工作。

4.7.4 三相电路的功率

4.7.4.1 三相电路的平均功率

三相电路中，三相负载所吸收的总功率应为各相负载所吸收的平均功率之和，即

$$P = P_A + P_B + P_C$$

在正弦情况下有

$$P = U_{PA}I_{PA}\cos\varphi_A + U_{PB}I_{PB}\cos\varphi_B + U_{PC}I_{PC}\cos\varphi_C \tag{4-69}$$

式中 U_{PA}，U_{PB}，U_{PC} ——各相负载相电压；

I_{PA}，I_{PB}，I_{PC} ——各相负载相电流；

$\cos\varphi_A$，$\cos\varphi_B$，$\cos\varphi_C$ ——各相负载的功率因数；

φ_A ，φ_B ，φ_C ——各相负载的阻抗角。

对称三相电路中，三相负载吸收的总平均功率为

$$P = 3U_P I_P \cos\varphi \tag{4-70}$$

即对称三相电路的平均功率为一相平均功率的三倍。

当负载作星形连接时，$U_l = \sqrt{3}U_P$ ，$I_l = I_P$ ；当负载作三角形连接时 $U_l = U_P$ ，$I_l = \sqrt{3}I_P$ ，若用线电压和线电流来表示三相电路的平均功率，则有

$$P = \sqrt{3}U_l I_l \cos\varphi \tag{4-71}$$

即对称三相电路中不论连接方式如何，其平均功率总是等于线电压、线电流和功率因数乘积的 $\sqrt{3}$ 倍，但要注意，式（4-71）中的 φ 仍然是相电压与相电流的相位差角，即负载的阻抗角。

4.7.4.2 三相电路的无功功率

对称三相电路总的无功功率为

$$\begin{aligned} Q &= Q_A + Q_B + Q_C \\ &= U_{PA}I_{PA}\sin\varphi_A + U_{PB}I_{PB}\sin\varphi_B + U_{PC}I_{PC}\sin\varphi_C \\ &= 3U_P I_P \sin\varphi \end{aligned} \tag{4-72}$$

在对称三相电路中，不论负载连接方式如何，有

$$Q = \sqrt{3}U_l I_l \sin\varphi \tag{4-73}$$

对称三相电路的视在功率为

$$S = \sqrt{P^2 + Q^2} = 3U_P I_P = \sqrt{3}U_l I_l \tag{4-74}$$

三相电路的功率因数为

$$\lambda = \frac{P}{S} = \cos\varphi = \frac{P}{\sqrt{3}U_l I_l} \tag{4-75}$$

在不对称三相电路中也可定义功率因数为

$$\lambda = \frac{P}{S} = \cos\varphi' \tag{4-76}$$

但此时的 φ' 已经不是某相负载的阻抗角了。

4.7.4.3 对称三相电路的瞬时功率

对称三相电路负载吸收的瞬时功率为

$$\begin{aligned} p &= p_A + p_B + p_C = u_A i_A + u_B i_B + u_C i_C \\ &= U_m\sin\omega t \cdot I_m\sin(\omega t - \varphi) + U_m\sin(\omega t - 120°) \cdot I_m\sin(\omega t - 120° - \varphi) + \\ &\quad U_m\sin(\omega t + 120°) \cdot I_m\sin(\omega t + 120° - \varphi) \\ &= \sqrt{2}U_P\sin\omega t \cdot \sqrt{2}I_P\sin(\omega t - \varphi) + \sqrt{2}U_P\sin(\omega t - 120°) \cdot \sqrt{2}I_P\sin(\omega t - 120° - \varphi) + \\ &\quad \sqrt{2}U_P\sin(\omega t + 120°) \cdot \sqrt{2}I_P\sin(\omega t + 120° - \varphi) \\ &= U_P I_P\cos\varphi - U_P I_P\cos(2\omega t - \varphi) + U_P I_P\cos\varphi - U_P I_P\cos(2\omega t - 240° - \varphi) + \\ &\quad U_P I_P\cos\varphi - U_P I_P\cos(2\omega t + 240° - \varphi) \end{aligned}$$

因为

$$\cos(2\omega t - \varphi) + \cos(2\omega t - 240° - \varphi) + \cos(2\omega t + 240° - \varphi) = 0$$

所以负载吸收的瞬时功率为

$$p = 3U_{\mathrm{P}}I_{\mathrm{P}}\cos\varphi = P \tag{4-77}$$

由此得出结论：对称三相电路中，负载的瞬时功率是一个常数，且等于三相电路的平均功率，称为瞬时功率平衡。这是对称三相电路的一大优点，因瞬时功率平衡将使三相旋转电机输出转矩恒定，运转平稳。

例 4-24 如图 4-54 所示，对称三相高压电网经配电线向某工厂变电所供电，已知电网线电压为 $U_1 = \sqrt{3} \times 6000\text{V}$，每相线路复阻抗为 $Z_1 = 1 + \text{j}2\Omega$，变电所的变压器初级作星形连接，每相的等效阻抗为 $Z_2 = 29 + \text{j}38\Omega$。试计算变压器的入端电压 U_2（初级线电压）及吸收的功率 P_1 和配电线的传输效率。

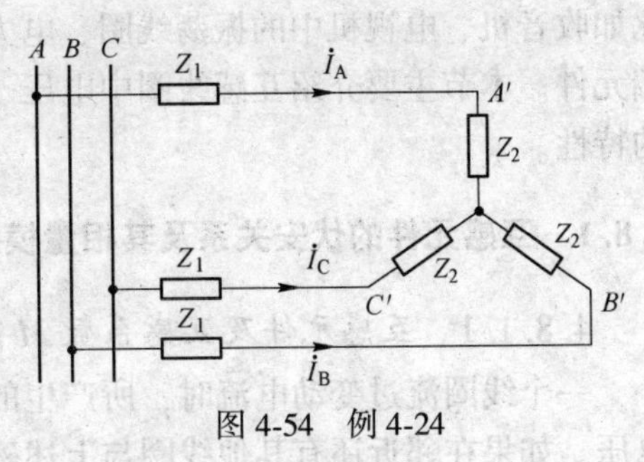

图 4-54 例 4-24

解 电源相电压为

$$U_{\mathrm{P}} = \frac{U_1}{\sqrt{3}}6000\text{V}$$

以 $\dot{U}_{\mathrm{A}} = 6000\angle 0°\text{V}$ 为参考相量，则

$$\dot{I}_{\mathrm{A}} = \frac{\dot{U}_{\mathrm{A}}}{Z_1 + Z_2} = \frac{6000\angle 0°}{1 + \text{j}2 + 29 + \text{j}38} = \frac{6000}{30 + \text{j}40} = \frac{6000}{50\angle 53.1°} = 120\angle -53.1°\text{A}$$

由对称性

$$\dot{I}_{\mathrm{B}} = 120\angle -173.1°\text{A}$$

$$\dot{I}_{\mathrm{C}} = 120\angle 66.9°\text{A}$$

变压器初级的相电压为

$$\begin{aligned}\dot{U}_{\mathrm{A}'} &= Z_2 \cdot \dot{I}_{\mathrm{A}} = 120\angle -53.1° \cdot (29 + \text{j}38) = 120\angle -53.1° \cdot 47.8\angle 52.7° \\ &= 5736\angle -0.4°\text{V}\end{aligned}$$

变压器初级的线电压，即入端线电压

$$\dot{U}_2 = \sqrt{3}\,\dot{U}_{\mathrm{A}'}\angle 30° = \sqrt{3} \times 5736\angle 29.6° = 9935\angle 29.6°\text{V}$$

变电所从电网吸收的总功率为

$$\begin{aligned}P_2 &= \sqrt{3}U_2I_1\cos\phi = \sqrt{3} \times 9935 \times 120\cos 52.7° \\ &= 1251336.3\text{W} = 1251\text{kW}\end{aligned}$$

传输效率 $$\eta = \frac{P_2}{P_1} \times \%$$

而

$$P_1 = P_2 + \Delta P = 1251 \times 10^3 + 3 \times 120^2 \times 1 = 1294\text{kW}$$

所以 $$\eta = \frac{1251 \times 10^3}{1294 \times 10^3} = 0.9667 = 96.67\%$$

4.8 含耦合电感电路的分析与计算

在前面的章节中讲述了3个基本的无源二端元件——电阻、电容和电感。本节将介绍另一个电路元件，即耦合电感（互感）元件。在实际电路中，互感元件应用比较广泛，比如收音机、电视机中的振荡线圈、电力系统或电子线路中的变压器等。互感元件为一多端元件。本节主要介绍互感线圈中电压、电流的关系，含互感电路的计算以及几种变压器的特性。

4.8.1 互感元件的伏安关系及其相量模型

4.8.1.1 *互感元件及互感系数 M*

一个线圈流过变动电流时，所产生的变动磁通会在本线圈中引起感应电压，称为自感电压。如果在邻近还有其他线圈与上述磁通相链，也会在其他线圈中引起感应电压，这种感应电压称为互感电压。这样的两个线圈称为耦合线圈。耦合线圈的电路模型（即只考虑线圈的电磁感应作用，而忽略线圈电阻等次要参数）称为互感，或称为耦合电感，它是电路的又一基本元件。下面讨论耦合电感中电压和电流的关系。

两个相互靠近的线圈如图4-55所示，其匝数分别为N_1、N_2，当线圈1中通有电流i_1时，i_1所产生的磁通为Φ_{11}（Φ_{11}与i_1的参考方向为右螺旋关系）。Φ_{11}与线圈1相链，称为自感磁通，穿过线圈1各匝的自感磁通之和称为自感磁链，以ψ_{11}表示。由于线圈2靠近线圈1，因此磁通Φ_{11}中的一部分与线圈2相链，这部分磁通称为线圈1对线圈2的互感磁通，以Φ_{21}表示。把穿过线圈2各匝的互感磁通之和称为线圈1对线圈2的互感磁链，用ψ_{21}表示。

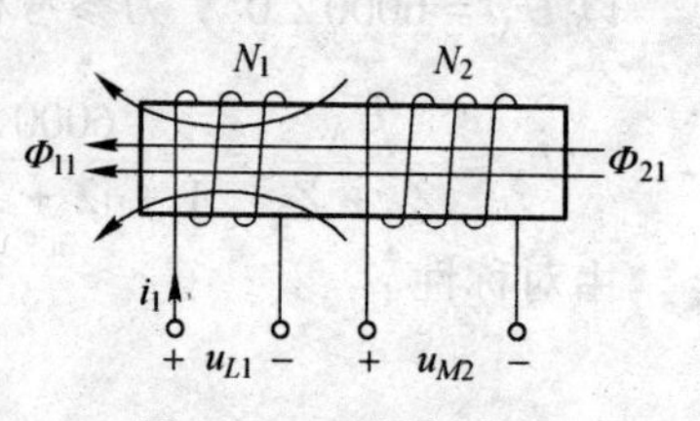

图4-55 两耦合线圈

在线性媒质中（即线圈周围没有铁磁物质），磁链与产生它的电流成正比关系，且两者的方向为右螺旋关系。互感磁链ψ_{21}与i_1的比值称为线圈1对线圈2的互感系数，简称互感，用M_{21}表示，即

$$M_{21}=\frac{\psi_{21}}{i_1} \quad 或 \quad \psi_{21}=M_{21}i_1 \tag{4-78}$$

而自感磁链ψ_{11}与i_1的比值，称为线圈1的自感系数，简称自感，即

$$L_1=\frac{\psi_{11}}{i_1} \tag{4-79}$$

这也是在第3章讲过的电感。互感的单位与自感相同，都是亨利（H）。

同样，当线圈2通有电流i_2时，它所产生的磁通为Φ_{22}，自感磁链为ψ_{22}，磁通Φ_{22}的一部分与线圈1相链，产生互感磁通Φ_{12}及互感磁链ψ_{12}。仿照式(4-78)及式(4-79)，可写出

$$M_{12}=\frac{\psi_{12}}{i_2} \tag{4-80}$$

$$L_2 = \frac{\psi_{22}}{i_2} \tag{4-81}$$

式中，M_{12} 是线圈 2 对线圈 1 的互感；L_2 是线圈 2 的自感。可以证明 $M_{12} = M_{21}$，因此可以不加下标，只用 M 表示，统称为线圈 1 与线圈 2 之间的互感。M 还可写作 $M = K \cdot \sqrt{L_1 L_2}$，$K$ 为耦合系数，其值在 0 与 1 之间，由两耦合线圈的相对位置而定。

4.8.1.2 互感元件的伏安关系

依据电磁感应定律，若互感电压 u_{M2} 与互感磁链 ψ_{12} 的参考方向为右螺旋关系时，如图 4-55 所示，则有

$$u_{M2} = \frac{\mathrm{d}\psi_{21}}{\mathrm{d}t} \tag{4-82}$$

否则

$$u_{M2} = -\frac{\mathrm{d}\psi_{21}}{\mathrm{d}t} \tag{4-83}$$

将式（4-78）分别代入式（4-82）和式（4-83），便得到线圈 2 中的互感电压 u_{M2} 与线圈 1 中的电流 i_1 的关系，即

$$u_{M2} = \pm\frac{\mathrm{d}\psi_{21}}{\mathrm{d}t} = \pm M\frac{\mathrm{d}i_1}{\mathrm{d}t} \tag{4-84}$$

式中，M 前的正号对应 u_{M2} 的参考方向与 ψ_{21}（其参考方向与 i_1 的参考方向为右螺旋关系）的参考方向成右螺旋关系的情形。

由于 u_{M2} 与 ψ_{21} 的方向是否符合右螺旋关系，要由线圈 2 的实际绕向来确定；而 ψ_{21} 与 i_1 的方向是否符合右螺旋关系，要由线圈 1 的实际绕向确定。所以，确定互感电压表达式中 M 前的正负号，除了确定 u_{M2} 与 i_1 的参考方向外，还必须知道两个线圈的绕向。这个结论对 i_2 在第一个线圈中产生的互感电压 u_{M1} 也是适用的。

当两个耦合线圈都通有电流时，则每个线圈中的磁通是自感磁通和互感磁通之代数和，每个线圈上的感应电压是自感电压和互感电压之代数和。

对于图 4-56 所示的耦合线圈，根据各电流的参考方向（由此可确定各磁通的方向）、电压的参考极性及两个线圈的绕向，就可确定式（4-84）所示的互感电压中的正负号，两线圈的感应电压表达式为

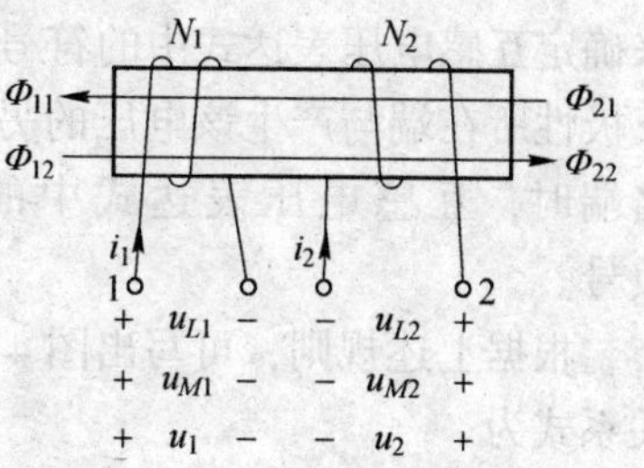

$$\left.\begin{aligned} u_1 &= u_{L1} + u_{M1} = \frac{\mathrm{d}\psi_{11}}{\mathrm{d}t} - \frac{\mathrm{d}\psi_{12}}{\mathrm{d}t} = L_1\frac{\mathrm{d}i_1}{\mathrm{d}t} - M\frac{\mathrm{d}i_2}{\mathrm{d}t} \\ u_2 &= u_{L2} + u_{M2} = -\frac{\mathrm{d}\psi_{22}}{\mathrm{d}t} + \frac{\mathrm{d}\psi_{21}}{\mathrm{d}t} = -L_{21}\frac{\mathrm{d}i_2}{\mathrm{d}t} + M\frac{\mathrm{d}i_1}{\mathrm{d}t} \end{aligned}\right\} \tag{4-85}$$

图 4-56 耦合线圈电压

在电路图中常常不画出线圈的绕向，而用一种符号，例如用小圆点（◦）、星号（＊）等，来标记出两个线圈绕向的关系，这一方法称为同名端方法。同名端标记的原则是：当两个线圈的电流同时由同名端流进（或流出）线圈时，两个电流所产生的磁通相互增强。例如，图 4-57（a）中的②端和③端应是同名端，可用小圆点标记，而图 4-57（b）中的

①端和③端称为同名端。根据同名端标记的原则，两个带圆点的端钮称为同名端，而不带圆点的两个端钮也为同名端。比较图 4-57（a）和（b）不难看出，同名端不仅与两线圈的绕向有关，还与两线圈的相对位置有关。

如果有两个以上的线圈彼此之间存在磁耦合时，同名端应当一对一对地加以标记（每一对需用不同的符号），如图 4-57（c）所示。对图 4-56 所示的耦合线圈，1 端和 2 端是同名端。判断互感线圈的同名端不仅在理论分析中很有必要，在实际问题中也是很重要的。如果把同名端搞错，不但不能达到预期的目的，甚至会造成严重的后果。

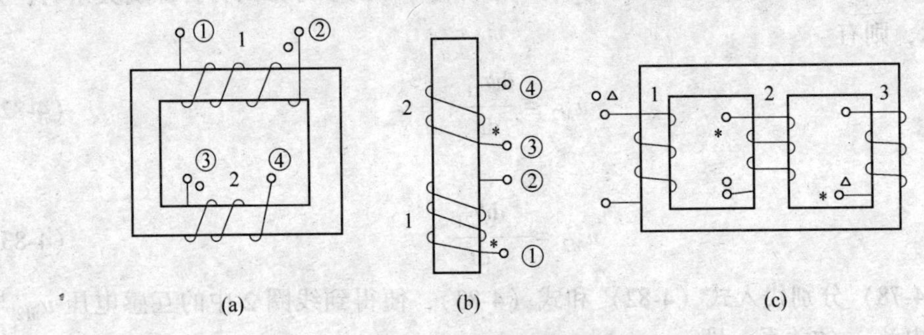

图 4-57　耦合线圈同名端

当耦合线圈的同名端确定以后，图 4-56 所示的耦合线圈，便可用图 4-58 所示的电路模型来表示。如何根据同名端来确定式（4-84）所示互感电压式中的正负号呢？由前边讲述的自感情况可知，当一个线圈上的自感电压和电流的参考方向一致时，自感电压的参考方向与电流所产生的自感磁通方向必符合右螺旋定则，自感电压表达式中的符号取正号。我们再来看互感的情形，我们设线圈 2 的电流 i_2 在线圈 1 中产生互感电压 u_{M1}，当 i_2 从线圈 2 的同名端流入时，i_2 产生的互感磁通的方向相同于 i_2 从线圈 1 的同名端流入时产生的自感磁通的方向，如果 u_{M1} 的参考正极选在线圈 1 的同名端，则 u_{M1} 与 i_2 的参考方向是相对同名端一致，即此时有 u_{M1} 与互感磁通的参考方向符合右螺旋关系，互感电压表达式中的符号取正号。

这样就可以根据同名端及选定的电流、电压参考方向来确定互感电压表达式中的符号，其规则为：当互感电压正极性所在端与产生该电压的另一线圈电流的流入端为同名端时，互感电压表达式中的符号取正号；否则，取负号。

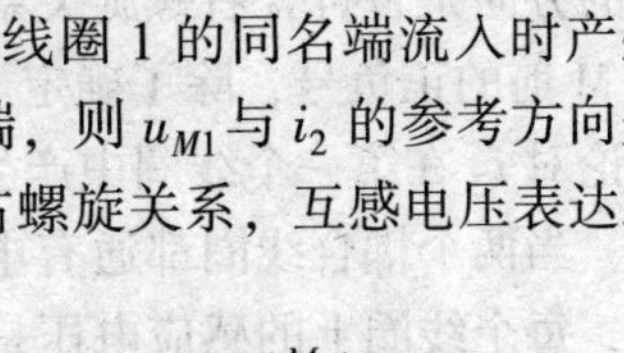

图 4-58　耦合线圈电路模型

根据上述规则，可写出图 4-58 所示电路的电压、电流关系式为

$$u_1 = L_1 \frac{di_1}{dt} - M \frac{di_2}{dt}$$

$$u_2 = -L_2 \frac{di_2}{dt} + M \frac{di_1}{dt}$$

这与式（4-85）结果是一样的。

有时会遇到具有磁耦合的线圈绕向无法知道的情况，例如，线圈往往是密封的，在这种情况下，就要用实验的方法测定同名端。下面通过图 4-59 来说明自感电压和互感电压

的极性与同名端的关系。设图中 $i_1>0$，并且是增加的，即$\frac{\mathrm{d}i_1}{\mathrm{d}t}>0$，则 $u_{L1}=L_1\frac{\mathrm{d}i_1}{\mathrm{d}t}>0$（$u_{L1}$ 与 i_1 方向是关联参考方向)，且 $u_{M2}=M\frac{\mathrm{d}i_1}{\mathrm{d}t}>0$（$u_{M2}$的参考正极所在端与 i_1 的流入端为同名端)。因此，线圈 1 的 1 端与线圈 2 的 3 端都将变为高电位端。如设 i_1 在减小，则 1 端和 3 端都将变为低电位端。由此可见，不论 i_1 如何变化，两线圈的同名端都是由这一电流引起的感应电压的同极性端。根据这个道理可用实验的方法测定耦合线圈的同名端。

测定同名端的实验电路如图 4-60 所示。将线圈 1 经过开关 S 接至直流电压源，设 1 端接电源的正极。线圈 2 与一直流电压表相接，设 3 端接电压表的“+”端。在开关接通后的极短时间内，若电压表指针正向偏转，说明 3 端是高电位，则 1 端和 3 端是同名端；或电压表指针反向偏转，则 1 端和 4 端为同名端。还可以将互感线圈接通正弦交流电源来测定其同名端。

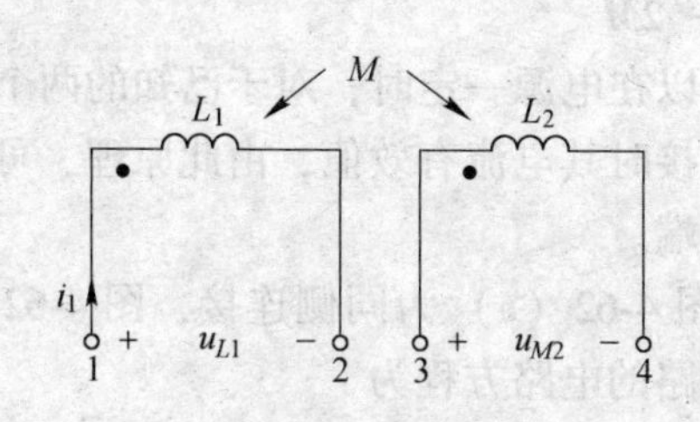

图 4-59　互感电压及同名端

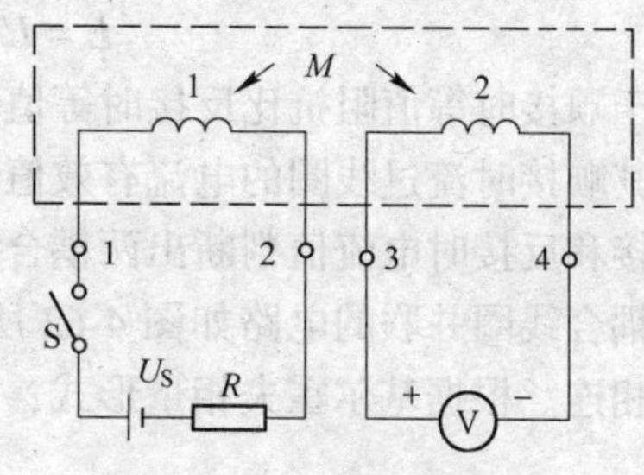

图 4-60　同名端的测定

4.8.2　含互感元件电路的分析与计算

实际中常见的含互感元件的电路，一般为正源激励，所以基尔霍夫定律的相量形式、系统列方程求解电路和几个基本定理仍然适用，但由于互感元件的特性，即两耦合线圈间电压和电流的制约关系，每种解题方法都有其应注意的问题。

首先，分析耦合线圈串联的电路，如图 4-61 所示，因图 4-61（a）中两线圈的异名端相接，称为顺接；图 4-61（b）中两线圈的同名端相接，称为反接。由图可见，顺接时电流是从两个线圈的同名端流入，而反接时是从异名端流入。

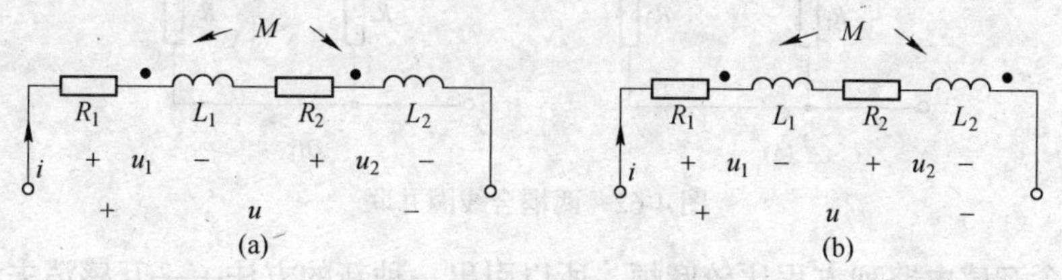

图 4-61　两耦合线圈串联

图 4-61 中的 R_1、L_1、R_2、L_2 分别为两个线圈的等效电阻和自感，M 为两个线圈的互感。根据基尔霍夫第二定律可列出图 4-61（a）电路的电压方程为

$$\dot{U}=(R_1\dot{I}+\mathrm{j}\omega L_1\dot{I}+\mathrm{j}\omega M\dot{I})+(R_2\dot{I}+\mathrm{j}\omega L_2\dot{I}+\mathrm{j}\omega M\dot{I})$$
$$=[(R_1+R_2)+\mathrm{j}\omega(L_1+L_2+2M)]\dot{I}$$

$$= (R + \mathrm{j}\omega L)\dot{I} \tag{4-86}$$

对图 4-61（b）所示电路则有

$$\dot{U} = (R_1\dot{I} + \mathrm{j}\omega L_1\dot{I} - \mathrm{j}\omega M\dot{I}) + (R_2\dot{I} + \mathrm{j}\omega L_2\dot{I} - \mathrm{j}\omega M\dot{I})$$

$$= [(R_1 + R_2) + \mathrm{j}\omega(L_1 + L_2 - 2M)]\dot{I}$$

$$= (R + \mathrm{j}\omega L)\dot{I} \tag{4-87}$$

由式（4-86）和式（4-87）看出，两串联线圈的等效电路为一个电阻 R 和电感 L 串联，其等值电阻为

$$R = R_1 + R_2$$

顺接时等值电感

$$L = L' = L_1 + L_2 + 2M$$

反接时等值电感

$$L = L'' = L_1 + L_2 - 2M$$

由于顺接时等值阻抗比反接时等值阻抗大，所以在电源一定时，对于已知的两个耦合线圈，其顺接时流过线圈的电流有效值必定小于反接时其电流有效值，由此原理，可由两线圈顺接和反接时电流值判断出两耦合线圈的同名端。

两耦合线圈并联的电路如图 4-62 所示，其中图 4-62（a）为同侧连接，图 4-62（b）为异侧相连。根据基尔霍夫相量形式，可列出两电路的电路方程为

$$\dot{I}_1 + \dot{I}_2 = \dot{I} \tag{4-88}$$

$$(R_1 + \mathrm{j}\omega L_1)\dot{I}_1 \pm \mathrm{j}\omega M\dot{I}_2 = \dot{U} \tag{4-89}$$

$$(R_2 + \mathrm{j}\omega L_2)\dot{I}_2 \pm \mathrm{j}\omega M\dot{I}_1 = \dot{U} \tag{4-90}$$

上式中互感电压前取正号是对应于同侧相接的情形，取负号为异侧相接的情形。若电路参数均已知便可解各支路电压、电流。

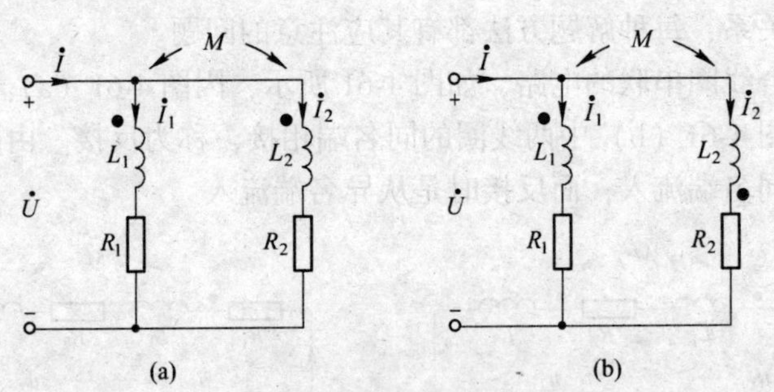

图 4-62　两耦合线圈并联

有时对含互感电路列方程比较麻烦，所以引出一种新的方法——互感消去法。

将式（4-88）中的 $\dot{I}_2 = \dot{I} - \dot{I}_1$ 和 $\dot{I}_1 = \dot{I} - \dot{I}_2$ 分别代入式（4-89）和式（4-90），并整理得

$$R_1\dot{I}_1 + \mathrm{j}\omega(L_1 \mp M)\dot{I}_1 \pm \mathrm{j}\omega M\dot{I} = \dot{U} \tag{4-91}$$

$$R_2\dot{I}_2 + \mathrm{j}\omega(L_2 \mp M)\dot{I}_2 \pm \mathrm{j}\omega M\dot{I} = \dot{U} \tag{4-92}$$

由上面两个电路方程，可画出图 4-62 的等效电路，如图 4-63 所示。当同名端相接时，

取 M 前的上方符号，异名端相接时用下方符号。

从以上分析和推导可知，有一个公共节点的两个耦合线圈，如图 4-64（a）所示，就可以消去互感，其等效电路如图 4-64（b）所示。同样，M 前取上方符号为同名端相接，异名端相接则取下方符号。

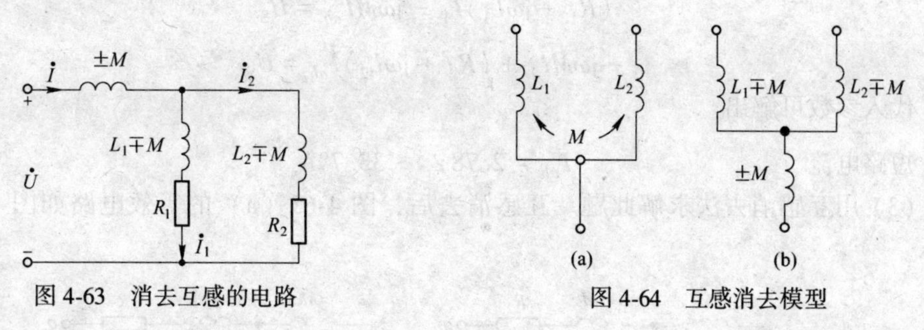

图 4-63 消去互感的电路　　　　图 4-64 互感消去模型

例 4-25 如图 4-65（a）所示电路中，$\dot{U}_S = 10\angle 0°\text{V}$，$R_1 = R_2 = 3\Omega$，$\omega L_1 = \omega L_2 = 4\Omega$，$\omega M = 2\Omega$。试求：

（1）ab 端开路电压 $\dot{U}_{oc}$；

（2）ab 端短路电流 $\dot{I}_{ab}$。

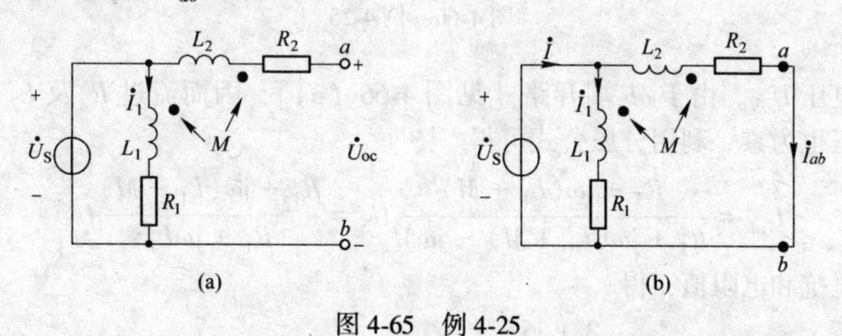

图 4-65 例 4-25

解 （1）设支路电流方向如图 4-65（a）所示，列出 ab 间开路时电路方程

$$\begin{cases} \dot{U}_{oc} = j\omega M\dot{I}_1 + \dot{U}_S \\ \dot{I}_1 = \dfrac{\dot{U}_S}{R_1 + j\omega L_1} \end{cases}$$

代入参数值

$$\begin{cases} \dot{U}_{oc} = j2\dot{I}_1 + 10 \\ \dot{I} = \dfrac{10\angle 0°}{3 + j4} \end{cases}$$

可求出 $$\dot{U}_{oc} = 13.42\angle 10.3°\text{V}$$

（2）ab 间短路时电路如图 4-65（b）所示。若用回路法求解此题（如取网孔为独立回路），有的支路会有几个回路电流流过（如 R_1 支路），所以它在其他线圈上产生的互感电压（如在 L_2 线圈上产生的互感电压）分量较多，使得方程比较麻烦。所以用回路法解含互感的电路不好；又由于含互感元件的支路阻抗（或导纳）无法确定，所以节点法不

能直接应用。分析后看出，在没有消去互感的电路中，支路法比较合适。

对图 4-65（b）的支路法方程为

$$\dot{I} = \dot{I}_1 + \dot{I}_2$$

$$(R_1 + j\omega L_1)\dot{I}_1 - j\omega M\dot{I}_{ab} = \dot{U}_S$$

$$-j\omega M\dot{I}_1 + (R_2 + j\omega L_2)\dot{I}_{ab} = \dot{U}_S$$

代入参数可解出

短路电流 $$\dot{I}_{ab} = 2.78\angle -33.7°\text{A}$$

（3）用互感消去法求解此题。互感消去后，图 4-65（a）的等效电路如图 4-66（a）所示。

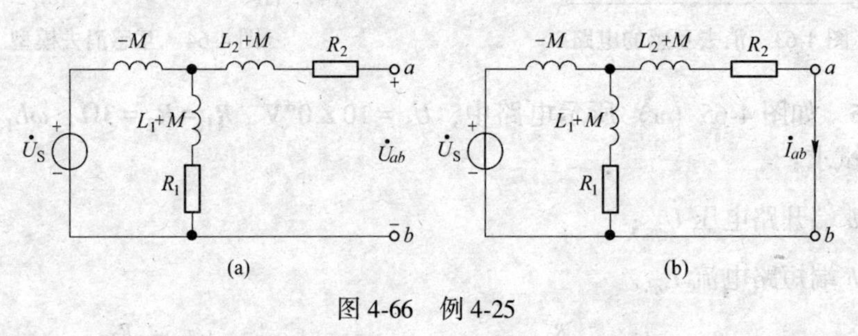

图 4-66　例 4-25

求开路电压 $\dot{U}_{ab}$。由于 ab 端开路［见图 4-66（a）］，因而流过 R_2 及 L_2+M 的电流为零，其端电压也为零。利用分压公式可得

$$\dot{U}_{ab} = \frac{R_1 + j\omega(L_1 + M)}{R_1 + j\omega(L_1 + M) - j\omega M}\dot{U}_S = \frac{R_1 + j\omega(L_1 + M)}{R_1 + j\omega L_1}\dot{U}_S$$

代入各电抗和电阻值，得

$$\dot{U}_{ab} = \frac{3 + j6}{3 + j4} \times 10\angle 0° = 13.4\angle 10.3°\text{V}$$

求短路电流 $\dot{I}_{ab}$ 的电路如图 4-66（b）所示。由于消去了互感，所以可用前面讲过的各种解题方法求 $\dot{I}_{ab}$，这里用简单电路的计算方法求解。

电路总阻抗为

$$Z = -j\omega M + \frac{[R_1 + j\omega(L_1 + M)][R_2 + j\omega(L_2 + M)]}{[R_1 + j\omega(L_1 + M)] + [R_2 + j\omega(L_2 + M)]}$$

$$Z = -j2 + \frac{[3 + j6][3 + j6]}{[3 + j6] + [3 + j6]} = 1.5 + j1 = 1.8\angle 33.7°\Omega$$

总电流为

$$\dot{I} = \frac{\dot{U}_S}{Z} = \frac{10\angle 0°}{1.8\angle 33.7°} = 5.56\angle -33.7°\text{A}$$

利用分流公式可得

$$\dot{I}_{ab} = \frac{R_1 + j\omega(L_1 + M)}{R_1 + R_2 + j\omega(L_1 + L_2 + 2M) - j\omega M}\dot{I} = 2.78\angle -33.7°\text{A}$$

4.8.3 几种变压器

变压器是利用互感来实现从一个电路向另一个电路传输能量或信号的一种器件。变压器为多端元件。

4.8.3.1 空心变压器

变压器一般有两个线圈，一个与电源相接，称为原线圈，或初级；另一个与负载相接，称为副线圈，或次级。变压器在原副线圈之间一般没有电路相连接，而是通过磁耦合把能量从电源传送到负载。为了增强磁耦合，通常把两个线圈绕在一个闭合的铁心上，这种带铁心的变压器的耦合系数可接近于1。不带铁心的变压器称为空心变压器。空心变压器的电路模型如图4-67（a）所示。空心变压器的耦合系数虽然较低，但因没有铁心中的各种功率损耗，所以常用于高频电路中。

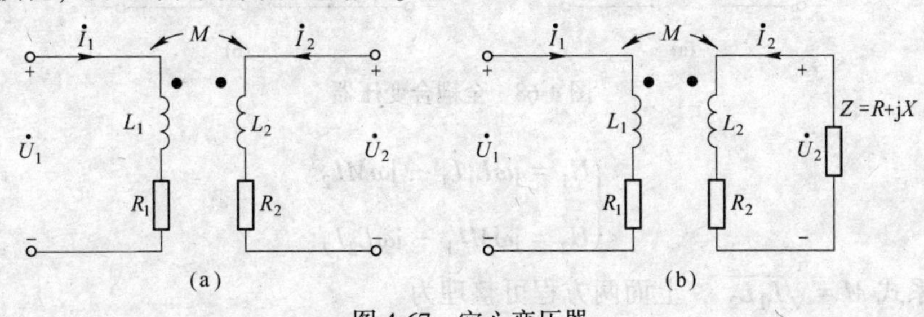

图4-67 空心变压器

空心变压器的初级线圈接正弦电源 $\dot{U}_1$，次级线圈接负载 $Z = R + \mathrm{j}X$，如图4-67（b）所示。令 $Z_{11} = R_1 + \mathrm{j}\omega L_1$ 为初级回路的总阻抗，$Z_{22} = R_2 + \mathrm{j}\omega L_2 + R + \mathrm{j}X$ 为次级回路的总阻抗，按照图中标示的各电压电流的参考方向和同名端位置，对初级回路和次级回路分别列出电压方程为

$$\dot{U}_1 = Z_{11}\dot{I}_1 + \mathrm{j}\omega M\dot{I}_2 \tag{4-93}$$

$$0 = \mathrm{j}\omega M\dot{I}_1 + Z_{22}\dot{I}_2 \tag{4-94}$$

求解上述方程，便可求出空心变压器的初级回路电流 $\dot{I}_1$ 和次级回路电流 $\dot{I}_2$。

4.8.3.2 全耦合变压器

当空心变压器的耦合系数 $K=1$，线圈电阻 $R_1=R_2=0$。即 $M=\sqrt{L_1L_2}$ 时，则为全耦合变压器。

全耦合变压器原、副侧线圈（又称为初级与次级）的匝数 N_1 与 N_2 的比值为 $n=\dfrac{N_1}{N_2}=\sqrt{\dfrac{L_1}{L_2}}$。$n$ 又简称为匝比，L_1 与 L_2 分别为原、副侧线圈的自感系数。下面简单证明。

由于全耦合，所以有 $\phi_{12}=\phi_{22}$，$\phi_{21}=\phi_{11}$，则

$$\frac{L_1}{L_2}=\frac{\dfrac{\psi_{11}}{i_1}}{\dfrac{\psi_{22}}{i_2}}=\frac{\dfrac{N_1\phi_{11}}{i_1}}{\dfrac{N_2\phi_{22}}{i_2}}=\frac{\dfrac{N_1}{N_2}\cdot\dfrac{N_2\phi_{21}}{i_2}}{\dfrac{N_2}{N_1}\cdot\dfrac{N_1\phi_{12}}{i_2}}=\frac{\dfrac{N_1}{N_2}\cdot M_{21}}{\dfrac{N_2}{N_1}\cdot M_{12}}=\left(\frac{N_1}{N_2}\right)^2$$

则有匝比
$$n=\frac{N_1}{N_2}=\sqrt{\frac{L_1}{L_2}}$$

下面分析一下全耦合变压器的等效电路。实际上，完全可以用计算空心变压器的方法来计算全耦合变压器，但若了解全耦合变压器的等效电路，会使某些问题的计算更简单，物理含义更明了。

图 4-68（a）为全耦合变压器的电路模型（线圈电阻为零），其原、副侧的电路方程为

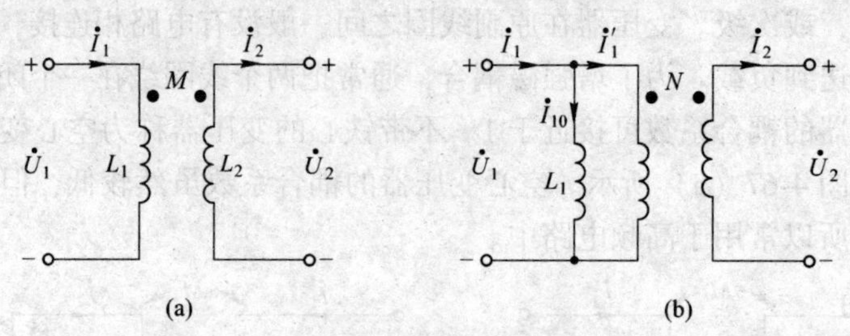

图 4-68　全耦合变压器

$$\begin{cases}\dot{U}_1=\mathrm{j}\omega L_1\dot{I}_1-\mathrm{j}\omega M\dot{I}_2 & (4\text{-}95)\\ \dot{U}_2=\mathrm{j}\omega M\dot{I}_1-\mathrm{j}\omega L_2\dot{I}_2 & (4\text{-}96)\end{cases}$$

由关系式 $M=\sqrt{L_1L_2}$，上面两方程可整理为

$$\begin{cases}\dot{U}_1=\mathrm{j}\omega\sqrt{L_1}(\sqrt{L_1}\dot{I}_1-\sqrt{L_2}\dot{I}_2)\\ \dot{U}_2=\mathrm{j}\omega\sqrt{L_2}(\sqrt{L_1}\dot{I}_1-\sqrt{L_2}\dot{I}_2)\end{cases}$$

则有
$$\frac{\dot{U}_1}{\dot{U}_2}=\sqrt{\frac{L_1}{L_2}}=n\quad\text{或}\quad\dot{U}_1=n\dot{U}_2\tag{4-97}$$

由式（4-95）可导出

$$\begin{aligned}\dot{I}_1&=\frac{\dot{U}_1}{\mathrm{j}\omega L_1}+\frac{\mathrm{j}\omega M}{\mathrm{j}\omega L_1}\dot{I}_2=\frac{\dot{U}_1}{\mathrm{j}\omega L_1}+\sqrt{\frac{L_2}{L_1}}\dot{I}_2\\&=\frac{1}{\mathrm{j}\omega L_1}\dot{U}_1+\frac{1}{n}\dot{I}_2=\dot{I}_{10}+\dot{I}_1'\end{aligned}\tag{4-98}$$

由式（4-98）与式（4-96），可得到全耦合变压器的等效电路如图 4-68（b）所示，其输入电流 $\dot{I}_1$ 由两部分组成：$\dot{I}_{10}$是由于存在自感 L_1 而出现的一个分量，称为激励电流（或称激磁电流），它与次级状况无关；另一分量 $\dot{I}_1'$ 是副侧电流 $\dot{I}_2$ 在原侧的反映，它表明了原级与次级的相互关系。

4.8.3.3　理想变压器

前述全耦合变压器的条件是耦合系数 $K=1$，线圈电阻为零，即变压器本身无损耗。如果导磁系数 $\mu\to\infty$，则 L_1、L_2 与 M 均趋于无限大，称为理想变压器。由全耦合变压器的等效电路[见图 4-68(b)]，当 $L_1\to\infty$ 时，其便为理想变压器的电路模型，如图 4-69 所示，其中 n 为原、副侧的匝数比，此时 $\dot{I}_{10}=0$。由

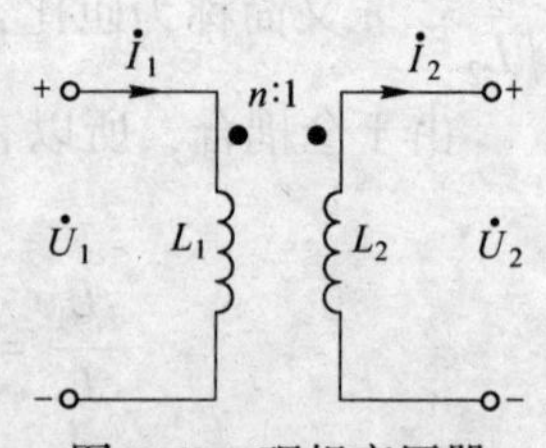

图 4-69　理想变压器

式（4-97）与式（4-98）不难看出，理想变压器原、副侧的伏安关系为

$$\begin{cases} \dot{U}_1 = n\dot{U}_2 \\ \dot{I}_1 = \dfrac{1}{n}\dot{I}_2 \end{cases} \tag{4-99}$$

其瞬时关系可写作

$$\begin{cases} u_1 = nu_2 \\ i_1 = \dfrac{1}{n}i_2 \end{cases}$$

理想变压器吸收的功率（参考方向如图 4-68 所示）

$$p = u_1 i_1 + (-u_2 i_2) = u_1 i_1 - \frac{1}{n}u_1 \cdot n i_1 = 0$$

即任一时刻，原侧和副侧吸收的功率之和恒为零，说明理想变压器只传输能量，不耗能，也不储存能量。

理想变压器还有阻抗变换的作用。在副侧接负载 Z_L时，原侧输入阻抗

$$Z_{\text{in}} = \frac{\dot{U}_1}{\dot{I}_1} = \frac{n\dot{U}_2}{\dfrac{1}{n}\dot{I}_2} = n^2 Z_L$$

例 4-26 如图 4-70（a）所示电路中，$I_s = 10\text{mA}$，$L_1 = 0.5\text{H}$，$C = 2\mu\text{F}$，$L_2 = 0.02\text{H}$，$M = 0.1\text{H}$，$\omega = 1000\text{rad/s}$。求负载 R_L吸收的功率。

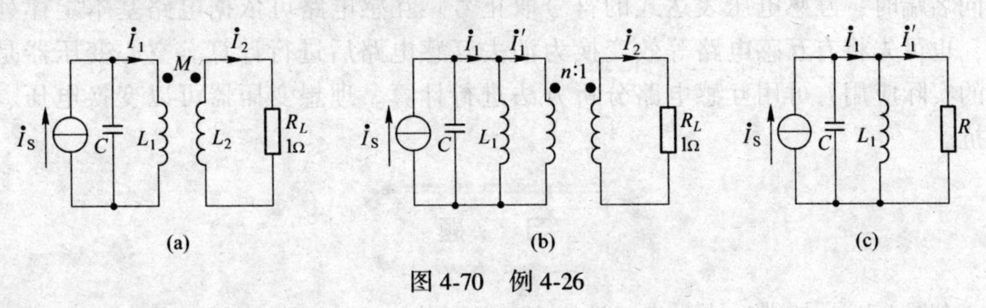

图 4-70 例 4-26

解 据已知有：$\omega L_1 = 500\Omega$，$\dfrac{1}{\omega C} = 500\Omega$，$\omega L_2 = 20\Omega$，$\omega M = 100\Omega$。由于 $\omega M = \sqrt{\omega L_1 \cdot \omega L_2}$，所以图 4-70（a）为全耦合变压器，其等效电路如图 4-70（b）所示。由图 4-70（b）可看出，全耦合变压器的等值电路为原级的 L_1与一理想变压器级联组成，其匝比 $n = \sqrt{\dfrac{L_1}{L_2}} = 5$。又根据理想变压器的阻抗变换特性，等效电路又可由图 4-70（c）表示。

由图 4-70（c）电路，根据分流关系有

$$\dot{I}'_1 = \dot{I}_S \times \frac{\dfrac{1}{R}}{\text{j}\omega C + \dfrac{1}{\text{j}\omega L_1} + \dfrac{1}{R}}$$

其中，$R = n^2 R_L = 25\Omega$ 。取 $\dot{I}_S = 10\angle 0°\text{mA}$，可求出

$$\dot{I}'_1 = 10\angle 0° \times \frac{\frac{1}{25}}{\mathrm{j}\frac{1}{500} - \mathrm{j}\frac{1}{500} + \frac{1}{25}} = 10\angle 0°\mathrm{mA}$$

$$\dot{I}_2 = nI'_1 = 50\mathrm{mA}$$

4.9 学 习 指 导

在正弦稳态电路分析中，为简化计算，将正弦量用相量（复数）表示，电阻元件伏安关系相量形式为：$\dot{U} = R\dot{I}$，电感元件伏安关系相量形式为：$\dot{U} = \mathrm{j}\omega L\dot{I}$，电容元件伏安关系相量形式为：$\dot{U} = -\mathrm{j}\frac{1}{\omega C}\dot{I}$。基尔霍夫定律的相量形式为：$\sum\dot{I} = 0$，$\sum\dot{U} = 0$。把电流、电压用相量表示，$R$、$L$、$C$ 用复阻抗或复导纳表示，即电路用相量模型表示，依据直流电路中基本定律推导出的各种电路分析方法和基本定理计算正弦稳态电路的电流相量和电压相量。正弦稳态电路的有功功率即平均功率为 $P = UI\cos\varphi$，视在功率为 $S = UI$，无功功率为 $Q = UI\sin\phi$，据此计算正弦稳态电路的功率。

三相对称电路由对称三相电源、对称三相负载、对称线路阻抗组成。对称三相电路可化为单相电路进行分析和计算。

在互感电路中，当互感电压的参考正极所在端与产生该电压的另一线圈电流的流入端为同名端时，互感电压表达式的符号取正号。互感电路可依据电路基本定律列方程计算，也可先将有互感电路等效变换为消去互感电路后进行计算。空心变压器是互感电路的实际应用，可用互感电路分析方法进行计算。理想变压器可以变换电压、电流和阻抗。

习 题

4-1 如图 4-71 所示电路，已知 $u = 100\sin(10t + 45°)\mathrm{V}$，$i = i_1 = 10\sin(10t + 45°)\mathrm{A}$，$i_2 = 20\sin(10t + 135°)\mathrm{A}$，试判断元件 1、2、3 的性质及其数值。

4-2 有一个电压为 110V，功率为 75W 的白炽灯，不得不在电压为 220V 的电源上使用。为了使电灯的端电压保持 110V，可使用电阻或电感线圈与之串联。试决定所串之电阻或电感的数值。(f=50Hz)。

4-3 如图 4-72 所示电路，已知 $\dot{I} = 5\angle 0°\mathrm{A}$，总电压 $\dot{U} = 85 - \mathrm{j}85\mathrm{V}$，电容电压 $U_1 = 50\mathrm{V}$，求 U_2、R_2、X_{C2}。

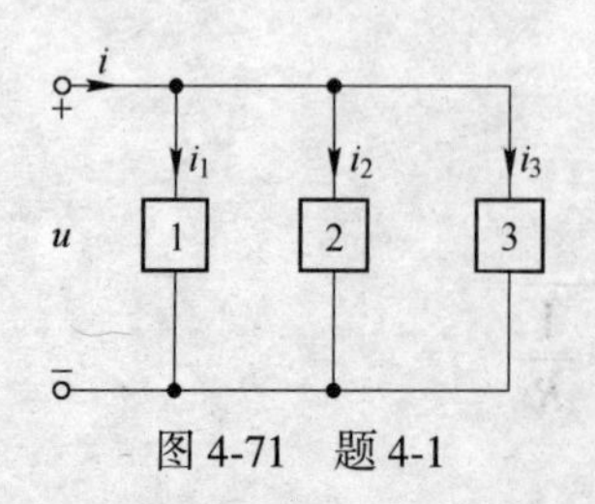

图 4-71 题 4-1

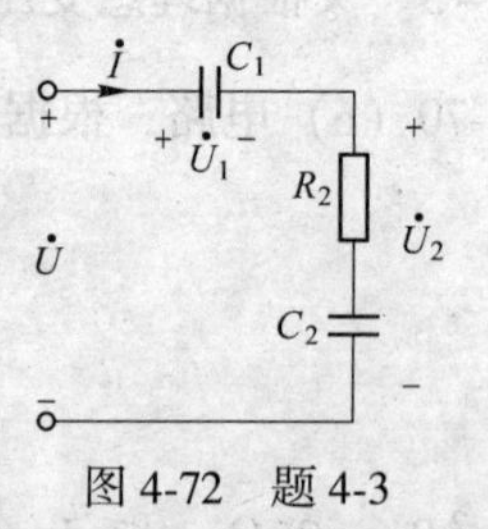

图 4-72 题 4-3

4-4 一串联电路如图 4-73 所示，$R=4\Omega$，$L=0.325\text{H}$，$f=60\text{Hz}$，如 $X_C=110\Omega$，其端压 $U_C=500\text{V}$，电源电压 $U=115\text{V}$，求 R_0 值。

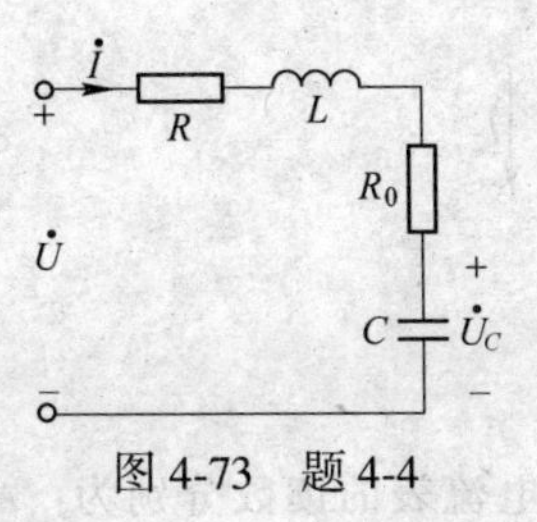

图 4-73 题 4-4

4-5 对于 RC 串联电路，下列各式是否正确？

$$u_C = IX_C,\ U = U_C + IR,\ u = iX_C + iR$$

$$U = \sqrt{(IR^2 + U_C^2)},\ \dot{U} = \dot{I}R + \mathrm{j}\frac{\dot{I}}{\omega C}$$

$$\dot{U}_\mathrm{m} = \dot{I}_\mathrm{m}R + \frac{\dot{I}_\mathrm{m}}{\mathrm{j}\omega C},\ U = IX_C + U_R$$

$$i = \frac{u}{R - \mathrm{j}X_C},\ I = \frac{U}{\sqrt{R_2 + X_2}}$$

$$\dot{I} = \frac{\dot{U}}{R - \mathrm{j}\omega C}$$

4-6 电路如图 4-74 所示。已知 $U=220\text{V}$，$f=50\text{Hz}$，$R=40\Omega$，$X_L=30\Omega$，$X_C=30\Omega$。试求：

(1) 图 4-74 (a)、(b)、(c) 三种电路中电流的瞬时值表达式；

(2) 三种电路的有功功率和无功功率。

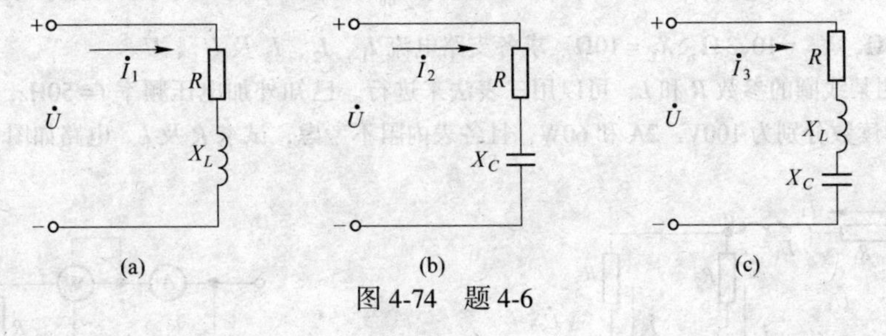

图 4-74 题 4-6

4-7 电路如图 4-75 所示，利用相量法计算图 4-75 (a)、(b)、(c) 三个电路中电流表的读数。

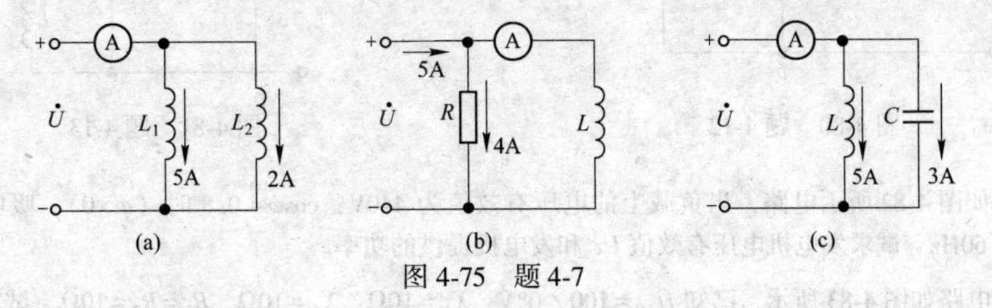

图 4-75 题 4-7

4-8 如图 4-76 所示电路中，已知 $I_1=3\text{A}$，$I_2=4\text{A}$。试求：

(1) 设 $Z_1=R$，$Z_2=-\mathrm{j}X_C$，$I=$？

(2) 若 $Z_1=R$，问 Z_2 为何参数，才能使 I 最大？此时 $I=$？

(3) 若 $Z_1=\mathrm{j}X_L$，问 Z_2 为何值 I 最小？此时 $I=$？

4-9 如图 4-77 所示电路，电压表的读数分别为：V = 120V，V_1 = 10V，V_2 = 200V，求 U_C = ?

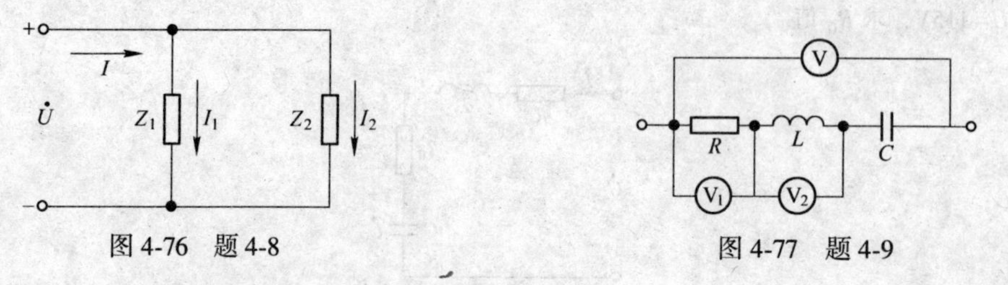

图 4-76 题 4-8　　图 4-77 题 4-9

4-10 如图 4-78 所示电路，已知电流表的读数分别为：A = 10A，A_1 = 6A，A_2 = 6A，电源 ω = 100πrad/s。求 C = ?

4-11 如图 4-79 所示电路，已知电流相量 $\dot{I}_1 = 20\angle -36.9°$ A，$\dot{I}_2 = 10\angle 45°$ A，电压相量 $\dot{U} = 100\angle 0°$ V。求元件 R_1、X_L、R_2、X_C和输入阻抗 Z。

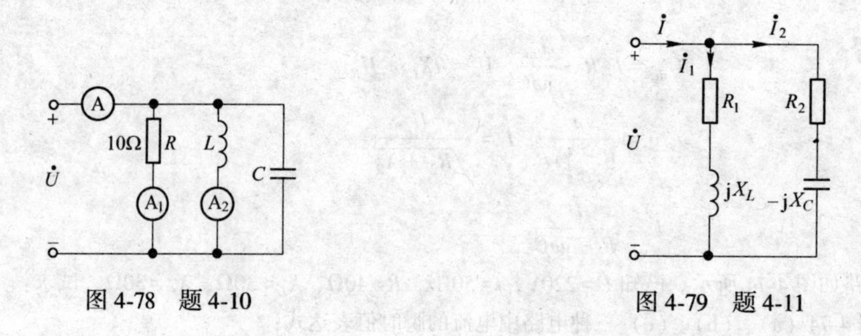

图 4-78 题 4-10　　图 4-79 题 4-11

4-12 有一阻抗混联电路，如图 4-80 所示。已知：$u_{ab} = 220\sqrt{2}\sin 314t$ V，$R_1 = 10\Omega$，$R_2 = 10\Omega$，$R_3 = 10\sqrt{3}\Omega$，$X_{L1} = 10\Omega$，$X_{L2} = 10\sqrt{3}\Omega$，$X_C = 10\Omega$。求各支路电流 $\dot{I}_1$、$\dot{I}_2$、$\dot{I}_3$ 及 $\dot{U}_1$、$\dot{U}$。

4-13 为测某线圈的参数 R 和 L，可以用三表法来进行。已知外加电压频率 f = 50Hz，电压表、电流表和功率表的读数分别为 100V、2A 和 60W，且各表内阻不考虑，试求 R 及 L。电路如图 4-81 所示。

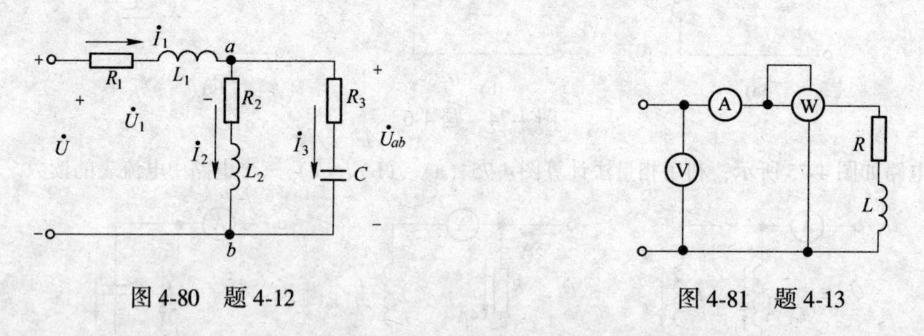

图 4-80 题 4-12　　图 4-81 题 4-13

4-14 如图 4-82 所示电路，当负载上的电压有效值为 440V，$\cos\varphi = 0.8$ 时（$\varphi > 0$），吸收的功率为 50kW，f = 60Hz。试求发电机电压有效值 U_S 和发电机提供的功率。

4-15 电路如图 4-83 所示，已知 $\dot{U}_{AB} = 100\angle 0°$ V，$X_C = 10\Omega$，$X_L = 10\Omega$，$R_1 = R_2 = 10\Omega$，试求 $\dot{U}$。

4-16 用支路电流法和回路电流法求如图 4-84 所示电路中的各支路电流。其中 $\dot{U}_{S1} = \dot{U}_{S2} = 310\angle 0°$ V，$R = 10\Omega$，$X_{L1} = 12.5\Omega$，$X_{L2} = 50\Omega$。

4-17 如图 4-84 所示电路中参数不变，试用戴维南定理求 I_3。

4-18 为了测线圈 R_4 和 L_4，采用图 4-85 所示线路接法，当滑动电压表的一端，使其读数为最小值，且已知此最小值为 30V，又知 $R_1=5\Omega$，$R_2=15\Omega$，$R_3=6.5\Omega$，外加电压 $U=100\text{V}$，求 R_4 和 L_4。

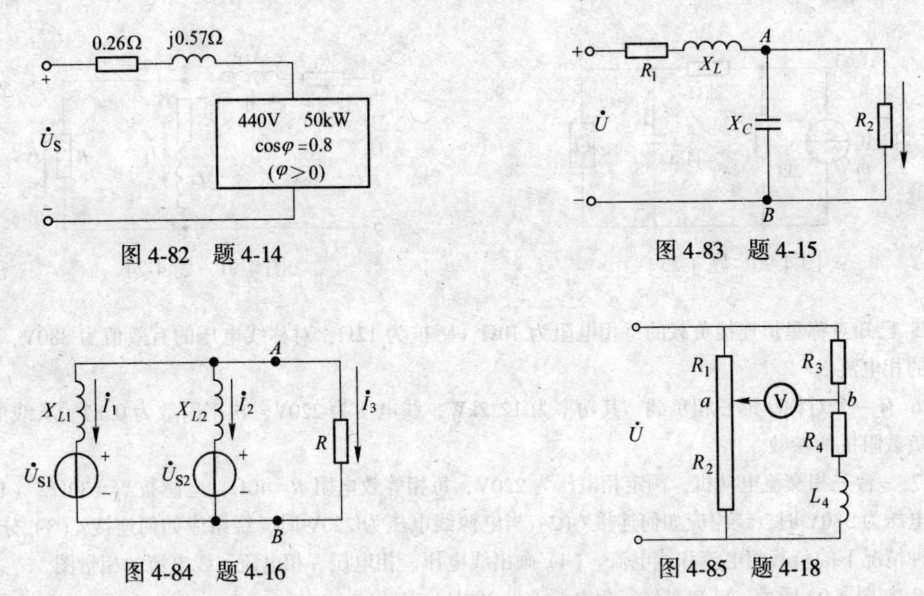

4-19 如图 4-86 所示，已知 $U=100\text{V}$，$I=100\text{mA}$，电路吸收的功率 $P=6\text{W}$，$X_{L1}=1.25\text{k}\Omega$，$X_C=0.75\text{k}\Omega$，电路呈感性，求 R 及 X_L。

4-20 如图 4-87 所示，在正弦交流电路中，已知 $1/\omega C=1.5\omega L$，$R=1\Omega$，$\omega=10^4\text{rad/s}$，$I_1=30\text{A}$，求电流 I_2、I 及电路吸收的有功功率 P。

4-21 如图 4-88 所示，在正弦交流电路中，已知 $R_1=50\Omega$，$X_C=15\Omega$，$U=210\text{V}$，$I=3\text{A}$，且 $\dot{I}$ 与 $\dot{U}$ 同相。求 R_2 和 X_L。

4-22 如图 4-89 所示，$U=50\text{V}$，电路吸收的功率为 $P=100\text{W}$，功率因数 $\cos\varphi=1$，求支路电流 I_L、I 和 X_L。

4-23 如图 4-90 所示电路，求：(1) 获取最大功率时，Z_L 为何值？(2) 最大功率是多少？

4-24 如图 4-91 所示，已知：$R_1=100\Omega$，$X_{L1}=500\Omega$，$R_2=400\Omega$，$X_{L2}=1000\Omega$。问 R 多大时，才能使

$\dot{I}_2$ 与 $\dot{U}$ 相位差 90°？

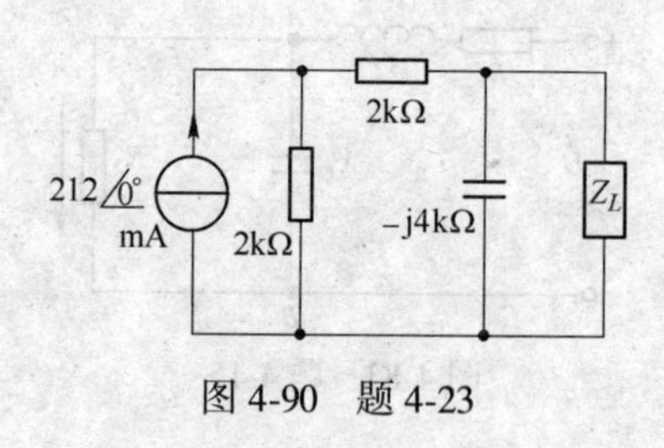

图 4-90　题 4-23

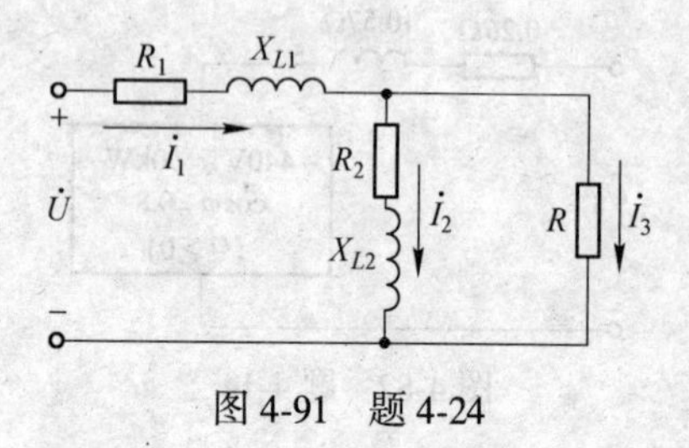

图 4-91　题 4-24

4-25 已知对称星形连接负载的每相电阻为 10Ω，感抗为 12Ω，对称线电压的有效值为 380V，试求此负载的相电流。

4-26 有一个对称星形三相负载，其功率为 12.2kW，线电压为 220V，功率因数为 0.87。求线电流，并计算负载阻抗的参数。

4-27 一台三相交流电动机，额定相电压为 220V，每相等效电阻 $R=40\Omega$，电感抗 $X_L=30\Omega$。(1) 当电源线电压为 380V 时，绕组应如何连接？(2) 当电源线电压为 220V 时，绕组应如何连接？(3) 分别求上述两种情况下的负载相电流和线电流。(4) 画出线电压、相电压、相电流、线电流的相量图。

4-28 如图 4-92 所示，已知对称三相电源 $U_L=380\text{V}$。求：

(1) 当 $R=X_L=X_C=22\Omega$ 时，三相负载是否为对称负载？

(2) 求各相电流及中线电流。

4-29 在图 4-93 所示对称三相电路中，已知电源端线电压为 380V，负载阻抗 $Z=150\angle 30°\Omega$。(1) 当开关 S 闭合时，求线电流和负载相电流的有效值；(2) 当开关 S 打开时，求 A 线的线电流有效值。

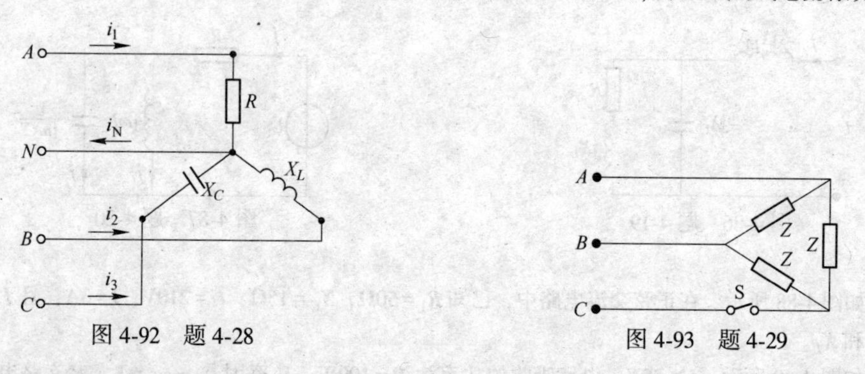

图 4-92　题 4-28　　图 4-93　题 4-29

4-30 两耦合线圈如图 4-94 所示，试标出同名端，并写出互感电压 U_{M2} 的表达式（互感系数为 M）。

4-31 如图 4-95 所示耦合电感元件，试列写瞬时值电压方程式。

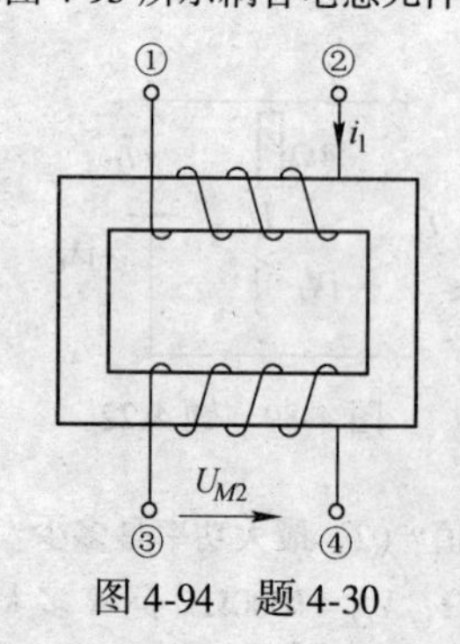

图 4-94　题 4-30

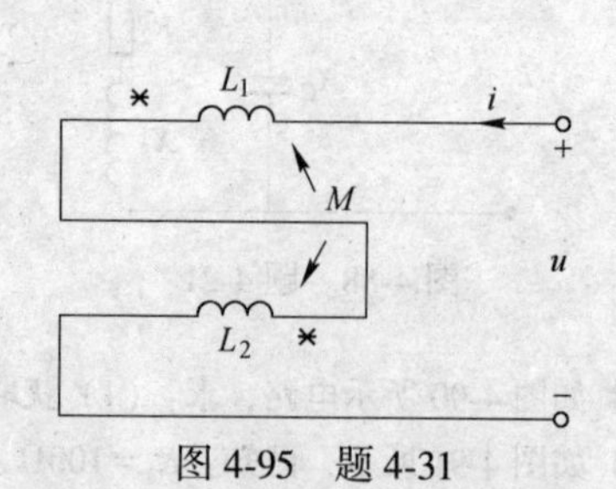

图 4-95　题 4-31

4-32 将两个线圈串联起来接到 50Hz、220V 的正弦电源上，顺接时得电流 2.7A，吸收的功率为 218.7W，反接时电流为 7A。求互感 M。

4-33 电路如图 4-96 所示，已知 $U_1=20\text{V}$，$R_1=2\Omega$，$R_2=4\Omega$，$\omega L_1=2\Omega$，$\omega L_2=4\Omega$，$\omega M=1\Omega$。求：(1) 开关 S 断开时的 U_2；(2) 开关 S 接通时的 I_1 和 I_2。

4-34 试计算图 4-97 所示电路中 A、B 两点间的电压。设 $R_1=12\Omega$，$\omega L_1=12\Omega$，$\omega L_2=10\Omega$，$\omega M=6\Omega$，$R_3=8\Omega$，$\omega L_3=6\Omega$，$U=120\text{V}$。

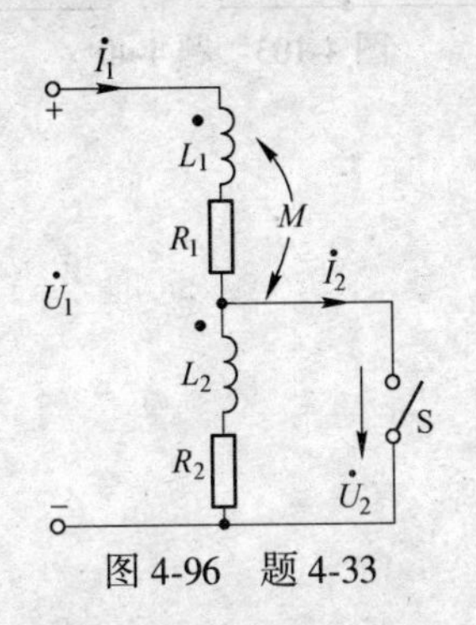

图 4-96　题 4-33

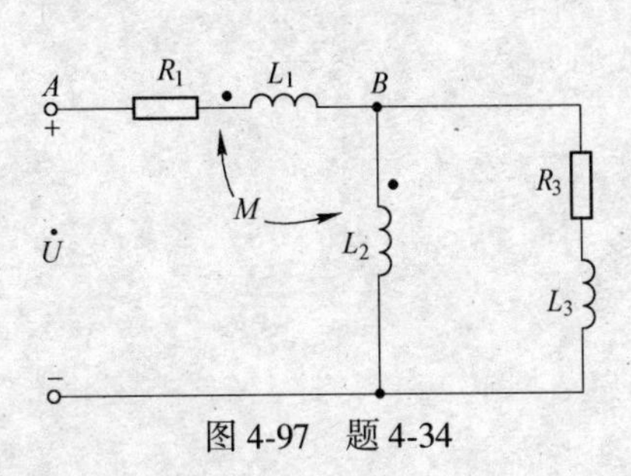

图 4-97　题 4-34

4-35 电路如图 4-98 所示，已知 $L_1=L_2=0.1\text{H}$，$R_L=10\Omega$，$\omega=100\text{rad/s}$，$U_1=50\text{V}$。

(1) 如果耦合系数 $K=0.5$，计算 $\dot{I}_1$ 和 $\dot{I}_2$；

(2) 如果 $K=1$，计算 $\dot{I}_1$ 和 $\dot{I}_2$。

4-36 电路如图 4-99 所示，已知 $R=1\Omega$，$\omega L_1=2\Omega$，$\omega L_2=32\Omega$，$\dfrac{1}{\omega C}=32\Omega$，$\omega M=8\Omega$。求输入电流 $\dot{I}_1$ 和输出电压 $\dot{U}_2$。

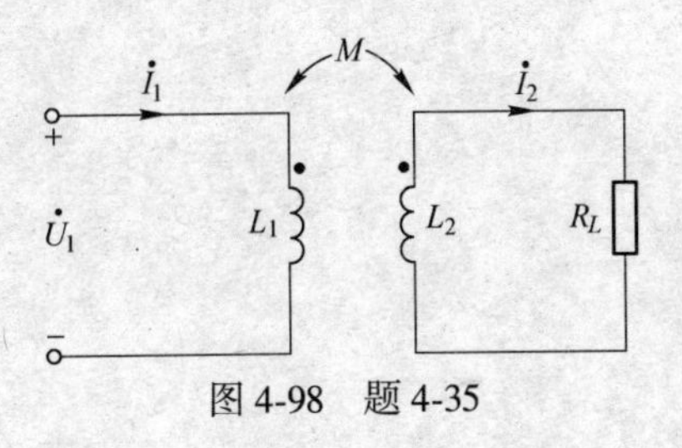

图 4-98　题 4-35

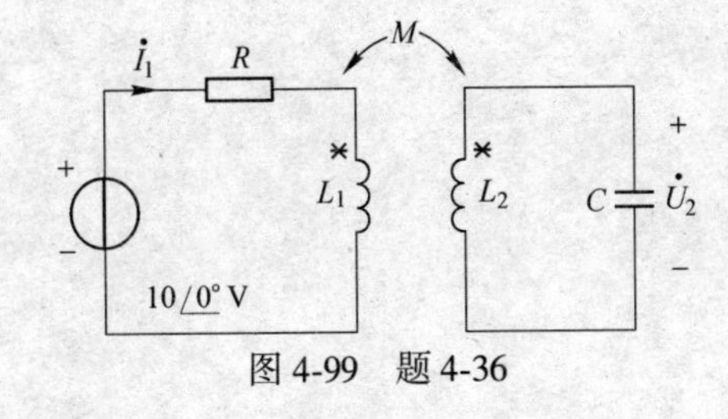

图 4-99　题 4-36

4-37 求图 4-100 所示电路中的电压 $\dot{U}_2$，理想变压器的变比为 10∶1。

4-38 在图 4-101 所示电路中，已知 $u_S(t)=100\sqrt{2}\sin 1000t\text{V}$，副边开路电压 u_2 比 u_S 滞后 135°。求 L_1 和 u_2。

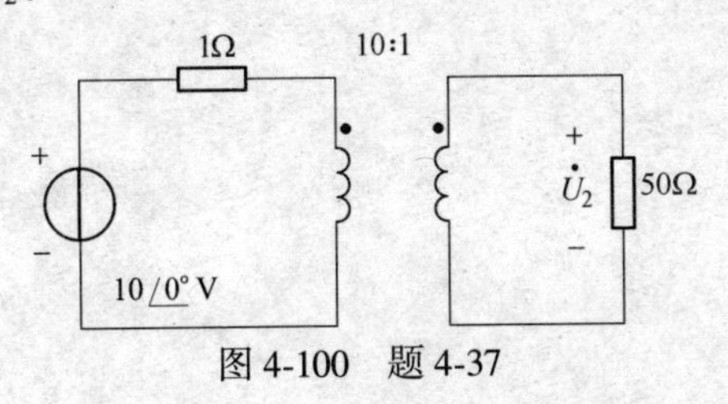

图 4-100　题 4-37

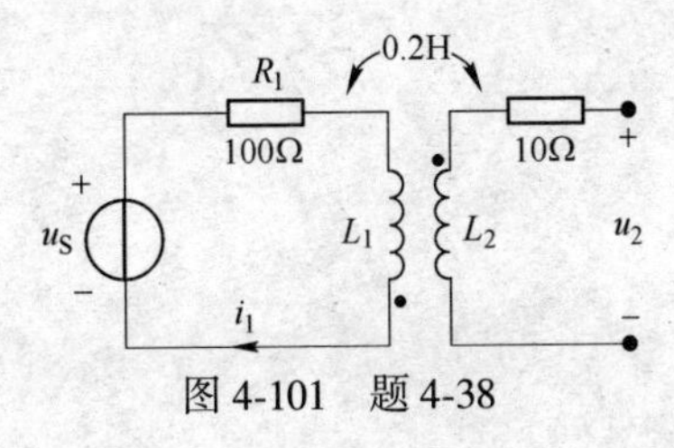

图 4-101　题 4-38

4-39 在图 4-102 所示正弦交流电路中，$\dot{I}_S=10\angle 0°\text{A}$，求负载 Z_L 为何值时它可获得最大功率？此最大功率为多少？

4-40 如果使 10Ω 电阻能获得最大功率，试确定图 4-103 所示电路中理想变压器的变比。

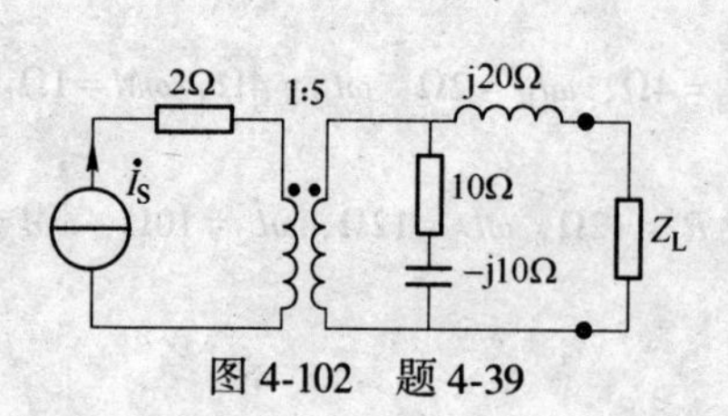

图 4-102　题 4-39

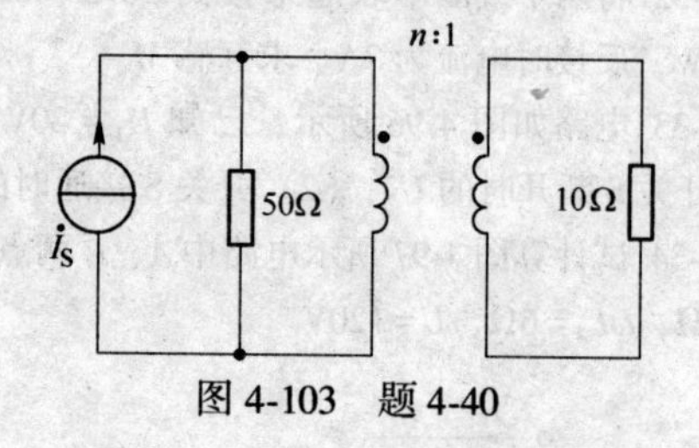

图 4-103　题 4-40

5 谐振电路与周期非正弦稳态电路

内容提要：本章主要介绍串联谐振电路、并联谐振电路的分析方法，电路的频率特性。一种周期非正弦电流电路的分析方法——谐波分析法，包括非正弦周期量的有效值、平均功率、周期非正弦电流电路的分析计算方法及滤波器概念等。

本章重点：谐振电路的分析与计算方法；周期非正弦稳态电路的分析与计算方法。

5.1 串联谐振电路

谐振现象是在交流电路中出现的一种特殊的电路状态。当电路发生谐振时，会使电路中的某部分出现高于激励的电压（或电流），或者出现电压（或电流）为零的情况。一方面，这些情况有可能破坏系统的正常工作状态或者对设备造成损害；另一方面，利用谐振的特点，可以实现许多具有特殊功能的电路。所以，对谐振现象及谐振电路的研究，有重要的实际意义。下面分析 *RLC* 串联电路发生谐振的条件和串联谐振的一些特征。

对图 5-1 所示的 *RLC* 串联电路，在正弦电压作用下，其复阻抗为

$$Z = R + \mathrm{j}(\omega L - \frac{1}{\omega C})$$
$$= R + \mathrm{j}(X_L - X_C)$$

复阻抗 Z 的虚部，即复阻抗的电抗 X 是角频率 ω 的函数，X、X_L、X_C 随角频率变化的情况如图 5-2 所示。由图 5-2 可看出，由于感抗 X_L 和容抗 X_C 随频率变化的特性不一样，所以当 ω 由零增加时，电抗由开始时容性经过零转变为感性。当 $\omega=\omega_0$ 时，感抗和容抗相等，电抗为零，即有

$$X(\omega_0) = \omega_0 L - \frac{1}{\omega_0 C} = 0 \tag{5-1}$$

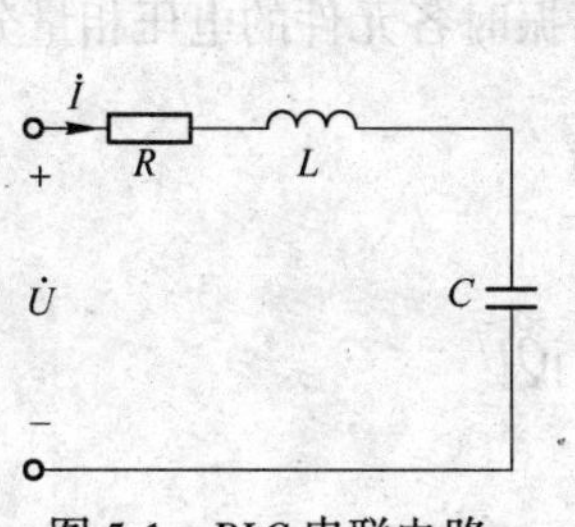

图 5-1 *RLC* 串联电路

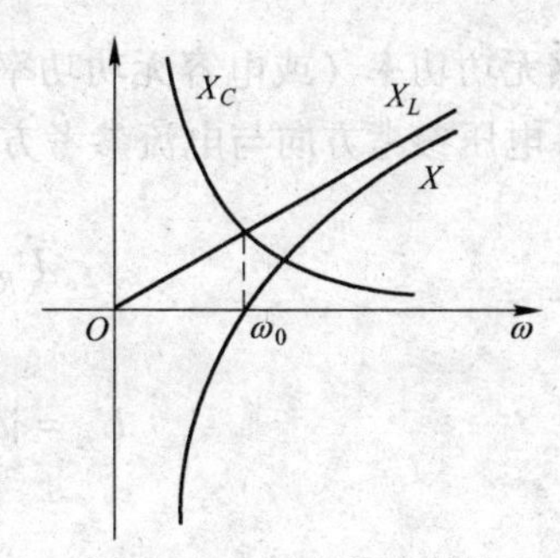

图 5-2 电抗的频率特性

此时整个串联电路如同电阻电路，$Z = R$，电压 $\dot{U}$ 与电流 $\dot{I}$ 同相位，阻抗角 $\varphi=0$。对于含有电感和电容的无源二端网络，在一定频率下，网络的复阻抗的虚部为0，网络呈现电阻性，这种现象称为谐振。

在 RLC 串联电路中发生的谐振称为串联谐振。式（5-1）是电路发生串联谐振的条件，这说明电路谐振决定于电路本身的参数 L、C 和电源的频率。在电路参数 L、C 一定的条件下，要实现谐振需调节电源的频率，使它满足

$$\omega = \omega_0 = \frac{1}{\sqrt{LC}} \tag{5-2}$$

式中，ω_0 为谐振角频率，谐振频率为

$$f_0 = \frac{1}{2\pi\sqrt{LC}}$$

当电源频率一定时，可调节电容或电感来满足谐振条件，因为改变电容的量值比较方便，所以常用调节电容的办法使电路达到谐振。

现在讨论串联谐振的一些特征。RLC 串联电路发生谐振时，感抗和容抗的作用抵消了，即电抗等于0，电路呈现电阻性，其阻抗达到最小值，等于电路中的电阻 R，因此在一定的电压 U 作用下，串联谐振时电流将达到最大，即

$$\dot{I}_0 = \frac{\dot{U}}{R}$$

谐振时电路的电抗等于零，但感抗和容抗不为零，分别为 $\omega_0 L$ 和 $1/\omega_0 C$，令

$$\rho = \omega_0 L = \frac{1}{\omega_0 C} = \frac{L}{\sqrt{LC}} = \sqrt{\frac{L}{C}} \tag{5-3}$$

式中，ρ 为 RLC 串联电路的特性阻抗。在无线电技术中，通常还根据谐振电路的特性阻抗 ρ 与电路电阻 R 比值的大小分析谐振电路的性能，此比值用 Q 来表示，即

$$Q = \frac{\omega_0 L}{R} = \frac{1}{\omega_0 CR} = \frac{\rho}{R} = \frac{1}{R}\sqrt{\frac{L}{C}} \tag{5-4}$$

式中，Q 称为谐振电路的品质因数，工程上简称 Q 值，是由电路参数决定的。Q 还可以表示成

$$Q = \frac{\omega_0 L}{R} = \frac{\omega_0 L \cdot I^2}{R \cdot I^2} = \frac{Q_L}{P} \tag{5-5}$$

即为电感无功功率（或电容无功功率）与电阻消耗的平均功率的比值。

设各电压参考方向与电流参考方向为关联方向，谐振时各元件的电压相量分别为

$$\dot{U}_R = R\dot{I} = R \cdot \frac{\dot{U}}{R} = \dot{U}$$

$$\dot{U}_L = \mathrm{j}\omega_0 L\dot{I} = \mathrm{j}\omega_0 L \cdot \frac{\dot{U}}{R} = \mathrm{j}Q\dot{U}$$

$$\dot{U}_C = \frac{1}{\mathrm{j}\omega_0 C}\dot{I} = \frac{1}{\mathrm{j}\omega_0 C} \cdot \frac{\dot{U}}{R} = -\mathrm{j}Q\dot{U}$$

由此可见，当 Q 值很大时，电感电压和电容电压比外施电压大得多。由于 $\dot{U}_L$ 与 $\dot{U}_C$ 相位相反而完全抵消，所以串联谐振又称为电压谐振。图 5-3 是 RLC 串联电路谐振时的电压相量图。

在电力工程中一般应避免发生电压谐振，因为谐振时在电容上和电感上可能出现比电源电压大得多的过电压，这可能击穿电气设备的绝缘。在电信工程中则相反，由于某些信号源的电压十分微弱，常常要利用电压谐振来获得一个较高的电压。例如在收音机中就用串联谐振电路（又称“调谐电路”）来选择所要收听的某个电台的广播。在电信工程中通常要求尽量提高谐振电路的品质因数。

串联谐振电路对于不同频率的信号具有选择的能力，为了研究串联谐振电路的选择性，需要分析电路中的电流、电压、阻抗（或导纳）以及阻抗角（或导纳角）等各量随频率变化的关系，这些关系称为频率特性。表明电流、电压与频率关系的曲线，称为谐振曲线。在图 5-4 中画出了电阻 R 以及复阻抗的模 $|Z|$ 和幅角 φ 随频率变化的频率特性曲线。

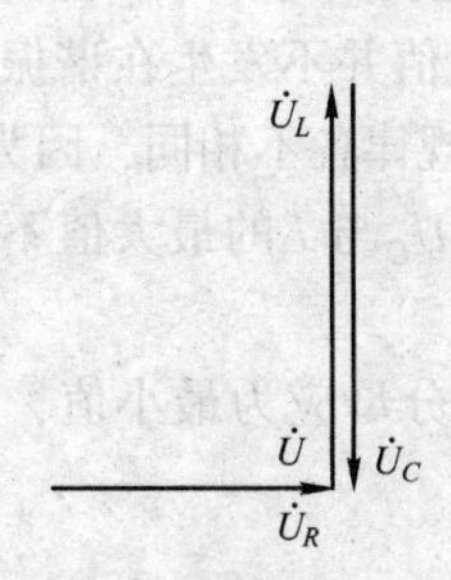

图 5-3　串联谐振电路电压相量图

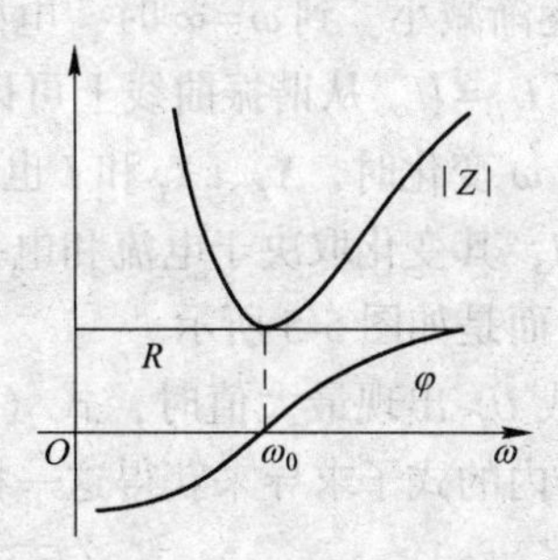

图 5-4　R、$|Z|$ 和幅角 φ 的频率特性

在电路参数一定的情况下，串联谐振电路中的电流为

$$I = \frac{U}{\sqrt{R^2 + \left(\omega L - \frac{1}{\omega C}\right)^2}} = \frac{U}{\sqrt{R^2 + \left(\frac{\omega}{\omega_0}\omega_0 L - \frac{\omega_0}{\omega}\frac{1}{\omega_0 C}\right)^2}}$$

$$= \frac{U}{\sqrt{R^2 + \omega_0^2 L^2\left(\frac{\omega}{\omega_0} - \frac{\omega_0}{\omega}\right)^2}} = \frac{U}{R\sqrt{1 + Q^2\left(\eta - \frac{1}{\eta}\right)^2}}$$

$$= \frac{I_0}{\sqrt{1 + Q^2\left(\eta - \frac{1}{\eta}\right)^2}} \tag{5-6}$$

式（5-6）中 $I_0 = \frac{U}{R}$ 为谐振时的电流，$Q = \frac{\omega_0 L}{R}$ 为品质因数，$\eta = \frac{\omega_0}{\omega}$ 为谐振角频率与激励电压角频率的比值。由式（5-4）有

$$U_L = \omega L I = \frac{\omega L U}{\sqrt{R^2 + \left(\omega L - \frac{1}{\omega C}\right)^2}} = \frac{QU}{\sqrt{\frac{1}{\eta^2} + Q^2\left(1 - \frac{1}{\eta^2}\right)^2}} \tag{5-7}$$

$$U_C = \frac{1}{\omega C}I = \frac{U}{\omega C\sqrt{R^2 + \left(\omega L - \frac{1}{\omega C}\right)^2}} = \frac{QU}{\sqrt{\frac{1}{\eta^2} + Q^2(\eta^2 - 1)^2}} \tag{5-8}$$

在图 5-5 中画出了电流及各电压随频率变化的谐振曲线，因电阻不随频率变化，所以电阻电压与电流谐振曲线的形状相同。当 $\omega=0$ 时，相当于直流情形，这时电容 C 的容抗为无穷大，故电流 $I=0$，全部电压都加在电容上，$U_C=U$。随着 ω 增加时，X_C逐渐减小，而 X_L则由零逐渐增加，但在 $\omega<\omega_0$ 区间，始终有 $X_C>X_L$，所以电路呈现容性，$\varphi<0$。$|X|=|X_L-X_C|$逐渐减小，$|Z|$减小，I 增大。$\omega=\omega_0$ 时，发生谐振，$X_L=X_C$，$|Z|=R$，$\varphi=0$，I 达到最大，且 $U_L=U_C$。随着 ω 继续增加，$X_L>X_C$，$\varphi>0$，$|Z|$又随频率增大而增大，I 逐渐减小。到 $\omega=\infty$ 时，电感 L 的感抗为无穷大，电流又等于零，全部电压加在电感上，即 $U_L=U$。从谐振曲线上可以看出，U_L与 U_C的最大值并不发生在谐振频率处，这是因为当 ω 变化时，X_L、X_C和 I 也都随着变动，而且变化规律各不相同，因为 $U_L= X_L I$，$U_C= X_C I$，其变化取决于电流和电抗两个因素，所以 U_L、U_C与 I 的最大值不出现在同一频率处，而是如图 5-5 所示。

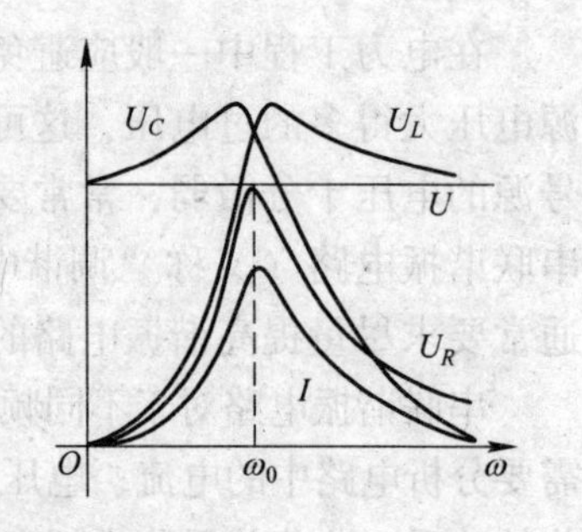

图 5-5 电压、电流的谐振曲线

U_L 或 U_C 出现最大值时，式（5-7）和式（5-8）中的分母应为最小值，可以对式中分母根号内的式子求导来获得这一极值的条件，即

$$\omega = \omega_0\sqrt{\frac{2Q^2 - 1}{2Q^2}} < \omega_0 \text{ 时，} U_C \text{ 出现最大值}$$

$$\omega = \omega_0\sqrt{\frac{2Q^2}{2Q^2 - 1}} > \omega_0 \text{ 时，} U_L \text{ 出现最大值}$$

且
$$U_{C\max} = U_{L\max} = \frac{QU}{\sqrt{1 - \frac{1}{4Q^2}}} > QU$$

从数学分析可知，当 $Q > \frac{1}{\sqrt{2}}$时，U_L、U_C的峰值都不在谐振频率处出现，而且两峰值总是相等的。当 Q 值增大时，两峰值向谐振频率处逼近，同时峰值也增大。由于这样高的电压出现在谐振频率附近很小的范围内，因此，可以用串联谐振电路来选择谐振频率附近的电流、电压，而将此频率以外的电压加以抑制。

谐振曲线的形状与品质因数 Q 有关。式（5-6）也可写成

$$\frac{I}{I_0} = \frac{1}{\sqrt{1 + Q^2\left(\eta - \frac{1}{\eta}\right)^2}} \tag{5-9}$$

以频率比 η 为横坐标，以电流比$\frac{I}{I_0}$为纵坐标，若取不同的 Q 值，将画出一组曲线，称为串联谐振电路的谐振曲线，如图 5-6 所示。可见 Q 值越大，曲线在谐振点附近的形状

越尖，因此对于非谐振频率的激励，电路响应 I 将显著减小。这说明 Q 值越高，电路的选择性越好。谐振电路的这种只允许一定频率范围的电流信号通过的特性也称为滤波特性。

例 5-1 电路如图 5-7 所示，已知 $R_1=R_2=5\Omega$，$L_1=100\text{mH}$，$L_2=400\text{mH}$，外施电压 $u=20\sqrt{2}\sin(1000t+60°)\text{V}$，当 $C=1.25\mu\text{F}$ 时，电流表的读数达到最大值，为 $I=2\text{A}$。求互感 M、电路的品质因数 Q 值，以及谐振时的电容电压 U_C。

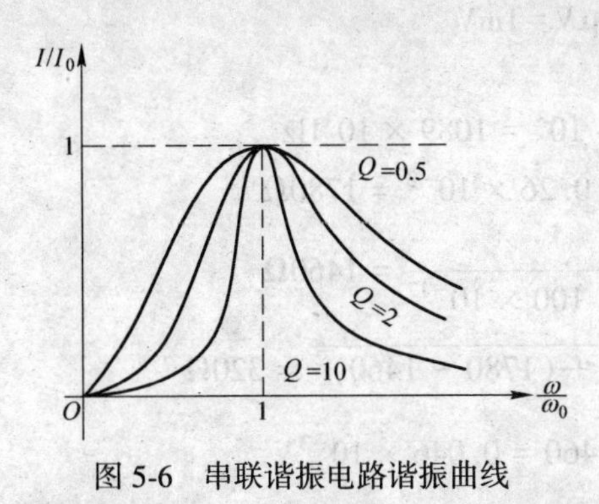

图 5-6 串联谐振电路谐振曲线

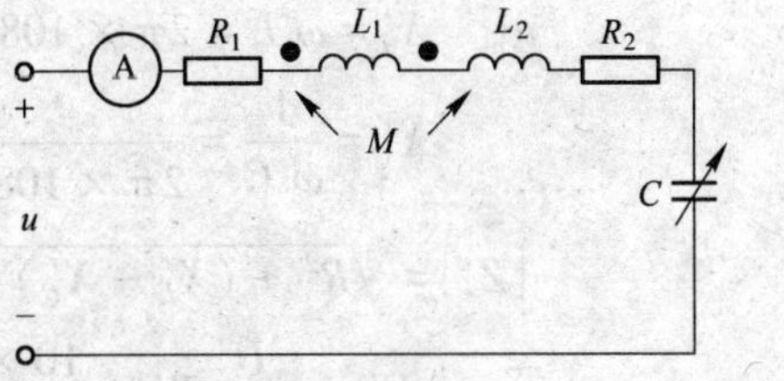

图 5-7 例 5-1

解 因为电流达最大值，可知电路此时发生串联谐振，所以

$$\omega_0(L_1+L_2+2M)-\frac{1}{\omega_0 C}=0$$

将已知数据代入上式计算互感 M 的值

$$M=\frac{1}{2}\left(\frac{1}{\omega_0^2 C}-L_1-L_2\right)$$

$$=\frac{1}{2}\left(\frac{1}{10^6\times1.25\times10^{-6}}-0.1-0.4\right)=0.15\text{H}$$

电路的品质因数 Q 值为

$$Q=\frac{1}{R_1+R_2}\sqrt{\frac{L_1+L_2+2M}{C}}=\frac{1}{10}\sqrt{\frac{0.8}{1.25\times10^{-6}}}=80$$

谐振时的电容电压值为

$$U_C=QU=80\times20=1600\text{V}$$

例 5-2 一个线圈与电容串联，线圈电阻 $R=16.2\Omega$，电感 $L=0.26\text{mH}$，当把电容调节到 100pF 时发生串联谐振。（1）求谐振频率及品质因数；（2）设外加电压为 10μV，其频率等于电路的谐振频率，求电路中的电流及电容电压；（3）若外加电压仍为 10μV，但其频率比谐振频率高 10%，再求电容电压。

解 （1）谐振频率及品质因数分别为

$$f_0=\frac{1}{2\pi\sqrt{LC}}=\frac{1}{2\pi\sqrt{0.26\times10^{-3}\times100\times10^{-12}}}=990\times10^3\text{Hz}$$

$$Q=\frac{2\pi\times990\times10^3\times0.26\times10^{-3}}{16.2}=100$$

（2）谐振时的电流及电容电压计算如下：

$$I_0 = \frac{U}{R} = \frac{10 \times 10^{-6}}{16.2} = 0.617 \times 10^{-6} A$$

$$X_C = \frac{1}{\omega_0 C} = \frac{1}{2\pi \times 990 \times 10^3 \times 100 \times 10^{12}} = 1620\Omega$$

$$U_C = X_C I_0 = 1620 \times 0.617 \times 10^{-6} = 10^{-3}\text{V}$$

或
$$U_C = QU = 100 \times 10\mu\text{V} = 1\text{mV}$$

(3) 电源频率比谐振频率高 10%的情形。

$$f'(1 + 0.1)f_0 = 1.1 \times 990 \times 10^3 = 1089 \times 10^3\text{Hz}$$

$$X'_L = \omega' L = 2\pi \times 1089 \times 10^3 \times 0.26 \times 10^{-3} = 1780\Omega$$

$$X'_C = \frac{1}{\omega' C} = \frac{1}{2\pi \times 1089 \times 10^3 \times 100 \times 10^{-12}} = 1460\Omega$$

$$|Z'| = \sqrt{R^2 + (X'_L - X'_C)} = \sqrt{16.2^2 + (1780 - 1460)^2} = 320\Omega$$

$$U'_C = \frac{U}{|Z'|} X'_C = \frac{10 \times 10^{-6}}{320} \times 1460 = 0.046 \times 10^{-3}\text{V}$$

比较 U'_C 与 U_C 可见，当电源频率偏离电路的谐振频率时，电容电压显著下降。收音机就是利用这个原理选择所要收听的广播电台，而抑制其他广播电台的信号。

5.2　并联谐振电路

图 5-8 所示 *RLC* 并联电路，在一定条件下，也可以发生谐振，*RLC* 并联电路的谐振问题，可以用与串联电路相类似的方法进行分析。并联谐振电路具有与串联谐振电路不同的谐振特征。

电路的复导纳为

$$Y = G + \mathrm{j}\left(\omega C - \frac{1}{\omega L}\right) = G + \mathrm{j}(B_C - B_L) = G + \mathrm{j}B$$

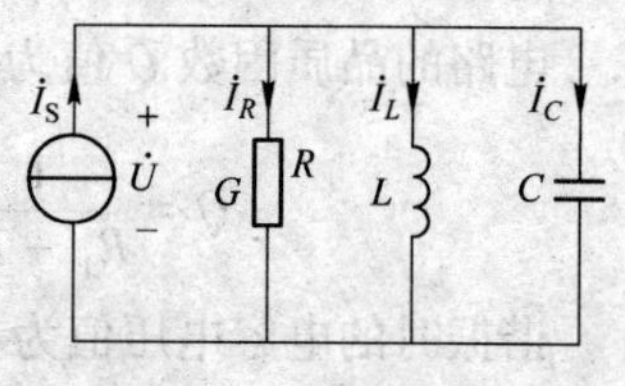

图 5-8　*RLC* 并联电路

如果 ω、L、C 满足一定的条件，使并联电路的感纳和容纳相等，即 $B_C = B_L$，则电流 $\dot{I}_S$ 与电压 $\dot{U}$ 同相位。这种情况称为 *RLC* 并联电路发生谐振，简称并联谐振。实现此并联谐振的条件是

$$\frac{1}{\omega_0 L} = \omega_0 C$$

谐振角频率为

$$\omega_0 = \frac{1}{\sqrt{LC}}$$

发生并联谐振时导纳最小，$|Y| = G$，因此在一定的正弦电流源 $\dot{I}_S$ 作用下，电压 U 将达到最大。

$$U_0 = \frac{I_S}{G}$$

并联谐振电路的品质因数 Q 定义为电感无功功率与电阻消耗的平均功率的比值，则有

$$Q=\frac{Q_L}{P}=\frac{U^2/\omega_0 L}{U^2 G}=\frac{\frac{1}{\omega_0 L}}{G}=\frac{\omega_0 C}{G} \tag{5-10}$$

即也为感纳（或容纳）与电导之比。

电感和电容支路中的电流分别为

$$\dot{I}_L=\frac{\dot{U}_0}{\mathrm{j}\omega_0 L}=\frac{1/G}{\mathrm{j}\omega_0 L}\dot{I}_\mathrm{S}=-\mathrm{j}Q\dot{I}_\mathrm{S}$$

$$\dot{I}_C=\mathrm{j}\omega_0 C\dot{U}_0=\frac{\mathrm{j}\omega_0 C}{G}\dot{I}_\mathrm{S}=\mathrm{j}Q\dot{I}_\mathrm{S}$$

如果 Q 很大，则谐振时电感和电容中的电流要比电流源电流大得多。由于 $\dot{I}_L$ 与 $\dot{I}_C$ 大小相等，相位相反，因此其相量和为零，并联谐振又称为电流谐振。

图 5-8 中，RLC 并联电路的电压为

$$U=\frac{I_\mathrm{S}}{\sqrt{G^2+\left(\omega C-\frac{1}{\omega L}\right)^2}}=\frac{U_0}{\sqrt{1+Q^2\left(\eta-\frac{1}{\eta}\right)^2}}$$

或

$$\frac{U}{U_0}=\frac{1}{\sqrt{1+Q^2\left(\eta-\frac{1}{\eta}\right)^2}} \tag{5-11}$$

式（5-11）中，$U_0=\frac{I_\mathrm{S}}{G}$为谐振时的电压；$Q=\frac{\omega_0 C}{G}$；$\eta=\frac{\omega}{\omega_0}$。

式（5-11）是 RLC 并联电路中电压的谐振曲线方程，它和 RLC 串联电路中电流的谐振曲线方程式（5-9）相似。

在实际应用中常以电感线圈和电容器组成并联谐振电路。电感线圈可用电感与电阻串联作为电路模型，这样就得到了如图 5-9 所示的并联电路。分析此电路的谐振条件时，可先写出此电路的复导纳为

$$Y=\frac{1}{R+\mathrm{j}\omega L}+\mathrm{j}\omega C=\frac{R}{R^2+(\omega L)^2}+\mathrm{j}\left[\omega C-\frac{\omega L}{R^2+(\omega L)^2}\right] \tag{5-12}$$

据式（5-12）可将图 5-9 电路等效为 RLC 并联等效电路，如图 5-10 所示。

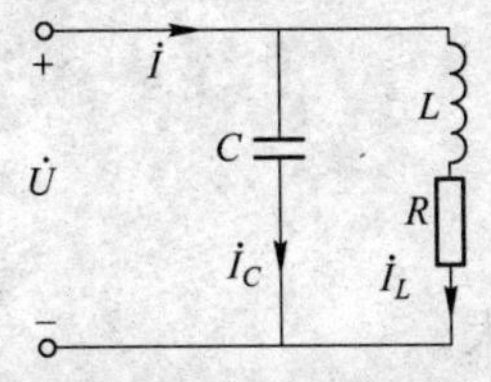

图 5-9　电感线圈和电容器组成的并联电路

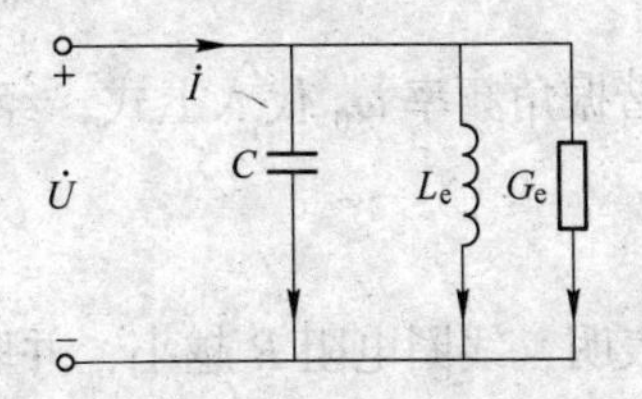

图 5-10　图 5-9 电路的等效电路

图 5-10 所示电路中的各等效参数值为

$$G_{\mathrm{e}} = \frac{R}{R^2 + (\omega L)^2}$$

$$B_L = \frac{1}{\omega L_{\mathrm{e}}} = \frac{\omega L}{R^2 + (\omega L)^2}$$

它们都是频率的函数。令式（5-12）中的复导纳的虚部等于零，得到此电路发生并联谐振的条件为

$$\omega_0 C = \frac{\omega_0 L}{R^2 + (\omega_0 L)^2} \tag{5-13}$$

则谐振角频率为

$$\omega_0 = \sqrt{\frac{1}{LC} - \frac{R^2}{L^2}} \tag{5-14}$$

调节电容时，则 $C = \dfrac{L}{R^2 + (\omega_0 L)^2}$

可见其谐振条件比较复杂。在电路参数一定的条件下改变电源频率时，能否达到谐振，要看式（5-14）根号下的值是正还是负，若是 $R>\sqrt{\dfrac{L}{C}}$，ω_0 为虚数，则不可能谐振，这时式（5-12）的虚部恒为正值，电路始终保持容性。

由式（5-13）可知，若调节电容，则不论线圈参数 R、L 及角频率 ω 为何值，总可以实现谐振。调节电容时有

$$C = \frac{L}{R^2 + (\omega_0 L)^2}$$

调节电感时的情况也比较复杂。从式（5-13）解出电感为

$$L = \frac{1 \pm \sqrt{1 - 4\omega^2 C^2 R^2}}{2\omega^2 C}$$

当 $R>\dfrac{1}{2\omega C}$时，根号下为负值，根本不能发生谐振；当 $R<\dfrac{1}{2\omega C}$时，电感 L 有两个正根，把电感调节到这两个量值时都能发生谐振。

谐振时复导纳的虚部为零，故整个电路的阻抗相当于一个电阻 R_0，称为谐振阻抗。由式（5-12）得

$$R_0 = \frac{1}{G_{\mathrm{e}}} = \frac{R^2 + (\omega_0 L)^2}{R}$$

将谐振角频率 ω_0 代入上式，经过化简可得

$$R_0 = \frac{L}{RC}$$

这表明，线圈电阻 R 越小，并联谐振时的阻抗 R_0 越大。

对图 5-9 所示由电流源激励的电路，谐振时由于阻抗接近于最大值，电路两端之间会出现很高的电压，同时在线圈支路和电容支路中所产生的电流可能比电源电流大得多。如果由一定的电压源激励，则谐振时总电流将接近于最小值。在图 5-11 中画出了谐振时的

各电流及电压的相量图。

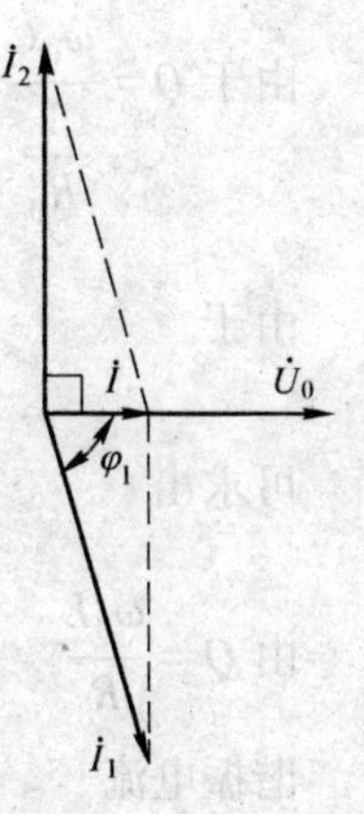

图 5-11 图 5-9 电路谐振时的相量图

假设线圈电阻 R 趋于零，则谐振阻抗 R_0 趋于无穷大。也就是说此电路电感与电容发生并联谐振时，其阻抗为无穷大，不能通过电流。但在电感支路和电容支路却存在电流，因为它们大小相等，相位相反，使总电流等于零。

图 5-9 所示电路的品质因数为

$$Q=\frac{\frac{1}{\omega_0 L_e}}{G_e}=\frac{\frac{\omega_0 L}{R^2+\omega_0^2 L2}}{\frac{R}{R^2+\omega_0^2 L^2}}=\frac{\omega_0 L}{R}$$

$$=\frac{\omega_0 C}{G_e}=\frac{\omega_0 C}{\frac{1}{R_0}}=\omega_0 C R_0 \tag{5-15}$$

例 5-3 一个电阻为 10Ω 的电感线圈，与电容器接成并联谐振电路，品质因数 $Q=100$，如再并上一只 100kΩ 的电阻，电路的品质因数为多少？

解 线圈的感抗为

$$\omega_0 L = QR = 100\times 10 = 1000\Omega$$

为了计算方便，将电路转换成图 5-10 的形式，其中

$$R_0=\frac{1}{G_e}=\frac{R^2+(\omega_0 L)^2}{R}=\frac{100+1000^2}{10}\approx 100\text{k}\Omega$$

可见，谐振阻抗为线圈电阻的 10^4 倍。如再并上一个 100kΩ 的电阻，则 R_0 与 100kΩ 并联后，等效电阻

$$R'=\frac{100\times 100}{100+100}=50\text{k}\Omega$$

由式（5-15），品质因数为

$$Q'=\frac{\frac{1}{\omega_0 L_e}}{G'_e}=\frac{\frac{\omega_0 L}{R^2+\omega_0^2 L^2}}{\frac{1}{R'}}=R'\frac{\omega_0 L}{R^2+\omega_0^2 L^2}\approx 50\times 10^3\times 10^{-3}=50$$

例 5-4 在图 5-12 所示的电路中，已知电源的电动势为 100V，内阻为 50kΩ，并联谐振电路的谐振角频率为 10^6rad/s，$Q=100$，且要求谐振时信号源输出功率为最大。试求：电感 L、电容 C 及电阻 R，谐振电流 I_0，谐振电压 U_0，以及谐振时信号源输出的功率 P_0。

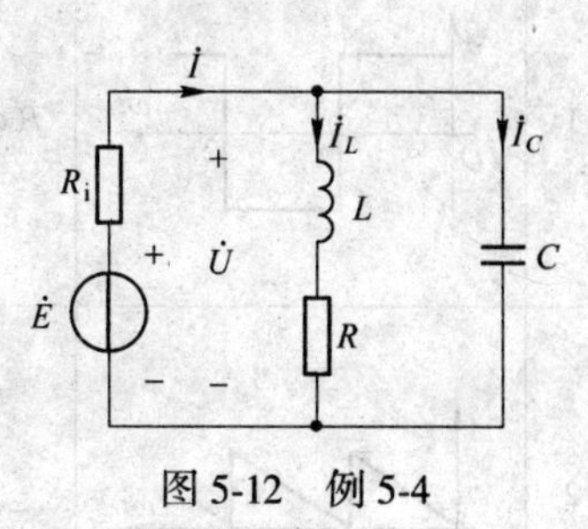

图 5-12 例 5-4

解 因为谐振，而且信号源输出功率最大，并联谐振回路的谐振阻抗 R_0 应等于信号源的内阻 R_t，即

$$R_0=R_i=50\text{k}\Omega$$

由于 $Q=\dfrac{\omega_0 C}{\dfrac{1}{R_0}}$，可得 $C=\dfrac{Q}{\omega_0 R_t}=\dfrac{100}{10^6\times 50\times 10^3}=2\times 10^{-9}\mathrm{F}=0.002\mu\mathrm{F}$

由于

$$R_0=\frac{1}{G_e}=\frac{R^2+(\omega_0 L)^2}{R}=\frac{R^2(1+Q^2)}{R}=R(1+Q^2)$$

可求出

$$\frac{R_0}{(1+Q^2)}\approx 5\Omega$$

由 $Q=\dfrac{\omega_0 L}{R}$，可得

$$L=\frac{QR}{\omega_0}=\frac{100\times 0.5}{10^6}=0.5\times 10^{-3}\mathrm{H}=0.5\mathrm{mH}$$

谐振电流

$$I_0=\frac{E}{R_i+R_0}=\frac{100}{2\times 50\times 10^3}=10^{-3}\mathrm{A}=1\mathrm{mA}$$

谐振电压

$$U_0=R_0 I_0=50\times 10^3\times 10^{-3}=50\mathrm{V}$$

谐振时信号源输出的功率

$$P_0=U_0 I_0=50\times 10^{-3}=0.05\mathrm{W}$$

5.3　非正弦周期电流和电压

在第4章，研究了正弦交流稳态电路的情况，电路中有一个正弦形式电源作用或者有多个同频率的正弦形式电源作用时，产生的响应是同频率的正弦形式。在实际工程中，还会遇到非正弦周期函数形式的激励或响应，形成非正弦周期电流电路。非正弦周期电流电路有下面几种主要类型。

非正弦激励作用于线性电路，产生非正弦形式的响应。如一些通信设备、控制装置、计算机等经常接收或处理的信号是非正弦形式，有方波、三角波、脉冲波等，波形见表5-1；实际的交流发电机发出的电压的波形，严格地讲，也是非正弦波形。

表5-1　一些典型周期函数的傅里叶级数序

序号	$f(\omega t)$ 的波形	$f(\omega t)$ 的傅里叶级数
1	A, O, π, 2π, ωt	$f(\omega t)=\dfrac{4A}{\pi}\left(\sin\omega t+\dfrac{1}{3}\sin 3\omega t+\dfrac{1}{5}\sin 5\omega t+\cdots+\dfrac{1}{K}\sin K\omega t+\cdots\right)$（$K$ 为奇数）
2	A, O, 2π, 4π, ωt	$f(\omega t)=\dfrac{A}{2}-\dfrac{A}{\pi}\left(\sin\omega t+\dfrac{1}{2}\sin 2\omega t+\dfrac{1}{3}\sin 3\omega t+\cdots+\dfrac{1}{K}\sin K\omega t+\cdots\right)$

续表 5-1

序号	$f(\omega t)$ 的波形	$f(\omega t)$ 的傅里叶级数
3		$f(\omega t) = \alpha A + \frac{2A}{\pi}\left(\sin\alpha\pi\cos\omega t + \frac{1}{2}\sin2\alpha\pi\cos2\omega t + \frac{1}{3}\sin3\alpha\pi\cos3\omega t + \cdots\right)$
4		$f(\omega t) = \frac{8A}{\pi^2}\left(\sin\omega t - \frac{1}{9}\sin3\omega t + \frac{1}{25}\sin5\omega t - \cdots + \frac{(-1)^{\frac{K-1}{2}}}{K^2}\sin K\omega t + \cdots\right)$ （K 为奇数）
5		$f(\omega t) = \frac{4A}{\alpha x}\left(\sin\alpha\omega t + \frac{1}{9}\sin3\alpha\cos3\omega t + \frac{1}{25}\sin5\alpha\cos5\omega t - \cdots + \frac{1}{K^2}\sin K\alpha\cos K\omega t + \cdots\right)$ （K 为奇数）
6		$f(\omega t) = \frac{A}{\pi}\left(1 + \frac{\pi}{2}\sin\omega t - \frac{2}{3}\cos2\omega t - \frac{2}{15}\cos4\omega t - \cdots - \frac{2}{(K-1)(K+1)}\cos K\omega t - \cdots\right)$ （K 为偶数）
7		$f(\omega t) = \frac{4A}{\pi}\left(\frac{1}{2} - \frac{1}{3}\cos2\omega t - \frac{1}{15}\cos4\omega t - \cdots - \frac{1}{K^2-1}\cos K\omega t - \cdots\right)$ （K 为偶数）

当正弦形式的激励作用于非线性电路时，会产生非正弦形式响应。在正弦电压作用下，非线性电感（带有铁心的线圈）中产生的非正弦电流波形如图 5-13（a）所示；当正弦电压作用在含有非线性元件（二极管）的半波整流电路中，由于二极管的单方向导电的性能，输出的电流是非正弦形式，如图 5-13（b）所示。还有，当几个不同频率的正弦激励同时作用于电路时，也会产生非正弦形式的响应。

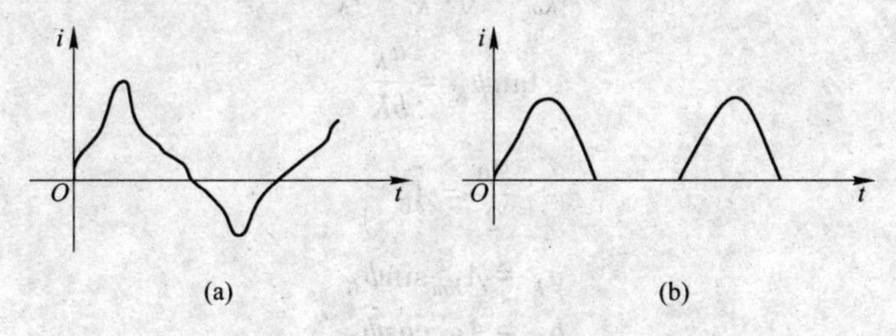

图 5-13　非正弦电流形式

（a）非线性电感中的电流；（b）半波整流电流

本章的分析仅限于线性电路。讨论非正弦周期稳态电路的分析和计算方法，主要是利用数学中学过的傅里叶级数展开法，将非正弦周期激励电压、电流或外施信号分解为一系列不同频率的正弦量之和，然后分别计算在各种频率正弦量单独作用下，在电路中产生的正弦电流分量和电压分量，最后再根据线性电路的叠加原理，把这些分量叠加，就可以得到电路中实际的稳态电流和电压。这种方法称为谐波分析法，它是把非正弦周期电流电路的计算化为一系列正弦电流电路的计算，因而能利用相量法这个有效的工具。

5.4 周期函数分解为傅里叶级数

周期电流、电压、信号等都可以用一个周期函数来表示，即

$$f(t)=f(t+KT)$$

式中，T 为周期函数的周期，且 $K=0$，1，2，3，…。

如果给定的函数是周期函数同时又满足狄里赫利条件，那么它就可以展开成一个收敛级数。这个定理是傅里叶提出的。狄里赫利条件是指给定的周期函数在有限的区间内，只有有限个第一类间断点和有限个极大值和极小值。电工技术中所遇到的周期函数，通常都能满足这个条件。

设给定的周期函数 $f(t)$ 满足上述条件，则 $f(t)$ 可展开成

$$\begin{aligned} f(t) &= \frac{a_0}{2}+(a_1\cos\omega t+b_1\sin\omega t)+(a_2\cos 2\omega t+b_2\sin 2\omega t)+\cdots+ \\ &\quad (a_K\cos K\omega t+b_K\sin K\omega t)+\cdots \\ &= \frac{a_0}{2}+\sum_{K=1}^{\infty}(a_K\cos K\omega t+b_K\sin K\omega t) \end{aligned} \tag{5-16}$$

式中，$\omega=\dfrac{2\pi}{T}$，T 为 $f(t)$ 的周期。

式（5-16）还可写成另一种形式

$$\begin{aligned} f(t) &= A_0+A_{1m}\sin(\omega t+\psi_1)+A_{2m}\sin(2\omega t+\psi_2)+\cdots+A_{Km}\sin(K\omega t+\psi_K)+\cdots \\ &= A_0+\sum_{K=1}^{\infty}A_{Km}\sin(K\omega t+\psi_K) \end{aligned} \tag{5-17}$$

式（5-16）、式（5-17）表示的无穷三角级数称为傅里叶级数。

不难得出，式（5-16）和式（5-17）间有下列关系

$$A_{Km}=\sqrt{a_K^2+b_K^2}$$

$$\tan\psi_K=\frac{a_K}{bK}$$

$$\frac{a_0}{2}=A_0$$

$$a_K=A_{Km}\sin\psi_K$$

$$b_K=A_{Km}\cos\psi_K$$

式（5-17）的第一项 A_0 称为周期函数 $f(t)$ 的恒定分量（或称为直流分量）；第二项 $A_{1m}\sin(\omega t+\psi_1)$ 的周期与周期函数 $f(t)$ 的周期相同，称为一次谐波（或基波分量），其余各项的频率是基波的整数倍，$K=2$ 时就称为二次谐波，其余按顺序称为三次谐波、四次谐波…，统称为高次谐波。有时还把各奇次的谐波统称为奇次谐波，偶次的谐波统称为偶次谐波。因此，把一个周期函数展开或分解为具有一系列谐波的傅里叶级数称为谐波分析。

式（5-16）中的各项系数：

$\frac{a_0}{2}$ 是 $f(t)$ 的恒定分量，它就是函数 $f(t)$ 在一个周期内的平均值

$$a_0 = \frac{2}{T}\int_0^T f(t)\,\mathrm{d}t = \frac{1}{\pi}\int_0^{2\pi} f(t)\,\mathrm{d}\omega t \tag{5-18}$$

$$a_K = \frac{2}{T}\int_0^T f(t)\cos K\omega t\mathrm{d}t = \frac{1}{\pi}\int_0^{2\pi} f(t)\cos K\omega t\mathrm{d}(\omega t) \tag{5-19}$$

$$b_K = \frac{2}{T}\int_0^T f(t)\sin K\omega t\mathrm{d}t\ \frac{1}{\pi}\int_0^{2\pi} f(t)\sin K\omega t\mathrm{d}(\omega t) \tag{5-20}$$

在电路分析中，为方便起见，通常使用式（5-17）所示的傅里叶级数形式。式（5-17）是傅里叶级数的时域表示形式，也可以将其转化为频域表示形式，用频谱（图）表示。图 5-14 所示的图形称为 $f(t)$ 的频谱（图）。在频谱中，每条谱线（线段）的高度代表某一谐波分量的振幅，谱线所在的横坐标位置则为谐波分量的频率（或如图 5-14 中使用的角频率）。这种频谱，只表示出各谐波分量的振幅，所以称为幅度频谱。如果把各次谐波的初相用相应的线段依次排列就可以得到相位频谱。由于各次谐波的角频率是 ω 的整数倍，所以这种频谱是离散的，有时又称为线频谱。

下面用一个具体例子来说明周期函数分解为傅里叶级数的过程。

例 5-5　给定一个周期性信号 $f(t)$，其波形如图 5-15 所示，是一个周期性的矩形波。求此信号 $f(t)$ 的傅里叶级数的展开式及其频谱。

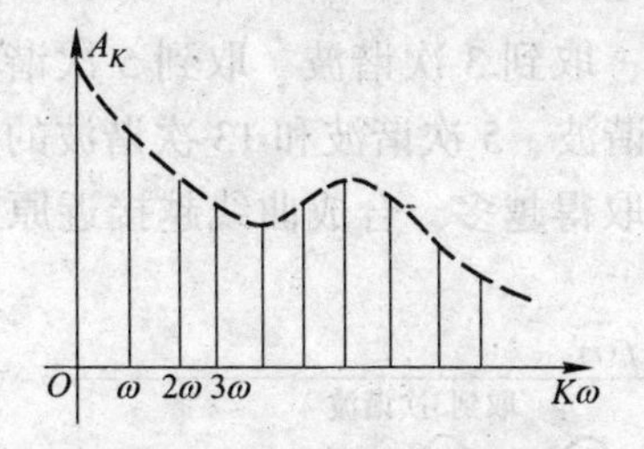

图 5-14　$f(t)$ 的幅度频谱

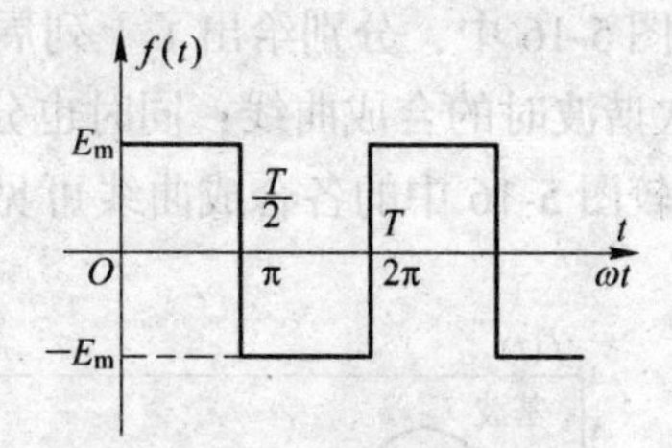

图 5-15　周期性矩形波

解　$f(t)$ 在一个周期内的表达式为

$$\begin{cases} f(t) = E_\mathrm{m} & 0 \leqslant t \leqslant \dfrac{T}{2} \\ f(t) = -E_\mathrm{m} & \dfrac{T}{2} \leqslant t \leqslant T \end{cases}$$

据式（5-18）~式（5-20），可求得傅里叶系数

$$a_0 = \frac{2}{T}\int_0^T f(t)\,\mathrm{d}t = \frac{2}{T}\int_0^{\frac{T}{2}} E_\mathrm{m}\,\mathrm{d}t + \frac{2}{T}\int_{\frac{T}{2}}^T (-E_\mathrm{m})\,\mathrm{d}t = 0$$

$$\begin{aligned} a_K &= \frac{1}{\pi}\int_0^{2\pi} f(t)\cos K\omega t\mathrm{d}\omega t \\ &= \frac{1}{\pi}\left[\int_0^{\pi} E_\mathrm{m}\cos K\omega t\mathrm{d}\omega t - \int_{\pi}^{2\pi} E_\mathrm{m}\cos K\omega t\mathrm{d}\omega t\right] \\ &= \frac{2E_\mathrm{m}}{\pi}\int_0^{\pi}\cos K\omega t\mathrm{d}\omega t = 0 \end{aligned}$$

$$b_K = \frac{1}{\pi}\int_0^{2\pi} f(t)\sin K\omega t \mathrm{d}\omega t$$

$$= \frac{1}{\pi}\left[\int_0^{\pi} E_{\mathrm{m}}\sin K\omega t \mathrm{d}\omega t - \int_{\pi}^{2\pi} E_{\mathrm{m}}\sin K\omega t \mathrm{d}\omega t\right]$$

$$= \frac{2E_{\mathrm{m}}}{\pi}\int_0^{\pi}\sin K\omega t \mathrm{d}\omega t$$

$$= \frac{2E_{\mathrm{m}}}{K\pi}(1 - \cos K\pi)$$

当 K 为偶数时

$$\cos K\pi = 1$$

所以

$$b_K = 0$$

当 K 为奇数时

$$\cos K\pi = -1$$

所以

$$b_K = \frac{2E_{\mathrm{m}}}{K\pi} \times 2 = \frac{4E_{\mathrm{m}}}{K\pi}$$

将 a_0、a_K、b_K 带入傅里叶级数的展开式（5-17），得

$$f(t) = \frac{4E_{\mathrm{m}}}{\pi}\left[\sin\omega t + \frac{1}{3}\sin 3\omega t + \frac{1}{5}\sin 5\omega t + \cdots\right]$$

在图 5-16 中，分别给出了上列展开式中取基波、取到 3 次谐波、取到 5 次谐波、取到 13 次谐波时的合成曲线；同时也分别给出了 3 次谐波、5 次谐波和 13 次谐波的谐波曲线。比较图 5-16 中的各合成曲线可见，谐波的项数取得越多，合成曲线越接近原来的波形 $f(t)$。

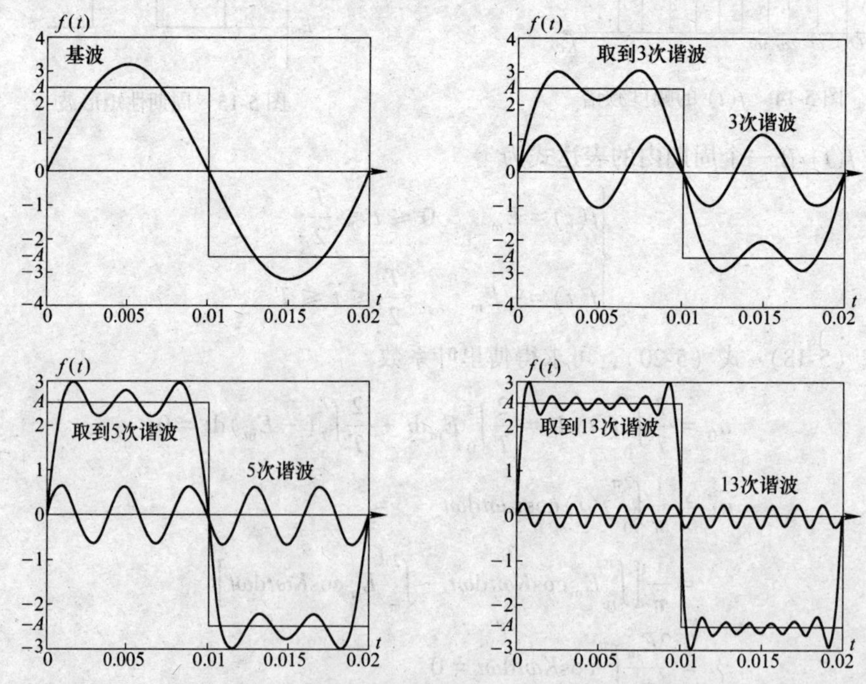

图 5-16 傅里叶级数取到不同次谐波时的合成曲线

图 5-17 为给定的周期信号 $f(t)$ 的幅度频谱。以上讨论的非正弦周期函数 $f(t)$ 可以表示一个非正弦电压（或电流），展开式中的各项就表示这个电压（或电流）的直流分量及各次谐波分量。

表 5-1 是几个典型的周期函数的傅里叶级数展开式。

傅里叶级数的系数决定于周期函数的波形。电工技术中遇到的周期函数的波形常具有某种对称性，利用函数的对称性质可使 a_0、a_K、b_K 的求解简化。

如果函数为偶函数，即 $f(t)=f(-t)$，也就是说，函数的波形对称于纵轴，如图 5-18 所示，那么容易证明式（5-16）中的 $b_K=0$，即将偶函数分解为傅里叶级数时，所得级数只含有偶函数的分量，即 $\cos K\omega t$ 项和恒定分量，而不含 $\sin K\omega t$ 的分量（正弦函数是奇函数）。

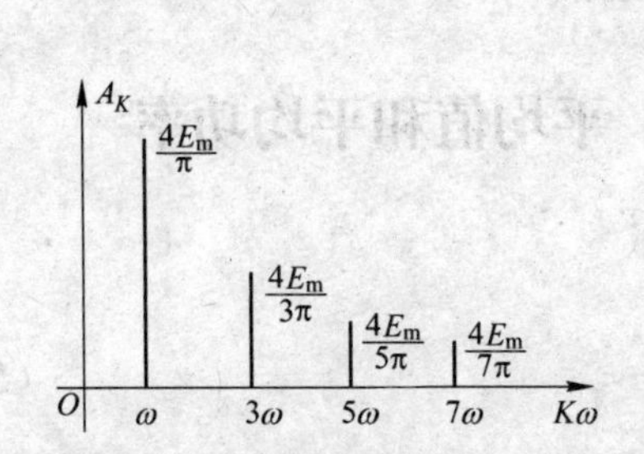

图 5-17　给定的周期信号 $f(t)$ 的频谱

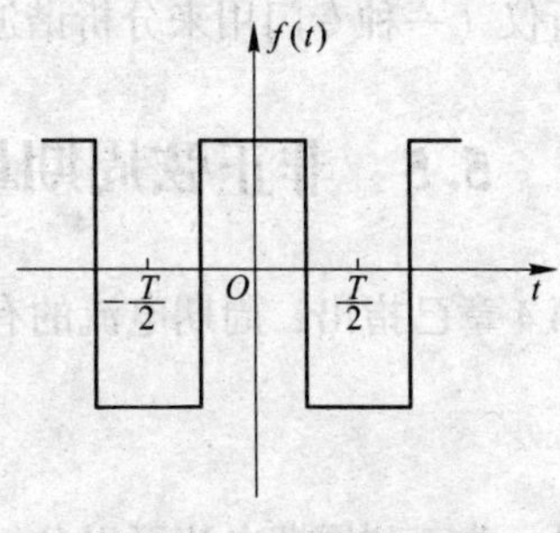

图 5-18　函数为偶函数

系数 a_K 的计算简化为

$$a_K=\frac{2}{\pi}\int_0^{\pi}f(t)\cos K\omega t\mathrm{d}\omega t$$

如果函数为奇函数，即 $f(t)=-f(-t)$，也就是说，波形对称于原点，如图 5-19 所示。容易证明（5-16）中的 $a_0=0$、$a_K=0$，即将奇函数分解为傅里叶级数时，所得级数只含有函数 $\sin K\omega t$ 型的分量。b_K 的计算公式也只需半个周期积分

$$b_K=\frac{2}{\pi}\int_0^{2\pi}f(t)\sin K\omega t\mathrm{d}\omega t$$

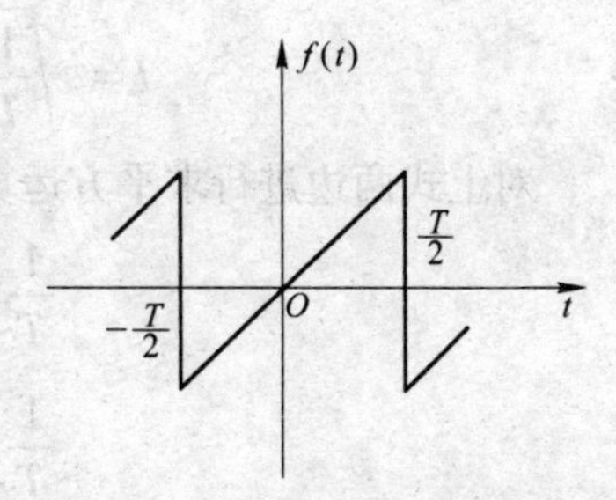

图 5-19　函数波形对称与原点

应当指出式（5-17）中的系数 A_{Km} 与计时起点无关（但 ψ_K 与计时起点有关），这是因为构成非正弦函数各次谐波的振幅以及各次谐波对该函数波形的相对位置总是一定的，并不会因计时起点的变动而变动。因此，计时起点的变动只能使各次谐波的初相作相应的改变。由于系数 a_K 和 b_K 与初相 ψ_K 有关，所以它们也随计时起点的改变而改变。

由于系数 a_K 和 b_K 与计时起点的选择有关，所以函数是否为奇函数或偶函数与计时起点的选择有关。因此，适当选择计时起点有时会使函数的分解简化。

傅里叶级数是一个无穷级数，因此把一个非正弦周期函数分解为傅里叶级数后，从理论上讲，应取无穷多项才能准确地代表原有函数。但在实际运算中，只能截取有限的项数，因此产生了误差。截取项数的多少，一般视具体问题要求的允许误差而定。通常，函

数的波形越接近正弦形，其展开函数收敛得越快（可以分析表 5-1 所列的各种函数）。而像例 5-5 所示的矩形波，其收敛速度是较慢的。例如取 $\omega t=\dfrac{\pi}{2}$ 或 $t=\dfrac{T}{4}$，则

$$f\left(\frac{T}{4}\right)=\frac{4E_{\mathrm{m}}}{\pi}\left(1-\frac{1}{3}+\frac{1}{5}-\frac{1}{7}+\frac{1}{9}-\frac{1}{11}+\cdots\right)$$

当取无穷多项时，将得 $f\left(\dfrac{T}{4}\right)=E_{\mathrm{m}}$，这是准确的值。但是如取到 11 次谐波，算出的结果将约为 $0.95E_{\mathrm{m}}$；取到 13 次谐波时约为 $1.05E_{\mathrm{m}}$；取到 35 次谐波时，将得 $0.98E_{\mathrm{m}}$，这时尚有约 2%的误差。

在实际工作中需要进行谐波分解的函数，往往是以曲线形式表示的。这时，可以利用谐波分析仪（一种专门用来分析谐波的仪器）进行分解。

5.5 非正弦周期量的有效值、平均值和平均功率

在第 4 章已指出，周期电流的有效值定义为

$$I=\sqrt{\frac{1}{T}\int_0^T i^2\mathrm{d}t} \tag{5-21}$$

假设一非正弦周期电流可以分解为傅里叶级数

$$i(t)=I_0+\sum_{K=1}^{\infty}I_{Km}\sin(K\omega t+\psi_k)$$

将此 i 代入式（5-21），则得此电流的有效值为

$$I=\sqrt{\frac{1}{T}\int_0^T\left[I_0+\sum_{k=1}^{\infty}I_{Km}\sin(K\omega t+\psi_k)\right]^2\mathrm{d}t}$$

对上式两边进行求平方运算后，将等式右边展开时包含下列各项

$$\frac{1}{T}\int_0^T I_0^2\mathrm{d}t=I_0^2$$

$$\frac{1}{T}\int_0^T I_K^2\sin^2(K\omega t+\psi_K)\mathrm{d}t=\frac{I_{Km}^2}{2}=I_K^2$$

$$\frac{1}{T}\int_0^T 2I_0I_{Km}\sin(K\omega t+\psi_K)\mathrm{d}t=0$$

$$\frac{1}{T}\int_0^T 2I_{Km}\sin(K\omega t+\psi_K)I_{Qm}\sin(Q\omega t+\psi_Q)\mathrm{d}t=0$$

求得的有效值为

$$I=\sqrt{I_0^2+I_1^2+I_2^2+I_3^2+\cdots} \tag{5-22}$$

同理，非正弦周期电压的有效值为

$$U=\sqrt{U_0^2+U_1^2+U_2^2+U_3^2+\cdots} \tag{5-23}$$

非正弦周期电流或电压的有效值，等于它的恒定分量的平方与各次谐波电流或电压有效值的平方之和的平方根。在正弦电流电路中，正弦量的最大值与有效值之间存在$\sqrt{2}$倍

关系，但对于非正弦量就不存在这个简单关系。

在实践中还用到平均值的概念，以电流为例，其定义为

$$I_{av} = \frac{1}{T}\int_0^T |i| dt \tag{5-24}$$

即周期电流平均值等于此电流绝对值的平均值。一个正弦量，因为正负半周面积相等，故其恒定分量为零，但 $I_{av} \neq 0$。按式（5-24）可求得正弦量的平均值为

$$\begin{aligned} I_{av} &= \frac{1}{T}\int_0^T |I_m \sin\omega t| dt \\ &= \frac{2I_m}{T}\int_0^{\frac{T}{2}} \sin\omega t dt \\ &= \frac{2I_m}{\pi} = 0.673 I_m = 0.898 I \end{aligned}$$

对于正弦电压的平均值也可以同样定义。

对同一周期电流，用不同类型的仪表进行测量，会得出不同的结果。例如用磁电系仪表（直流仪表）测量，所得结果将是电流的恒定分量，这是因为磁电系仪表指针的偏转角 $\alpha \propto \frac{1}{T}\int_0^T i dt$。用电磁系或电动系仪表测量时，所得结果将是电流的有效值，因为这两种仪表的偏转角 $\alpha \propto \frac{1}{T}\int_0^T i^2 dt$。用全波整流磁电系仪表测量时，所得的结果将是电流的平均值，因为这种仪表的偏转角正比于电流绝对值的平均值。由此可见，在测量周期电流或电压时，要注意选择合适的仪表，并注意各种不同类型表读数的含义。

非正弦周期电流电路中的平均功率仍是按瞬时功率的平均值来定义的。假设一个无源一端口网络的端电压为非正弦周期量，电流也是非正弦周期量，则一端口网络的瞬时功率为

$$p(t) = u(t)i(t) \tag{5-25}$$

平均功率为

$$P = \frac{1}{T}\int_0^T p dt = \frac{1}{T}\int_0^T u(t)i(t) dt \tag{5-26}$$

如果 u、i 可分解为傅里叶级数，即

$$u(t) = \left[U_0 + \sum_{K=1}^{\infty} U_{Km}\sin(K\omega t + \psi_{Ku})\right]$$

$$i(t) = \left[I_0 + \sum_{K=1}^{\infty} I_{Km}\sin(K\omega t + \psi_{Ki})\right]$$

将它们代入式（5-26），可得

$$\begin{aligned} P &= \frac{1}{T}\int_0^T \left\{\left[U_0 + \sum_{K=1}^{\infty} U_{Km}\sin(K\omega t + \psi_{Ku})\right] \times \left[I_0 + \sum_{K=1}^{\infty} I_{Km}\sin(K\omega t + \psi_{Ki})\right]\right\} dt \\ &= \frac{1}{T}\int_0^T \left\{U_0 I_0 + U_0\sum_{K=1}^{\infty} I_{Km}\sin(K\omega t + \psi_{Ki}) + I_0\sum_{K=1}^{\infty} U_{Km}\sin(K\omega t + \psi_{Ku}) + \right. \\ &\quad \sum_{K=1}^{\infty} U_{Km} I_{Km}\sin(K\omega t + \psi_{Ku})\sin(K\omega t + \psi_{Ki}) + \end{aligned}$$

$$\sum_{K=1}^{\infty}\sum_{Q=1}^{\infty}U_{Km}I_{Qm}\sin(K\omega t+\psi_{Ku})\sin(Q\omega t+\psi_{Qi})\mathrm{d}t\}\qquad K\neq Q$$

可以看出积分式的第一项 U_0I_0 为常数，其平均值就是恒定分量构成的功率 U_0I_0；第二项的总和与第三项的总和中的任一项都是正弦量，因此其积分值等于零；第五项的总和中的每一项都是不同频率两正弦量的乘积，因此其积分值也等于零。第四项总和中的每一项都是同频率正弦量的乘积，可以化为两余弦量的差，即

$$\begin{aligned}&U_{Km}I_{Km}\sin(K\omega t+\psi_{Ku})\sin(K\omega t+\psi_{Ki})\\&=\frac{1}{2}U_{Km}I_{Km}[\cos(\psi_{Ku}-\psi_{Ki})-\cos(2K\omega t+\psi_{Ku}+\psi_{Ki})]\end{aligned}$$

而

$$\begin{aligned}&\frac{1}{T}\int_0^T\left\{\frac{1}{2}U_{Km}I_{Km}[\cos(\psi_{Ku}-\psi_{Ki})-\cos(2K\omega t+\psi_{Ku}+\psi_{Ki})]\right\}\mathrm{d}t\\&=\frac{1}{T}\int_0^T\frac{1}{2}U_{Km}I_{Km}[\cos(\psi_{Ku}-\psi_{Ki})]\mathrm{d}t\\&=\frac{1}{2}U_{Km}I_{Km}\cos\varphi_K\\&=U_KI_K\cos\varphi_K\end{aligned}$$

即为各次谐波构成的平均功率。

则电路的平均功率为

$$P=U_0I_0+\sum_{K=1}^{\infty}U_KI_K\cos\varphi_K=U_0I_0+U_1I_1\cos\varphi_1+U_2I_2\cos\varphi_2+\cdots\qquad(5\text{-}27)$$

式（5-27）表明，非正弦周期电流电路的平均功率等于恒定分量构成的功率与各次谐波构成的平均功率之和。从上述过程可以看出，只有同频率的电压和电流才构成平均功率，而不同频率的电压和电流不构成平均功率，这正是三角函数的正交性质所致。

例 5-6　已知某无源二端网络的端电压及电流分别为

$$u=[50+84.6\sin(\omega t+30°)+56.6\sin(2\omega t+10°)]\mathrm{V}$$
$$i=[1+0.707\sin(\omega t-20°)+0.424\sin(2\omega t+50°)]\mathrm{A}$$

求二端网络吸收的平均功率。

解　根据式（5-27）可得

$$\begin{aligned}P&=50\times1+\frac{84.6}{\sqrt{2}}\times\frac{0.707}{\sqrt{2}}\cos(30°+20°)+\frac{56.6}{\sqrt{2}}\times\frac{0.424}{\sqrt{2}}\cos(10°-50°)\\&=50+30\cos50°+12\cos(-40°)=78.5\mathrm{W}\end{aligned}$$

5.6　周期非正弦稳态电路的分析与计算

在 5.3 节中已指出周期非正弦稳态电路的计算原则，其具体步骤如下：

（1）把给定的电压源的非正弦周期电压，电流源的非正弦周期电流分解为傅里叶级数，即分解为恒定分量及各次谐波之和；高次谐波取到哪一项为止，要根据所要求的计算精度而定。

(2) 分别求出电源的恒定分量以及各谐波分量单独作用产生的响应。对恒定分量，可用直流电路的求解方法，这时要注意，将电容看作开路，将电感看作短路。对各次谐波分量，电路的计算如同正弦稳态电路一样，可以用相量法分别进行计算，但应注意，电感、电容对不同频率的谐波呈现不同的电抗值。电感 L 对基波（角频率为 ω）的电抗为 $X_{L1}=\omega L$，而对 K 次谐波的电抗则为 $X_{Lk}=K\omega L=KX_{L1}$； 电容 C 对基波的电抗则为 $X_{C1}=\dfrac{1}{\omega C}$，而对 K 次谐波的电抗则为 $X_{Ck}=\dfrac{1}{K\omega C}=\dfrac{1}{K}X_{C1}$。

(3) 应用叠加原理，把由步骤（2）求出的电流（电压）分量进行合成，这时应当注意，必须把各谐波分量的相量写成瞬时值后才能进行叠加（把表示不同频率正弦电流的相量直接相加是没有意义的），最终求得的实际电流或电压是用时间函数表示的。

下面通过具体例子来说明上述步骤。

例 5-7 在图 5-20（a）所示电路中，已知电源的电动势

$e(t)=[10+\sqrt{2}\cdot 100\sin\omega t+\sqrt{2}\cdot 50\sin(3\omega t+30°)]\,\mathrm{V}$，$\omega=10^3\,\mathrm{rad/s}$，$R_1=5\Omega$，$C=100\mu\mathrm{F}$，$R_2=2\Omega$，$L=1\mathrm{mH}$， 求各支路电流及电源发出的功率。若在 R_2 的支路内串入一个电磁式电流表，问这个电流表的读数是多少？

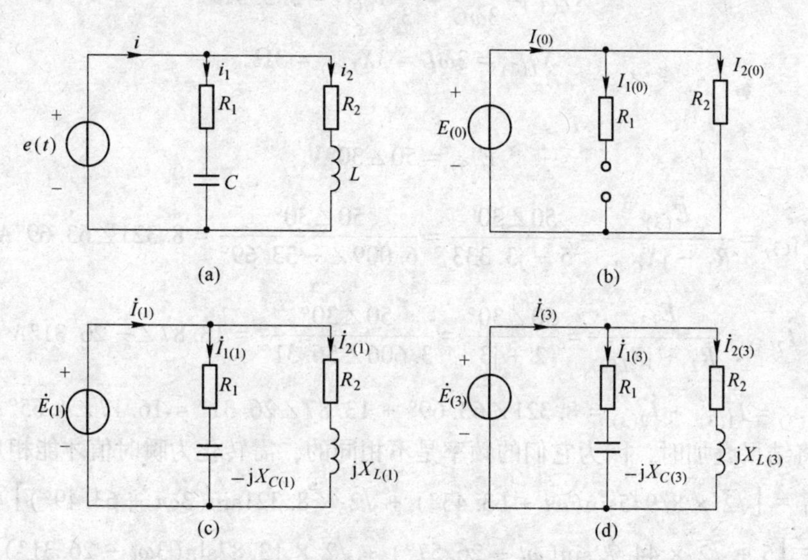

图 5-20 周期非正弦稳态电路的计算

解 因为电源电动势的傅里叶级数已经给定，故可直接应用叠加原理进行计算。

(1) 电动势 $e(t)$ 的直流分量 $E=10\mathrm{V}$ 单独作用时，电路如图 5-20（b）所示。这时电容相当于开路，电感相当于短路。用下标（0）表示直流分量，各支路电流分别为

$$I_{1(0)}=0$$

$$I_{2(0)}=\frac{E_{(0)}}{R_2}=\frac{10}{2}=5\mathrm{A}$$

$$i_{(0)}=i_{2(0)}=5\mathrm{A}$$

(2) 电动势 $e(t)$ 的基波分量单独作用时，电路如图 5-20（c）所示。可用相量法来进行计算。用下标（1）表示基波（一次谐波）分量。

因为 $$e(t)_{(1)}=\sqrt{2}\cdot 100\sin\omega t\text{V}$$

$$\dot{E}_{(1)}=100\angle 0°\text{V}$$

$$\dot{I}_{1(1)}=\frac{\dot{E}_{(1)}}{R_1-\text{j}X_{C(1)}}=\frac{100\angle 0°}{5-\text{j}10}=\frac{100}{11.1\angle -63.43°}=8.945\angle 63.43°\text{A}$$

$$\dot{I}_{2(1)}=\frac{\dot{E}_{(1)}}{R_{21}+\text{j}X_{L(1)}}=\frac{100\angle 0°}{2+\text{j}1}=\frac{100}{2.236\angle 26.57°}=44.72\angle -26.57°\text{A}$$

$$\begin{aligned}\dot{I}_{(1)}&=\dot{I}_{1(1)}+\dot{I}_{2(1)}\\&=8.945\angle 63.43°+44.72\angle -26.57°\\&=4.001+\text{j}8+40-\text{j}20=44-\text{j}12\\&=45.61\angle -15.26°\end{aligned}$$

(3) 电动势 $e(t)$ 的三次谐波分量单独作用时，用下标（3）表示三次谐波分量，电路如图 5-20（d）所示。因为

$$e(t)_{(3)}=\sqrt{2}\cdot 50\sin(3\omega t+30°)\text{V}$$

$$X_{C(3)}=\frac{1}{3\omega C}=\frac{1}{3}X_{C(1)}=3.333\Omega$$

$$X_{L(3)}=3\omega L=3X_{L(1)}=3\Omega$$

所以

$$\dot{E}_{(3)}=50\angle 30°\text{V}$$

$$\dot{I}_{1(3)}=\frac{\dot{E}_{(3)}}{R_1-\text{j}X_{C(3)}}=\frac{50\angle 30°}{5-\text{j}3.333}=\frac{50\angle 30°}{6.009\angle -33.69°}=8.321\angle 63.69°\text{A}$$

$$\dot{I}_{2(3)}=\frac{\dot{E}_{(3)}}{R_2+\text{j}X_{L(3)}}=\frac{50\angle 30°}{2+\text{j}3}=\frac{50\angle 30°}{3.606\angle 56.31°}=13.87\angle -26.31°\text{A}$$

$$\dot{I}_{(3)}=\dot{I}_{1(3)}+\dot{I}_{2(3)}=8.321\angle 63.69°+13.87\angle 26.31°=16.17\angle 4.65°\text{A}$$

最后将结果叠加时，因为它们的频率是不相同的，需转化为瞬时值才能相加。故

$$i_1=[\sqrt{2}\times 8.945\sin(\omega t+63.43°)+\sqrt{2}\times 8.321\sin(3\omega t+63.49°)]\text{A}$$

$$i_2=[5+\sqrt{2}\times 44.72\sin(\omega t-26.57°)+\sqrt{2}\times 13.87\sin(3\omega t-26.31°)]\text{A}$$

$$i=[5+\sqrt{2}\times 45.61\sin(\omega t-15.26°)+\sqrt{2}\times 16.17\sin(3\omega t+4.65°)]\text{A}$$

电源发出的功率为

$$\begin{aligned}P&=E_{(0)}I_{(0)}+E_{(1)}I_{(1)}\cos\varphi_{(1)}+E_{(3)}I_{(3)}\cos\varphi_{(3)}\\&=10\times 5+100\times 45.61\cos 15.26°+50\times 16.17\cos(30°-4.65°)\\&=5181\text{W}\end{aligned}$$

如果在 R_2 支路内串入一个电磁式电流表，测得的是有效值，为

$$I_2=\sqrt{I_{2(0)}^2+I_{2(1)}^2+I_{2(3)}^2}=\sqrt{5^2+44.72^2+13.87^2}=47.09\text{A}$$

例 5-8 在电子电路中经常遇到的阻容耦合电路如图 5-21 所示，这种电路能够隔离输入信号中的恒定分量，而把各谐波分量传送到输出端 22′。设输入电压是频率为 f 的方波，

问如何选择电阻 R 和电容 C 的量值，才能使输出电压的波形仍保持方波，而只将恒定分量滤掉。

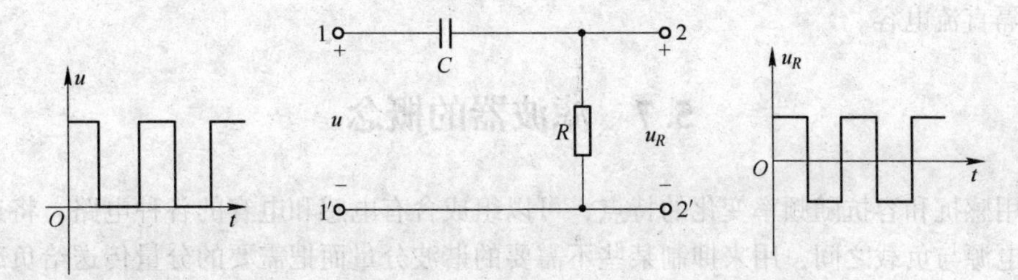

图 5-21 阻容耦合电路及其输入输出电压波形

解 由表 5-1 可知，图示方波电压包含恒定分量和各奇次谐波，即

$$u = U_0 + u_1 + u_3 + u_5 + \cdots \tag{5-28}$$

对于恒定电压 U_0，电容 C 相当于开路，故电阻 R 上的恒定电压为

$$U_{R0} = 0$$

电压 U_0 全部加在电容 C 上。

基波电压 U_1 是角频率为 $\omega = 2\pi f$ 的正弦电压，电阻 R 上基波电压 U_{R1} 为

$$\dot{U}_{R1} = \frac{\dot{U}_1}{R - \mathrm{j}\dfrac{1}{\omega C}}R$$

同理，电阻 R 上的三次谐波电压为

$$\dot{U}_{R3} = \frac{\dot{U}_3}{R - \mathrm{j}\dfrac{1}{3\omega C}}R$$

如把电容 C 选得大一些，使得 $\dfrac{1}{\omega C} \ll R$，例如取 $\dfrac{1}{\omega C} = 0.02R$，便得到

$$K = 1, \quad \dot{U}_{R1} = \frac{\dot{U}_1}{R + \dfrac{1}{\mathrm{j}\omega C}}R = \frac{\dot{U}_1}{R - \mathrm{j}0.02R}R \approx \frac{\dot{U}_1}{1\angle -1.1^\circ} = \dot{U}_1\angle 1.1^\circ$$

$$K = 3, \quad \dot{U}_{R3} = \frac{\dot{U}_3}{R + \dfrac{1}{\mathrm{j}3\omega C}}R = \frac{\dot{U}_3}{R - \mathrm{j}0.0067R}R \approx \frac{\dot{U}_3}{1\angle -0.382^\circ} = \dot{U}_3\angle 0.382^\circ$$

$$K = 5, \quad \dot{U}_{R5} = \frac{\dot{U}_0}{R + \dfrac{1}{\mathrm{j}5\omega C}}R = \frac{\dot{U}_5}{R - \mathrm{j}0.004R}R \approx \frac{\dot{U}_5}{1\angle 0^\circ} = \dot{U}_5$$

把各相量变换为瞬时值叠加，即 22′端的输出电压为

$$u_R = u_{R0} + u_{R1} + u_{R3} + u_{R5} + \cdots \approx 0 + u_1 + u_3 + u_5 + \cdots \tag{5-29}$$

比较式（5-28）与式（5-29）得

$$u_R = u - U_0$$

这说明除直流分量以外各谐波电压几乎都降落在电阻 R 的两端，所以输出电压 u_R 仍然基本上保持矩形波的样子，而输入电压 u 的直流分量 U_0 降在电容的两端，这样的电容常叫作隔直流电容。

5.7 滤波器的概念

利用感抗和容抗随频率变化的特点，可以组成含有电感和电容的各种电路，将这种电路接在电源与负载之间，用来抑制某些不需要的谐波分量而把需要的分量传送给负载，这种电路称为滤波器。它广泛应用于电信工程中，例如载波通信就是依靠滤波器来实现的，在一条通信线路上同时传送许多不同频率的信号，大大提高了通信线路的利用率。通常滤波器按其功用可以分为低通滤波器、高通滤波器、带通滤波器、带阻滤波器等，在这里只介绍一些基本概念。

5.7.1 低通滤波器

信号通过低通滤波器后，其中恒定分量和低于某一频率的谐波分量基本上被保留，而高于这一频率的谐波分量被抑制。这个频率界限称为滤波器的截止频率。

低通滤波器的电路如图 5-22（a）为 π 形接线，图 5-22（b）为 T 形接线，它们的作用都相同。图 5-22（a）中电流 i_1 中的高频分量大多通过 C_1 分路而回，少量通过 L 之后也要经电容 C_2 分路折回一部分，从而使负载电流中所含高频分量极小。对 u_1 中的高频分量，电感 L 的感抗要比电容 C_2 的容抗大得多，所以电压 u_1 中的高频分量主要由电感 L 承受，电容 C_2 上（或负载上）的电压 u_2 中所含高频分量极小。对低频分量来说，电感电容的作用与上述完全相反，故 u_2 与 i_2 中主要含有低频分量，图 5-22（b）所示电路的作用原理与此相仿。由于电感器件体积、重量一般较之电容器件大，且不易集成化，故许多电子设备利用 RC 电路作为滤波器。图 5-23 所示电路就是 RC 低通滤波器。

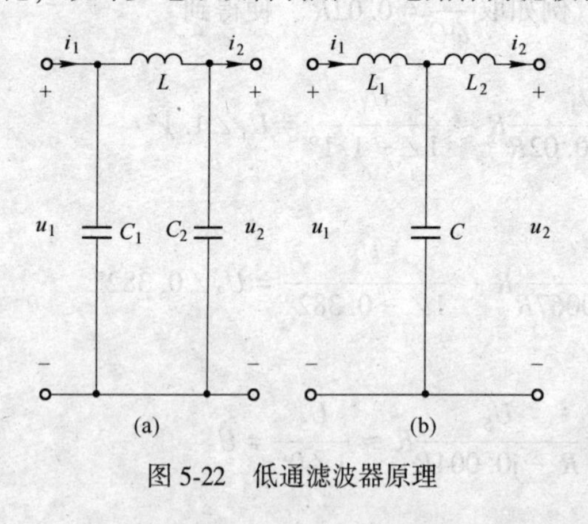

图 5-22 低通滤波器原理

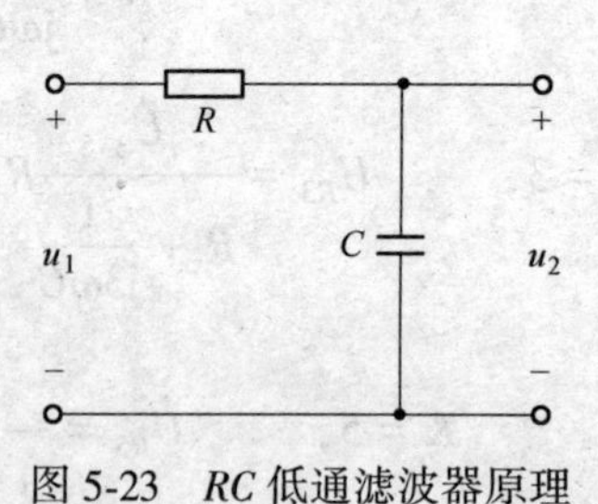

图 5-23 RC 低通滤波器原理

低通滤波器的频率特性如图 5-24 所示，ω_C 称为截止角频率。

5.7.2 高通滤波器

高通滤波器是要保留高于截止频率的谐波分量，而抑制恒定分量和低于截止频率的谐波分量。为此只要把图 5-22 中的电感换成电容，电容换成电感即可。

这时由于串臂是容抗，对高频信号分量的电抗小而对低频信号分量的电抗大，而并臂是感抗，对低频信号分量的电抗小而对高频信号分量的电抗大，因此它是高通滤波器。将图 5-23 中的电阻换成电容、电容换成电阻，即是一个高通滤波器。

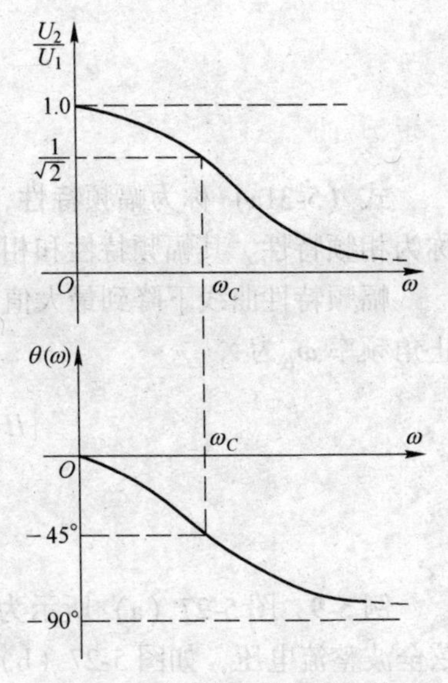

图 5-24 低通滤波器的频率特性

5.7.3 带通滤波器

带通滤波器使信号中某一频率范围的谐波分量容易通过，抑制这一频率范围以外的谐波分量。图 5-25 所示为一简单的带通滤波器，其串臂和并臂都是谐振电路，且串联谐振频率和并联谐振频率相同。当工作频率低于此谐振频率时，串联臂呈容性，并联臂呈感性，滤波器具有高通特性，其截止频率按 f_1 设计；当工作频率高于此谐振频率时，则具有低通特性，其截止频率按 f_2 设计。这样才能使频率在 f_1 和 f_2 之间的各谐波分量通过滤波器。

5.7.4 带阻滤波器

带阻滤波器可抑制信号中某一频率范围的谐波分量，而使这一频率范围以外的谐波分量容易通过。图 5-26 所示为一简单的带阻滤波器，其并臂和串臂的谐振频率也相同。当工作频率低于谐振频率时，其串臂呈感性，并臂呈容性，滤波器具有低通特性，截止频率按 f_1 设计；当工作频率高于谐振频率时，滤波器具有高通特性，截止频率按 f_2 设计。这样，频率在 f_1 和 f_2 之间的各谐波分量被抑制。

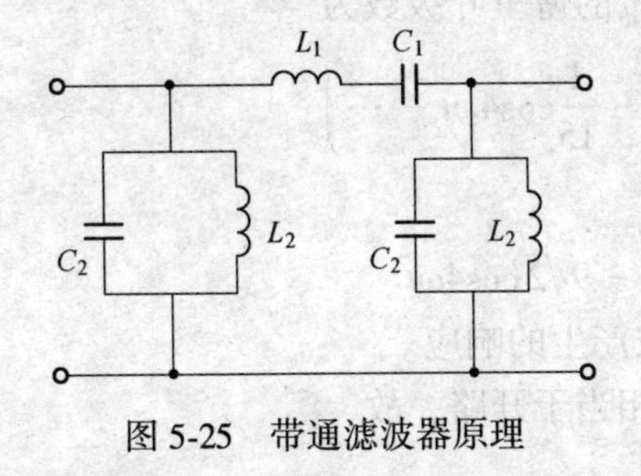

图 5-25 带通滤波器原理

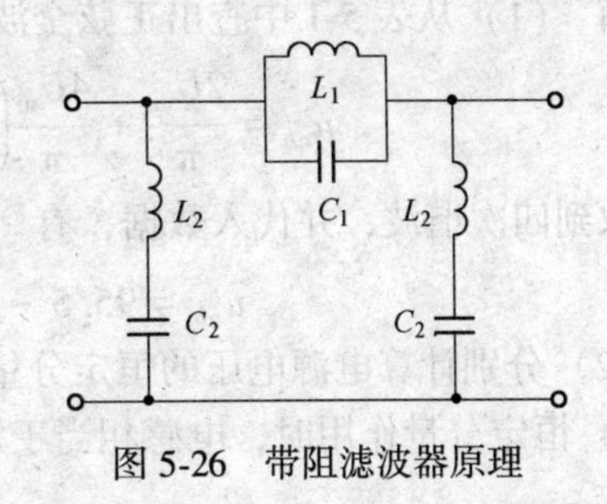

图 5-26 带阻滤波器原理

以图 5-23 所示的低通滤波器为例，说明如何确定截止频率。图 5-23 所示电路的响应 u_2 与激励 u_1 的相量比值 $H(\mathrm{j}\omega)$，即频率特性为

$$H(\mathrm{j}\omega)=\frac{\dot{U}_2}{\dot{U}_1}=\frac{1}{1+\mathrm{j}\omega CR} \tag{5-30}$$

式（5-30）表明，随着角频率 ω 的增加，响应 u_2 的幅值随之减小，具有“低通”的频率特性。由式（5-30），可得到其频率特性

$$|H(\mathrm{j}\omega)| = \frac{1}{\sqrt{1+(\omega CR)^2}} \tag{5-31a}$$

$$\theta(\omega) = -\arctan(\omega CR) \tag{5-31b}$$

式（5-31a）称为幅频特性，即 $\dot{U}_2$ 与 $\dot{U}_1$ 比值的模随频率变化的特性；式（5-31b）称为相频特性。其幅频特性和相频特性曲线如图 5-24 所示。

幅频特性曲线下降到最大值的 1/2 时所对应的频率称为截止频率，记为 f_C，电路的截止角频率 ω_C 为

$$|H(\mathrm{j}\omega)| = \frac{1}{\sqrt{1+(\omega_C CR)^2}} = \frac{1}{\sqrt{2}}$$

$$\omega_C = \frac{1}{CR}$$

例 5-9　图 5-27（a）所示为一 LC 滤波电路，其中 $L=5\mathrm{H}$，$C=10\mu\mathrm{F}$。设其输入为正弦全波整流电压，如图 5-27（b）所示，电压的振幅 $U_\mathrm{m}=150\mathrm{V}$，正弦电压整流前的角频率 $\omega=314\mathrm{rad/s}$，负载电阻 $R=2000\Omega$。求负载端电压 U_{cd} 及电感中的电流 i。

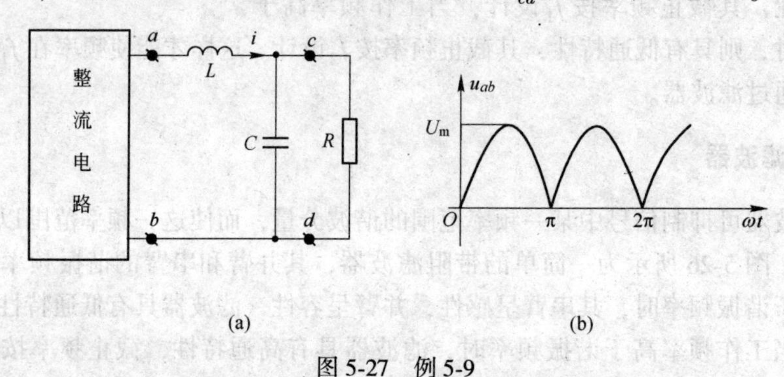

图 5-27　例 5-9

解　（1）从表 5-1 中查出正弦全波整流电压 u_{ab} 的傅里叶级数为

$$u_{ab} = \frac{2U_\mathrm{m}}{\pi} + \frac{4U_\mathrm{m}}{\pi}\left(-\frac{1}{3}\cos 2\omega t - \frac{1}{15}\cos 4\omega t - \cdots\right)$$

取到四次谐波，并代入数据，有

$$u_{ab} = 95.5 - 45\sqrt{2}\cos 2\omega t - 9\sqrt{2}\cos 4\omega t$$

（2）分别计算电源电压的恒定分量及各次谐波产生的响应。

1）恒定分量作用时，电感相当于短路，电容相当于开路，故

$$I_0 = \frac{95.5}{2000} = 0.0478\mathrm{A}$$

$$\dot{U}_{cd0} = 95.5\mathrm{V}$$

2）计算二次谐波的作用。ab 两端的输入阻抗为

$$\begin{aligned} Z_2 &= \mathrm{j}2\omega L + \frac{R/\mathrm{j}2\omega C}{R+1/\mathrm{j}2\omega C} = \mathrm{j}2\omega L + \frac{R}{1+\mathrm{j}2\omega CR} \\ &= \mathrm{j}1000\pi + 12.6 - \mathrm{j}158 = 2980\angle 90^\circ\Omega \end{aligned}$$

$$\dot{I}_2 = \frac{45\angle 0°}{2980\angle 90°} = 0.0151\angle -90° \text{A}$$

$$\dot{U}_{cd2} = Z_{cd2}\dot{I}_2 = 2.39\angle -175.4° \text{V}$$

3）计算四次谐波的作用。ab 两端的输入阻抗为

$$Z_4 = \text{j}4\omega t + \frac{R}{1+\text{j}4\omega CR} = \text{j}2000\pi + 79\angle -87.7° = 6280\angle 90° \Omega$$

$$\dot{I}_4 = \frac{9\angle 0°}{6280\angle 90°} = 0.00143\angle -90° \text{A}$$

$$\dot{U}_{cd4} = Z_{cd4}\dot{I}_4 = 79\angle -87.7° \times 0.00143\angle -90° = 0.113\angle -177.7° \text{V}$$

可见负载上的四次谐波电压有效值仅占恒定电压的 0.12%，四次以上各谐波所占百分比则更小，所以不必考虑更高次谐波的作用。

（3）把相量变换为瞬时值，再将恒定分量与各次谐波分量相叠加（注意电源电压 u_{ab} 中各谐波分量之前均有负号），即

$$\begin{aligned} i &= I_0 - i_2 - i_4 \\ &= 0.0478 - 0.0151\sqrt{2}\cos(2\omega t - 90°) - 0.00143\sqrt{2}\cos(4\omega t - 90°) \text{A} \\ u_{cd} &= u_{cd0} - u_{cd2} - u_{cd4} \\ &= 95.5 - 2.39\sqrt{2}\cos(2\omega t - 175.4°) - 0.113\sqrt{2}\cos(4\omega t - 177.7°) \text{V} \end{aligned}$$

负载电压 u_{ab} 中最大的谐波，即二次谐波电压的有效值仅占恒定分量的 2.5%，这表明这个 LC 电路具有滤掉高次谐波分量的作用，是低通滤波器。

5.8 学 习 指 导

对于含有电感和电容的无源二端网络，在一定频率下，网络的复阻抗虚部为 0，网络呈现电阻性，这种现象称为谐振。谐振时 $\omega_0 = \frac{1}{\sqrt{LC}}$。串联谐振时，电路阻抗达到最小值，电流最大，电路品质因数 Q 为电感无功功率（或电容无功功率）与电阻消耗的平均功率的比值，电阻电压等于总电压，电感、电容电压有效值为总电压有效值的 Q 倍。并联谐振时，电路导纳最小，电压最大，电路品质因数 Q 为电感无功功率（或电容无功功率）与电阻消耗的平均功率的比值，电阻电流等于总电流，电感、电容电流有效值为总电流有效值的 Q 倍。

非正弦周期量的有效值，等于它的直流分量的平方与各次谐波分量有效值的平方之和的平方根。非正弦周期电流电路的平均功率等于非正弦周期电压和电流的恒定分量构成的功率与各次谐波分量构成的平均功率之和。分析非正弦周期电流电路的具体步骤为：

（1）将已知的非正弦周期激励分解为傅里叶级数，即分解为恒定分量及各次谐波分量之和。

（2）分别求出激励的恒定分量以及各次谐波分量单独作用产生的响应。对恒定分量，可用直流电路的求解方法；对各次谐波分量，用相量法进行计算。

（3）应用叠加原理，把由步骤（2）求出的各谐波分量的瞬时值叠加。

习　题

5-1 RLC 串联电路的端电压 $u=\sqrt{2}10\sin(2500t+15°)\mathrm{V}$，当电容 $C=8\mu\mathrm{F}$ 时，电路吸收的功率为最大，$P_{\max}=100\mathrm{W}$。求电感 L 和电路 Q 值。

5-2 已知 $R=10\Omega$ 的电阻与 $L=1\mathrm{H}$ 的电感和电容 C 串联接到端电压为 100V、频率为 50Hz 的电源上，此时电流为 10A。如把 RLC 改成并联接到同一个电源上，求各并联支路的电流。

5-3 如图 5-28 所示电路，由恒流源供电。已知 $I_S=1\mathrm{A}$，当 $\omega_0=1000\mathrm{rad/s}$ 时电路发生谐振，$R_1=R_2=100\Omega$，$L=0.2\mathrm{H}$。求电路谐振时电容 C 值和恒流源的端电压 u。

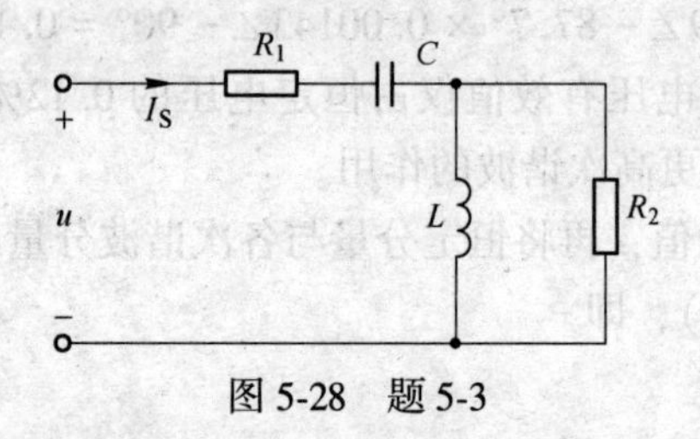

图 5-28　题 5-3

5-4 如图 5-29 所示各电路能否发生谐振，若发生谐振，求出电路的谐振频率。

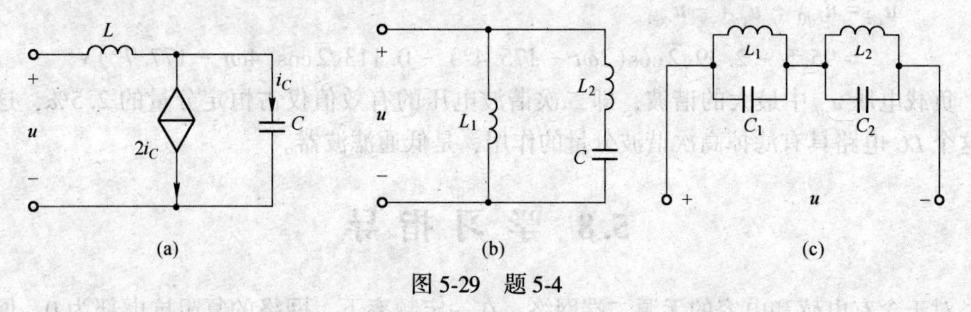

图 5-29　题 5-4

5-5 已知如图 5-30 所示电路处于谐振状态，$u_S=\sqrt{2}10\sin10^4t\mathrm{V}$。试求电流 i_1、i_2、i_L 和 i_C。

5-6 收音机的接收电路如图 5-31 所示，已知调谐可变电容 C 的容量为 30~305pF，欲使最低谐振频率为 530kHz 时，线圈的电感多大？接入线圈后，该接收电路的调谐频率范围是多少？

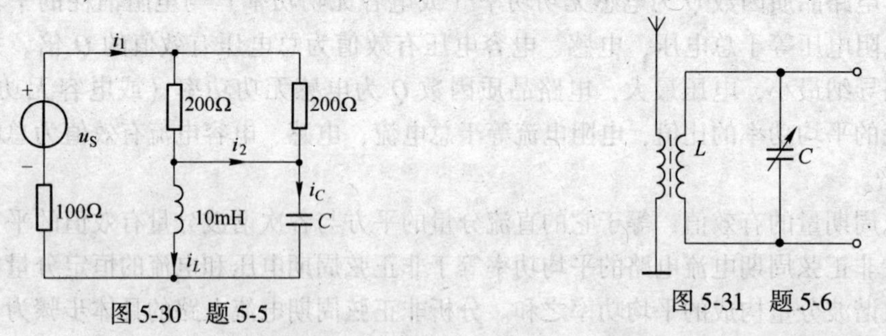

图 5-30　题 5-5　　　　图 5-31　题 5-6

5-7 如图 5-32 所示电路中，$R=10\Omega$，$L=250\mu\mathrm{H}$，C_1、C_2 为可调电容。今先调节电容 C_1，使并联电路部分在 $f_1=10^4\mathrm{Hz}$ 时的阻抗达到最大，然后再调节 C_2，使整个电路在 $0.5\times10^4\mathrm{Hz}$ 时阻抗最小。试求：(1) 电容 C_1 和 C_2；(2) 当外加电压 $U=1\mathrm{V}$，而 $f=10^4\mathrm{Hz}$ 时的总电流。

5-8 图 5-33 电路中的参数 L_1、L_2、M 和 C 已给定，耦合系数 $K<1$。求：(1) 频率 f 为多少时，$I_2=0$；(2) f 又为多少时，$I_1=0$。

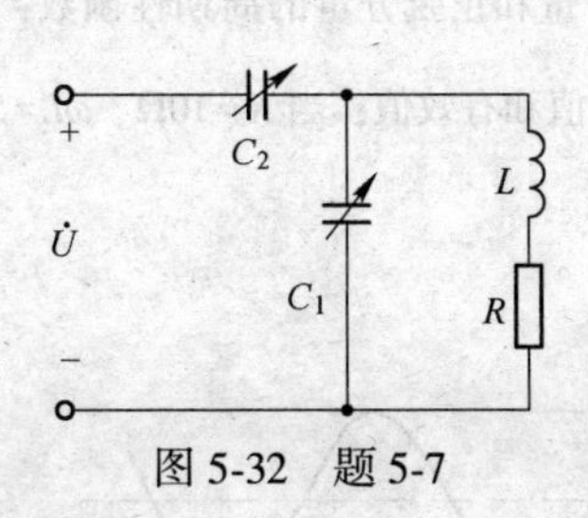

图 5-32 题 5-7

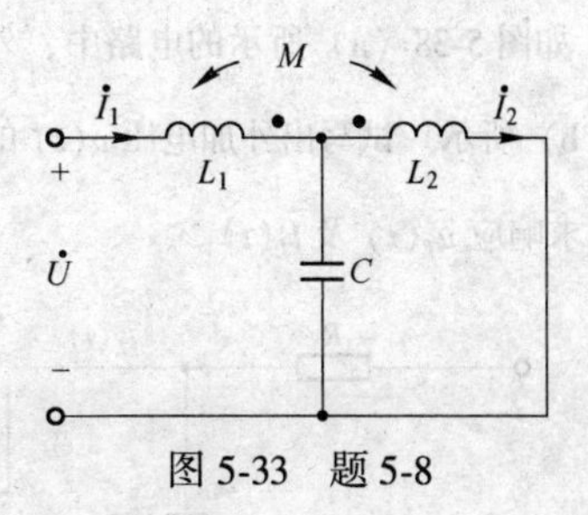

图 5-33 题 5-8

5-9 如图 5-34 所示网络，$L_1 = 10\text{mH}$，$L_2 = 20\text{mH}$，$M = 5\text{mH}$，当激励频率 $\omega = 1000\text{rad/s}$，若使网络发生谐振，$C = ?$

5-10 电路如图 5-35 所示，电源电压为 $u_S(t) = 50 + 100\sin 400t + 10\sin(1200t + 20°)\text{V}$，试求电流 $i(t)$ 和电源发出的功率及电源电压和电流的有效值。

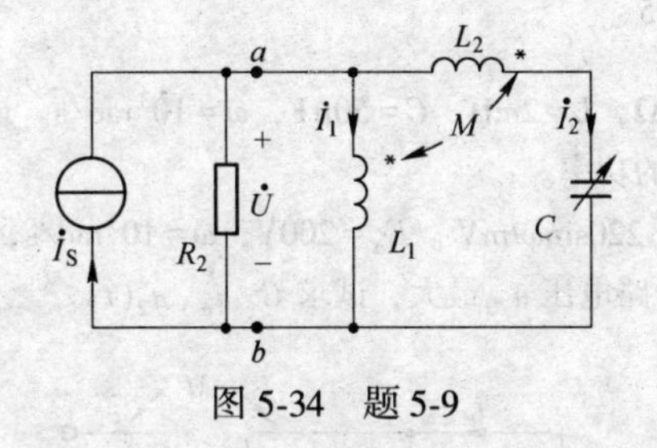

图 5-34 题 5-9

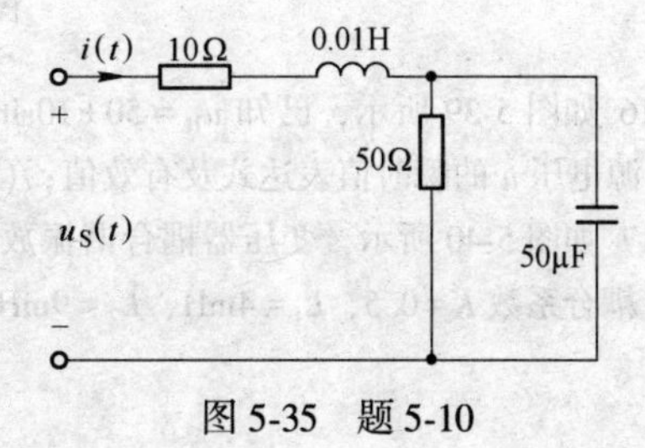

图 5-35 题 5-10

5-11 有效值为 100V 的正弦电压加在电感 L 两端时，得电流 $I = 10\text{A}$。当电压中有三次谐波分量，而有效值仍为 100V 时，得电流 $I = 8\text{A}$，试求这一电压的基波和三次谐波电压的有效值。

5-12 测量线圈的电阻及电感时，量得电流 $I = 15\text{A}$，电压 $U = 60\text{V}$，功率 $P = 225\text{W}$，并已知 $f = 50\text{Hz}$。又从波形分析中知道电源电压除基波外还有三次谐波，其幅值为基波幅值的 40%，试计算线圈的电阻及电感。若假定电源电压是正弦量时，电感值又是多少？

5-13 如图 5-36 所示，已知无源网络 N 的电压和电流为

$$u(t) = 100\sin 314t + 50\sin(942t - 30°)\text{V}$$
$$i(t) = 10\sin 314t + 1.755\sin(942t + \theta_2)\text{A}$$

如果 N 可以看作 RLC 串联电路，试求：

(1) R、L、C 的值；

(2) θ_2的值；

(3) 电路消耗的功率。

5-14 如图 5-37 所示，已知 $u_S = 4\sin 100t\text{V}$，$i_S = 4\sin 200t\text{A}$，求电流 i 及 u_S发出的平均功率。

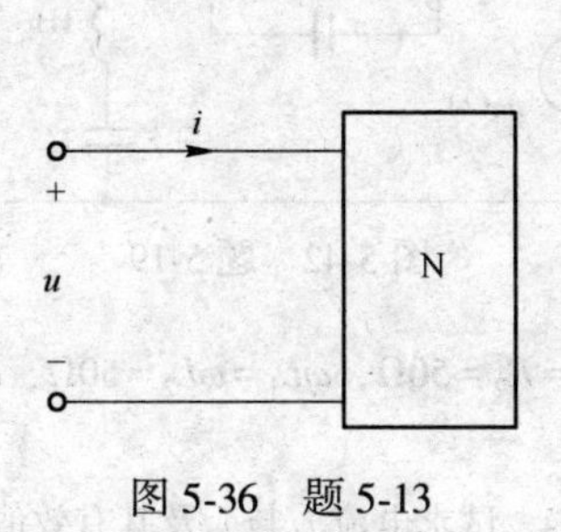

图 5-36 题 5-13

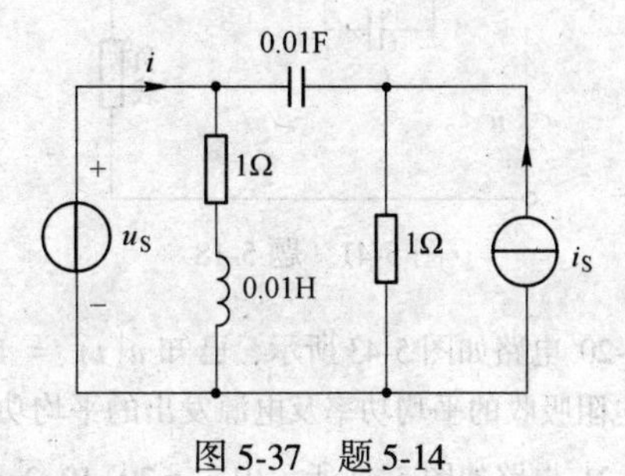

图 5-37 题 5-14

5-15 如图 5-38（a）所示的电路中，外加电压为含有直流分量和正弦分量的周期性函数，其波形如图 5-38（b）所示。试写出外加电压 $u(t)$ 的表达式，并求其平均值和有效值；当 $R=10\Omega$、$\omega L=5\Omega$、$\frac{1}{\omega C}=20\Omega$ 时，求响应 $u_L(t)$ 及 $i_L(t)$。

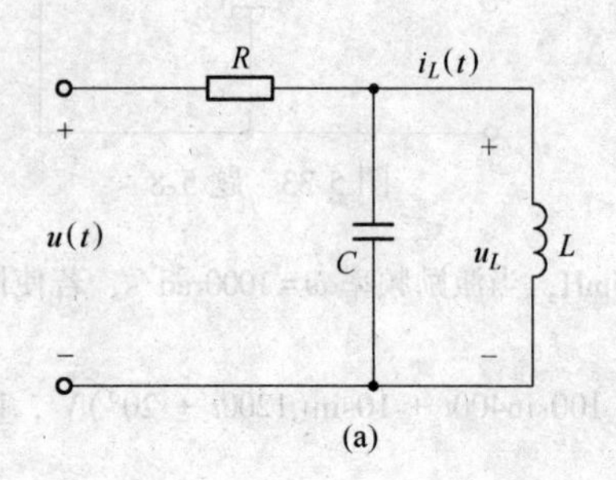

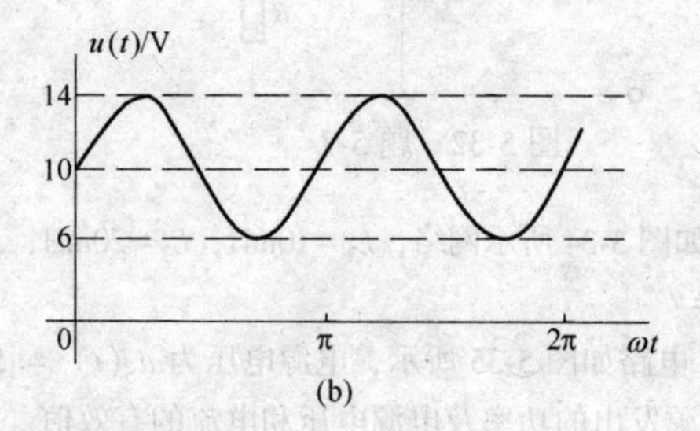

图 5-38 题 5-15

5-16 如图 5-39 所示，已知 $u_R=50+10\sin\omega t$V，$R=100\Omega$，$L=2$mH，$C=50\mu$F，$\omega=10^3$rad/s。试求：（1）电源电压 u 的瞬时值表达式及有效值；（2）电源供给的功率。

5-17 如图 5-40 所示，变压器耦合谐振放大器，$e(t)=220\sin\omega t$mV。$E_a=200$V，$\omega=10^3$rad/s，$R_i=10$kΩ。耦合系数 $K=0.5$，$L_1=4$mH，$L_2=9$mH，欲使次级开路电压 u_{20} 最大，试求 C、i_a、$u_2(t)$。

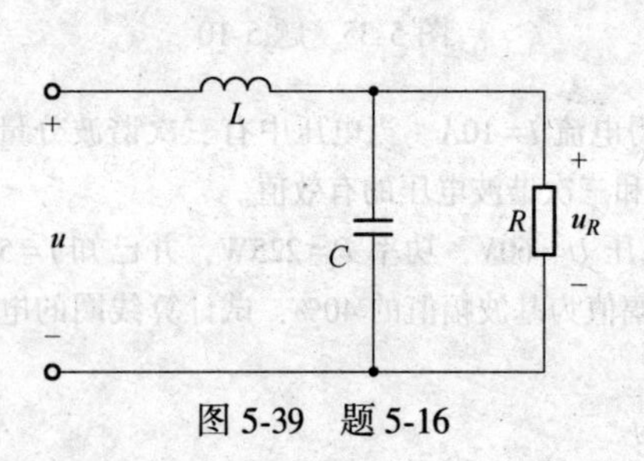

图 5-39 题 5-16

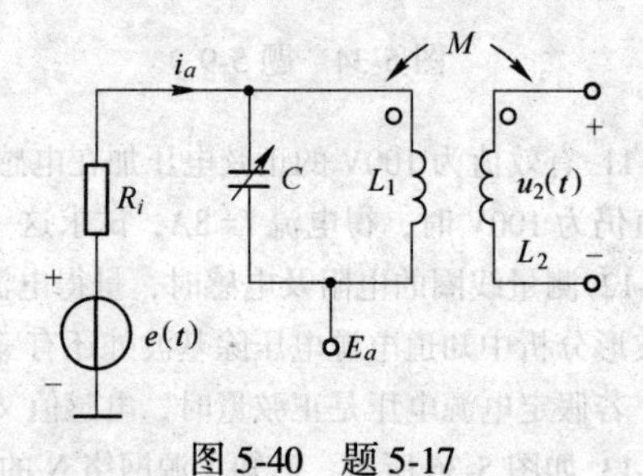

图 5-40 题 5-17

5-18 如图 5-41 所示滤波器电路中，要求 4ω 的谐波电流传送至负载，而使基波电流无法到达负载。如电容 $C=1\mu$F，$\omega=1000$rad/s，试求 L_1 和 L_2。

5-19 如图 5-42 所示电路中，$u_S(t)$ 是非正弦波，其中含有 $3\omega_1$ 及 $7\omega_1$ 的谐波分量，如果要求在输出电压 $u(t)$ 中不含这两个谐波分量，问 L 和 C 应为多少？

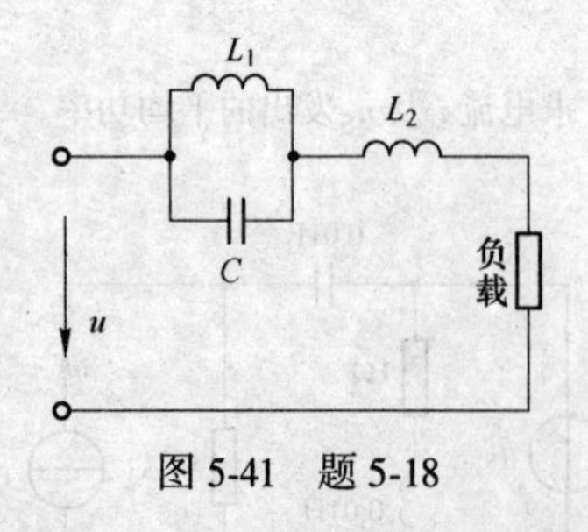

图 5-41 题 5-18

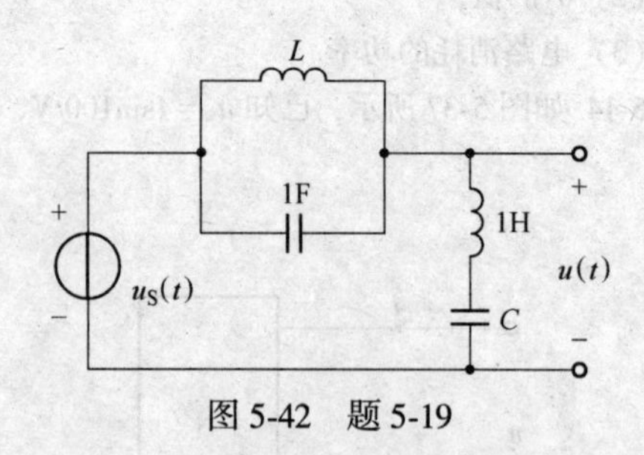

图 5-42 题 5-19

5-20 电路如图 5-43 所示，已知 $u(t)=10+8\sin\omega t$V，$R_1=R_2=50\Omega$，$\omega L_1=\omega L_2=50\Omega$，$\omega M=40\Omega$。求两电阻吸收的平均功率及电源发出的平均功率。

5-21 电路如图 5-44 所示中 $u_S=20+10\sqrt{2}\sin\omega t$V，$\omega=10^4$rad/s，试求电流 i_1 与 i_2 及其有效值。

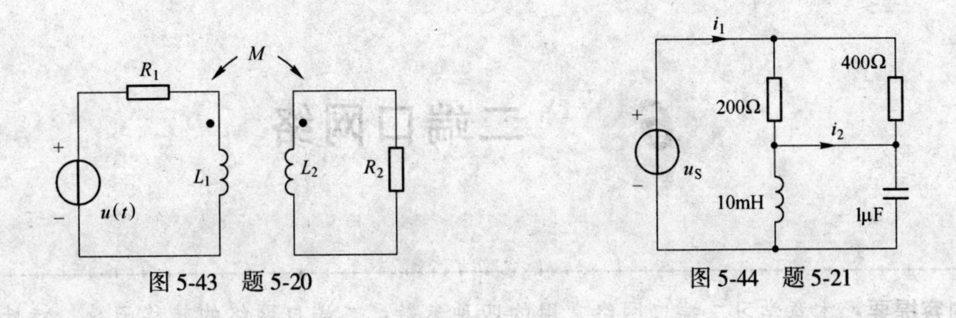

图 5-43　题 5-20　　　　图 5-44　题 5-21

6 二端口网络

内容提要：本章学习二端口网络常用的四种参数；二端口网络的转移函数、特性阻抗、等效电路等内容。

本章重点：二端口网络的 Z 参数、Y 参数、A 参数和 H 参数的基本概念，计算方法和应用；二端口网络的等效电路，含二端口网络电路的计算。

6.1 二端口网络的参数

把一个复杂电路用一个方框括起来，只伸出一对端子。有电流从其中一个端子流入，经过网络又从另一个端子流出，两个端子之间有一个电压。这样的一对端子称为一个端口。只有一对端子，即一个端口的网络称为单口网络或一端口网络。

如果一个网络有两个端口，通常一个是输入端口——供给激励，另一个是输出端口——产生响应。研究响应与激励之间的关系，也可以将两个端口之间的网络用一个方框括起来，如图 6-1 所示。这样的网络称为二端口网络，方框内的网络可以是很简单的，也可以是很复杂的，图 6-2 所示的是几个结构很简单的二端口网络。

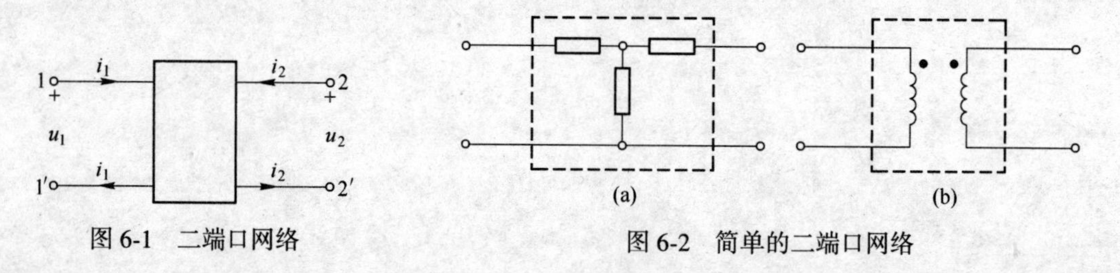

图 6-1 二端口网络

图 6-2 简单的二端口网络

本章讨论由线性电阻、电容、电感和线性受控电源组成的网络，其内部不含有独立电源，这种网络是线性无源网络。端口电压与电流之间的关系可以用与网络结构和元件参数有关的一些参数表示出来。在端口电压 u_1、u_2 和端口电流 i_1、i_2 4 个量中选取两个作为自变量，另外两个作为因变量，共有六种选法，所以共有六种不同的参数可以用来表征二端口网络。本章我们讨论常用的四种参数。

6.1.1 二端口网络的 Y 参数

图 6-3（a）所示为一个二端口网络，用相量法分析其正弦电路的稳态情况。首先，根据替代原理，假设两个端口上分别接有独立电压源 $\dot{U}_1$ 和 $\dot{U}_2$。由于网络内不含有独立电源，根据叠加原理，可以把端口电流 $\dot{I}_1$ 和 $\dot{I}_2$ 看成是 $\dot{U}_1$ 和 $\dot{U}_2$ 单独存在时所形成电流

的叠加。当 $\dot{U}_1$ 单独存在时在两个端口上分别形成电流 $Y_{11}\dot{U}_1$ 和 $Y_{21}\dot{U}_1$，当 $\dot{U}_2$ 单独存在时在两个端口上分别形成电流 $Y_{12}\dot{U}_2$ 和 $Y_{22}\dot{U}_2$。在 $\dot{U}_1$ 和 $\dot{U}_2$ 同时存在时两个端口上的电流可以表示为

$$\left.\begin{aligned}\dot{I}_1 &= Y_{11}\dot{U}_1 + Y_{12}\dot{U}_2\\ \dot{I}_2 &= Y_{21}\dot{U}_1 + Y_{22}\dot{U}_2\end{aligned}\right\}\tag{6-1}$$

式中，Y_{11}、Y_{12}、Y_{21}、Y_{22} 只与网络内部的结构和元件参数有关。

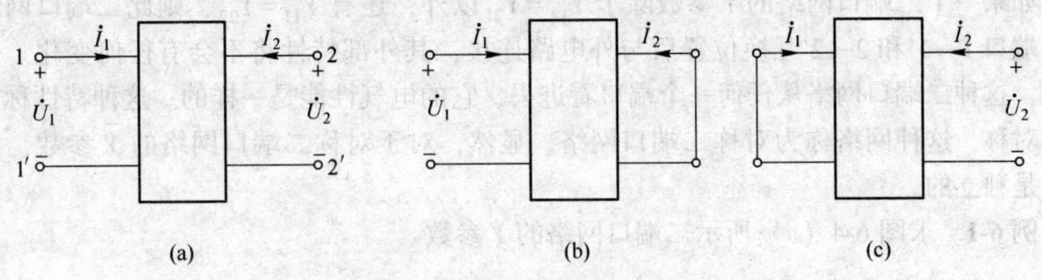

图 6-3　求二端口网络的 Y 参数

式（6-1）还可以写成下列矩阵形式

$$\begin{pmatrix}\dot{I}_1\\ \dot{I}_2\end{pmatrix}=\begin{pmatrix}Y_{11} & Y_{12}\\ Y_{21} & Y_{22}\end{pmatrix}\begin{pmatrix}\dot{U}_1\\ \dot{U}_2\end{pmatrix}=Y\begin{pmatrix}\dot{U}_1\\ \dot{U}_2\end{pmatrix}$$

其中

$$Y \triangleq \begin{pmatrix}Y_{11} & Y_{12}\\ Y_{21} & Y_{22}\end{pmatrix}$$

上式称为二端口网络的 Y 参数矩阵。Y_{11}、Y_{12}、Y_{21}、Y_{22} 称为二端口网络的 Y 参数。不难看出，Y 参数具有导纳性质，可以根据计算或测试来确定。如果在端口 1—1′上外施电压 $\dot{U}_1$，而把端口 2—2′短路，如图 6-3（b）所示，这时 $\dot{U}_2=0$，按式（6-1）有

$$\dot{I}_1 = Y_{11}\dot{U}_1 \quad \dot{I}_2 = Y_{21}\dot{U}_1$$

或

$$Y_{11} = \left.\frac{\dot{I}_1}{\dot{U}_1}\right|_{\dot{U}_2=0} \qquad Y_{21} = \left.\frac{\dot{I}_2}{\dot{U}_1}\right|_{\dot{U}_2=0}$$

同理，如果把端口 1-1′短路，即 $\dot{U}_1=0$，在端口 2-2′上外施电压 $\dot{U}_2$，如图 6-3（c）所示可以得到

$$Y_{22} = \left.\frac{\dot{I}_2}{\dot{U}_2}\right|_{\dot{U}_1=0} \qquad Y_{12} = \left.\frac{\dot{I}_1}{\dot{U}_2}\right|_{\dot{U}_1=0}$$

由于 Y 参数可以用短路的方法计算或测定出来，且具有导纳的性质，所以又称为短路导纳参数。

由线性电阻、电感、电容组成的无源网络满足互易定理，称为互易网络。如果二端口网络为互易网络，根据互易定理，若图 6-3（b）中的 $\dot{U}_1$ 等于图 6-3（c）中的 $\dot{U}_2$，则图

6-3（b）中的 $\dot{I}_2$ 必然等于图 6-3（c）中的 $\dot{I}_1$，也就是

$$\left.\frac{\dot{I}_2}{\dot{U}_1}\right|_{\dot{U}_2=0} = \left.\frac{\dot{I}_1}{\dot{U}_2}\right|_{\dot{U}_1=0}$$

可见对于互易二端口网络

$$Y_{12} = Y_{21}$$

任何一个互易二端口网络，只要有三个独立的参数就足以表征它的性能了。

如果一个二端口网络的 Y 参数除了 $Y_{12}=Y_{21}$ 以外，还有 $Y_{11}=Y_{22}$，则此二端口网络的两个端口 1—1′和 2—2′互换位置后与外电路连接，其外部特性将不会有任何变化。也就是说，这种二端口网络从任何一个端口看进去，它的电气性能是一样的。这种特性称为电气上对称，这种网络称为对称二端口网络。显然，对于对称二端口网络的 Y 参数，只有两个是独立的。

例 6-1 求图 6-4（a）所示二端口网络的 Y 参数。

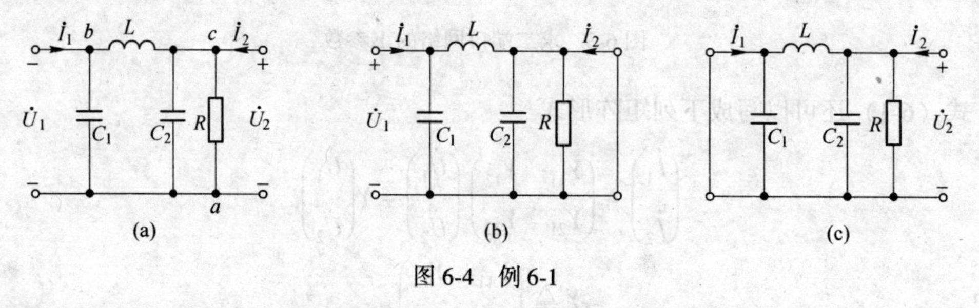

图 6-4 例 6-1

解 方法（1）：根据 Y 参数方程中，每个参数的含义去求。

将右侧端口短路，在左侧端口施加电压 $\dot{U}_1$，如图 6-4（b）所示。左侧、右侧端口电流分别为

$$\dot{I}_1 = \left(\mathrm{j}\omega C_1 + \frac{1}{\mathrm{j}\omega L}\right)\dot{U}_1$$

$$\dot{I}_2 = -\frac{1}{\mathrm{j}\omega L}\dot{U}_1$$

故

$$Y_{11} = \left.\frac{\dot{I}_1}{\dot{U}_1}\right|_{\dot{U}_2=0} = \mathrm{j}\omega C_1 + \frac{1}{\mathrm{j}\omega L} = \mathrm{j}\left(\omega C_1 - \frac{1}{\omega L}\right)$$

$$Y_{21} = \left.\frac{\dot{I}_2}{\dot{U}_1}\right|_{\dot{U}_2=0} = -\frac{1}{\mathrm{j}\omega L} = \mathrm{j}\,\frac{1}{\omega L}$$

同样，将左侧端口短路，在右侧端口施加电压 $\dot{U}_2$，如图 6-4（c）所示。左侧、右侧端口电流分别为

$$\dot{I}_1 = -\frac{1}{\mathrm{j}\omega L}\dot{U}_2$$

$$\dot{I}_2 = \left(\frac{1}{R} + \mathrm{j}\omega C_2 + \frac{1}{\mathrm{j}\omega L}\right)\dot{U}_2$$

故

$$Y_{12}=\left.\frac{\dot{I}_1}{\dot{U}_2}\right|_{\dot{U}_1=0}=-\frac{1}{\mathrm{j}\omega L}=\mathrm{j}\frac{1}{\omega L}$$

$$Y_{22}=\left.\frac{\dot{I}_2}{\dot{U}_2}\right|_{\dot{U}_1=0}=\frac{1}{R}+\mathrm{j}\omega C_2+\frac{1}{\mathrm{j}\omega L}=\frac{1}{R}+\mathrm{j}\left(\omega C_2-\frac{1}{\omega L}\right)$$

方法（2）：列电路方程求解。

根据基尔霍夫电流定律

$$\dot{I}_1=\mathrm{j}\omega C_1\dot{U}_1+\frac{1}{\mathrm{j}\omega L}(\dot{U}_1-\dot{U}_2)$$

$$\dot{I}_2=\left(\mathrm{j}\omega C_2+\frac{1}{R}\right)\dot{U}_2+\frac{1}{\mathrm{j}\omega L}(\dot{U}_2-\dot{U}_1)$$

将这两式整理为式（6-1）的形式

$$\dot{I}_1=\mathrm{j}\left(\omega C_1-\frac{1}{\omega L}\right)\dot{U}_1+\mathrm{j}\frac{1}{\omega L}\dot{U}_2$$

$$\dot{I}_2=\mathrm{j}\frac{1}{\omega L}\dot{U}_1+\left[\frac{1}{R}+\mathrm{j}\left(\omega C_2-\frac{1}{\omega L}\right)\right]\dot{U}_2$$

对照式（6-1），得到

$$Y_{11}=\mathrm{j}\left(\omega C_1-\frac{1}{\omega L}\right)\qquad Y_{12}=\mathrm{j}\frac{1}{\omega L}$$

$$Y_{21}=\mathrm{j}\frac{1}{\omega L}\qquad Y_{22}=\frac{1}{R}+\mathrm{j}\left(\omega C_2-\frac{1}{\omega L}\right)$$

6.1.2 二端口网络的 Z 参数

如果从式（6-1）解出 $\dot{U}_1$ 和 $\dot{U}_2$，将得到

$$\dot{U}_1=\frac{\begin{vmatrix}\dot{I}_1 & Y_{12}\\ \dot{I}_2 & Y_{22}\end{vmatrix}}{\begin{vmatrix}Y_{11} & Y_{12}\\ Y_{21} & Y_{22}\end{vmatrix}}=\frac{Y_{22}}{\Delta}\dot{I}_1-\frac{Y_{12}}{\Delta}\dot{I}_2$$

$$\dot{U}_2=\frac{\begin{vmatrix}Y_{11} & \dot{I}_1\\ Y_{21} & \dot{I}_2\end{vmatrix}}{\begin{vmatrix}Y_{11} & Y_{12}\\ Y_{21} & Y_{22}\end{vmatrix}}=-\frac{Y_{21}}{\Delta}\dot{I}_1+\frac{Y_{11}}{\Delta}\dot{I}_2$$

其中行列式 $\Delta=\begin{vmatrix}Y_{11} & Y_{12}\\ Y_{21} & Y_{22}\end{vmatrix}=Y_{11}Y_{22}-Y_{12}Y_{21}$。以上两式可写为

$$\left.\begin{aligned}\dot{U}_1 &= Z_{11}\dot{I}_1 + Z_{12}\dot{I}_2 \\ \dot{U}_2 &= Z_{21}\dot{I}_1 + Z_{22}\dot{I}_2\end{aligned}\right\} \tag{6-2}$$

式中

$$\left.\begin{aligned}Z_{11} &= \frac{Y_{22}}{\Delta},\ Z_{12} = -\frac{Y_{12}}{\Delta} \\ Z_{21} &= -\frac{Y_{21}}{\Delta},\ Z_{22} = \frac{Y_{11}}{\Delta}\end{aligned}\right\} \tag{6-3}$$

Z_{11}、Z_{12}、Z_{21}、Z_{22}称为二端口网络的 Z 参数，不难看出，Z 参数具有复阻抗性质。为了说明它们所表示的具体含义，可以把 2—2′端口开路，即令 $\dot{I}_2=0$，然后在 1—1′端口输入电流 $\dot{I}_1$，按式（6-2）将有

$$\dot{U}_1 = Z_{11}\dot{I}_1,\ \dot{U}_2 = Z_{21}\dot{I}_1$$

或

$$Z_{11} = \left.\frac{\dot{U}_1}{\dot{I}_1}\right|_{\dot{I}_2=0},\ Z_{21} = \left.\frac{\dot{U}_2}{\dot{I}_1}\right|_{\dot{I}_2=0}$$

同样，如果把 1—1′端口开路，即 $\dot{I}_1=0$，在 2—2′端口输入电流 $\dot{I}_2$，可以得到

$$Z_{22} = \left.\frac{\dot{U}_2}{\dot{I}_2}\right|_{\dot{I}_1=0},\ Z_{12} = \left.\frac{\dot{U}_1}{\dot{I}_2}\right|_{\dot{I}_1=0}$$

把式（6-2）改写成矩阵形式

$$\begin{pmatrix}\dot{U}_1 \\ \dot{U}_2\end{pmatrix} = \begin{pmatrix}Z_{11} & Z_{12} \\ Z_{21} & Z_{22}\end{pmatrix}\begin{pmatrix}\dot{I}_1 \\ \dot{I}_2\end{pmatrix} = Z\begin{pmatrix}\dot{I}_1 \\ \dot{I}_2\end{pmatrix}$$

其中

$$Z = \begin{pmatrix}Z_{11} & Z_{12} \\ Z_{21} & Z_{22}\end{pmatrix}$$

上式称为二端口网络的 Z 参数矩阵。Z_{11}、Z_{12}、Z_{21}、Z_{22}称为二端口网络的 Z 参数。由于 Z 参数可以用开路的方法计算或测定出来，且具有阻抗的性质，所以又称为开路阻抗参数。

根据互易定理可以证明，对于互易二端口网络，$Z_{12}=Z_{21}$总是成立的，在这种情况下 Z 参数只有三个是独立的。对于对称的二端口网络则还有 $Z_{11}=Z_{22}$的关系，故只有两个参数是独立的。

如果一个二端口网络的 Y 参数已知，从式（6-3）可以求出它的 Z 参数。反之，如果一个二端口网络的 Z 参数已经确定，也不难求出它的 Y 参数（见表 6-1）。有些特殊结构的二端口网络并不同时存在阻抗矩阵和导纳矩阵的表达式，也可能既不存在阻抗矩阵，也不存在导纳矩阵表达式（例如理想变压器）。

对于含受控源的线性 RLC 二端口网络，利用特勒根定理可以证明互易定理不再成立，因此 $Y_{12}\neq Y_{21}$，$Z_{12}\neq Z_{21}$。

表 6-1 二端口网络的参数变换

参 数	用 Z 参数表示	用 Y 参数表示	用 H 参数表示	用 A 参数表示
Z 参数	$\begin{matrix} Z_{11} & Z_{12} \\ Z_{21} & Z_{22} \end{matrix}$	$\begin{matrix} \frac{Y_{22}}{\Delta_Y} & -\frac{Y_{12}}{\Delta_Y} \\ -\frac{Y_{21}}{\Delta_Y} & \frac{Y_{11}}{\Delta_Y} \end{matrix}$	$\begin{matrix} \frac{\Delta_H}{H_{22}} & \frac{H_{12}}{H_{22}} \\ -\frac{H_{21}}{H_{22}} & \frac{1}{H_{22}} \end{matrix}$	$\begin{matrix} \frac{A_{11}}{A_{21}} & \frac{\Delta_A}{A_{21}} \\ \frac{1}{A_{21}} & \frac{A_{22}}{A_{21}} \end{matrix}$
Y 参数	$\begin{matrix} \frac{Z_{22}}{\Delta_Z} & -\frac{Z_{12}}{\Delta_Z} \\ -\frac{Z_{21}}{\Delta_Z} & \frac{Z_{11}}{\Delta_Z} \end{matrix}$	$\begin{matrix} Y_{11} & Y_{12} \\ Y_{21} & Y_{22} \end{matrix}$	$\begin{matrix} \frac{1}{H_{11}} & -\frac{H_{12}}{H_{11}} \\ \frac{H_{21}}{H_{11}} & \frac{\Delta_H}{H_{11}} \end{matrix}$	$\begin{matrix} \frac{A_{22}}{A_{12}} & -\frac{\Delta_A}{A_{12}} \\ -\frac{1}{A_{12}} & \frac{A_{11}}{A_{12}} \end{matrix}$
H 参数	$\begin{matrix} \frac{\Delta_Z}{Z_{22}} & \frac{Z_{12}}{Z_{22}} \\ -\frac{Z_{21}}{Z_{22}} & \frac{1}{Z_{22}} \end{matrix}$	$\begin{matrix} \frac{1}{Y_{11}} & -\frac{Y_{12}}{Y_{11}} \\ \frac{Y_{21}}{Y_{11}} & \frac{\Delta_Y}{Y_{11}} \end{matrix}$	$\begin{matrix} H_{11} & H_{12} \\ H_{21} & H_{22} \end{matrix}$	$\begin{matrix} \frac{A_{12}}{A_{22}} & \frac{\Delta_A}{A_{22}} \\ -\frac{1}{A_{22}} & \frac{A_{21}}{A_{22}} \end{matrix}$
A 参数	$\begin{matrix} \frac{Z_{11}}{Z_{21}} & \frac{\Delta_Z}{Z_{21}} \\ \frac{1}{Z_{21}} & \frac{Z_{22}}{Z_{21}} \end{matrix}$	$\begin{matrix} -\frac{Y_{22}}{Y_{21}} & -\frac{1}{Y_{21}} \\ -\frac{\Delta_Y}{Y_{21}} & -\frac{Y_{11}}{Y_{21}} \end{matrix}$	$\begin{matrix} -\frac{\Delta_H}{H_{21}} & -\frac{H_{11}}{H_{21}} \\ -\frac{H_{22}}{H_{21}} & -\frac{1}{H_{21}} \end{matrix}$	$\begin{matrix} A_{11} & A_{12} \\ A_{21} & A_{22} \end{matrix}$
互易二端口网络	$Z_{12} = Z_{21}$	$Y_{12} = Y_{21}$	$H_{12} = -H_{21}$	$\Delta_A = 1$
对称二端口网络	$Z_{12} = Z_{21}$ $Z_{11} = Z_{22}$	$Y_{12} = Y_{21}$ $Y_{11} = Y_{22}$	$H_{12} = -H_{21}$ $\Delta_H = 1$	$\Delta_A = 1$ $A_{11} = A_{22}$

注：$\Delta_Z = \begin{vmatrix} Z_{11} & Z_{12} \\ Z_{21} & Z_{22} \end{vmatrix}$，$\Delta_Y = \begin{vmatrix} Y_{11} & Y_{12} \\ Y_{21} & Y_{22} \end{vmatrix}$，$\Delta_H = \begin{vmatrix} H_{11} & H_{12} \\ H_{21} & H_{22} \end{vmatrix}$，$\Delta_A = \begin{vmatrix} A_{11} & A_{12} \\ A_{21} & A_{22} \end{vmatrix}$。

6.1.3 二端口网络的 A 参数

在许多工程问题中，往往希望找到一个端口的电压、电流与另一个端口的电压、电流之间直接的相互关系，例如传输线一端的电压和电流与另一端电压和电流之间的关系。对于二端口网络来说，就是将 $\dot{U}_1$ 和 $\dot{I}_1$ 作为因变量，以 $\dot{U}_2$ 和 $\dot{I}_2$ 作为自变量，或者反之。这类问题用 Y 参数和 Z 参数都不够方便，而用 A 参数来处理要容易得多。A 参数方程的形式为

$$\left.\begin{aligned} \dot{U}_1 &= A_{11}\dot{U}_2 - A_{12}\dot{I}_2 \\ \dot{I}_1 &= A_{21}\dot{U}_2 - A_{22}\dot{I}_2 \end{aligned}\right\} \tag{6-4}$$

值得注意的是右边第二项前面是负号。将端口 2—2′短路或开路，即令 $\dot{U}_2 = 0$ 或 $\dot{I}_2 = 0$ 可以得到

$$A_{11} = \left.\frac{\dot{U}_1}{\dot{U}_2}\right|_{\dot{I}_2 = 0} \qquad A_{12} = \left.\frac{\dot{U}_1}{-\dot{I}_2}\right|_{\dot{U}_2 = 0}$$

$$A_{21}=\left.\frac{\dot I_1}{\dot U_2}\right|_{\dot I_2=0}\qquad A_{22}=\left.\frac{\dot I_1}{-\dot I_2}\right|_{\dot U_2=0}$$

可见，A_{11}是两个电压的比值；A_{12}是转移阻抗；A_{21}是转移导纳；A_{22}是两个电流的比值。式（6-4）写成矩阵形式

$$\begin{pmatrix}\dot U_1\\ \dot I_1\end{pmatrix}=\begin{pmatrix}A_{11} & A_{12}\\ A_{21} & A_{22}\end{pmatrix}\begin{pmatrix}\dot U_2\\ -\dot I_2\end{pmatrix}=A\begin{pmatrix}\dot U_2\\ -\dot I_2\end{pmatrix}$$

其中

$$A\triangleq\begin{pmatrix}A_{11} & A_{12}\\ A_{21} & A_{22}\end{pmatrix}$$

A 参数又称一般参数或传输参数，有的记作 A、B、C、D，还有的记作 T_{11}、T_{12}、T_{21}、T_{22}。

对于互易二端口网络来说，A 参数中只有三个是独立的。根据表 6-1 并注意到 $Y_{12}=Y_{21}$，得

$$\begin{aligned}A_{11}A_{22}-A_{12}A_{21}&=\frac{Y_{11}Y_{22}}{Y_{21}Y_{21}}+\frac{Y_{12}Y_{21}-Y_{11}Y_{22}}{Y_{21}Y_{21}}\\&=\frac{Y_{12}}{Y_{21}}=1\end{aligned}$$

对于对称二端口网络，由于 $Y_{11}=Y_{22}$，可以得到 $A_{11}=A_{22}$。

6.1.4　二端口网络的 *H* 参数

二端口网络还有一套常用的参数，称为 H 参数或混合参数，用下面一组方程表示：

$$\left.\begin{aligned}\dot U_1&=H_{11}\dot I_1+H_{12}\dot U_2\\ \dot I_2&=H_{21}\dot I_1+H_{22}\dot U_2\end{aligned}\right\}\tag{6-5}$$

H 参数的具体意义可以分别用下列式子来说明：

$$H_{11}=\left.\frac{\dot U_1}{\dot I_1}\right|_{\dot U_2=0}\qquad H_{12}=\left.\frac{\dot U_1}{\dot U_2}\right|_{\dot I_1=0}$$

$$H_{21}=\left.\frac{\dot I_2}{\dot I_1}\right|_{\dot U_2=0}\qquad H_{22}=\left.\frac{\dot I_2}{\dot U_2}\right|_{\dot I_1=0}$$

可见，H_{11}和H_{21}具有短路参数的性质，H_{12}和H_{22}具有开路参数的性质，H_{11}和H_{22}具有策动点参数的性质，H_{12}和H_{21}具有转移参数的性质，H_{11}具有阻抗的性质，H_{22}具有导纳的性质，H_{12}是电压比，H_{21}是电流比。

用矩阵形式表示时，有

$$\begin{pmatrix}\dot U_1\\ \dot I_2\end{pmatrix}=\begin{pmatrix}H_{11} & H_{12}\\ H_{21} & H_{22}\end{pmatrix}\begin{pmatrix}\dot I_1\\ \dot U_2\end{pmatrix}=H\begin{pmatrix}\dot I_1\\ \dot U_2\end{pmatrix}$$

式中

$$H \triangleq \begin{pmatrix} H_{11} & H_{12} \\ H_{21} & H_{22} \end{pmatrix}$$

对于互易二端口网络，四个参数中有三个是独立，应用表 6-1 并注意 $Y_{21}=Y_{12}$，可以得到

$$H_{12}=-\frac{Y_{12}}{Y_{11}},\ H_{21}=\frac{Y_{21}}{Y_{11}}$$

可见在互易二端口网络中 $H_{12}=-H_{21}$。对于对称互易二端口网络，还有 $H_{11}H_{22}-H_{12}H_{21}=1$。$H$ 参数在晶体管电路中获得了广泛的应用。

例 6-2 求图 6-5（a）所示二端口网络的 A 参数与 H 参数。

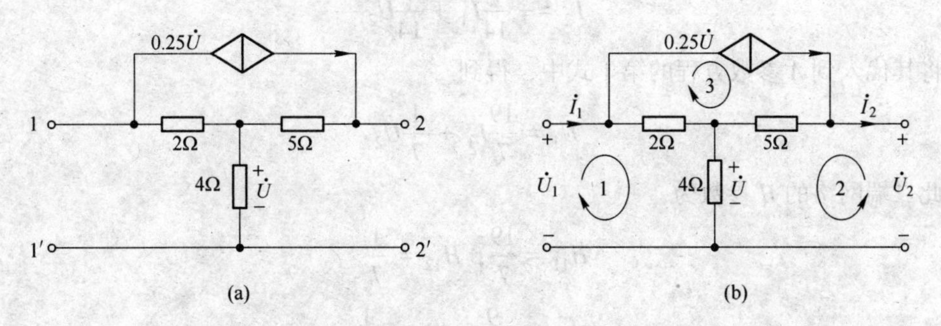

图 6-5 例 6-2

解 此题直接求 A 参数比较难，所以可先列电路方程，而后整理成 A 参数方程的形式，求出 A 参数。

（1）计算 A 参数。按图 6-5（b）选取 3 个独立回路，3 个回路电流分别等于 $\dot{I}_1$、$\dot{I}_2$ 和 $0.25\dot{U}$。列出回路 1 与回路 2 的回路方程

$$\begin{cases}(2+4)\dot{I}_1+4\dot{I}_2-2\times 0.25\dot{U}=\dot{U}_1\\ 4\dot{I}_1+(5+4)\dot{I}_2+5\times 0.25\dot{U}=\dot{U}_2\end{cases}$$

将受控电流源的控制量 $\dot{U}=4(\dot{I}_1+\dot{I}_2)$ 代入其中，得到

$$\begin{cases}4\dot{I}_1+2\dot{I}_2=\dot{U}_1\\ 9\dot{I}_1+14\dot{I}_2=\dot{U}_2\end{cases}$$

由第 2 式得到

$$\dot{I}_1=\frac{1}{9}\dot{U}_2-\frac{14}{9}\dot{I}_2$$

将其代入第 1 式中得到

$$\dot{U}_1=\frac{4}{9}\dot{U}_2-\frac{38}{9}\dot{I}_2$$

可见传输参数方程（A 参数方程）为

$$\begin{cases}\dot{U}_1 = \frac{4}{9}\dot{U}_2 + \frac{38}{9}(-\dot{I}_2) \\ \dot{I}_1 = \frac{1}{9}\dot{U}_2 + \frac{14}{9}(-\dot{I}_2)\end{cases}$$

即 A 参数为

$$A_{11} = \frac{4}{9},\ A_{12} = \frac{38}{9}$$

$$A_{21} = \frac{1}{9},\ A_{22} = \frac{14}{9}$$

（2）由 A 参数计算 H 参数。将 A 参数方程中的第 2 式变为

$$\dot{I}_2 = -\frac{9}{14}\dot{I}_1 + \frac{1}{14}\dot{U}_2$$

将其代入到 A 参数方程的第 1 式中，得到

$$\dot{U}_1 = \frac{19}{7}\dot{I}_1 + \frac{1}{7}\dot{U}_2$$

此二端网络的 H 参数为

$$H_{11} = \frac{19}{7},\ H_{12} = \frac{1}{7}$$

$$H_{21} = -\frac{9}{14},\ H_{22} = \frac{1}{14}$$

6.2 二端口网络的特性阻抗

如果一个二端口网络的端口 2—2′接有负载 Z_L，如图 6-6 所示，则由 1—1′端口向右看去的等效阻抗称为输入阻抗 Z_i。为了计算 Z_i，可以假设在 1—1′端口接有激励源，这时输入阻抗 Z_i 等于 1—1′端口上的电压与电流的比值，按（6-4）式有

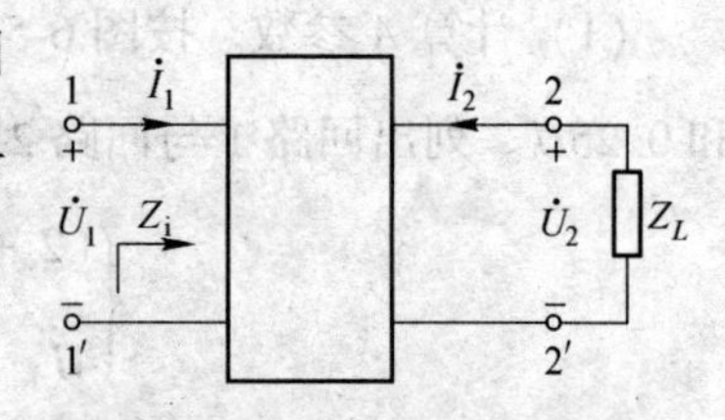

图 6-6 二端口网络输入阻抗

$$Z_i = \frac{\dot{U}_1}{\dot{I}_1} = \frac{A_{11}\dot{U}_2 - A_{12}\dot{I}_2}{A_{21}\dot{U}_2 - A_{22}\dot{I}_2}$$

将 $\dot{U}_2 = -Z_L\dot{I}_2$ 代入上式得

$$Z_i = \frac{A_{11}Z_L + A_{12}}{A_{21}Z_L + A_{22}} \tag{6-6}$$

可见 Z_i 不仅与网络有关，还与所接负载有关，对于同一个负载，经过不同的网络就得到不同的输入阻抗，就是说二端口网络有变换阻抗的作用。

如果二端口网络的 1—1′端口接有激励源，如图 6-7（a）所示，$\dot{U}_S$ 和 Z_S 分别为激励源的电动势和内阻抗。由端口 2—2′向左看去，它等效于一个电压源 $\dot{U}_S$ 和一个阻抗 Z_o 的串联。等效阻抗 Z_o 称为输出阻抗。为了计算 Z_o，可以令 $\dot{U}_S$ 为零，在端口 2—2′加电压

$\dot{U}_2$，如图 6-7（b）所示，这时 $\dot{U}_2$ 与 $\dot{I}_2$ 的比值即为 Z_o。考虑 $\dot{U}_1=-Z_S\dot{I}_1$，将它与式（6-4）联立，可以解得

$$Z_o=\frac{\dot{U}_2}{\dot{I}_2}=\frac{A_{22}Z_S+A_{12}}{A_{21}Z_S+A_{11}} \tag{6-7}$$

可见 Z_o 与二端口网络有关，也与激励源内阻抗有关。

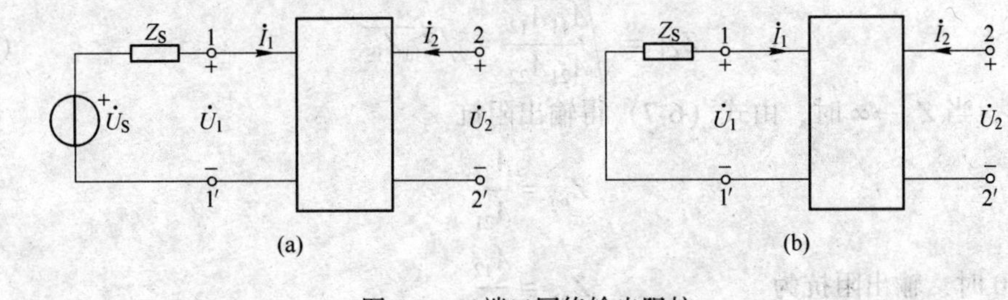

图 6-7　二端口网络输出阻抗

对于接有激励源和负载的二端口网络，如果 $Z_o=Z_L$，称为输出端匹配；如果 $Z_S=Z_i$，称为输入端匹配；如果同时有 $Z_o=Z_L$，$Z_S=Z_i$，则称为完全匹配。二端口网络在使用当中常常是力求做到完全匹配。

对于一个二端口网络，可以找到特定的数值 Z_{C1} 和 Z_{C2}，使得在 $Z_S=Z_{C1}$ 且 $Z_L=Z_{C2}$ 的情况下做到完全匹配。Z_{C1} 和 Z_{C2} 分别称为二端口网络输入端口和输出端口的特性阻抗，如图 6-8 所示。利用式（6-6）和式（6-7）得到

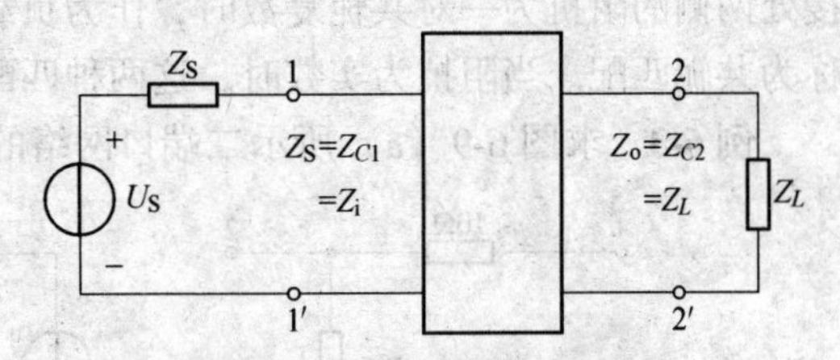

图 6-8　二端口网络特性阻抗

$$Z_{C1}=\frac{A_{11}Z_{C2}+A_{12}}{A_{21}Z_{C2}+A_{22}} \tag{6-8}$$

$$Z_{C2}=\frac{A_{22}Z_{C1}+A_{12}}{A_{21}Z_{C1}+A_{11}} \tag{6-9}$$

解得

$$Z_{C1}=\sqrt{\frac{A_{11}A_{12}}{A_{21}A_{22}}}\quad Z_{C2}=\sqrt{\frac{A_{22}A_{12}}{A_{21}A_{11}}} \tag{6-10}$$

对于对称二端口网络，由于 $A_{11}=A_{22}$，则

$$Z_{C1}=Z_{C2}=Z_C=\sqrt{\frac{A_{12}}{A_{21}}} \tag{6-11}$$

如果终端接负载 $Z_L=Z_C$，则输入阻抗 Z_i 等于 Z_L，所以对称二端口网络的特性阻抗又称为重复阻抗。

以上用 A 参数表示了 Z_i、Z_o、Z_{C1}、Z_{C2}、Z_C 等。由于计算或测量一个二端口网络的开路阻抗和短路阻抗比较容易，所以常常用开路阻抗和短路阻抗来表示特性阻抗。

终端开路时 $Z_L\to\infty$，由式（6-6）得输入阻抗

$$Z_{io} = \frac{A_{11}}{A_{21}}$$

终端短路时 $Z_L = 0$，由式（6-6）得输入阻抗

$$Z_{iS} = \frac{A_{12}}{A_{22}}$$

可见

$$Z_{C1} = \sqrt{\frac{A_{11}A_{12}}{A_{21}A_{22}}} = \sqrt{Z_{io}Z_{iS}} \tag{6-12}$$

同样，当 $Z_S \to \infty$ 时，由式（6-7）得输出阻抗

$$Z_{oo} = \frac{A_{22}}{A_{21}}$$

$Z_S = 0$ 时，输出阻抗为 $Z_{oS} = \frac{A_{12}}{A_{11}}$

得

$$Z_{C2} = \sqrt{\frac{A_{22}A_{12}}{A_{21}A_{11}}} = \sqrt{Z_{oo}Z_{oS}} \tag{6-13}$$

这里的匹配称为无反射匹配，能量由一侧传输到另一侧时在连接处不发生反射。当连接处两侧的阻抗为一对共轭复数时，作为负载的一侧将得到最大的传输功率，故这种匹配称为共轭匹配。当阻抗为实数时，这两种匹配是一致的。

例 6-3 求图 6-9（a）所示二端口网络的特性阻抗 Z_{C1} 和 Z_{C2}。

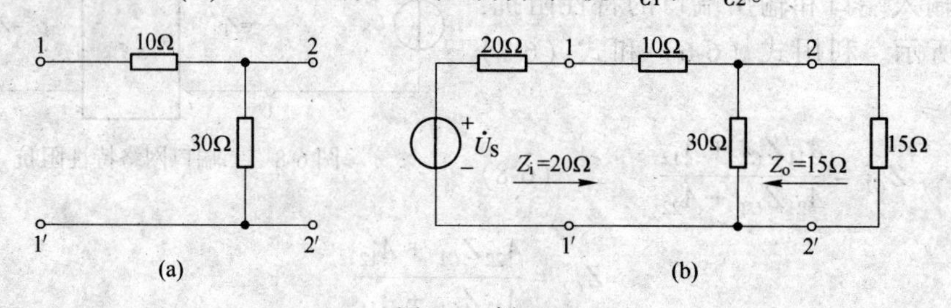

图 6-9 例 6-3

解 分别将 2—2′端口开路和短路，得到

$$Z_{io} = 10 + 30 = 40\Omega,\ Z_{iS} = 10\Omega$$

分别将 1—1′端口开路和短路，得到

$$Z_{oo} = 30\Omega,\ Z_{oS} = \frac{10 \times 30}{10 + 30} = 7.5\Omega$$

所以，特性阻抗为

$$Z_{C1} = \sqrt{Z_{io}Z_{iS}} = \sqrt{40 \times 10} = 20\Omega$$

$$Z_{C2} = \sqrt{Z_{oo}Z_{oS}} = \sqrt{30 \times 7.5} = 15\Omega$$

如果将内阻 $Z_S = 20\Omega$ 的激励源接于 1—1′端口，将 $Z_L = 15\Omega$ 的负载接于 2—2′端口，则 $Z_i = 20\Omega$，$Z_o = 15\Omega$，即做到了完全匹配，如图 6-9（b）所示。

6.3　二端口网络的等效电路

前面讲过，一个一端口网络可以求出其等值参数和等效电路。同样，对给定的一个二端口网络，也可以找到一个简单的二端口网络与它的参数相同，即它们对外是等效的。满足互易条件的二端口网络有三个参数是独立的，所以有可能找到一个由三个无源元件组成的简单的二端口网络与其等效，而由三个元件组成的二端口网络可以是 π 形连接，也可以是 T 形连接，如图 6-10 所示。

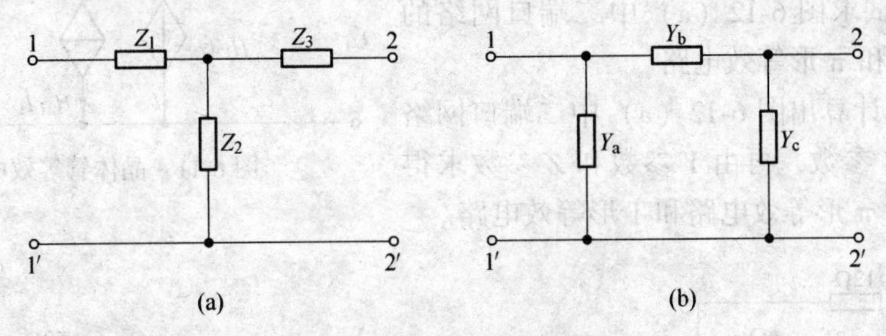

图 6-10　二端口网络的等效电路

如果一个给定的二端口网络的 Y 参数已知，现在要找到它的一个等效电路，假定要找的是如图 6-10（b）所示的 π 形等效电路，按例 6-1 中的方法可以求得此电路的 Y 参数分别为

$$Y_{11} = Y_a + Y_b$$
$$Y_{21} = Y_{12} = - Y_b$$
$$Y_{22} = Y_b + Y_c$$

那么，只要从以上各式中解出 Y_a、Y_b、Y_c，就求得了构成此 π 形等效电路的三个元件的导纳了。不难得出

$$Y_a = Y_{11} + Y_{21}, \quad Y_b = - Y_{21}, \quad Y_c = Y_{22} + Y_{21}$$

如果给定的是二端口网络的 A 参数，可以根据 A 参数与 Y 参数的变换关系，求出用 A 参数表示的 Y_a、Y_b 和 Y_c。即

$$Y_a = \frac{A_{22} - 1}{A_{12}}, \quad Y_b = \frac{1}{A_{12}}, \quad Y_c = \frac{A_{11} - 1}{A_{12}}$$

等效二端口网络的参数还可以直接从外部特性方程来确定。对于图 6-10（a）所示的 T 形电路，其方程为

$$\begin{cases} \dot{U}_1 = Z_1\dot{I}_1 + Z_2(\dot{I}_1 + \dot{I}_2) = (Z_1 + Z_2)\dot{I}_1 + Z_2\dot{I}_2 \\ \dot{U}_2 = Z_3\dot{I}_2 + Z_2(\dot{I}_1 + \dot{I}_2) = Z_2\dot{I}_1 + (Z_2 + Z_3)\dot{I}_2 \end{cases}$$

对照式（6-2）得

$$Z_{11} = Z_1 + Z_2, \quad Z_{22} = Z_2 + Z_3, \quad Z_{12} = Z_{21} = Z_2$$

由此解得

$$Z_1 = Z_{11} - Z_{12}, \quad Z_3 = Z_{22} - Z_{12}, \quad Z_2 = Z_{12} = Z_{21}$$

如果已知二端口网络的其他参数，可以根据参数之间的变换关系变成 Z 参数，再按

上式求等效电路。

对于对称二端口网络，必有 $Z_1=Z_3$，$Y_a=Y_c$。

对于非互易二端口网络，可以用含受控源电路来画出其等效电路，以 H 参数为例。

$$\begin{cases}\dot{U}_1 = H_{11}\dot{I}_1 + H_{12}\dot{U}_2 \\ \dot{I}_2 = H_{21}\dot{I}_1 + H_{22}\dot{U}_2\end{cases}$$

可以得到如图 6-11 所示的等效电路。这就是最常用的晶体管等效电路。

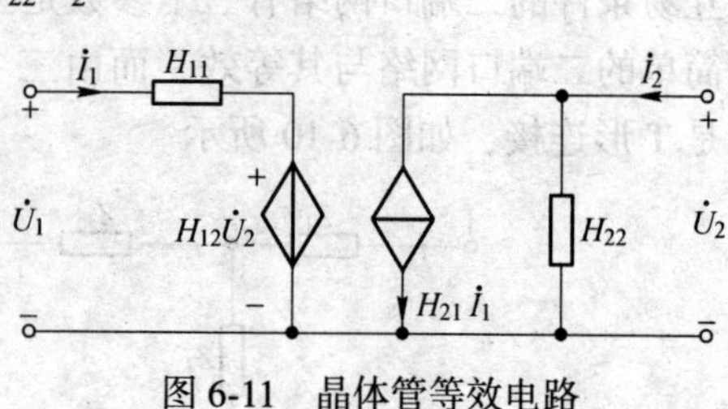

图 6-11　晶体管等效电路

例 6-4　试求图 6-12（a）中二端口网络的 T 形等效电路和 π 形等效电路。

解　首先计算出图 6-12（a）中二端口网络的 Y 参数和 Z 参数，再由 Y 参数和 Z 参数求得二端口网络的 π 形等效电路和 T 形等效电路。

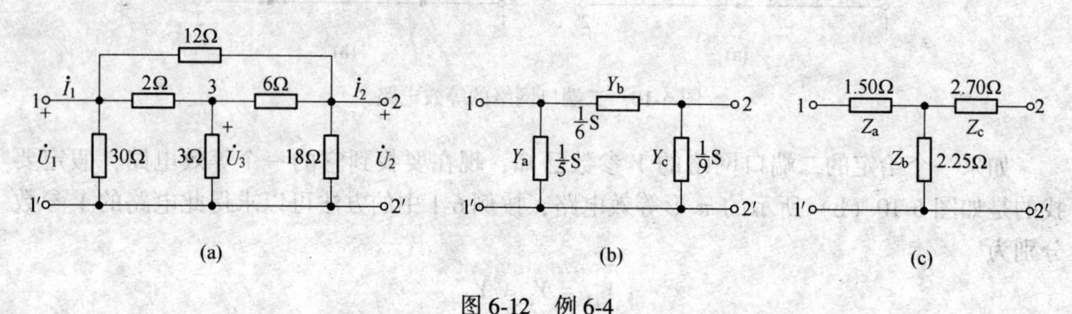

图 6-12　例 6-4

先对图 6-12（a）所示电路列节点方程，由此导出 Y 参数方程和 Z 参数方程，求出 Y 参数和 Z 参数。

（1）取 1′为参考点，电路节点方程为

$$\begin{cases}\left(\frac{1}{30}+\frac{1}{2}+\frac{1}{12}\right)\dot{U}_1 - \frac{1}{12}\dot{U}_2 - \frac{1}{2}\dot{U}_3 = \dot{I}_1 \\ -\frac{1}{12}\dot{U}_1 + \left(\frac{1}{12}+\frac{1}{6}+\frac{1}{18}\right)\dot{U}_2 - \frac{1}{6}\dot{U}_3 = \dot{I}_2 \\ -\frac{1}{2}\dot{U}_1 - \frac{1}{6}\dot{U}_2 + \left(\frac{1}{2}+\frac{1}{3}+\frac{1}{6}\right)\dot{U}_3 = 0\end{cases}$$

由第 3 式得到

$$\dot{U}_3 = \frac{1}{2}\dot{U}_1 + \frac{1}{6}\dot{U}_2$$

代入到第 1 式和第 2 式中，得到

$$\begin{cases}\dot{I}_1 = \frac{11}{30}\dot{U}_1 - \frac{1}{6}\dot{U}_2 \\ \dot{I}_2 = -\frac{1}{6}\dot{U}_1 + \frac{8}{15}\dot{U}_2\end{cases}$$

这是二端口网络的 Y 参数方程。对照图 6-12（a），π 形等效电路中元件的参数为

$$Y_a = Y_{11} + Y_{12} = \frac{11}{30} - \frac{1}{6} = \frac{1}{5}\mathrm{S}$$

$$Y_b = -Y_{12} = -\left(-\frac{1}{6}\right) = \frac{1}{6}\mathrm{S}$$

$$Y_c = Y_{22} + Y_{21} = \frac{5}{18} - \frac{1}{6} = \frac{1}{9}\mathrm{S}$$

三个元件分别为5Ω、6Ω和9Ω，π形等效电路如图6-12（b）所示。

（2）由Y参数方程求得Z参数方程为

$$\dot{U}_1 = \frac{\begin{vmatrix} \dot{I}_1 & -\frac{1}{6} \\ \dot{I}_2 & \frac{5}{18} \end{vmatrix}}{\begin{vmatrix} \frac{11}{30} & -\frac{1}{6} \\ -\frac{1}{6} & \frac{5}{18} \end{vmatrix}} = 3.75\dot{I}_1 + 2.25\dot{I}_2$$

$$\dot{U}_2 = \frac{\begin{vmatrix} \frac{11}{30} & \dot{I}_1 \\ -\frac{1}{6} & \dot{I}_2 \end{vmatrix}}{\begin{vmatrix} \frac{11}{30} & -\frac{1}{6} \\ -\frac{1}{6} & \frac{5}{18} \end{vmatrix}} = 2.25\dot{I}_1 + 4.95\dot{I}_2$$

这是二端口网络的Z参数方程。对照图6-12（a），T形等效电路中元件的参数为

$$Z_1 = Z_{11} - Z_{12} = 3.75 - 2.25 = 1.50\Omega$$

$$Z_2 = Z_{12} = 2.25\Omega$$

$$Z_3 = Z_{22} - Z_{21} = 4.95 - 2.25 = 2.70\Omega$$

T形等效电路如图6-12（c）所示。

6.4 学习指导

Z、Y、A、H参数是分析二端口网络常用的四种参数，仅由二端口网络构成的元件和连接方式决定，反映了二端口网络的外部特性。对于互易二端口网络，每个参数中仅有三个元素是独立的，对于对称互易二端口网络，每个参数中仅有两个元素是独立的。二端口网络参数可以用开路法、短路法计算，也可以通过对二端口网络列方程计算。互易二端口网络可以用π形或T形电路等效。

习 题

6-1 求如图6-13所示二端口网络的Y、Z和A参数。

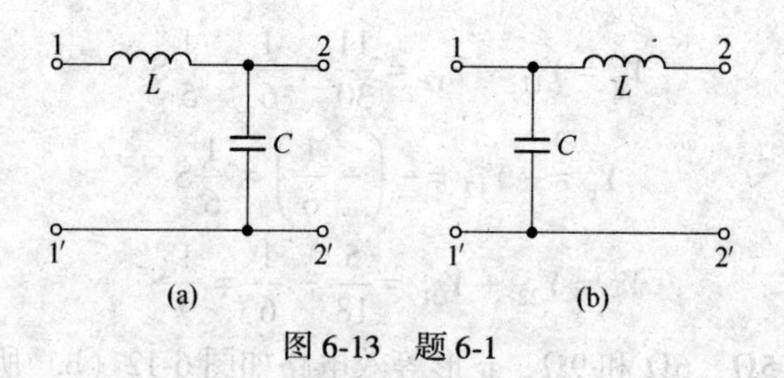

图 6-13　题 6-1

6-2 求如图 6-14 所示二端口网络的 Y、Z、A 和 H 参数矩阵。

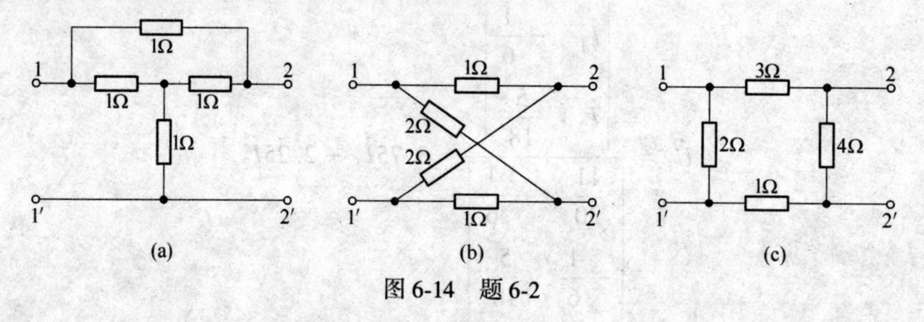

图 6-14　题 6-2

6-3 求如图 6-15 所示二端口网络的 H 参数和 Y 参数。

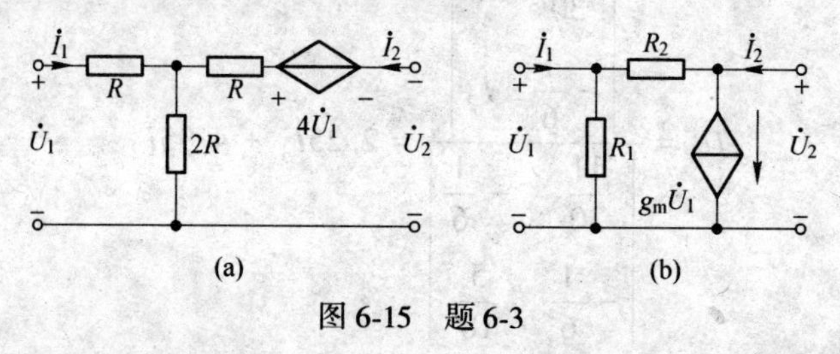

图 6-15　题 6-3

6-4 求如图 6-16 所示电路的 H 参数。

6-5 求如图 6-17 所示二端口网络的特性阻抗。

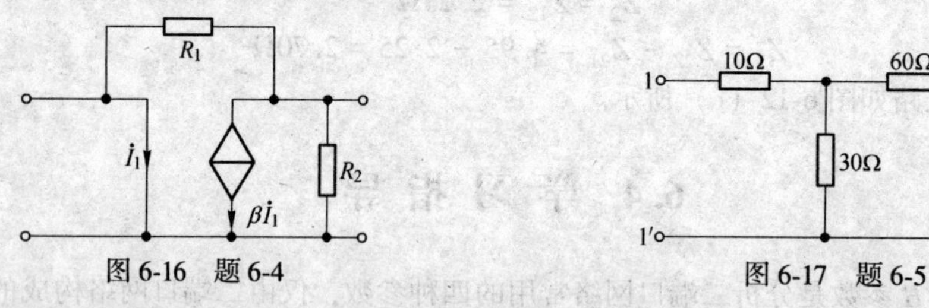

图 6-16　题 6-4　　　　图 6-17　题 6-5

6-6 N 为无源线性二端口网络，对其进行两次测量，结果如图 6-18 所示。试根据测量的这些结果求出二端口网络的 Y 参数。

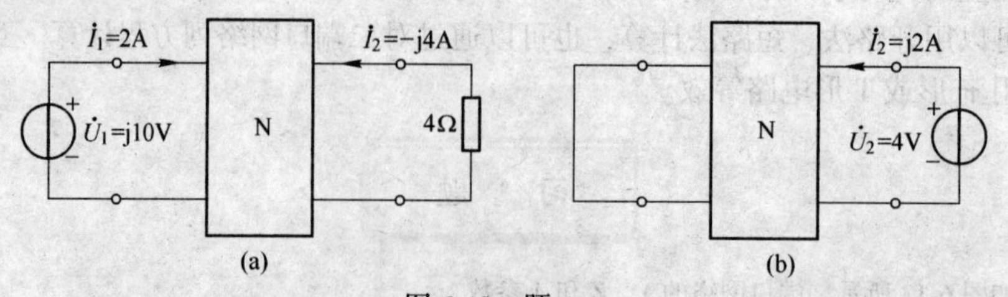

图 6-18　题 6-6

6-7 负阻抗变换器也是一种常用的双口网络元件，符号如图 6-19 所示。负阻抗变换器特性方程为：$\begin{pmatrix} u_1 \\ i_1 \end{pmatrix} = \begin{pmatrix} k_1 & 0 \\ 0 & -\dfrac{1}{k_2} \end{pmatrix} \begin{pmatrix} u_2 \\ -i_2 \end{pmatrix}$，变换比 k_1、k_2为正实常数。如在负阻抗变换器右侧端口接阻抗 $Z_L(s)$，试求从左侧端口看进去的输入阻抗。

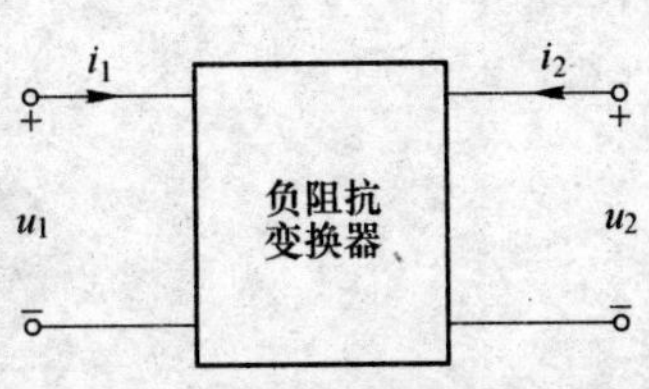

图 6-19　题 6-7 负阻抗变换器

6-8 图 6-20 中，N 为线性电阻双口网络，当 $R_L=\infty$ 时，$U_2=7.5$V；当 $R_L=0$ 时，$I_1=3$A，$I_2=-1$A。(1) 求双口网络的 Y 参数；(2) 求双口网络的 π 形等效电路；(3) R_L为何值时，R_L可获得最大功率，并求此最大功率 P_{max}。

6-9 如图 6-21 所示电路中，双口网络 N 的 A 参数为 $A=\begin{bmatrix} 2 & 0 \\ 0 & \dfrac{1}{2} \end{bmatrix}$。电路在 $t<0$ 时已处于稳态，当 $t=0$ 时将开关 S 闭合，求 $t \geqslant 0$ 时的 $u(t)$。

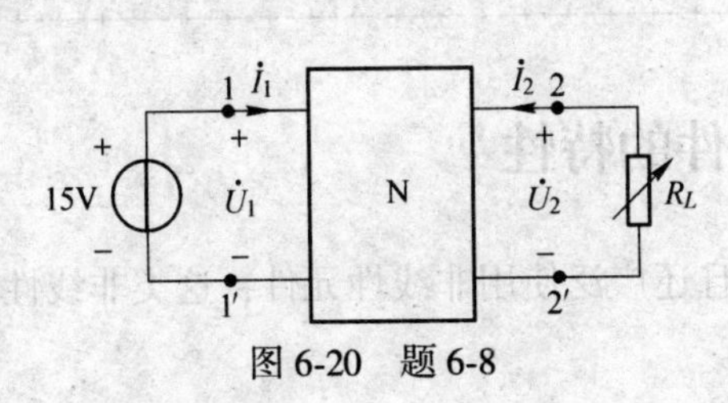

图 6-20　题 6-8

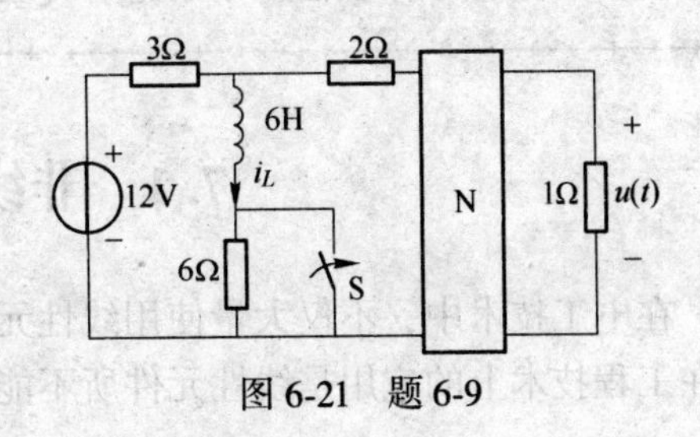

图 6-21　题 6-9

7 非线性电路

内容提要：前面各章讨论了线性电路理论，它是研究电路理论的基础。本章首先介绍非线性元件的特性，探讨求解非线性电阻电路的图解分析法、数值分析法和小信号分析法。最后介绍如何建立非线性网络的动态方程。

本章重点：充分理解非线性元件的特性；掌握求解非线性电阻电路的图解分析法、数值分析法和小信号分析法；了解怎样建立非线性网络的动态方程。

7.1 非线性元件的特性

在电工技术中，不仅大量使用线性元件，而且还广泛使用非线性元件，这类非线性元件在工程技术上的应用是线性元件所不能代替的。

7.1.1 二端非线性电阻元件

二端线性电阻的伏安特性是通过 u-i 平面坐标原点的直线，欧姆定律就表达了线性电阻的这种伏安关系。若电阻器的伏安特性不是通过 u-i 平面坐标原点的直线，或是用曲线来表征时，则这种电阻就称为非线性电阻。可见，非线性电阻的伏安关系是不满足欧姆定律的，而是符合某种特定的非线性的函数关系。因此，非线性电阻的参数不能用一个数值来表示，而是用它在整个工作区域内的伏安曲线或非线性的解析式来表示。非线性电阻的电路符号如图 7-1（a）所示。

若非线性电阻两端的电压是电流的单值函数就称为电流控制型非线性电阻，简称流控型非线性电阻，它的特性方程可用

$$u = f(i)$$

来表示。如图 7-1（b）所示充气二极管（又称辉光管）就是流控型非线性电阻，其伏安特性曲线如图 7-1（c）所示。由图可见，对每一个电流 i 只有一个电压 u 与之对应，但对同一个电压值，电流却可能是多值的。

若非线性电阻中通过的电流是其端电压的单值函数就称为电压控制型非线性电阻，简称压控型非线性电阻。它的特性方程可用

$$i = g(u)$$

来表示。如图 7-2（a）所示隧道二极管就是一个压控型非线性电阻，其伏安特性曲线如图 7-2（b）所示。由图可见，对每一个电压 u 只有一个电流 i 与之对应，但对同一个电流值，电压却可能是多值的。

若非线性电阻既是流控型又是压控型的，则该电阻称为单调型非线性电阻。显然它的

伏安特性是单调增长或单调下降的，它的特性方程既可用 $u=f(i)$ 的形式，也可用 $i=g(u)$ 的形式来表征。这一类电阻以 P-N 节二极管最为典型。

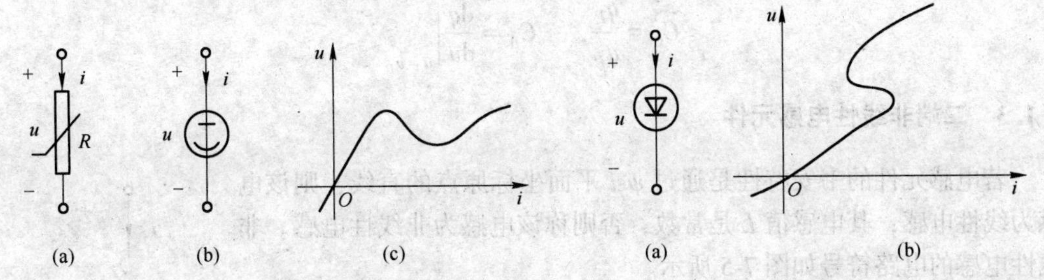

图 7-1 非线性电阻、流控型非线性电阻 V-A 关系　　图 7-2 压控型非线性电阻及 V-A 特性曲线

为了分析和计算非线性电路的需要，下面介绍非线性电阻元件的静态电阻和动态电阻。静态电阻是非线性电阻特性曲线上静态工作点处的电压与电流的比值，在图 7-3（a）中，静态电阻

$$R_{\mathrm{OQ}}=\frac{U_{\mathrm{Q}}}{I_{\mathrm{Q}}}$$

它正比于 $\tan\alpha$ 值。动态电阻是指在静态工作点 Q 附近电压对电流的变化率，即

$$R_{\mathrm{d}Q}=\frac{\mathrm{d}u}{\mathrm{d}t}\bigg|_{i=I_Q}$$

它正比于 $\tan\beta$ 值。可见，非线性电阻元件的静态电阻和动态电阻都不是常数，而是其电压或电流的函数，且随工作点的不同而不同。

一般情况下，非线性电阻的静态电阻是正值（特殊情况除外），动态电阻可能是正值也可能是负值。一个非线性电阻元件的动态电阻的正或负是由其伏安特性及静态工作点的位置决定的。例如在图 7-3（b）中，工作点 Q 附近（即在上扬段上）的动态电阻 $R_{\mathrm{d}Q}>0$，而工作点 P 附近（即在下倾段上）的动态电阻 $R_{\mathrm{d}P}<0$。

7.1.2 二端非线性电容元件

若电容元件的库伏特性是通过 q-u 平面坐标原点的直线，则该电容称为线性电容，其电容值 C 是常数，否则就称该电容为非线性电容。非线性电容的电路符号如图 7-4 所示。

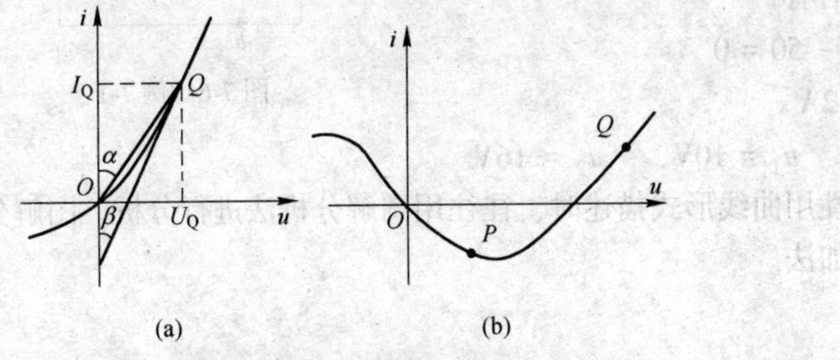

图 7-3 静态电阻、动态电阻的几何意义

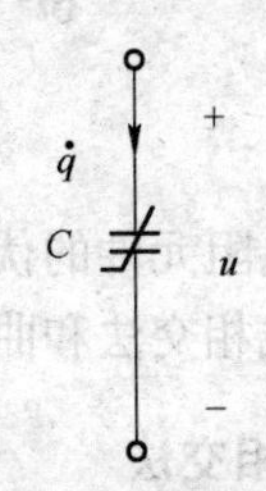

图 7-4 非线性电容

若非线性电容的端电压 u 是电荷 q 的单值函数，则称此电容为荷控型非线性电容，其特性方程表示为 $u=f(q)$。若非线性电容元件的电荷 q 是其端电压 u 的单值函数，则称该

电容为压控型非线性电容，其特性方程表示为 $q=g(u)$ 。

对于非线性电容，在其某工作点 P 处可定义其静态电容 C_0 及动态电容 C_d 如下：

$$C_0=\frac{q_P}{u_P},\qquad C_d=\left.\frac{dq}{du}\right|_{u=u_P}$$

7.1.3 二端非线性电感元件

若电感元件的韦安特性是通过 ψ-i 平面坐标原点的直线，则该电感为线性电感，其电感值 L 是常数，否则称该电感为非线性电感。非线性电感的电路符号如图 7-5 所示。

图 7-5 非线性电感

若非线性电感的电流 i 是磁链 ψ 的单值函数，则该电感称为链控型非线性电感，其特性方程表示为 $i=f(\psi)$ 。若非线性电感中的磁链是电流 i 的单值函数，则该电感称为流控型非线性电感，其特性方程表示为 $\psi=g(i)$ 。

对于非线性电感，在某点 P，仍引用静态电感 L_0 和动态电感 L_d 的概念，其定义如下：

$$L_0=\frac{\psi_P}{i_P},\qquad L_d=\left.\frac{d\psi}{di}\right|_{i=i_P}$$

7.2 非线性电阻电路的图解分析法

一般来说，线性电路的分析方法对非线性电路是不适用的。可是，由于基尔霍夫定律只与网络的结构有关，而与网络中元件的性质无关，所以基尔霍夫定律仍然是分析非线性网络的依据。

例 7-1 在图 7-6 所示的非线性电阻电路中，非线性电阻 R_1 的伏安关系为：$u_1=2i^2+i$，非线性电阻 R_2 的伏安关系为：$u_2=4i^2$，线性电阻 $R_S=12\Omega$，电源 $U_S=50V$，求 u_1 和 u_2（其中 $i>0$）。

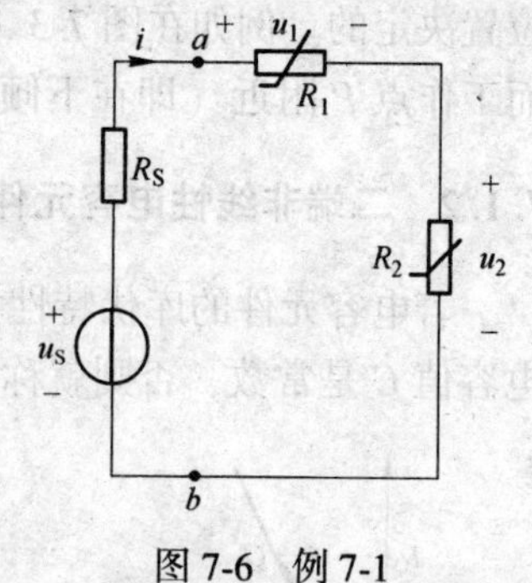

图 7-6 例 7-1

解 由 KVL 可写出如下方程：

$$u_S-R_Si=u_1+u_2$$

将已知条件代入，经整理后有

$$6i^2+13i-50=0$$

解得 $$i=2A$$

所以 $$u_1=10V,\qquad u_2=16V$$

非线性电阻元件的伏安特性用曲线形式描述时，往往用图解分析法进行分析。图解分析法包括曲线相交法和曲线相加法。

7.2.1 曲线相交法

曲线相交法是根据解析几何中用曲线相交解联立方程的方法。

在图 7-7（a）所示电路中，非线性电阻 R 的伏安特性曲线如图 7-7（b）中的 $i(u)_r$ 所示。为了求得电路中电压 u 和电流 i，列出电路左部支路的方程

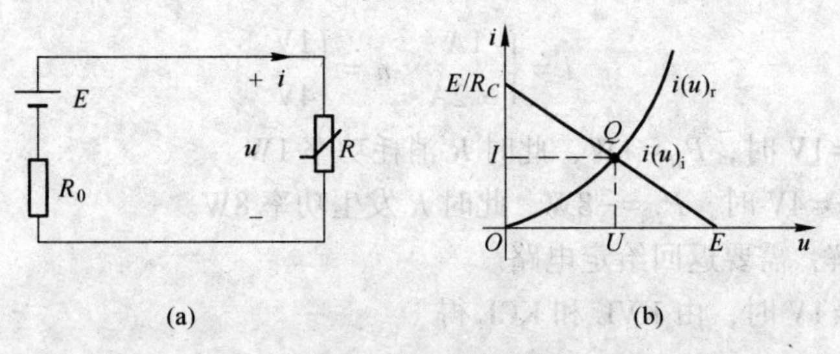

图 7-7　曲线相交法

$$u = E - R_0 i$$

这个线性方程的伏安关系如图 7-7（b）中的 $i(u)_i$ 所示。这两条曲线的交点 Q（静态工作点，或称为工作点）对应的电压 U 和电流 I 就是要求的解答。这种求解非线性电阻电路的方法就叫做曲线相交法。

还应指出，非线性电阻网络在静态情况下，非线性电阻在工作点 Q 处的静态电阻为

$$R_{0Q} = \frac{U}{I}$$

故非线性电阻所消耗的有功功率为

$$P_{RQ} = UI = R_{0Q}I^2 = \frac{U^2}{R_{0Q}}$$

如果非线性电阻网络中只含有一个非线性电阻元件，其余部分是线性电路，可以先把线性电路部分化为戴维南等效电路，然后就可以用曲线相交法计算这个非线性电阻网络了。

例 7-2　在图 7-8 所示非线性电阻电路中，R 是流控型非线性电阻，其伏安特性曲线见图 7-8（c）的 $u(i)_r$。试求 R 所消耗的功率及 i_1 的值。

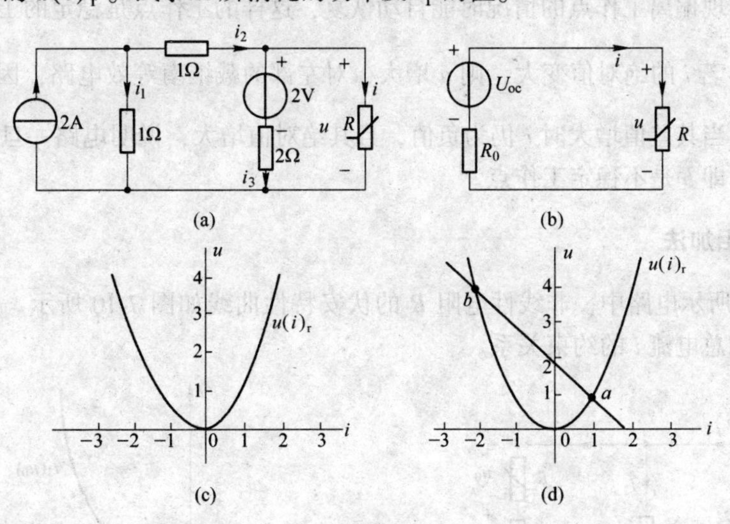

图 7-8　例 7-2

解　将给定电路化成图 7-8（b）所示等效电路，其中 $U_{oc}=2\text{V}$，$R_0 = 1\Omega$，左部戴维南等效电路的伏安特性是一条直线，如图 7-8（d）所示，与非线性电阻伏安特性曲线的交点 a、b 所对应的 u、i 为所求的解。

即
$$i=\begin{cases}1\text{A}\\-2\text{A}\end{cases}\quad u=\begin{cases}1\text{V}\\4\text{V}\end{cases}$$

当 $i=1\text{A}$、$u=1\text{V}$ 时，$P_R=1\text{W}$，此时 R 消耗功率 1W。

当 $i=-2\text{A}$、$u=4\text{V}$ 时，$P_R=-8\text{W}$，此时 R 发生功率 8W。

对于 i_1 的求解，需要返回给定电路。

当 $i=1\text{A}$、$u=1\text{V}$ 时，由 KVL 和 KCL 得

$$i_3=\frac{u-2}{2}=\frac{1-2}{2}=-0.5\text{A}$$
$$i_2=i+i_3=1-0.5=0.5\text{A}$$
$$i_1=I_\text{S}-i_2=2-0.5=1.5\text{A}$$

当 $i=-2\text{A}$、$u=4\text{V}$ 时，同样计算可得

$$i_3=\frac{4-2}{2}=1\text{A}$$
$$i_2=-2+1=-1\text{A}$$
$$i_1=2+1=3\text{A}$$

在此例题中，若非线性电阻 R 的伏安特性用数学表达式 $u=i^2$ 描述时，可以用求解联立方程组的方法求出，所得结果与图解分析法所得结果一致。因此，当非线性电阻的伏安关系可以用数学表达式比较准确地写出时，可以用求解联立方程组的方法解电路。而当非线性电阻的伏安关系用曲线形式表达时（有的曲线可以用数学表达式精确或近似地表达出来，而有的曲线则很难用数学表达式写出），可用曲线相交法求解。图解分析法和联立解方程组的方法所得结果都表明该电路有两个可能的工作点 a、b。对工作点 a，若 R 支路中电流 i 增长，则其电压 u 增长，而对左部戴维南等效电路，u 增长则使 i 减小，说明电路受到干扰出现偏离工作点的情况时能自动恢复，这样的工作点是稳定的工作点。而对工作点 b，$i<0$，若 i 的绝对值变大，则 u 增大，对左部的戴维南等效电路，因 $i=\dfrac{U_{OC}-u}{R_0}$，式中 $u>U_{OC}$，当其差值增大时 i 仍为负值，且其绝对值增大，说明电路一旦受到干扰就不能稳定工作，即 b 是不稳定工作点。

7.2.2 曲线相加法

在图 7-9 所示电路中，非线性电阻 R 的伏安特性曲线如图 7-10 所示。要求用曲线表示总电压 u 和总电流 i 的约束关系。

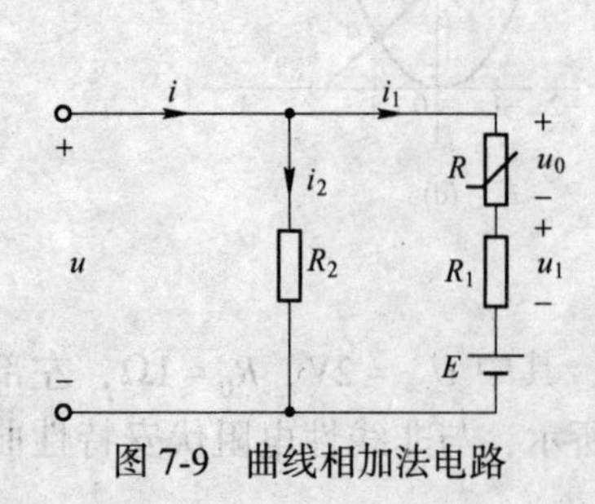

图 7-9　曲线相加法电路

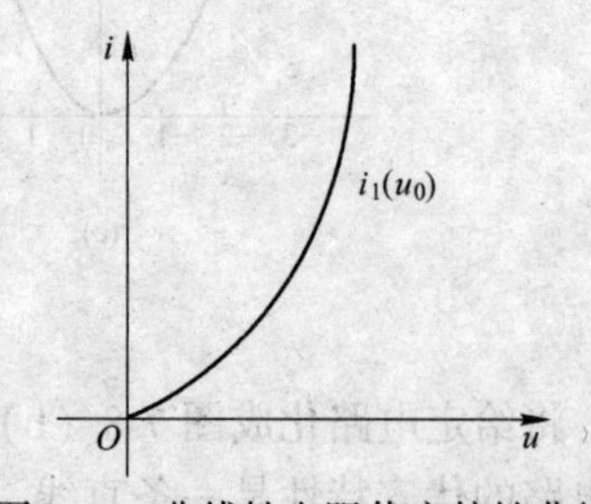

图 7-10　非线性电阻伏安特性曲线

首先，求含非线性电阻 R 支路的伏安特性曲线 $i_1(u)$ 。这条支路中的 R、R_1、E 是串联的，流过的是同一电流 i_1，因此在相同电流情况下，有

$$u = u_0 + u_1 + E$$

因为该支路中有非线性电阻 R，u 与 i_1 不是线性关系，因此必须利用各元件的伏安特性曲线，在同一电流条件下将各电压相加，才能得到该支路的伏安特性曲线。R 的伏安特性曲线 $i_1(u_0)$ 、R_1 的伏安特性曲线 $i_1(u_1)$ 、E 的伏安特性曲线 $i_1(E)$ 分别画在图 7-11 中。当 $i_1=0$ 时，$u_0=0$，$u_1=0$，此时 $u=u_0+u_1+E$，得到图 7-11 曲线上 $u=E$ 的一点；当 $i_1=i_1'$ 时，R 上的电压 u_0'，R_1 上的电压 u_1'，即该支路电流为 i_1' 时，其端电压

$$u' = u_0' + u_1' + E$$

由 i_1' 和 u' 可得支路电压 u、支路电流 i_1 伏安特性曲线 $i_1(u)$ 上面的一点 a，依此作图就可以得支路的伏安特性曲线 $i_1(u)$ ，如图 7-11 所示。

其次，因线性电阻 R_2 与含非线性电阻 R 的支路是并联的，所以在同一电压下两支路中电流相加就是总电流，即

$$i = i_1 + i_2$$

因为 $i_1(u)$ 的关系是曲线，$i_2(u)$ 的关系是直线，图 7-12 分别画出了 $i_1(u)$ 、$i_2(u)$ 两曲线。要找到总电压 u 与总电流 i 的关系，需要对 $i_1(u)$ 和 $i_2(u)$ 两曲线在同一电压下取电流和。如在同一电压 u' 条件下，从两曲线上分别得到 i_1'、i_2'，于是

$$i' = i_1' + i_2'$$

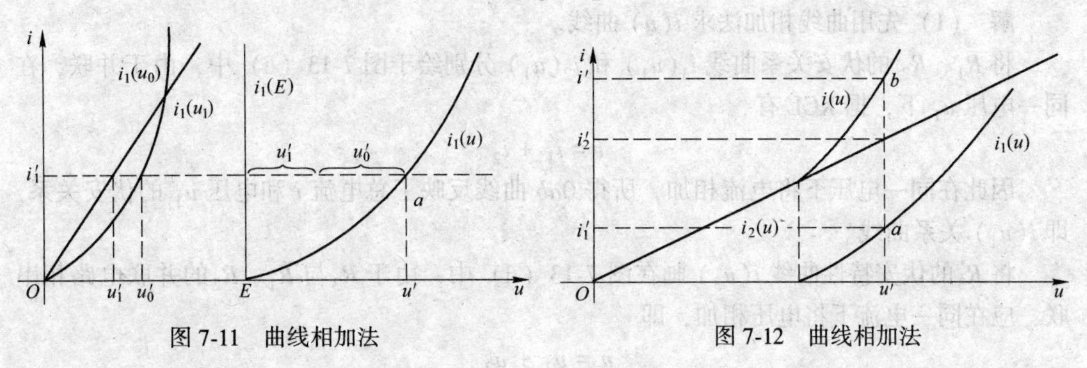

图 7-11　曲线相加法　　　　图 7-12　曲线相加法

据 u'、i' 可得 $i(u)$ 伏安特性曲线上的一点 b，依次作图就可得出总电压、总电流的伏安特性曲线 $i(u)$ 。

以上分析指出，如有若干元件串联，要得到这条支路的伏安特性曲线，应在同一电流条件下将各元件电压相加，便可得到伏安特性曲线上的一点，依次作图可得到伏安特性曲线。若有某些元件（支路）并联，欲求其伏安特性曲线，应在同一电压条件下将各支路电流相加，由此得出伏安特性曲线上的一点，依次作图便可得到伏安特性曲线。

从作图所得 $i(u)$ 曲线就可以确定电路中要求的解。比如给定电路总电压 u，从图 7-12 就可得到 i_1、i_2 和 i，在得出 i_1 的条件下，从图 7-11 就可求得 u_1、u_0；若给定总电流 i，从图 7-12 可得电路总电压 u，进而求出支路电流 i_1、i_2，以及元件上的电压 u_0、u_1。

例 7-3　在图 7-13（a）电路中，压控型非线性电阻 R_2 的伏安特性如图 7-13（b）所示，$R_1=R_3=1\Omega$。

（1）若 $u_S=3V$，$R=1\Omega$，试定量画出 a、b 右部伏安特性曲线 $i(u)_r$，并计算 u、i、

i_1、i_2 的值。

（2）若 $u_S=5V$，$R=0$，试求 i、i_1、i_2 及 u_1、u_3 的值。

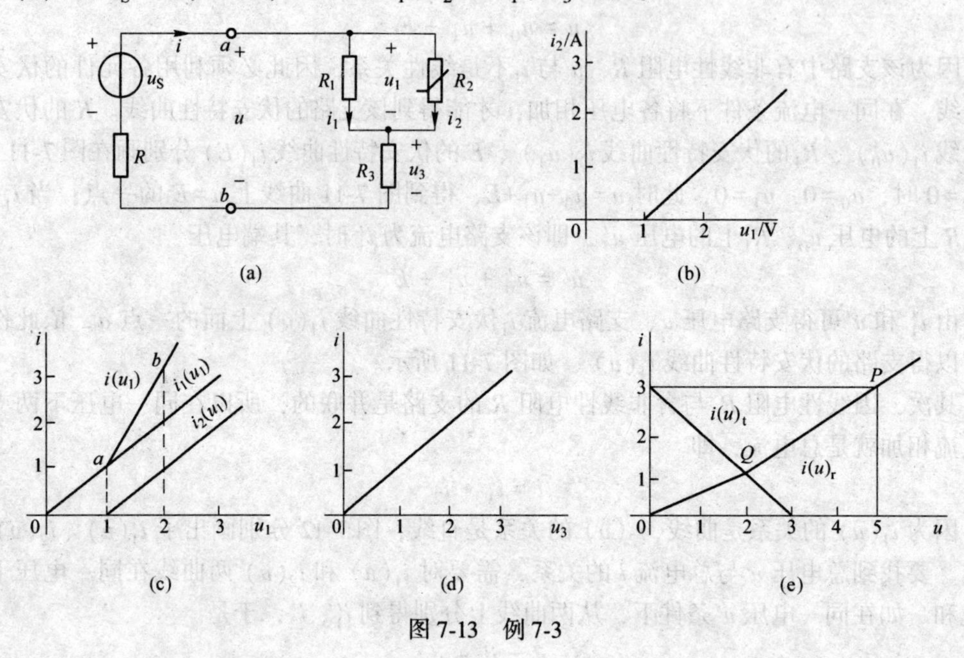

图 7-13　例 7-3

解　（1）先用曲线相加法求 $i(u)$ 曲线。

将 R_1、R_2 的伏安关系曲线 $i_1(u_1)$ 和 $i_2(u_1)$ 分别绘于图 7-13（c）中，由于并联，在同一电压 u_1 下，据 KCL 有

$$i=i_1+i_2$$

因此在同一电压下将电流相加，所得 $0ab$ 曲线反映了总电流 i 和电压 u_1 的伏安关系，即 $i(u_1)$ 关系曲线。

将 R_3的伏安特性曲线 $i(u_3)$ 画在图 7-13（d）中，由于 R_3与 R_1、R_2的并联电路相串联，应在同一电流下将电压相加，即

$$u=u_1+u_3$$

用图 7-13（c）中的 $i(u_1)$ 曲线和图 7-13（d）中的 $i(u_3)$ 曲线，在同一电流下将电压相加，得图 7-13（e）中的 $i(u)_r$ 即为所求。

下面用曲线相交法计算待求量。当 $u_S=3V$、$R=1\Omega$ 时，给定电路 a、b 左部电路的方程为

$$u=u_S-Ri=3-i$$

据此方程可画出左部电路伏安特性曲线 $i(u)_1$，它与 $i(u)_r$ 的交点 Q 就是给定电路的工作点，由图 7-13（e）可得

$$i=1A,\ u=2V$$

再从图 7-13（c）的 $i(u_1)$ 曲线上，当 $i=1A$ 时，得 $u_1=1V$，在 $u_1=1V$ 条件下，作图得 $i_1=1A$，$i_2=0$。

（2）若 $u_S=5V$，$R=0$，在图 7-13（e）中，按 $u=5V$ 作电压坐标轴的垂线与 $i(u)_r$ 交于 P 点，得 $i=3A$，再用图 7-13（c）、（d）所示曲线，令 $i=3A$，通过作图得 $u_1=2V$，

$u_3=3\text{V}$。最后，在图 7-13（c）上，由 $u_1=2\text{V}$ 从 $i_1(u_1)$ 和 $i_2(u_1)$ 曲线上查出 $i_1=2\text{A}$，$i_2=1\text{A}$。

7.3 非线性电阻电路的数值分析法

分析非线性电阻网络时，在已知非线性电阻的伏安特性曲线的情况下，可以采用图解法。如果非线性电阻的伏安特性能用解析式近似表征，可以运用本节讲述的数值分析法（又称牛顿—拉夫逊迭代法）求解非线性电路。数值分析法特别适合于计算机辅助分析，它能给出精确的数字解答。该方法实质上是现代工程数学中的数值逼近理论在电工技术中的应用。

就工程应用观点来看，工程实际中所遇到的非线性电阻网络及描述它的非线性代数方程一般来说其解不仅是存在的而且是唯一的。下面就来推导求解一元非线性代数方程的数值分析法的算式。

图 7-14 所示非线性电阻网络，U_S 是激励源电压，R_1 是线性时不变电阻，非线性电阻 R 两端电压是 x，它的伏安关系是 $i=x^2$，可以列出下面方程

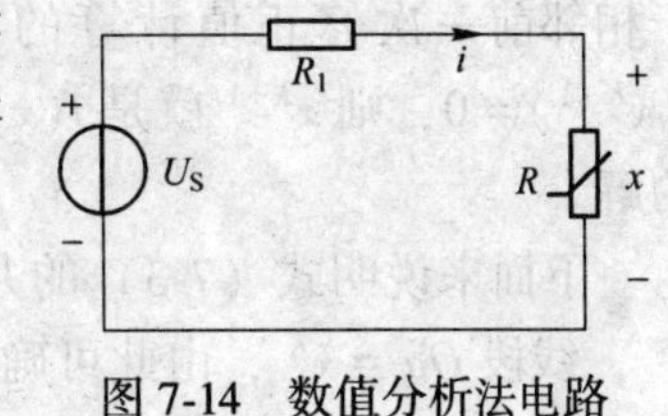

图 7-14 数值分析法电路

$$\frac{U_S-x}{R_1}=i$$

$$(U_S-x)R_1^{-1}=x^2$$

$$x^2+R_1^{-1}x=R_1^{-1}U_S$$

若令 $x^2+R_1^{-1}x=h(x)$，$R_1^{-1}U_S=v$，则上式可化为

$$h(x)=v \tag{7-1}$$

式（7-1）是非线性电阻网络的一元非线性代数方程的一般表达式，它还可写成下面形式

$$f(x)=h(x)-v=0 \tag{7-2}$$

若 $x=x^*$ 是此方程的真实解，则有

$$f(x^*)=0$$

对其他 x 值均有

$$f(x)\neq 0$$

为求（7-2）式的解，采用猜试法，逐次进行修正，直至找到 $x=x^*$ 为止。若使这个修正过程有效顺利地进行，就必须找到修正的规律，而且每次的修正值比修正前的值更接近真实值。为此，假设 $f(x)$ 的第 K 次修正值为 x^K（即第 K 次猜试解），第（K+1）次修正估值为 x^K+1（即第 K+1 次猜试解），且令 $x^{K+1}=x^K+\Delta x^K$，就是说，第（K+1）次猜试解是在第 K 次猜试解的附近选取的，式中 Δx^K 是个微小量。于是，第（K+1）次修正值的非线性函数可表示成

$$f(x^{K+1})=f(x^K+\Delta x^K)$$

对上式在 x^K 附近将 $f(x^K+\Delta x^K)$ 展成泰勒级数

$$f(x^{K+1})=f(x^K+\Delta x^K)=f(x^K)+\frac{1}{1!}\frac{\mathrm{d}f}{\mathrm{d}x}\bigg|_{X^K}\Delta x^K+$$

$$\frac{1}{2!}\frac{\mathrm{d}^2f}{\mathrm{d}x^2}\bigg|_{X^K}(\Delta x^K)^2+\cdots+\frac{1}{n!}\frac{\mathrm{d}^nf}{\mathrm{d}x^n}\bigg|_{X^K}(\Delta x^K)^n$$

因为 Δx^K 是一个微小量，故将上式中 Δx^K 的二次方及更高次方的各项略去，得

$$f(x^{K+1})=f(x^K)+f'(x^K)\Delta x^K=f(x^K)+(x^{K+1}-x^K)f'(x^K)$$

若 $f'(x^K)\neq 0$，并令 $x^{(k+1)}=x^*$，则有

$$f(x^K)+(x^{K+1}-x^K)f'(x^K)=0$$

由上式可得一元非线性代数方程解的第（K+1）次修正估值为

$$x^{K+1}=x^K-\frac{f(x^K)}{f'(x^K)} \tag{7-3}$$

式（7-3）就是解一元非线性代数方程数值分析法的算式，由此可知，可以从第 K 次修正估值找到第（K+1）次修正估值。式中 $K=1,2,\cdots$。当 $K=0$ 时，x^0 称为初始修正估值，此值是用试探法确定的，$x^{K+1}=x^{0+1}=x^1$ 是第 1 次修正估值。可见，初始估值 x^0 是第 1 次修正估值 x^1 的基值，而 x^1 又是第二次修正估值 x^2 的基值，这种后一个修正估值基于相邻前一次修正值计算的方法，就称为逐次迭代法。经（K+1）次迭代计算，若 $f(x^{K+1})=0$，则 x^{K+1} 就是 $f(x)$ 的真实解 x^*，于是停止迭代，即求出了非线性代数方程的解。

下面来说明式（7-3）的几何意义。$f(x)$ 如图 7-15（a）所示，$f(x)=0$ 的真实解是 x^*，线段 $Oa=x^K$，由此可确定线段 $ab=f(x^K)$，根据导数的几何意义

$$f'(x^K)=\frac{ab}{ca}=\frac{f(x^K)}{ca}$$

则
$$ca=\frac{f(x^K)}{f'(x^K)}$$

可得
$$Oc=Oa-ca=x^K-\frac{f(x^K)}{f'(x^K)}=x^{K+1}$$

可以看出，牛顿—拉夫逊迭代法的迭代过程，就是对第 K 次修正估值 x^K 作 x 轴的垂线使其与 $f(x)$ 曲线相交，过交点作 $f(x)$ 的切线与 x 轴相交就给出了下一个修正估值 x^{K+1}。迭代过程如图 7-15（b）所示。

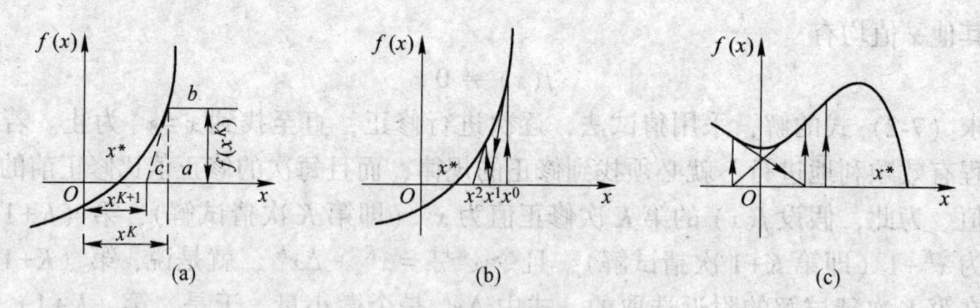

图 7-15　数值迭代法的几何意义

例 7-4　设一元非线性代数方程为

$$f(x)=x^2+2x-3=0\quad(x>0)$$

试用数值分析法求 x。

解　首先，用试探法确定合理的初始估值 x^0。

令 $x^{01}=4$，则 $f(x^{01})=(x^{01})^2+2x^{01}-3=21$；

再令 $x^{02}=0.5$，则 $f(x^{02})=-1.75$。显然欲使 $f(x^*)=0$，必须 $0.5<x^*<4$，因此取 $x^0=3$ 为给定方程解的初始估值。此时 $f(x^0)=12$。

其次，据式（7-3）得第（K+1）次修正估值为

$$x^{K+1}=x^K-\left.\frac{x^2+2x-3}{2x+2}\right|_{x=x^K}$$

最后，进行迭代计算。

当 $K=0$ 时，得第一次修正估值为

$$x^1=x^0-\left.\frac{x^2+2x-3}{2x+2}\right|_{x=x^0=3}=1.5$$

$$f(x^1)=2.25$$

当 $K=1$ 时，得第二次修正估值为

$$x^2=x^1-\left.\frac{x^2+2x-3}{2x+2}\right|_{x=x^1=1.5}=1.05$$

$$f(x^2)=0.2025$$

当 $K=2$ 时，得第三次修正估值为

$$x^3=x^2-\left.\frac{x^2+2x-3}{2x+2}\right|_{x=x^2=1.05}=1.00049$$

$$f(x^3)=0.00196$$

当 $K=3$ 时，得第四次修正估值为

$$x^4=x^3-\left.\frac{x^2+2x-3}{2x+2}\right|_{x=x^3=1.00049}=1.0000001$$

$$f(x^4)=(x^4)^2+2x^4-3=4\times10^{-7}$$

$f(x^4)$ 已趋近于零，可停止迭代。这说明第四次修正估值（x^4）是给定方程 $f(x)$ 的真实解 x^*，即

$$x=x^4=x^*=1.0000001$$

本例的方程可用解析法求解，验证上面的迭代结果。

$$f(x)=x^2+2x-3=0$$

在 $x>0$ 的条件下，$x=1$。可见，解析解与用数值分析法求得的数值解相差 10^{-7}，这说明数值分析法是解非线性代数方程极有效的方法，因而它在工程上得到了广泛应用。

用数值分析法求解非线性电路，要明确下面两个问题：

（1）初始估值的确定。用数值分析法解非线性代数方程时，初始估值 x^0 是采用试探法来确定的。这种方法是先设 x^{01} 作为第一个初始估值，把它代入给定方程，可得 $f(x^{01})=A$；再设 x^{02} 作为第二个初始估值，可得 $f(x^{02})=B$，A、B 都是代数值。因为 $f(x^*)=0$。所以视 A、B 哪个值接近零，就选取其对应的试探估值作为合理的初始估值。如果 A、B 的值反号，即 $A>0$、$B<0$ 或 $A<0$、$B>0$，那么可以肯定真实值 x^* 是 x^{01} 和 x^{02} 之间的某个值。初始估值确定的是否合理，不仅关系到迭代过程的收敛或发散，而且还决定了修正的次数，比如在图 7-15（c）中，若选初值 x^0，那么就有发散的叠加过程。因此，确定合理的初始估值是数值分析法的关键问题。

（2）真实解的认定。由于给定非线性代数方程的真实解 x^* 是未知的，所以无法判定第（K+1）次修正值与真实解间差值的大小。但是，可根据 $|x^{K+1}-x^K|<\varepsilon$，$\varepsilon$ 是根据方程解的精度要求确定的小数（如 0.001、0.0001 等），令迭代过程结束。真实解的另一种认定方法是，因 $f(x^*)=0$，所以只要第（K+1）次函数修正值 $f(x^{K+1})$ 已经足够小了（或者说已经趋近于零），就停止迭代计算。停止迭代时的那次修正估值就认定为给定方程的真实解。

例 7-5　在图 7-16 所示非线性电阻电路中，$U_S=1\text{V}$，$R_S=1\Omega$，R 为压控型非线性电阻，其特性方程为

$$i=2(e^{0.1u}-1)$$

试用数值分析法求电压 u 和电流 i，以及电源发生和电阻消耗的功率。

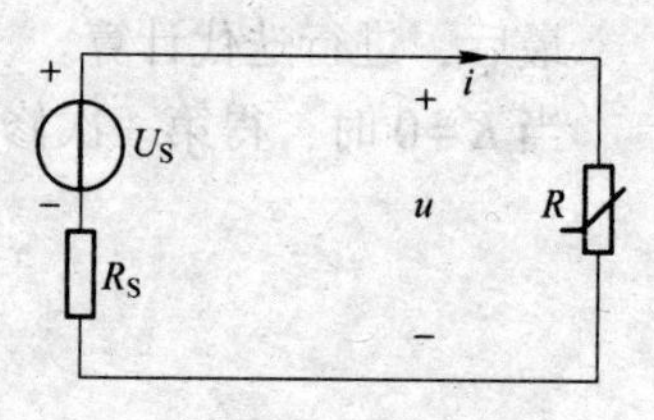

图 7-16　例 7-5

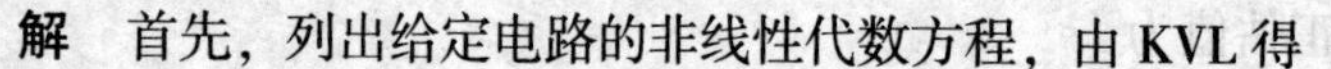

解　首先，列出给定电路的非线性代数方程，由 KVL 得

$$u=U_S-R_Si=1-2(e^{0.1u}-1)=3-2e^{0.1u}$$

或

$$f(u)=2e^{0.1u}+u-3=0$$

其次，确定初始估值。令第一个初始估计 $u^{01}=1$，则

$$f(u^{01})=2e^{0.1u^{01}}+u^{01}-3=2e^{0.1}+1-3=0.21$$

再令第二个初始估值 $u^{02}=0$，则

$$f(u^{02})=2e^{0}+0-3=-1$$

因为第一个函数值 $f(u^{01})=0.21$ 与零接近，故选定初始估值

$$u^0=u^{01}=1$$

再次，根据数值迭代算式进行迭代计算。第（K+1）次修正估值

$$u^{K+1}=u^K-\frac{2e^{0.1u^K}+u^K-3}{0.2e^{0.1u^K}+1}$$

当 $K=0$ 时，得第一次修正估值为

$$u^1=u^0-\frac{2e^{0.1u^0}+u^0-3}{0.2e^{0.1u^0}+1}=1-\frac{2e^{0.1}+1-3}{0.2e^{0.1}+1}=0.828$$

当 $K=1$ 时，得第二次修正估值为

$$u^2=u^1-\frac{2e^{0.1u^1}+u^1-3}{0.2e^{0.1u^1}+1}=0.827425$$

最后，认定真实解。因两次迭代值差的绝对值

$$|u^2-u^1|=|0.827425-0.828000|=0.000575$$

已足够小了。或由于第二次迭代时的函数值

$$f(u^2)=2e^{0.1u^2}+u^2-3=0.000051$$

从工程观点看，它已趋于零，故停止迭代，认定

$$u=u^2=u^*=0.827425\text{V}$$

电流为

$$i=2(e^{0.1u}-1)=0.172524\text{A}$$

电源发生的功率为

$$P_S=U_Si=0.172515\text{W}$$

电阻消耗的功率为

$$P = R_S^2 i + ui = 0.172515\text{W}$$

7.4 非线性电阻电路的小信号分析法

前面介绍的非线性电阻的激励是大（强）信号源（即直流电源）。在现代工程和无线电技术中还经常遇到另一类非线性网络，它在强信号源（又称偏置源）作用下到达稳定状态时，往往要计算小信号（源）即恒定电源的变化量或外来干扰小信号（源）产生的响应。对这类网络的研究是当代网络理论工作者正在探索的有前途的课题。本节重点介绍二端非线性电阻元件的小信号特性及小信号分析法。

7.4.1 非线性电阻元件的小信号特性

在图 7-17（a）电路中，非线性时不变流控型电阻的伏安特性为

$$u(t) = f[i(t)]$$

式中，u 对 i 的导数是连续的，由 KCL 知

$$i(t) = I(t) + i_\delta(t)$$

式中，$I(t)$ 是偏置电流源（大信号源）；$i_\delta(t)$ 是小信号源（或外界干扰信号）。所谓小信号源是指它的幅值远小于偏置电源的幅值，即

$$|i_\delta(t)| \ll |I(t)| \quad (\text{对所有时间})$$

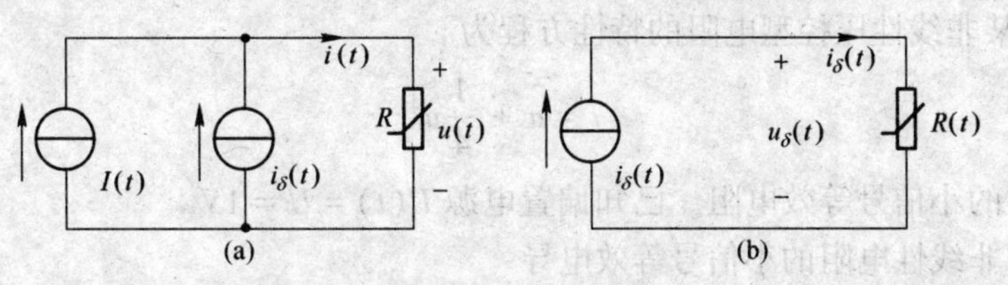

图 7-17 小信号分析方法电路

对非线性电阻 R 来说，若 $I(t)$ 产生的电压为 $U(t)$，$i_\delta(t)$ 在 $I(t)$ 确定的工作点处产生的电压为 $u_\delta(t)$，则非线性电阻的端电压可表示为

$$u(t) = U(t) + u_\delta(t)$$

于是，非线性电阻 R 的伏安特性可表示为

$$U(t) + u_\delta(t) = f[I(t) + i_\delta(t)] \tag{7-4}$$

当小信号未激励电路时，$u_\delta(t) = 0$，因此，上式可化为

$$U(t) = f[I(t)] \tag{7-5}$$

现设小信号源在 t 时刻激励电路，把式（7-4）在时变偏置源 $I(t)$ 处展成泰勒级数

$$U(t) + u_\delta(t) = f[I(t)] + f'[I(t)]i_\delta(t) + \frac{1}{2!}f''[I(t)]i_\delta^2(t) + \cdots$$

由于时不变偏置源一般是缓慢变化的，它的变化率在 t 时刻是一个有限小数，又因为小信号源的幅值很小，故可忽略上式中 $i_\delta(t)$ 二次方及以后各项，同时考虑式（7-5），上式可简化为

$$u_\delta(t) = f'[I(t)]i_\delta(t) = R(t)i_\delta(t) \tag{7-6}$$

式（7-6）是在小信号激励下的非线性电阻动态方程，式中

$$R(t)=f'[I(t)]$$

它是与小信号源无关的时变标量函数，称为线性时变电阻。这个线性时变电阻是非线性时不变电阻的伏安特性 $f[I(t)]$ 在 $I(t)$ 处的斜率值。这个重要结论告诉我们，非线性时不变电阻在小信号激励下，其特性与电阻函数为 $f'[I(t)]$ 的线性电阻特性相同。这就是非线性电阻元件的小信号特性。非线性电阻在小信号激励下的小信号等效电路如图 7-17（b）所示。

若非线性电阻在时不变偏置源（直流电源）作用下，由小信号等效电阻的定义式可知，它的小信号等效电阻就是一个线性电阻，其阻值等于在该非线性电阻的特性曲线上工作点处的斜率值。

例 7-6　在图 7-17（a）所示电路中，若非线性电阻的伏安特性为

$$u=\frac{1}{3}i^3+2i$$

时变偏置电流源 $I(t)=\sin\omega t$，设该电阻是在小信号源 $i_\delta(t)$ 激励下，试求 R 的小信号等效电阻及其动态方程。

解　据小信号等效电阻的定义可得小信号等效电阻

$$R(t)=f'[I(t)]=\left.\frac{\mathrm{d}u}{\mathrm{d}i}\right|_{i=I(t)}=2+\sin^2\omega t$$

给定电路的小信号动态方程为

$$u_\delta(t)=R(t)i_\delta(t)=(2+\sin^2\omega t)i_\delta(t)$$

例 7-7　某非线性压控型电阻的特性方程为

$$i=u+\frac{1}{4}u^4$$

求非线性电阻的小信号等效电阻。已知偏置电源 $U(t)=U=1\text{V}$。

解　先求非线性电阻的小信号等效电导

$$G_\mathrm{d}=\left.\frac{\mathrm{d}i}{\mathrm{d}u}\right|_{u=U}=1+u^3\big|_{u=1}=2\text{S}$$

故等效电阻

$$R_\mathrm{d}=G_\mathrm{d}^{-1}=0.5\Omega$$

7.4.2　非线性电阻电路的小信号分析方法

例 7-8　图 7-18（a）所示电路中，时不变偏置电压源 $E=20\text{V}$，小信号电压源 $e_\delta=\sin\omega t\ \text{V}$，非线性时不变流控型电阻的特性为 $u=i^2(i>0)$。当 E 作用于电路达到稳态时，e_δ 激励电路，试求电路的完全响应 u 和 i。

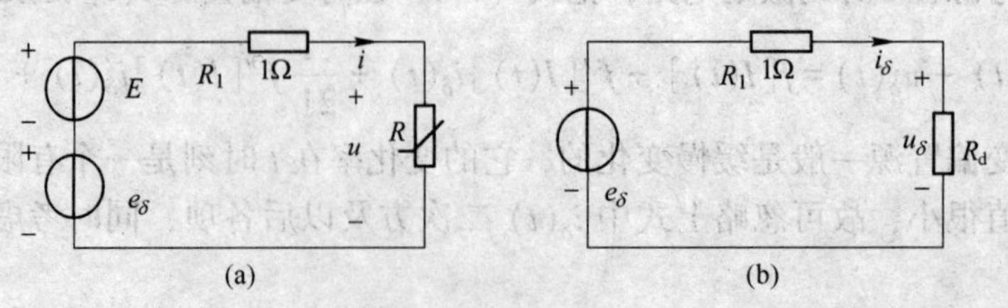

图 7-18　例 7-8

解　当只有 E 作用于电路时（$e_\delta=0$），静态电压 $u=U_0$，静态电流 $i=I_0$，据 KVL

$$U_0 = E - R_1 I_0$$
$$U_0 = 20 - I_0$$

代入非线性电阻伏安特性方程，有

$$I_0^2 = 20 - I_0$$
$$I_0^2 + I_0 - 20 = 0$$
$$I_0 = 4\text{A},\ U_0 = I_0^2 = 16\text{V}$$

所以小信号等效电阻（动态电阻）R_d 由其定义式可求出为

$$R_\text{d} = \left.\frac{\text{d}u}{\text{d}i}\right|_{i=I_0} = 2I_0 = 8\Omega$$

画出小信号激励时的小信号等效电路，如图 7-18（b）所示，则小信号激励产生的电流和电压响应为

$$i_\delta = \frac{e_\delta}{R_1 + R_\text{d}} = \frac{1}{9}\sin\omega t = 0.111\sin\omega t\ \text{A}$$
$$u_\delta = R_\text{d} i_8 = \frac{8}{9}\sin\omega t = 0.889\sin\omega t\ \text{V}$$

因此，电路的完全响应为

$$i = I_0 + i_\delta = 4 + 0.111\sin\omega t\ \text{A}$$
$$u = U_0 + u_\delta = 16 + 0.889\sin\omega t\ \text{V}$$

例 7-9　在图 7-19（a）所示电路中，$R_1=200\Omega$，压控型非线性电阻 R 的伏安特性 $i=0.01u^2(u>0)$，若直流电压源 u_S 在 4V 电压上有±30mV 波动，试求完全响应 u 和 i。

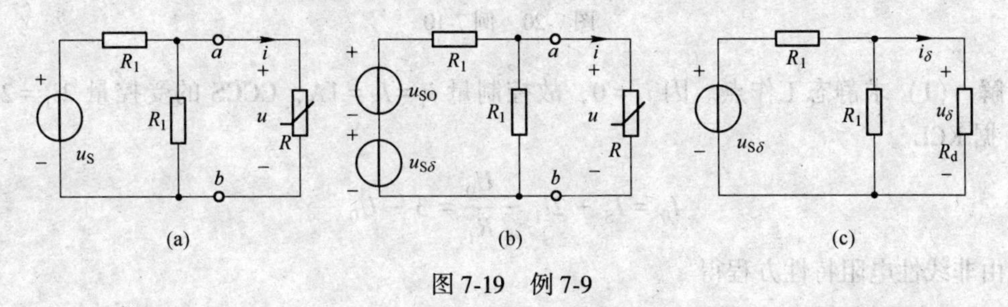

图 7-19　例 7-9

解　依照题意 $u_\text{S}=u_\text{S0}+u_{\text{S}\delta}$，其中 $u_\text{S0}=4\text{V}$，$u_{\text{S}\delta}=\pm30\text{mV}$，$u_\text{S0}$ 相当恒定直流偏置电源，$u_{\text{S}\delta}$ 相当小信号电压源。这类问题属于小信号分析问题，给定电路的等效电路如图 7-19（b）所示。

首先，求非线性电阻静态（只 u_S0 起作用，$u_{\text{S}\delta}$ 不起作用）电压 U_0 和静态电流 I_0。

对图 7-19（b）所示电路的 a、b 左部，其戴维南等效电路开路电压 $U_{OC}=2\text{V}$，等效电阻 $R_0=100\Omega$，则有

$$U_0 = U_{OC} - R_0 I_0 = 2 - 100I_0$$

对 a、b 右部电路

$$I_0 = 0.01U_0^2$$

联立求解得

$$U_0 = 1\text{V},\ I_0 = 10\text{mA}$$

其次，求小信号等效电导 G_d 及小信号响应。

非线性电阻的小信号电导（动态电导）为

$$G_d = \left.\frac{di}{du}\right|_{u=U_0} = 0.02U_0 = 0.02\text{S}$$

则动态电阻

$$R_d = G_d^{-1} = 50\Omega$$

只有小信号电压源 $u_{S\delta}$ 激励电路时，其小信号等效电路如图 7-19（c）所示，故电路的小信号响应

$$i_\delta = \pm 0.1\text{mA},\ u_\delta = \pm 5\text{mV}$$

最后，计算电路的完全响应

$$u = U_0 + u_\delta = (1000 \pm 5)\text{mV}$$

$$i = I_0 + i_\delta = (10 \pm 0.1)\text{mA}$$

例 7-10 在图 7-20（a）电路中，直流偏置电流源 $I_S = 1\text{A}$，小信号电流源 $i_\delta = 0.1\sin\omega t$ A，线性电阻 $R_1 = 1\Omega$，压控型非线性电阻的伏安特性 $i = 2u + 1$，试求完全响应 i 和 u。

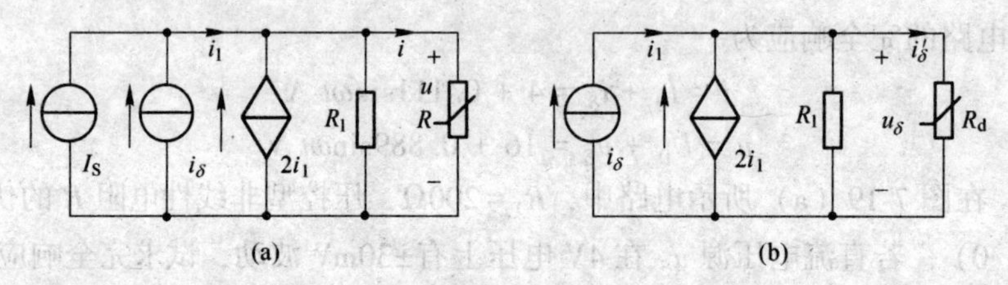

图 7-20 例 7-10

解 （1）求静态工作点。因 $i_\delta = 0$，故控制量 $i_1 = I_S = 1\text{A}$，CCCS 的受控量 $2i_1 = 2I_S = 2\text{A}$，据 KCL

$$I_0 = I_S + 2i_1 - \frac{U_0}{R_1} = 3 - U_0$$

由非线性电阻特性方程得

$$I_0 = 2U_0 + 1$$

故

$$2U_0 + 1 = 3 - U_0$$

所以

$$U_0 = \frac{2}{3}\text{V} = 0.667\text{V}$$

$$I_0 = \frac{7}{3}\text{A} = 2.33\text{A}$$

（2）计算 i_δ 作用于电路产生的小信号响应。非线性电阻的小信号等效电阻

$$R_d = \left.\frac{du}{di}\right|_{i=I_0} = \frac{1}{2} = 0.5\Omega$$

小信号等效电路如图 7-20（b）所示，故小信号响应

$$i'_\delta = \frac{R_1}{R_1 + R_d}(3i_\delta) = 0.2\sin\omega t \text{ A}$$

$$u_\delta = R_d i'_\delta = 0.1\sin\omega t \text{ V}$$

（3）计算给定电路的完全响应：

$$i = I_0 + i'_\delta = 2.33 + 0.2\sin\omega t \text{ A}$$

$$u = U_0 + u_\delta = 0.667 + 0.1\sin\omega t \text{ V}$$

7.5　非线性电路的动态方程

建立线性网络或非线性网络方程的依据是元件的约束关系和基尔霍夫定律，而独立变量（状态变量）要根据网络的不同情况来选择。线性网络的动态方程都是选择电容电压和电感电流作为独立变量，而在非线性网络的动态方程中一般是选择电容上的电荷和电感中的磁链作为独立变量。下面举例说明如何建立非线性网络的动态方程。

例 7-11　在图 7-21 电路中，非线性时不变电容的库伏特性为 $u = aq^2$，试建立电路的动态方程。

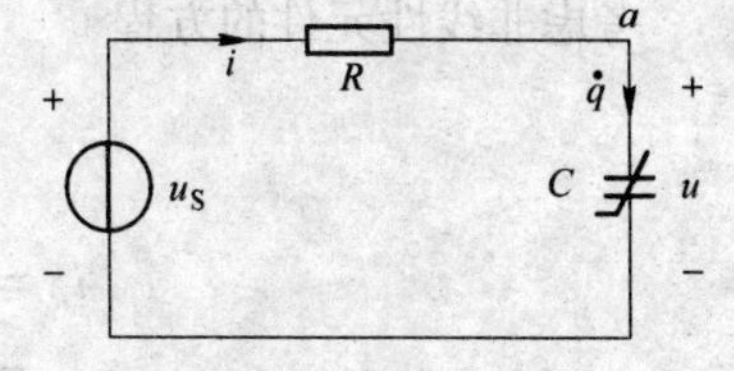

图 7-21　例 7-11

解　对含非线性电容的节点 a 列电流方程，即

$$\frac{\mathrm{d}q}{\mathrm{d}t} = \dot{q} = i$$

为消去独立变量 i，由 KVL 有

$$i = (u_S - u)R^{-1}$$

代入非线性电容元件的特性方程 $u = aq^2$，则得非线性动态电路的动态方程为

$$\dot{q} = -aR^{-1}q^2 + R^{-1}u_S$$

例 7-12　图 7-22 所示电路中，荷控型非线性电容的特性 $u = \alpha q^2$，链控型非线性电感的特性 $i = \beta\psi^2$，试建立网络的动态方程。

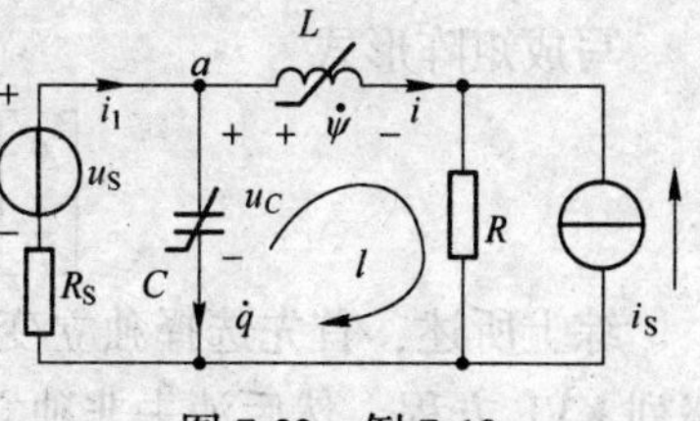

图 7-22　例 7-12

解　选择电容上电荷 q、电感中磁链 ψ 作为独立变量。

首先，对含 C 支路的节点 a 列 KCL 方程

$$\dot{q} = i_1 - i$$

对含 L 支路的回路 l 列 KVL 方程

$$\dot{\psi} = \frac{\mathrm{d}\psi}{\mathrm{d}t} = u_C - R(i + i_S)$$

其次，消去非独立变量。以上两式中 i_1、i 及 u_C 是非独立变量。由 KVL 有

$$i_1 = (u_S - u_C)R_S^{-1}$$

再将非线性元件的特性方程代入，经整理得

$$\dot{q} = -\alpha R_S^{-1}q^2 - \beta\psi^2 + R_S^{-1}u_S$$

$$\dot{\psi} = \alpha q^2 - \beta R\psi^2 - Ri_S$$

这就是给定电路的动态方程。

还可以将电路的动态方程写成矩阵形式，即

$$\begin{bmatrix} \dot{q} \\ \dot{\psi} \end{bmatrix} = \begin{bmatrix} -\alpha R_S^{-1} q^2 - \beta\psi^2 + R_S^{-1} u_S \\ \alpha q^2 - \beta R\psi^2 - R i_S \end{bmatrix}$$

例 7-13 在图 7-23 非线性电路中，R 的伏安特性 $i_R = u_R^2$，L 是链控型非线性电感，其韦安特性为 $i = \psi^2 + 2\psi(\psi > 0)$，$C$ 为荷控型非线性电容，其库伏特性为 $u = q^2$，线性电阻 $R_1 = 1\Omega$，激励 $u_S = 2 \cdot 1(t)\mathrm{V}$，试建立该网络的动态方程。

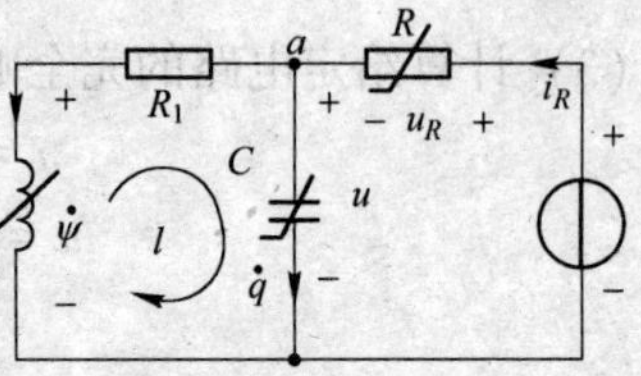

图 7-23 例 7-13

解 选取电容的电荷 q 和电感的磁链 ψ 为独立变量，对节点 a 列 KCL 方程，对回路 l 列 KVL 方程

$$\dot{q} = i_R - i$$

$$\dot{\psi} = u - Ri = u - i$$

消去非独立变量 i_R、i 及 u，因为

$$u_R = u_S - u$$

考虑非线性元件的方程

$$u = q^2$$

$$i = \psi^2 + 2\psi(\psi > 0)$$

$$i_R = u_R^2 = (u_S - u)^2 = (2 - q^2)^2 = q^4 - 4q^2 + 4$$

消去非独立变量，整理得

$$\dot{q} = q^4 - 4q^2 - \psi^2 - 2\psi + 4$$

$$\dot{\psi} = q^2 - \psi^2 - 2\psi$$

写成矩阵形式

$$\begin{bmatrix} \dot{q} \\ \dot{\psi} \end{bmatrix} = \begin{bmatrix} q^4 - 4q^2 - \psi^2 - 2\psi + 4 \\ q^2 - \psi^2 - 2\psi \end{bmatrix}$$

综上所述，首先选择独立变量，对电容支路连接的节点列 KCL 方程，对电感所在回路列 KVL 方程，然后消去非独立变量建立网络动态方程的方法称为网络动态方程的直观编列法。

动态方程的求解一般要采用数值分析法。

7.6 学习指导

（1）基本概念。

1）非线性电阻：伏安关系不是过坐标原点的直线。伏安关系可以表示为：

$$u = f(i) \quad 或 \quad i = f(u)$$

2）非线性电感：韦安关系不是过坐标原点的直线。韦安关系可以表示为：

$$\psi = f(i) \quad 或 \quad i = f(\psi)$$

3）非线性电容：库伏关系不是过坐标原点的直线。库伏关系可以表示为：

$$q = f(u) \quad 或 \quad u = f(q)$$

4）静态电阻：在工作点 Q 处的电压与电流的比值。$R_{OQ} = \dfrac{U_Q}{I_Q}$。

5）动态电阻：在工作点 Q 处的电压对电流变化率的比值。$R_{dQ} = \left.\dfrac{du}{dt}\right|_{i=I_Q}$。

(2) 基本分析方法。分析非线性电阻电路的基本依据是 KCL、KVL 和元件的伏安特性。本章讨论了简单非线性电阻电路的分析方法：图解分析法、数值分析法和小信号分析法。

1）图解分析法。在非线性电路中，如果给出非线性电阻的伏安特性曲线时，用图解法比较方便。图解分析法包括曲线相交法和曲线相加法。

曲线相交法是根据解析几何中用曲线相交解联立方程的方法。如图 7-24（a）所示电路，可通过图 7-24（b）所示的曲线相交得到交点 Q，对应的 U 和 I 就是非线性电阻的电压和电流。

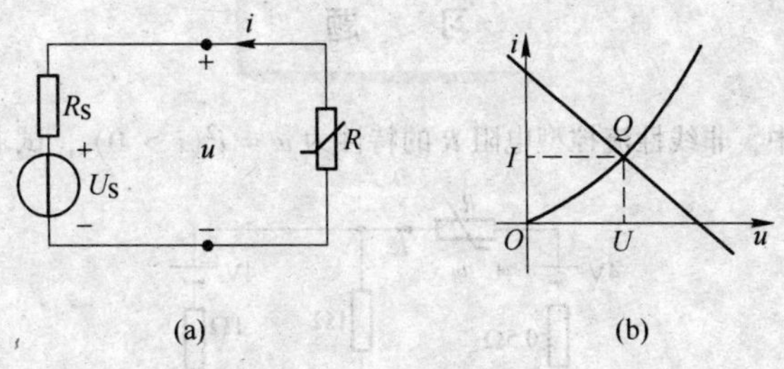

图 7-24　曲线相交法

曲线相加法主要用于通过电阻的伏安曲线来简化非线性电阻的串联和并联问题。串联时在电流相同时将各个串联元件的电压相加，如图 7-25（a）中两电阻串联的等值电阻的伏安关系 $u(i)$ 可由图 7-25（b）的曲线相加法求得。并联时在电压相同时将各个并联元件的电流相加。

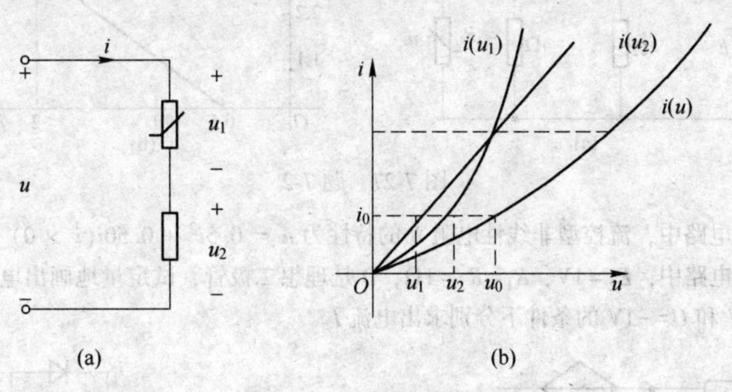

图 7-25　曲线相加法

2）数值分析法。非线性电阻的伏安特性能用解析式近似表征时，可用数值分析法求解非线性电路。其思路为：先列出非线性电阻电路的一元非线性代数方程 $f(x) = 0$，其中 x 为非线性电阻的电压或电流；确定初始估值 x^0，初值的选取通常用试探法；用数值迭代

算式

$$x^{K+1} = x^K - \frac{f(x^K)}{f'(x^K)}$$

逐次迭代；最后由 $f(x^{k+1}) = 0$ 或 $x^{k+1} - x^k$ 趋于无限小而认定方程的真实解。

3）小信号分析法。直流电源（又称偏置电源）作用下，求小信号源（或外界干扰信号）介入时的响应，可以用小信号分析法。其分析思路是：

①求静态工作点，即直流电源作用时非线性电阻的电压 U_0，电流 I_0；

②求静态工作点处非线性电阻的动态电阻 R_d；

③求小信号作用时（此时非线性电阻用 R_d 表示），非线性电阻电压和电流的增量 Δu、Δi；

④求电路的完全响应

$$\begin{cases} u = U_0 + \Delta u \\ i = I_0 + \Delta i \end{cases}$$

习　题

7-1 在图 7-26 电路中，非线性流控型电阻 R 的特性为 $u = i^2 (i > 0)$，试求 R 的功率。

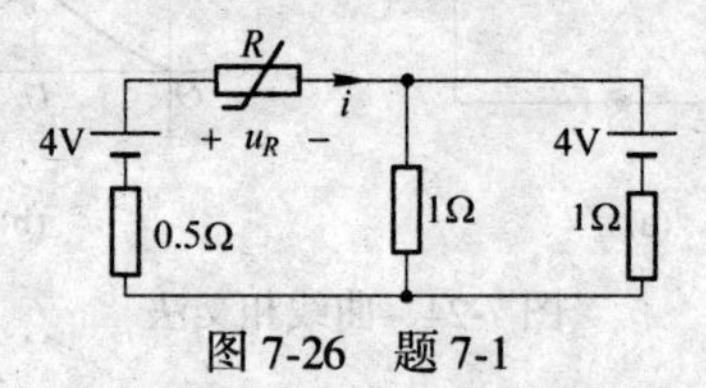

图 7-26　题 7-1

7-2 如图 6-27（a）所示电路中，E=12.8V，压控型非线性电阻 R 的伏安曲线如图 7-27（b）所示，试求 i 和 u。

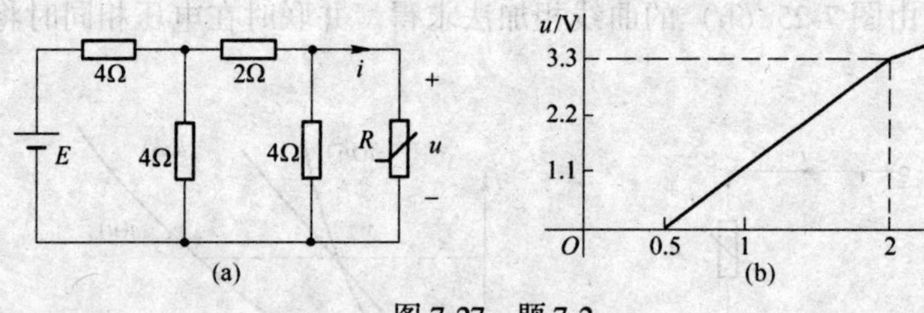

图 7-27　题 7-2

7-3 在图 7-28 电路中，流控型非线性电阻 R 的特性为 $u = 0.5i^2 + 0.50i (i > 0)$，试求 u 和 i。

7-4 在图 7-29 电路中，E_2=1V，R_1=R_2=1Ω，D 是理想二极管，试定量地画出电路的伏安特性曲线 $I(U)$，并在 U=3V 和 U=−1V 的条件下分别求出电流 I。

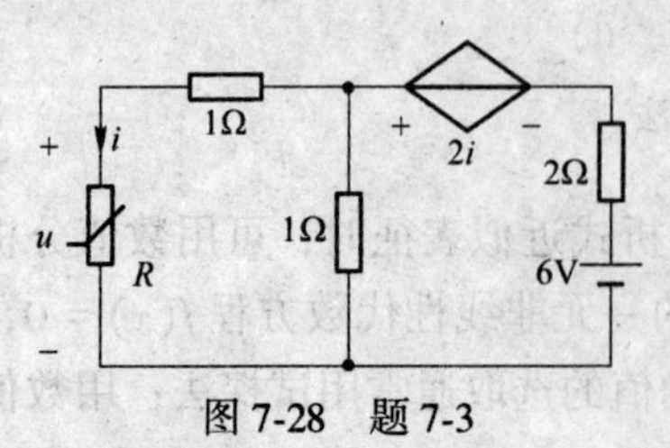

图 7-28　题 7-3

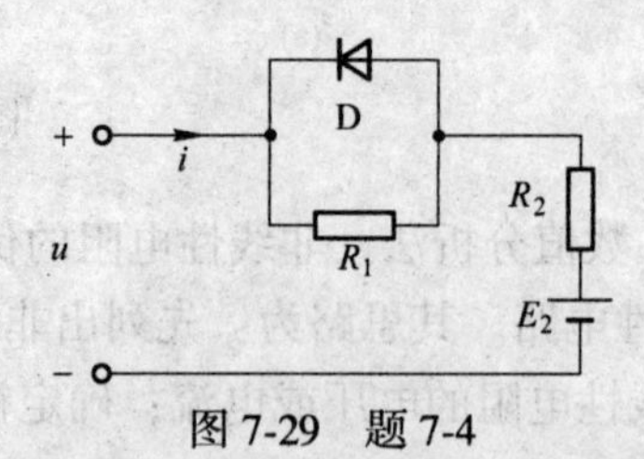

图 7-29　题 7-4

7-5 试用数值分析法解题 7-1。

7-6 如图 7-30 电路中，压控型非线性电阻的特性为 $i=1.67u^3$，用数值分析法求 u 和 i。

7-7 如图 7-31 电路中，流控型非线性电阻的特性为 $u=3i^2(i>0)$。(1) 用戴维南定理化简线性电路部分；(2) 用数值分析法求 u 和 i。

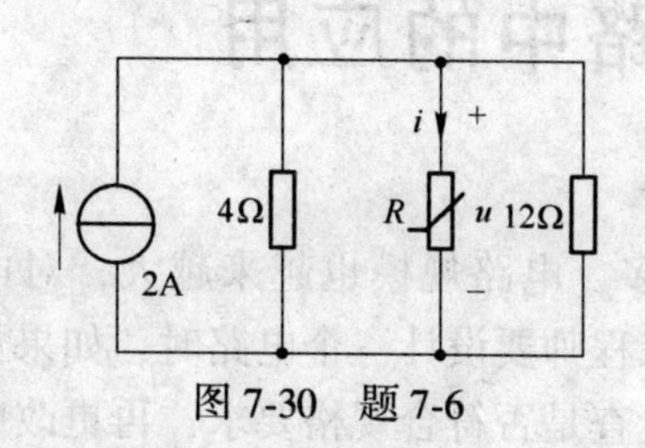

图 7-30　题 7-6

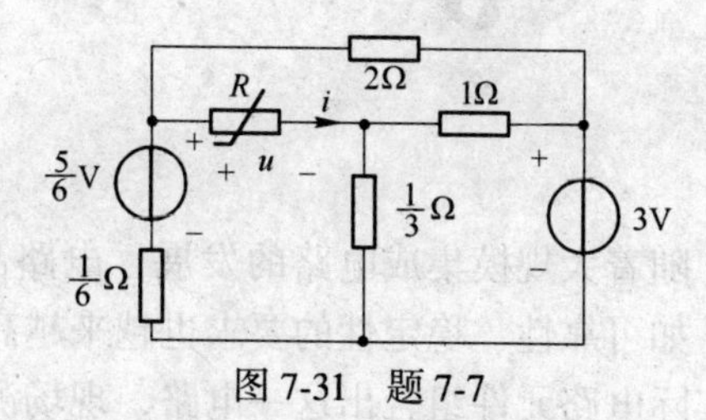

图 7-31　题 7-7

7-8 如图 7-32 所示电路中，压控型非线性电阻 R 的特性为 $i=2u^2(u>0)$，偏置电流源 $I_S=12A$，小信号电流源 $i_\delta=\sin t$ A，试求完全响应 u 和 i。

7-9 如图 7-33 所示电路中，R 的伏安特性为 $u=i^2+2i(i>0)$，偏置电压源 $u_S=20V$，小信号电压源 $u_{S\delta}=2\sin t$ V，试求完全响应 u 和 i。

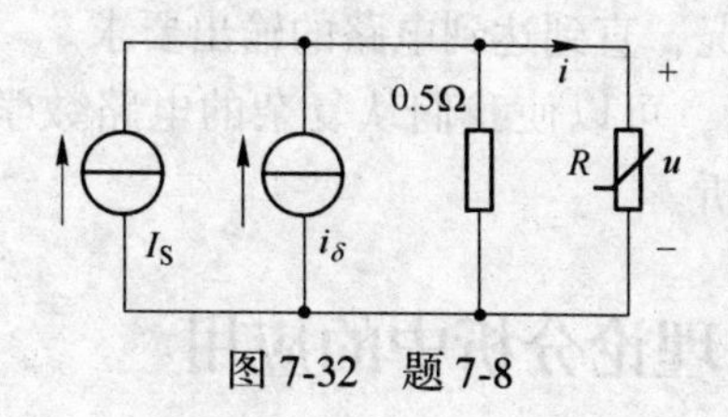

图 7-32　题 7-8

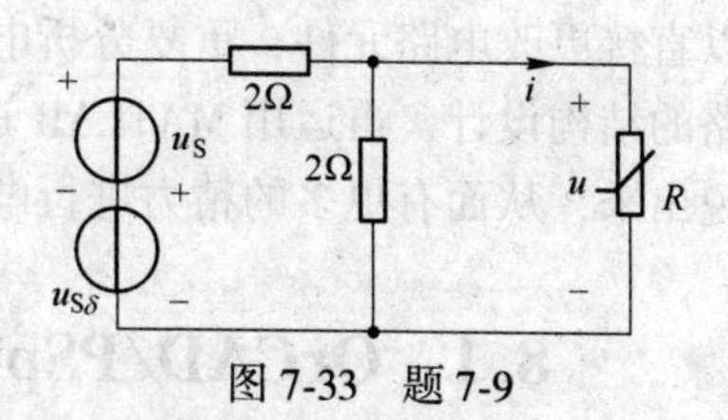

图 7-33　题 7-9

7-10 如图 7-34 所示电路中，R 的伏安特性为 $i=0.2u-4$，时不变偏置电流源 $I_S=2A$，小信号源 $e_\delta=\cos 2t$ V，试求小信号激励电路时的小信号响应 u_δ 和 i_δ。

7-11 在图 7-35 所示电路中，荷控型非线性电容特性为 $u=2q^2$，链控型非线性电感特性为 $i=\psi^2$，试建立给定电路的动态方程。

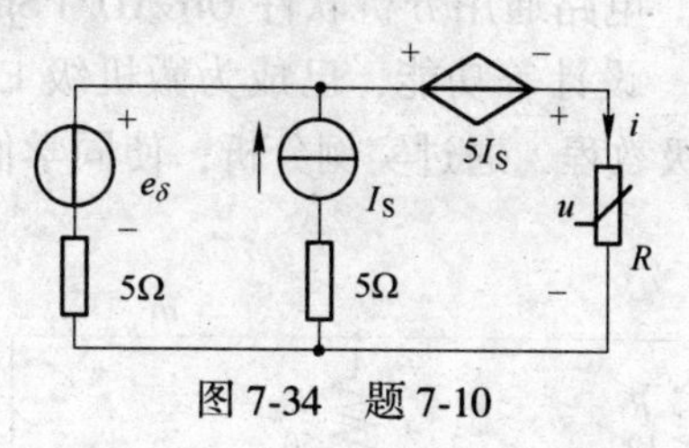

图 7-34　题 7-10

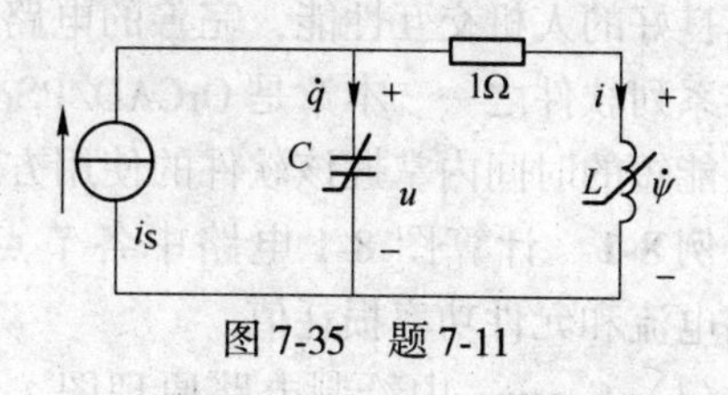

图 7-35　题 7-11

OrCAD/PSpice 和 MATLAB 在电路中的应用

随着大规模集成电路的发展，电路品种日益增多，电路规模也越来越大，对电路性能，如可靠性、稳定性的要求也越来越高。当电子工程师要设计一个电路时，如果立即使用实际电路元件组合出这一电路，现场测试电路，检查是否符合规格要求，再更改电路元件，直到达到要求，才算完成电路的设计工作，这不是一个好的设计方法，因为电路功能并不是一次就能符合要求的，所以要重复地调试、修正电路结果，这样会浪费许多电路设计和调试的时间，而且不一定能达到所要的电路要求。最好的电路设计方式是利用计算机辅助软件先仿真电路的操作，检查并分析结果是否能符合电路要求，如果不能符合要求，则可以直接更改电路元件，重复分析电路的操作情况，直到达到电路的输出要求。一旦完成电路的结构设计，再运用 MATLAB 进行电路分析，可以使我们从复杂的电路数学计算中解脱出来，从而有更多的精力进行电路模型的分析。

8.1 OrCAD/PSpice 在电路理论分析中的应用

电子设计自动化（EDA）是以电子系统设计软件为工具，借助于计算机来完成数据处理、模拟评价、设计验证等工序，以实现电子系统或电子产品的整个或大部分设计过程的技术。它具有设计周期短、设计费用低、设计质量高、数据处理能力强、设计资源可以共享等特点，已成为电路分析必不可少的工具之一。电路通用分析软件 OrCAD/PSpice 10 以其良好的人机交互性能，完善的电路模拟、仿真、设计等功能，已成为微机级 EDA 的标准系列软件之一。本章是 OrCAD/PSpice 10 的初级教程，通过实例分析，使同学们能在尽可能短的时间内掌握该软件的使用方法。

例 8-1 计算图 8-1 电路中各节点电压、支路电流和元件功率损耗值。

（1）Capture 中绘制电路原理图。原理图中至少必须有一条网络名称为 0，即接地。

（2）设置分析参数。按本例要求选择分析类型应该是直流工作点分析，因为直流工作点分析是 PSpice 的默认分析类型，所以不用设置分析类型也可以。

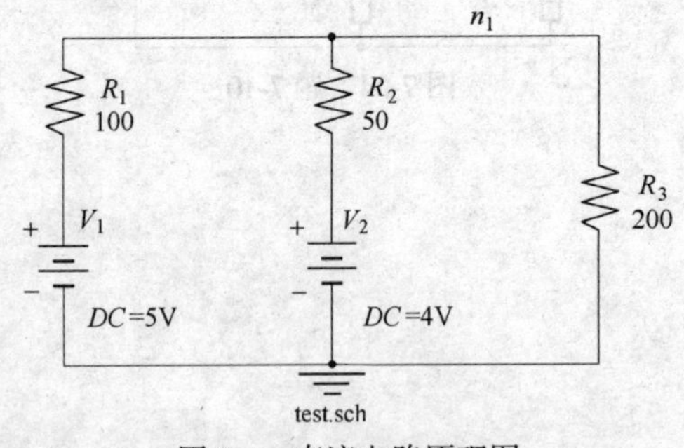

图 8-1 直流电路原理图

（3）分析电路。在 Capture 集成环境中选择 PSpice→Bias Points 子菜单中，分别选择 Enable Bias Voaltage Display 和 Enable Bias Current Diplay 以及 Enable Bias Power Display，或单击工具栏中的 V、I、W，则各节点电压值、支路电流值和元件功率损耗值的分析结果就会在电路的相应位置显示出来。分析结果后的电路图如图 8-2 所示。

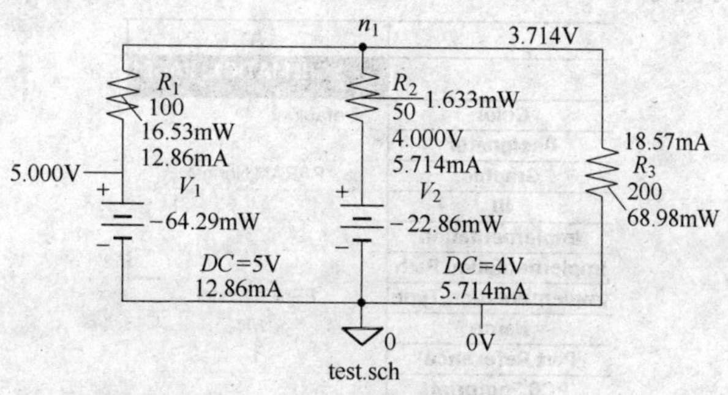

图 8-2 电路图的分析结果

例 8-2 在图 8-3 电路中，当电阻 R_L 的阻值以 10Ω 为间隔，从 1Ω 线性增大到 1kΩ 时，分析电阻 R_L 上的电压变化情况。

本例中以电阻的阻值为扫描变量，电阻 R_L 的阻值必须使用全局变量（Global parameter）。

（1）在 Capture 中绘制电路图，如图 8-3 所示。

（2）设置元件参数。这里只说明电阻 R_L 的参数设置过程。电阻 R_L 的阻值必须使用全局变量，即使用 Global parameter 参数。对于使用 Global parameter 参数，必须在原理图中调用一个器件：Capture \ Library \ PSpice \ Special 库中的 PARAM 器件，如图 8-4 所示。

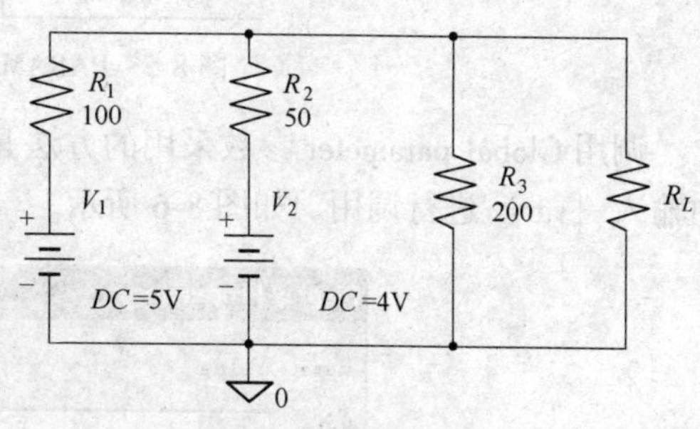

图 8-3 电路原理图

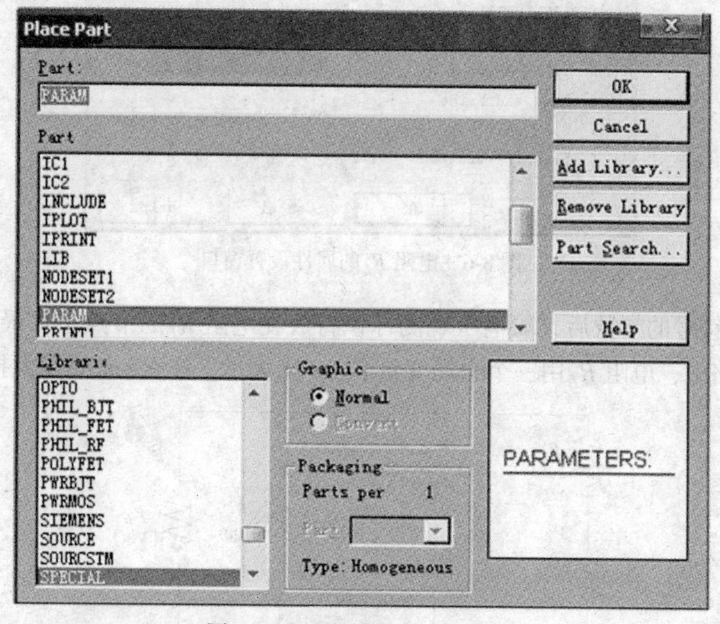

图 8-4 调用元件 PARAM 窗口

然后对 PARAM 器件添加新属性，新属性即为一个 Global parameter 参数。本例中新建一个 var 属性，var 的值等于 1kΩ，如图 8-5 所示。

	A
	SCHEMATIC1 : PAGE1
Color	Default
Designator	
Graphic	PARAM.Normal
ID	
Implementation	
Implementation Path	
Implementation Type	PSpice Model
Name	I01042
Part Reference	1
PCB Footprint	
Power Pins Visible	
Primitive	DEFAULT
PSpiceOnly	TRUE
Reference	1
Source Library	C:\PROGRAM FILES\O
Source Package	PARAM
Source Part	PARAM.Normal
Value	PARAM
var	1k

图 8-5 PARAM 器件属性编辑窗口

调用 Global parameter 参数采用的方法是：在电阻 R_L 的 PART 属性页的 Value 属性值中输入｛var｝进行调用。如图 8-6 所示。

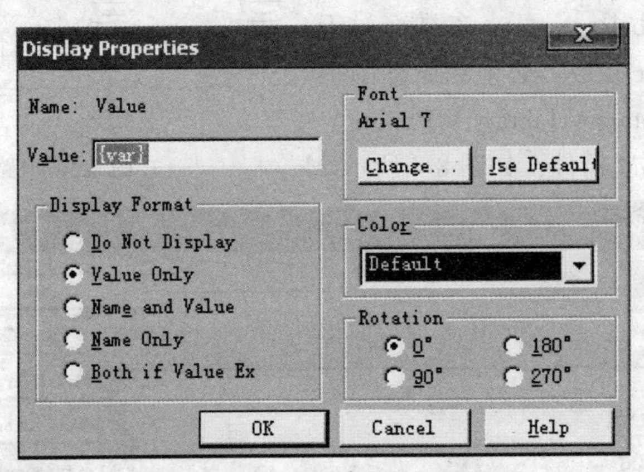

图 8-6 电阻 R_L 的属性设置窗口

定义完各符号的参数后，取电压观测标识符放在电阻 R_L 的节点上。最终的电路如图 8-7 所示。电路中，电阻 R_L 用一个全局变量名 var 来表示。注意 var 要用大括号括起来。

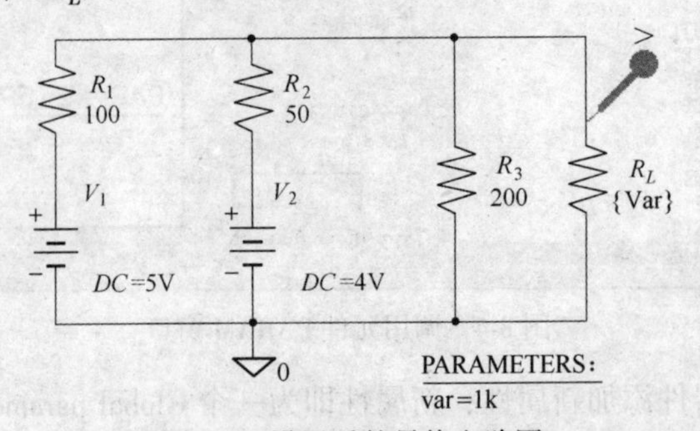

图 8-7 设置后的最终电路图

（3）建立仿真描述文件，设置分析参数。建立一个名称为“test”的仿真描述文件。该电路的分析类型为直流扫描分析，扫描变量为全局变量 var，电阻的阻值 var 的取值范围从 1Ω 到 1kΩ，递增步长为 100。仿真参数设置方法如图 8-8 所示。

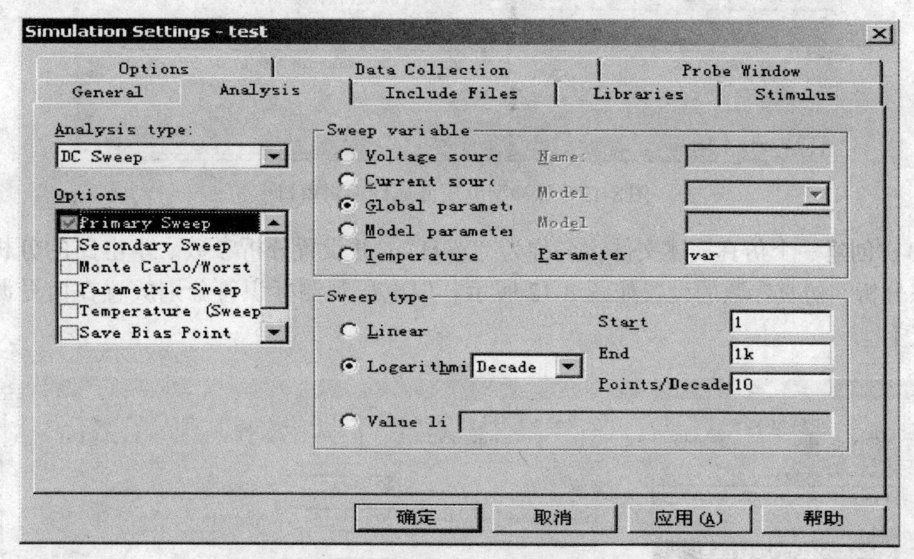

图 8-8　仿真参数设置窗口

（4）分析电路。选择菜单项 PSpice→Run 命令，或鼠标单击工具栏中的项式 ▶ 按钮，启动 PSpice AD 分析程序，对电阻取不同的阻值进行分析。在 Probe 中自动显示分析结果如图 8-9 所示。

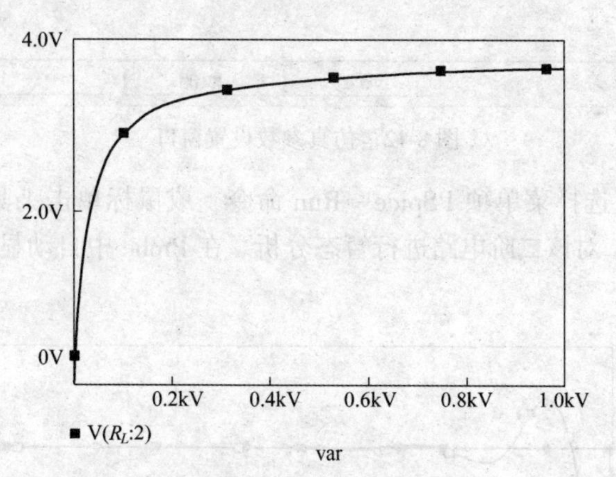

图 8-9　Probe 显示分析结果曲线

例 8-3　观察图 8-10 所示二阶电路的方波响应。

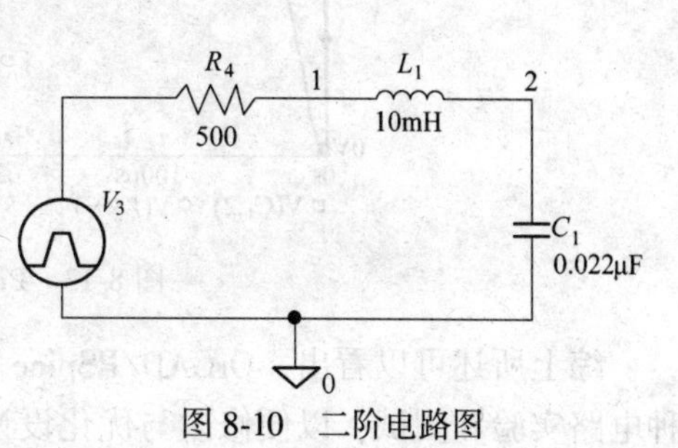

图 8-10　二阶电路图

其中脉冲电压源的参数为：起始电压 0V，峰值电压 5V，上升时间 1μs，下降时间 1μs，脉冲宽度 500μs，周期 1ms。

（1）画出基本电路图。注意要有 0 接地点。

（2）设置器件参数。其中信号源 V_3 采用

VPULSE 脉冲型电压源，该电压源的参数含义及设置如图 8-11 所示。

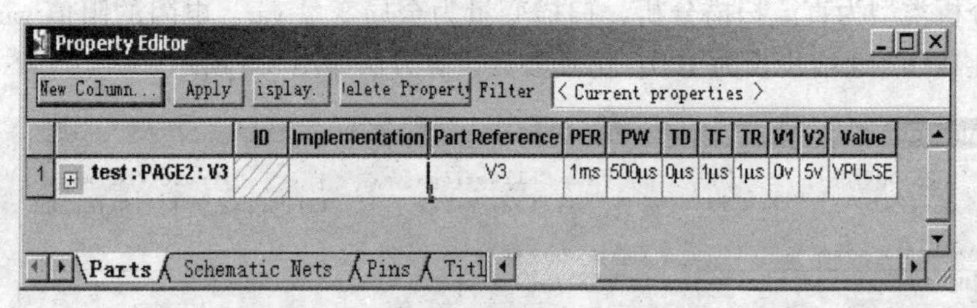

图 8-11　脉冲型电压源属性编辑窗口

（3）创建一个仿真描述文件，名称为“test1”，并设置分析参数。本电路的分析类型为暂态分析，仿真参数的设置如图 8-12 所示。取电压观测标识符分别放置在信号源和电容节点上。

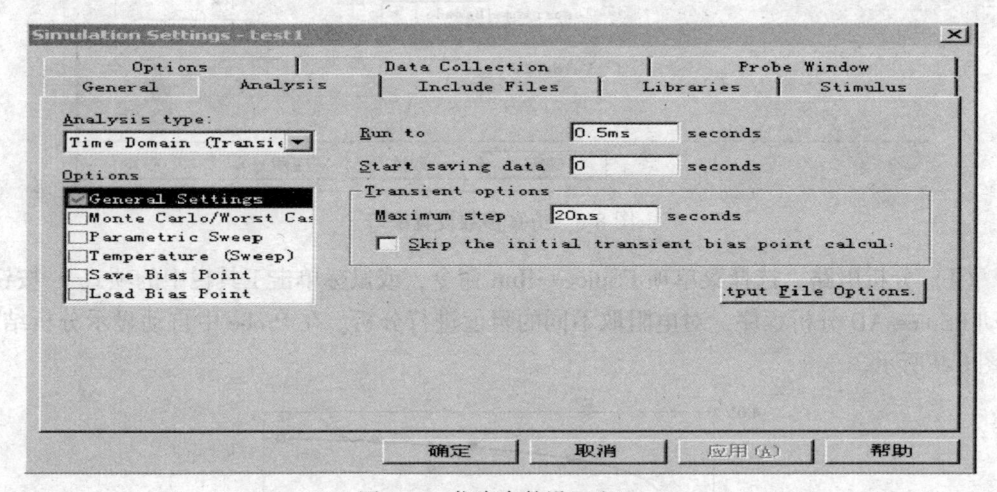

图 8-12　仿真参数设置窗口

（4）分析电路。选择菜单项 PSpice→Run 命令，或鼠标单击工具栏中▶按钮，启动 PSpice AD 分析程序，对该二阶电路进行暂态分析。在 Probe 中自动显示分析结果如图 8-13 所示。

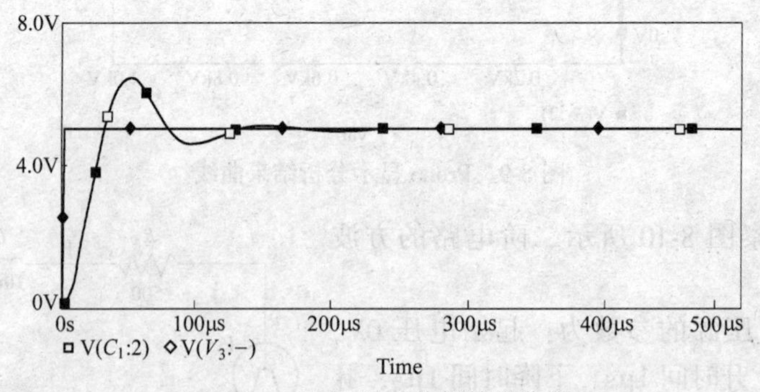

图 8-13　Probe 显示分析结果曲线

综上所述可以看出，OrCAD/PSpice 是一个模拟的“实验台”。在它上面，可以做各种电路实验和测试，以便修改与优化设计。它为我们分析与设计电路提供了强大的计算机仿真工具，利用它对电路、信号与系统进行辅助分析和设计，对电路理论分析有很高的实用价值。

8.2 MATLAB 在电路分析中的应用

MATLAB 语言是 Matrix Laboratory（矩阵实验室）的缩写，是一款由美国 The MathWorks 公司出品的商业数学软件。MATLAB 是一种用于算法开发、数据可视化、数据分析以及数值计算的高级技术计算语言和交互式环境，其特点为功能强大、界面友善、开放性强，已成为目前公认的最优秀的科技软件之一。

熟练掌握 MATLAB 并使用它进行电路分析，可以使我们从复杂的电路数学计算中解脱出来，从而有更多的精力进行电路模型的分析。本章利用 MATLAB 对直流电阻电路、正弦稳态电路、双口网络、非线性电阻电路等章节的具体实例进行了计算。

8.2.1 基于 MATLAB 的直流电路回路电流法

求解电路的步骤如下：

（1）画出电路的拓扑结构图。每一个串联电路作为一个支路，一个支路最多含有一个电阻和（或）一个电压源，若多于一个需先合并。

（2）标定回路电流和支路电流方向与编号。选择网孔作为回路，规定顺时针方向为回路电流方向，支路电流方向可自由标定。

（3）建立参数表格。参数表格共 4 列，总行数为支路总数，见表 8-1。

表 8-1 参数表格

支路数	支路相关第一个回路编号	支路相关第二个回路编号	支路电阻值	支路电压值
支路 1	与支路电流方向相同的回路编号	与支路电流方向不同的回路编号	≥0	
支路 2	与支路电流方向相同的回路编号	与支路电流方向不同的回路编号	≥0	
支路 3	与支路电流方向相同的回路编号	与支路电流方向不同的回路编号	≥0	
⋮	⋮	⋮	⋮	⋮
支路 n	与支路电流方向相同的回路编号	与支路电流方向不同的回路编号	≥0	

注：如果回路中含有支路 n，则表示回路与支路 n 相关；如果支路 n 只属于一个回路，则支路相关第二个回路编号取支路相关第一个回路编号；如果支路没有电阻，则支路电阻值为 0；如果支路的电流方向从电压源流出，则支路电压源值取正值，反之取负值。

（4）输入支路数和参数表格数据，调用基于 MATLAB 的直流电路回路电流法函数程序，即可计算出电路的各个回路电流和支路电流。

下面以例 2-3 为例，介绍基于 MATLAB 的直流电路回路电流法计算过程。

例 8-4 在图 8-14 所示的直流电路中，电阻和电压源均已给定，试用基于 MATLAB 的直流电路回路电流法求各支路电流。

求解电路的步骤如下：

（1）画出电路的拓扑结构图。

（2）标定回路电流和支路电流方向与编号，如图 8-15 所示。

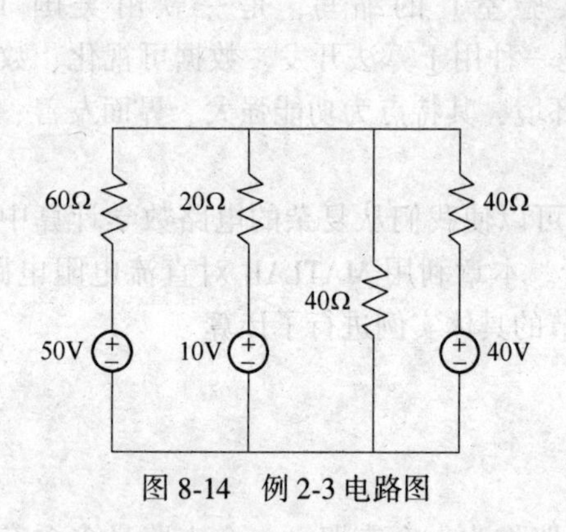

图 8-14 例 2-3 电路图

图 8-15 例 2-3 电路拓扑结构图及方向

（3）建立参数表格，见表 8-2。

表 8-2 例 2-3 参数表格

支路数	支路相关第一个回路编号	支路相关第二个回路编号	支路电阻值/Ω	支路电压值/V
支路 1	1	1	60	50
支路 2	2	1	20	10
支路 3	3	2	40	0
支路 4	3	3	40	40

（4）输入支路数和参数表格数据，调用基于 MATLAB 的直流电路回路电流法函数程序，即可计算出电路的各个回路电流和支路电流。

```
%【MATLAB 程序 exp2_ 3.m】
nbrn=4;                              % 支路数
table= [1 1 60 50;                   % 参数矩阵
   2 1 20 10;
   3 2 40 0;
   3 3 40 40];
im=huiludianliu (nbrn, table)   % 调用 huiludianliu 函数计算回路电流
```

运行 MATLAB 程序可得到各回路电流，输出结果如下：

```
The mesh currents are:
im =
   0.7857
   1.1429
   1.0714
```

各回路电流求解完毕。另外，根据例 2-3 要求，需要计算各个支路电流，可根据图 8-15 所示电路，使用如下 MATLAB 程序计算和输出：

```
%计算支路电流
disp ('The branch currents are: ');
i1=im (1);
i2=im (2) -im (1);
i3=im (2) -im (3);
i4=im (3);                          %i4 程序所标定方向与书上相反
i= [i1; i2; i3; i4]
```

运行 MATLAB 可得到各个支路电流，输出结果如下：

```
The branch currents are:
i =
    0.7857
    0.3571
    0.0714
    1.0714
```

其中，支路 4 的电流和书上答案符号不一致，是因为参考方向不同的缘故。

基于 MATLAB 的直流电路回路电流法函数程序如下：

```
%【MATLAB 程序 huiludianliu.m】
%b 为支路数，m 为网孔数
function [im] =huiludianliu (nbrn, table)
    i=table (:, 1);          %支路相关的第一个网孔向量
    j=table (:, 2);          %支路相关的第二个网孔向量
    rb=table (:, 3);         %支路阻抗向量
    eb=table (:, 4);         %支路电源向量
    m=max (i);               %网孔数
    rm=zeros (m, m);         %网孔电阻矩阵
    em=zeros (m, 1);         %网孔源向量
    %构建 rm 矩阵和 em 矩阵
    for k=1: nbrn
        c=i (k);             %第 k 个支路的第一个网孔向量
        d=j (k);             %第 k 个支路的第二个网孔向量
        rm (c, c) =rm (c, c) +rb (k);
        em (c) =em (c) +eb (k);
        if c~=d
            rm (c, d) =-rb (k);
            rm (d, c) =rm (c, d);
            rm (d, d) =rm (d, d) +rb (k);
            em (d) =em (d) -eb (k);
        end
    end
```

```
    %显示各网孔电流
    disp ('The mesh currents are: ');
    im=rm \ em;
end
```

8.2.2 基于 MATLAB 的节点电压法

该方法既适用于计算直流电路，也适用于计算正弦稳态电路。

求解电路的步骤如下：

（1）对电路的节点进行编号。将节点 1 设为地；任意两个节点之间只能包含一个元件（电阻、电容、电感、*DC* 电压源或 *AC* 电压源等），若两个节点之间多于一个元件，则需要在元件之间增设节点并编号。

（2）运行 MATLAB 程序 jiedian_main. m，根据提示依次输入参数。

1）numbers of nodes?（节点数）。如图 8-16 所示，在“?”后输入节点数。

图 8-16 节点数的输入提示

2）输入节点数后回车，会弹出一个 menu 框，如图 8-17 所示。

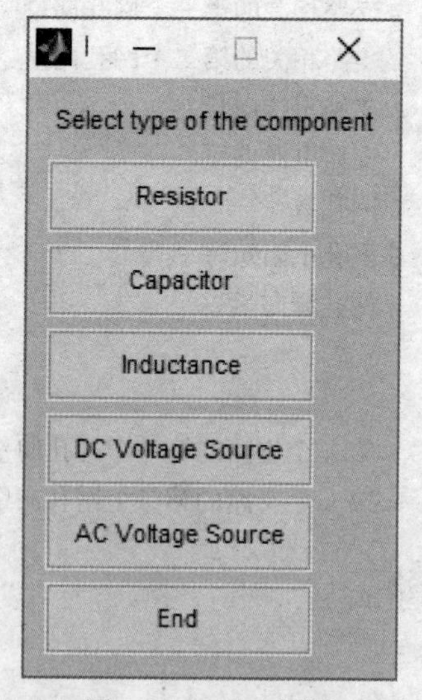

图 8-17 menu 框图

点击 menu 框中的按钮，按提示输入电路中各元件的参数值。电路中的元件分别为 Resistor（电阻）、Capacitor（电容）、Inductance（电感）、DC Voltage Source（*DC* 电压源）和 AC Voltage Source（*AC* 电压源）。各元件所需输入参数见表 8-3，对于直流电路需要输入“首节点号”、“末节点号”和“元件值大小”；对于交流电路，还需输入“角频率”和“初相”。

表 8-3 各元件所需输入参数

元 件	所需输入参数				
	首节点号	末节点号	元件值大小	角频率	初相
电阻	√	√	√		
电容	√	√	√	√	
电感	√	√	√	√	
DC 电压源	√	√	√	√	√
AC 电压源	√	√	√	√	√

以电阻元件为例，输入过程如图 8-18（a）~（d）所示。

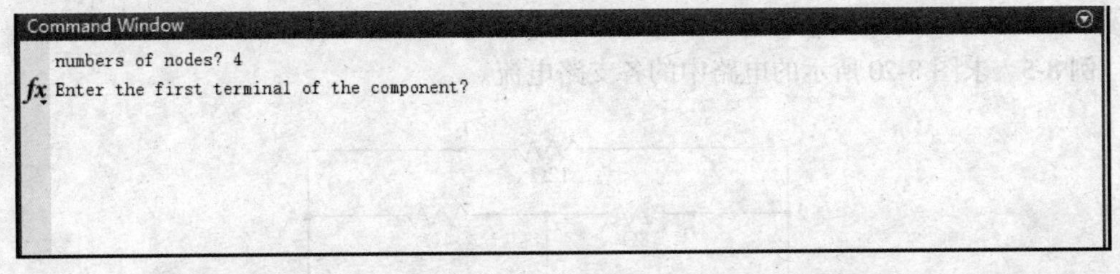

(a)

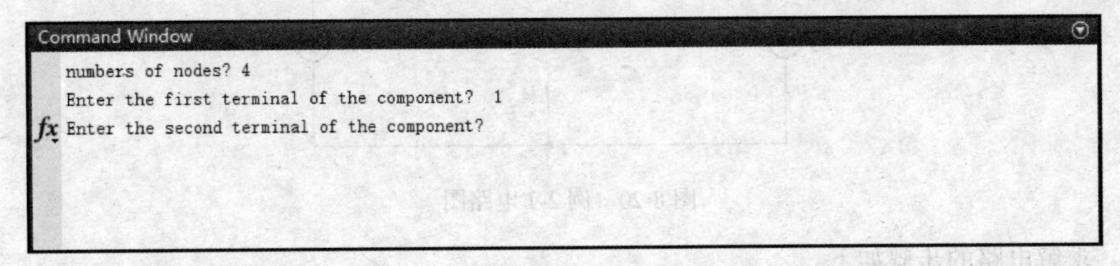

(b)

```
Command Window
numbers of nodes? 4
Enter the first terminal of the component? 1
Enter the second terminal of the component? 2
Enter its resistance/ohm?
```

(c)

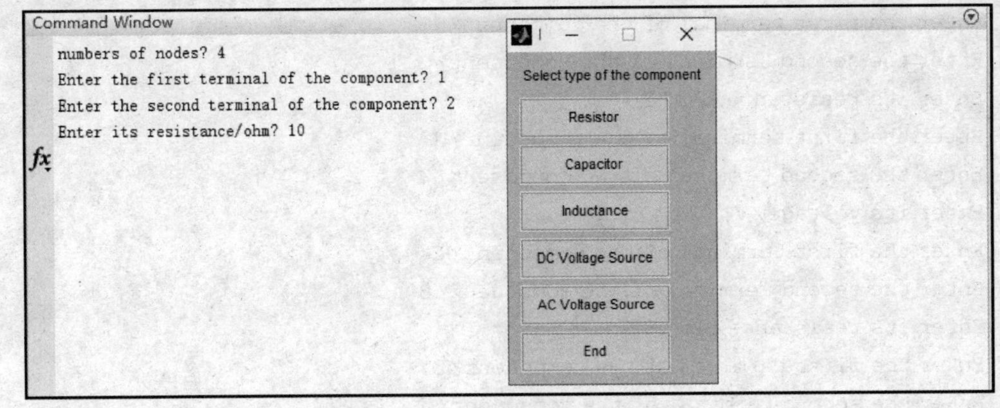

(d)

图 8-18 电阻元件参数值输入过程

其他元件参数值输入过程与电阻元件参数值输入过程类似，直到全部元件参数值输入完毕。

（3）点击 menu 框中的 End 按钮，程序输出电路中各个节点的电压值。

注意：

（1）*DC* 电压值和 *AC* 电压值既可以为正，也可以为负，其符号与首节点号连接的电源端符号相同，如图 8-19 所示，如果选择节点 1 为首节点号，则电压值为-24V。

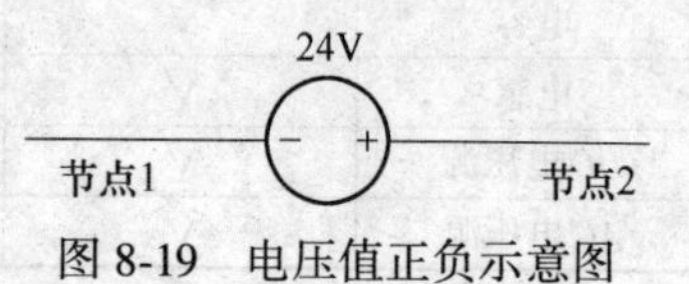

图 8-19　电压值正负示意图

（2）*AC* 电压值为有效值。

（3）*AC* 电压初相单位为度。

下面以例 2-1 为例，介绍基于 MATLAB 的节点电压法求解过程。

例 8-5　求图 8-20 所示的电路中的各支路电流。

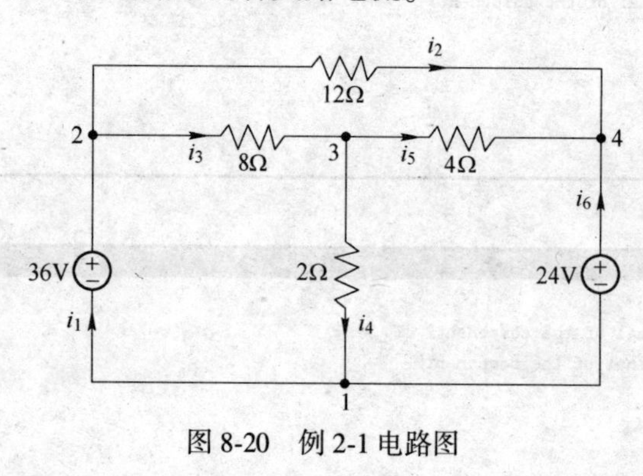

图 8-20　例 2-1 电路图

求解电路的步骤如下：

（1）对电路的节点进行编号。如图 8-20 所示，共有 4 个节点，4 个电阻，2 个 *DC* 电压源。

（2）运行 MATLAB 程序 jiedian_main. m，依次输入如下参数：

```
numbers of nodes? 4
Enter the first terminal of the component? 1
Enter the second terminal of the component? 2
Enter its voltage/V? -36
Enter the first terminal of the component? 1
Enter the second terminal of the component? 3
Enter its resistance/ohm? 2
Enter the first terminal of the component? 1
Enter the second terminal of the component? 4
Enter its voltage/V? -24
Enter the first terminal of the component? 2
Enter the second terminal of the component? 3
Enter its resistance/ohm? 8
Enter the first terminal of the component? 3
Enter the second terminal of the component? 4
Enter its resistance/ohm? 4
```

```
Enter the first terminal of the component? 2
Enter the second terminal of the component? 4
Enter its resistance/ohm? 12
```

此时，电路中的所有参数输入完毕。

（3）点击 menu 框中的 End 按钮，程序输出电路中各个节点的电压值：

```
Voltage at node2
   36
Voltage at node3
   12
Voltage at node4
   24
```

由于题目要求计算电路中的各支路电流，可根据电路图 8-20 和基尔霍夫定律，通过如下 MATLAB 程序计算各支路电流。

```
%根据基尔霍夫定律求电流
i3= (answer (1, N+1) -answer (2, N+1))/8;
i4=answer (2, N+1)/2;
i2= ((answer (1, N+1))-answer (3, N+1))/12;
i1=i2+i3;
i5= (answer (2, N+1) -answer (3, N+1))/4;
i6=i4-i1;
i= [i1; i2; i3; i4; i5; i6]
```

运行该段程序，得到如下输出结果：

```
i =
    4
    1
    3
    6
    - 3
    2
```

该电路求解完毕。

基于 MATLAB 的节点电压法的主程序为：

```
% 【MATLAB 程序 jiedian_ main.m】
clear; clc;
%调用输入电路参数函数的 MATLAB 程序
[N, U, R, bad_ nodes, w, type] = finput ();
%调用基于 MATLAB 的节点电压法函数计算并输出各个节点的电压
[answer] =jiediandianya (N, U, R, bad_ nodes, w, type);
```

输入电路参数函数的 MATLAB 程序为：

```
% 【MATLAB 程序 finput.m】
function [N, U, R, bad_ nodes, w, type] =finput ()
```

```
type=0;                                          %电路类型，直流为0，交流为1。
N=input ('numbers of nodes? ');                  %节点数
U=zeros (N, N);                                  %存储电压的矩阵
R=ones (N, N);                                   %存储阻抗的矩阵
%阻抗初始值设为无穷大
for a=1: N
for b=1: N
R (a, b) =realmax;
end
end
%输入数据
para=1;
bad_ nodes='';                                   %不能构成方程的节点，除去M个
                                                 %电源的端点称为bad_ nodes
while para==1
type=menu ('Select type of the component', 'Resistor', 'Capacitor', 'Induct-
ance', 'DC Voltage Source', 'AC Voltage Source', 'End');   %弹出menu框
switch type
case 1                                           %电阻
    node1=input ('Enter the first terminal of the component? ');
    node2=input ('Enter the second terminal of the component? ');
    parameter=input ('Enter its resistance/ohm? ');
    R (node1, node2) =parameter;
    R (node2, node1) =parameter;
case 2                                           %电容
    node1=input ('Enter the first terminal of the component? ');
    node2=input ('Enter the second terminal of the component? ');
    parameter=input ('Enter its capacitance/F? ');
    w=input ('Enter its angular frequency/rads? ');
    R (node1, node2) =-j/(w*parameter);
    R (node2, node1) =-j/(w*parameter);
case 3                                           %电感
    node1=input ('Enter the first terminal of the component? ');
    node2=input ('Enter the second terminal of the component? ');
    parameter=input ('Enter its inductance/H? ');
    w=input ('Enter its angular frequency/rads? ');
    R (node1, node2) =j*w*parameter;
    R (node2, node1) =j*w*parameter;
case 4                                           %直流电压源
    node1=input ('Enter the first terminal of the component? ');
    node2=input ('Enter the second terminal of the component? ');
    parameter=input ('Enter its voltage amplitude/V? ');
```

```
        U (node1, node2) =parameter;
        U (node2, node1) =-parameter;
        bad_ nodes=strcat (bad_ nodes, num2str (node1));
        bad_ nodes=strcat (bad_ nodes, num2str (node2));
    case 5                              % 交流电压源
        node1=input ('Enter the first terminal of the component?');
        node2=input ('Enter the second terminal of the component?');
        parameter=input ('Enter its voltage/V?');
        w=input ('Enter its angular frequency/rads?');
        pha=input ('Enter its phase angle/defree?');
        U (node1, node2) =parameter*cosd (pha) +j*parameter*sind (pha);
         U (node2, node1) = - (parameter * cosd (pha) +j * parameter * sind
(pha) );
        bad_ nodes=strcat (bad_ nodes, num2str (node1));
        bad_ nodes=strcat (bad_ nodes, num2str (node2));
        type=1;
    case 6                              % 退出输入
      para=0;
    end
end
```

基于MATLAB的节点电压法函数程序为：

```
% 【MATLAB程序 jiediandianya.m】
function [answer] =jiediandianya (N, U, R, bad_ nodes, w, type)
    coef=zeros (N*N, N);                    % 电导矩阵
    result=zeros (N*N, 1);                  % 电流矩阵
    tracer=N+1;                             % 新增加方程的标记
    for a=1: N
      node_ det=num2str (a);                % 检查错误节点
      for b=1: N
        if isempty (strfind (bad_ nodes, node_ det))
      if a~=b
        coef (a, a) =coef (a, a) +1/R (a, b);    % 节点的总跨导
      end
      if b~=a
        coef (a, b) =-1/R (a, b);             % 互电导
      end
    end
    if U (a, b)~=0 %
      coef (tracer, a) =1;
      coef (tracer, b) =-1;
      result (tracer, 1) =U (a, b);
```

```
      tracer=tracer+1;
        end
      end
    end
    % 把电压源看成一个大节点，离开这个大节点的电流和为 0。
    size_ badnodes=size (bad_ nodes);
    for a=1: 2: size_ badnodes (2)
      num_ badnodes_ 1=str2num (bad_ nodes (a));
      num_ badnodes_ 2=str2num (bad_ nodes (a+1));
      % 节点是否在两个电压源中间，如果是，写方程时跳过它
      hub_ 1=size (strfind (bad_ nodes (a), bad_ nodes));
      hub_ 2=size (strfind (bad_ nodes (a), bad_ nodes));
      for b=1: N
        if b~ =num_ badnodes_ 1 && b~ =num_ badnodes_ 2 && hub_ 1(2)= =1 && hub_ 2
(2)= =1
          coef (tracer, num_ badnodes_ 1) =coef (tracer, num_ badnodes_ 1) +1/R
(num_ badnodes_ 1, b);
          coef (tracer, b) =coef (tracer, b) -1/R (num_ badnodes_ 1, b);
          coef (tracer, num_ badnodes_ 2) =coef (tracer, num_ badnodes_ 2) +1/R
(num_ badnodes_ 2, b);
          coef (tracer, b) =coef (tracer, b) -1/R (num_ badnodes_ 2, b);
        end
      end
      tracer=tracer+1;
  end
  coef (:, 1) =0;                          % 节点 1 是地
  combine= [coef, result];
  answer=rref (combine);                   % 将增强矩阵转换为阶跃矩阵
  % 显示节点电压
  for a=1: N-1
     screen=strcat ('Voltage at node', num2str (a+1));
       disp (screen);
       if type= =0
         disp (answer (a, N+1));
       else
         disp ( [num2str (sqrt (2) * abs (answer (a, N+1))), '* sin (', num2str
(w), 't+', num2str (angle (answer (a, N+1))/pi * 180), ') ']);
       end
     end
   end
```

以例 2-12 为例，介绍基于 MATLAB 的节点电压法求解支路中需增加节点的电路。

例 8-6 在图 8-21 所示电路中，$U_{S1}=40V$，$U_{S2}=40V$，$R_1=4\Omega$，$R_2=2\Omega$，$R_3=5\Omega$，

$R_4=10\Omega$，$R_5=8\Omega$，$R_6=2\Omega$，求 I_3。

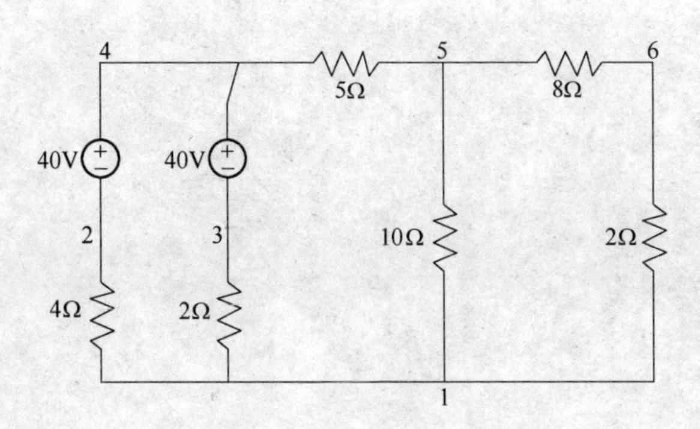

图 8-21　例 2-12 电路图

求解电路的步骤如下：

（1）对电路的节点进行编号。如图 8-21 所示，该电路有 6 个节点，6 个电阻，2 个 *DC* 电压源。

（2）运行 MATLAB 程序 jiedian_main. m，依次输入如下参数：

```
numbers of nodes? 6
Enter the first terminal of the component? 1
Enter the second terminal of the component? 2
Enter its resistance/ohm? 4
Enter the first terminal of the component? 1
Enter the second terminal of the component? 3
Enter its resistance/ohm? 2
Enter the first terminal of the component? 2
Enter the second terminal of the component? 4
Enter its voltage/V? -40
Enter the first terminal of the component? 3
Enter the second terminal of the component? 4
Enter its voltage/V? -40
Enter the first terminal of the component? 4
Enter the second terminal of the component? 5
Enter its resistance/ohm? 5
Enter the first terminal of the component? 1
Enter the second terminal of the component? 5
Enter its resistance/ohm? 10
Enter the first terminal of the component? 1
Enter the second terminal of the component? 6
Enter its resistance/ohm? 2
Enter the first terminal of the component? 5
Enter the second terminal of the component? 6
Enter its resistance/ohm? 8
```

此时，电路中的所有参数输入完毕。

（3）点击 menu 框中的 End 按钮，程序输出电路中各个节点的电压值：

```
Voltage at node2
  -4.7059
Voltage at node3
  -4.7059
Voltage at node4
  35.2941
Voltage at node5
  17.6471
Voltage at node6
   3.5294
```

各节点电压求解完毕后，再根据电路图 8-21 和欧姆定律，使用如下 MATLAB 程序计算电流 I_3：

```
i3 = (answer (3, N+1) -answer (4, N+1))/5
```

运行该语句，输出结果为：

```
i3 =
   3.5294
```

该电路求解完毕。

以例 4-16 为例，介绍基于 MATLAB 的节点电压法求解正弦稳态电路的过程。

例 8-7　在图 8-22 所示电路中，已知 $R = 10\Omega$，$L = 40\text{mH}$，$C = 500\mu\text{F}$，$u_1(t) = 40\sqrt{2}\sin 400t$ V，$u_1(t) = 30\sqrt{2}\sin 400t + 90°$ V，求电阻 R 两端电压 $u_R(t)$。

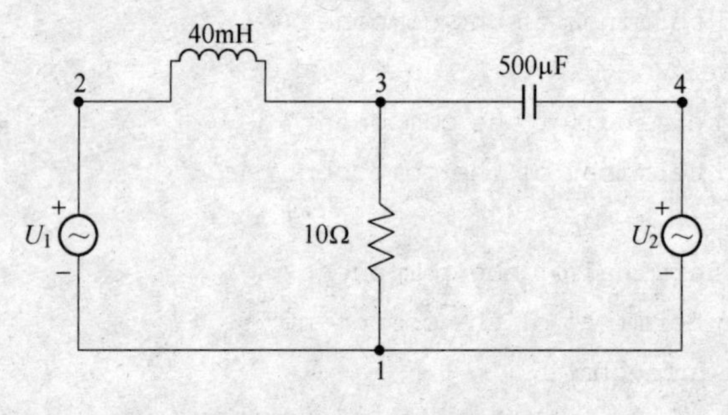

图 8-22　例 4-16 电路图

求解电路的步骤如下：

（1）对电路的节点进行编号。如图 8-22 所示，该电路有 4 个节点，1 个电阻，1 个电容，1 个电感和 2 个 AC 电压源。

（2）运行 MATLAB 程序 jiedian_ main. m，依次输入如下参数：

```
numbers of nodes? 4
Enter the first terminal of the component? 1
Enter the second terminal of the component? 2
Enter its voltage/V? -40
```

```
Enter its angular frequency/rads? 400
Enter its phase angle/defree? 0
Enter the first terminal of the component? 1
Enter the second terminal of the component? 3
Enter its resistance/ohm? 10
Enter the first terminal of the component? 1
Enter the second terminal of the component? 4
Enter its voltage/V? -30
Enter its angular frequency/rads? 400
Enter its phase angle/defree? 90
Enter the first terminal of the component? 2
Enter the second terminal of the component? 3
Enter its inductance/H? 0.04
Enter its angular frequency/rads? 400
Enter the first terminal of the component? 3
Enter the second terminal of the component? 4
Enter its capacitance/F? 5e-4
Enter its angular frequency/rads? 400
```

此时，电路中的所有参数输入完毕。

(3) 点击 menu 框中的 End 按钮，程序输出电路中各个节点的电压值：

```
Voltage at node2
56.5685*sin (400t+0)
Voltage at node3
54.067*sin (400t+148.6472)
Voltage at node4
42.4264*sin (400t+90)
```

再根据电路图 8-22 可知电阻 R 两端电压 $u_R(t)$ 即为节点 3 电压，即

$$u_R(t) = 54.1\sin(400t + 149°)$$

该电路求解完毕。

8.2.3 基于 MATLAB 的双口网络参数转换

该程序可实现 Z 参数、Y 参数、A 参数和 H 参数之间的相互转换。运行 MATLAB 程序 shuangkou.m，按提示依次输入已知参数类型（'z','y','a','h' 之一）、待求参数类型（'z','y','a','h' 之一）以及已知的四个参数值，即可求出待求参数的四个参数值。

以图 6-14（a）为例，介绍基于 MATLAB 的双口网络参数转换过程。

首先，用列方程的方法求出 Y 参数为

$$Y = \begin{bmatrix} \frac{5}{3} & -\frac{4}{3} \\ -\frac{4}{3} & \frac{5}{3} \end{bmatrix}$$

然后，运行 MATLAB 程序 shuangkou. m，按提示依次输入如下：

```
Enter chin 'y'
Enter chout 'z'
Enter input parameters (1, 1)? 5/3
Enter input parameters (1, 2)? -4/3
Enter input parameters (2, 1)? -4/3
Enter input parameters (2, 2)? 5/3
```

输出待求参数为：

```
Output parameters (1, 1) (1, 2) (2, 1) (2, 2)
  1.6667   1.3333   1.3333   1.6667
```

其他参数可类似求出。

基于 MATLAB 的双口网络参数转换程序如下：

```
%【MATLAB 程序 shuangkou.m】
%双口网络参数转换主程序
global chin chout;
chin=input ('Enter chin?');          %输入已知参数类型
chout=input ('Enter chout?');        %输入待求参数类型
%调用输入已知参数的 MATLAB 函数
switch (chin)
    case 'z', x=input4_9 (1, 2, 3, 4);
    case 'y', x=input4_9 (3, 4, 1, 2);
    case 'a', x=input4_9 (1, 3, 2, 4);
    case 'h', x=input4_9 (1, 4, 3, 2);
end
%调用将已知参数转换成待求参数的 MATLAB 函数，并输出
switch (chout)
    case 'z', trans4_9 (x, 1, 2, 3, 4);
    case 'y', trans4_9 (x, 3, 4, 1, 2);
    case 'a', trans4_9 (x, 1, 3, 2, 4);
    case 'h', trans4_9 (x, 1, 4, 3, 2);
end
```

输入已知参数的 MATLAB 函数程序如下：

```
%【MATLAB 程序 input4_9.m】
%输入双口网络的已知参数
function x=input4_9 (a, b, c, d)
global chin;
x (1, a) =-1.0;
x (1, b) =0.0;
x (2, a) =0.0;
```

```
x (2, b) =-1.0;
x (1, c) =input ('Enter input parameters (1, 1)? ');
x (1, d) =input ('Enter input parameters (1, 2)? ');
x (2, c) =input ('Enter input parameters (2, 1)? ');
x (2, d) =input ('Enter input parameters (2, 2)? ');
if (chin=='a')
    x (1, d) =-x (1, d);
    x (2, d) =-x (2, d);
end
if (chin=='d')
    x (2, c) =-x (2, c);
    x (2, d) =-x (2, d);
end
```

将已知参数转换成待求参数的 MATLAB 函数程序如下：

```
%【MATLAB 程序 input4_9.m】
%将已知参数转换成待求参数
function trans4_9 (x, a, b, c, d)
global chout;
if abs (x (1, a) ) <1e-8
    for j=1:4
        temp=x (1, j);
        x (1, j) =x (2, j);
        x (2, j) =temp;
    end
end
pivot=x (1, a);
for j=1:4
    x (1, j) =x (1, j) /pivot;
end
temp=x (2, a);
for j=1:4
    x (2, j) =x (2, j) -x (1, j) *temp;
end
pivot=x (2, b);
if abs (pivot) <1e-8
    disp ('No result');
    exit;
end
for j=1:4
    x (2, j) =x (2, j) /pivot;
end
```

```
temp=x (1, b);
for j=1:4
    x (1, j) =x (1, j) -x (2, j) *temp;
end
if (chout=='a')
    x (1, d) =-x (1, d);
    x (2, d) =-x (2, d);
end
if (chout=='d')
    x (1, b) =-x (1, b);
    x (2, b) =-x (2, b);
end
%输出待求参数
disp ('Output parameters (1, 1) (1, 2) (2, 1) (2, 2) ');
fprintf (1, '%9.4f%9.4f%9.4f%9.4f', -x (1, c), -x (1, d), -x (2, c), -x
(2, d) );
end
```

8.2.4 基于 MATLAB 的数值分析法

该方法用于求解非线性电阻电路。运行 MATLAB 程序，输入初始试探值、非线性方程及其导数，即可求出符合精度的解（默认误差值为10^{-15}，输出结果保留 8 位有效值）。

求解非线性电阻电路的步骤如下：

运行 MATLAB 程序，弹出 Command Window 窗体，在提示“？”后依次输入：

（1）Enter initial trial value u0=？（初始试探值）。

（2）Enter equation of ？（非线性方程）。

（3）Enter derivative df ？（非线性方程的一阶导数）。

Command Window 窗体中会输出试探值和解，如图 8-23 所示，求解完毕。

```
Command Window
Enter initial trial value u0=? 1
Enter equation f? f=2*exp(0.1*u0)+u0-3;
Enter derivative df? df=0.2*exp(0.1*u0)+1;
Iteration values
1
0.82773
0.82747
The solution is

u0 =

0.8274668
```

图 8-23 基于 MATLAB 的求解非线性电路过程

以例 7-5 为例，介绍基于 MATLAB 的数值分析法求解非线性电阻电路的过程。

在图 8-24 所示的非线性电阻电路中，$U_S = 1\text{V}$，$R_S = 1\Omega$，R 为压控型非线性电阻，其特性方程为

$$i = 2(e^{0.1u} - 1)$$

试用数值分析法求解非线性电阻 R 两端的电压 u 和流经的电流 i，以及电源和电阻的功率。

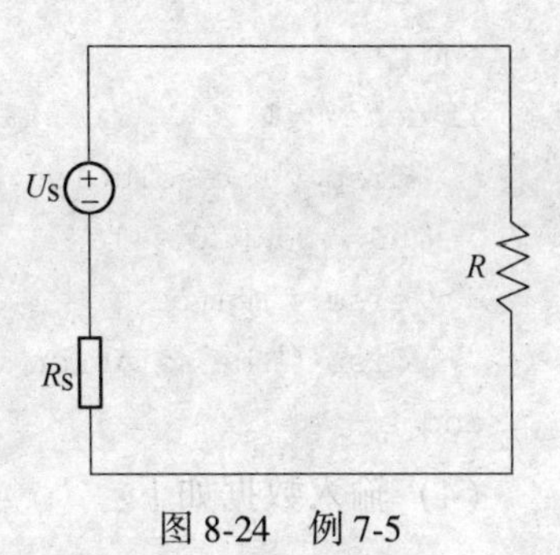

图 8-24　例 7-5

求解电路的步骤如下：

（1）给出非线性代数方程

$$f(u) = 2e^{0.1u} + u - 3 = 0$$

（2）计算其一阶导数

$$f'(u) = 0.2e^{0.1u} + 1$$

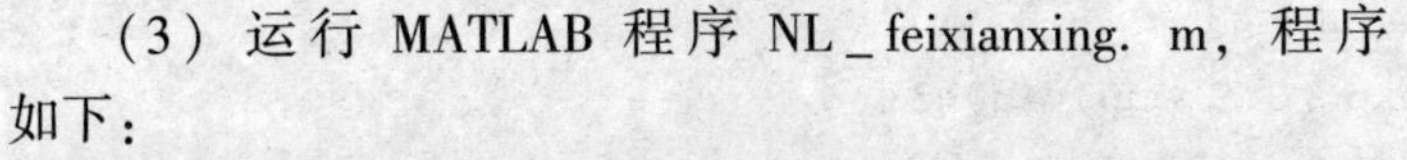
（3）运行 MATLAB 程序 NL_feixianxing.m，程序如下：

```
%【MATLAB 程序 NL_ feixianxing.m】
%采用牛顿-拉夫逊法求解非线性电路
clear; clc;
done=0;                                          %done=1 表示解已找到
m=0;                                            %迭代次数
max=100;                                        %最大迭代次数
err=1e-15;                                      %误差值
u0=input ('Enter initial trial value u0=?');          %初始试探值
fstr=input ('Enter equation f?', 's');               %方程
dfstr=input ('Enter derivative df?', 's');            %导数
disp ('Iteration values');                          %迭代值
while (done==0)
    eval (fstr);
    eval (dfstr);
    if (abs (df) <err)
    disp ('The derivative is 0');                     %导数为 0
    break;
    end
    uk=u0-f/df;                                   %新的迭代值
    m=m+1;
    if (abs (uk-u0) <err)
        done=1;
    elseif (m<max)
        format long;
    disp (num2str (u0) );
        u0=uk;
    else
```

```
        disp ( ['The number of iteration >', num2str (max) ] );
      break;
      end
  end
  if done==1
      disp ('The solution is ');                    % 显示解
      u0=vpa (u0, 8)                    % 输出 8 位有效数字
      elseif m>max
      disp ('The solution is divergent.');       % 发散
  end
```

(4) 输入数据如下：

```
Enter initial trial value u0=? 1
Enter equation f? f=2*exp (0.1*u0) +u0-3;
Enter derivative df? df=0.2*exp (0.1*u0) +1;
```

(5) 得到方程迭代值和解为：

```
Iteration values
1
0.82773
0.82747
The solution is
u0 =
0.8274668
```

方程的解为 0.8274668。根据图 8-24 所示电路，电源和电阻的功率可用如下 MATLAB 程序计算和输出：

```
i0=2* (exp (0.1*u0) -1);        % 电流
ps=1*i0;                     % 电源发出功率
p=i0^2*1+u0*i0;              % 电阻消耗功率
i0=vpa (i0, 8)
ps=vpa (ps, 8)
p=vpa (p, 8)
输出结果为：
i0 =
0.1725332
ps =
0.1725332
p =
0.1725332
```

MATLAB 在图形图像处理、数字信号处理、数字电路设计与仿真、电力系统分析和电路分析等方面应用十分广泛，本章所讲的应用非常简单，希望能起到抛砖引玉的作用，读者可根据自己的应用领域进行深入研究。

习题答案

1-1 (a) $R_5 + \dfrac{R_1R_2R_3}{R_1R_2 + R_2R_3 + R_1R_3}$；(b) 4kΩ；(c) 3Ω；(d) 1.5Ω。

1-2 S闭合：9Ω；S打开：9Ω。

1-3 $u_0 = \dfrac{R_f}{R_1}u_1 + \dfrac{R_1 + R_f}{R_2 + R_3} \cdot \dfrac{R_3}{R_1}u_2$。

1-4 $U_4 = 10V$；$U_7 = U_6 = 4V$；$U_{23} = 6V$；$U_{56} = -6V$；$I = -1.5A$。

1-5 $I = -4A$。

1-6 $I_1 = -1A$；$I_2 = 1A$；$I = 2A$；$U_{ab} = 2V$。

1-7 $U_S = 11V$；$R_1 = 10\Omega$；$R_2 = \dfrac{4}{3}\Omega$。

1-8 (1) $U = 1.4V$；(2) 无影响。

1-9 (1) 7A，2Ω；(2) 1V，$\dfrac{3}{2}\Omega$。

1-10 $U = -20V$。

1-11 (1) $U_2 = \dfrac{R_2R_3}{R_2 + R_3}i_S$，$i_2 = \dfrac{R_3}{R_2 + R_3}i_S$；(2) 无变化。

1-12 (1) $U_1 = -\dfrac{10}{3}V$，$I = -3A$；(2) $R = \dfrac{6}{7}\Omega$。

1-13 $I = 10A$；$U = 10V$；$P = 20W$。

1-14 72W；288W；90W。

2-1 $i_1 = -0.8A$；$i_2 = -2A$；$i_3 = -2A$。

2-2 $I = -4A$。

2-3 12W；10W。

2-4 $U_a = \dfrac{560}{9}V$。

2-6 $I = -2A$。

2-7 $I_x = 1.36A$。

2-8 5.45V；2.73A。

2-9 $U = -25V$。

2-10 $u_o = \dfrac{-\dfrac{R_f}{R_1}}{1 + \dfrac{\left(\dfrac{R_f}{R_1} + \dfrac{R_f}{R_i} + 1\right)\left(\dfrac{R_o}{R_f} + 1 + \dfrac{R_o}{R_L}\right)}{A - \dfrac{R_o}{R_f}}}u_i$；$u_o = \dfrac{-\dfrac{R_f}{R_1}}{1 + 0.0000616}u_i \approx -\dfrac{R_f}{R_1}u_i$。

2-11 500mA。

2-12　$U_x = 1.5\text{V}$。

2-13　40A。

2-14　1.35A。

2-15　$i_2 = 0.2\text{A}$；12V，2Ω。

2-16　−2V，2Ω；−1A，2Ω。

2-17　$U_S = 25\text{V}$；$R_2 = 8.33\Omega$。

2-18　−0.267V；−0.53Ω。

2-19　$R = 5.5\Omega$；$P_{max} = 10.2\text{W}$。

3-1　$i(0_+) = 1\text{A}$；$u_{L2}(0_+) = -100\text{V}$。

3-2　$u_C(0_-) = u_C(0_+) = 45\text{V}$, $i_L(0_-) = i_L(0_+) = 15\text{mA}$；$i_C(0_-) = 0$, $u_L(0_-) = 0$, $u_L(0_+) = -45\text{V}$；$u_R(0_-) = 45\text{V}$, $u_R(0_+) = 45\text{V}$。

3-3　$i_L = 0.667\text{e}^{-t}\text{A}\ (t \geqslant 0)$；$u_L = -4\text{e}^{-t}\text{V}\ (t \geqslant 0)$；$u_{ab} = (12 + 1.33\text{e}^{-t})\text{V}\ (t \geqslant 0)$。

3-4　$i_K = (2 + \text{e}^{-t} - \text{e}^{-5t})\text{A}\quad (t \geqslant 0)$。

3-5　$u_C = 3(1 - \text{e}^{-0.1t})\text{V}\quad (t \geqslant 0)$；$i_C = 0.6\text{e}^{-0.1t}\text{A}\quad (t \geqslant 0)$；$i_1 = (1 - 0.4\text{e}^{-0.1t})\text{A}\quad (t \geqslant 0)$；$i = (1 + 0.2\text{e}^{-0.1t})\text{A}\quad (t \geqslant 0)$；$u_K = (6 - 0.6\text{e}^{-0.1t})\text{V}\quad (t \geqslant 0)$。

3-6　$i_L(t) = (1 - \text{e}^{-10t})\text{A}\quad (t \geqslant 0)$；$u_L(t) = 20\text{e}^{-10t}\text{V}\quad (t \geqslant 0)$；$u(t) = (20 + 10\text{e}^{-10t})\text{V}\quad (t \geqslant 0)$。

3-7　$u_C = [100 - 36.8\text{e}^{-5\times10^3(t-10^4)}]\text{V}\quad (t \geqslant 0)$。

3-8　$u_C = (-5 + 15\text{e}^{-10t})\text{V}\quad (t \geqslant 0)$。

3-9　$i_L = (0.2 + 0.8\text{e}^{-5t})\text{A}\quad (t \geqslant 0)$。

3-10　$i = (2.4 - 1.4\text{e}^{-1.25\times10^5 t})\text{A}\quad (t \geqslant 0)$。

3-11　$u_C = \left[\left(U_2 - \beta\dfrac{R_2}{R_1}U_1\right) + \beta\dfrac{R_2}{R_1}U_1\text{e}^{-\frac{T}{\tau}}\right]\text{V}\quad (t \geqslant 0)$。

3-12　$u_C = (0.085 - 0.0204\text{e}^{-1.36\times10^6 t})\text{V}\quad (t \geqslant 0)$。

3-13　$i_L = (1.33 + 0.667\text{e}^{-6t})\text{A}\quad (t \geqslant 0)$；$u_C = 4\text{e}^{-0.25t}\text{V}\quad (t \geqslant 0)$；$u_K = (5.33 + 2.67\text{e}^{-6t} - 4\text{e}^{-0.25t})\text{V}\quad (t \geqslant 0)$。

3-14　$i = [-5\text{e}^{-0.5t}1(t) + 2.5\text{e}^{-0.5(t-2)}1(t-2)]\text{A}$。

3-15　$i = [0.2\text{e}^{-1.2(t-1)}1(t-1) - 0.2\text{e}^{-1.2(t-2)}1(t-2)]\text{A}$。

3-16　$u_{22'}(t) = 0.25(1 - \text{e}^{-0.5t})\text{V}\quad (t \geqslant 0)$。

3-17　$U = 3.68\text{V}$。

3-18　$u_L = [\delta(t) - \text{e}^{-t}1(t)]\text{V}$。

3-19　$u(t) = \{(1 - \text{e}^{-2t})1(t) + [1 - \text{e}^{-2(t-1)}]1(t-1) - 2[1 - \text{e}^{-2(t-2)}]1(t-2) + 4\text{e}^{-2(t-3)}1(t-3)\}\text{V}$。

3-20　$u_C = (10.8\text{e}^{-268t} - 0.774\text{e}^{-3732t})\text{V}\quad (t \geqslant 0)$；$i = 2.89(\text{e}^{-268t} - \text{e}^{-3732t})\text{mA}\quad (t \geqslant 0)$；$i_{max} = 2.19\text{mA}$。

3-21　(1) $i_L = (1 - 1.01\text{e}^{-0.101t} + 0.01\text{e}^{-9.90t})1(t)\ \text{A}$；(2) $i_L = [1 - (1+t)\text{e}^{-t}]1(t)\ \text{A}$；(3) $i_L = [1 - \text{e}^{-0.05t} + (\cos t + 0.05\sin t)]1(t)\ \text{A}$。

4-1　元件1为电阻，其值为10Ω；元件2为电容，其值为0.02F；元件3为电感，其值为0.5H。

4-2 $R=161.3\Omega$；$L=0.89H$。

4-3 $U_2=91.92V$；$R_2=17\Omega$；$X_{C2}=7\Omega$。

4-4 $R_0=18\Omega$。

4-6 若 $\dot{U}=220\angle 0°V$，则有：$i_1=4.4\sqrt{2}\sin(\omega t-36.9°)A$，$i_2=4.4\sqrt{2}\sin(\omega t+36.9°)A$，$i_3=5.5\sqrt{2}\sin\omega t A$；$P_1=774.4W$，$Q_1=580.8var$；$P_2=774.4W$，$Q_2=-580.8var$；$P_3=1210W$，$Q_3=0var$。

4-7 7A；3A；2A。

4-8 （1）$I=5A$；（2）Z_2 为电阻，$I=7A$；（3）Z_2 为电容，$I=1A$。

4-9 80.42V；319.58V。

4-10 $C=743\mu F$。

4-11 $R_1=4\Omega$；$X_L=3\Omega$；$R_2=5\sqrt{2}\Omega$；$X_C=5\sqrt{2}\Omega$；$Z=4.24\angle 12.06°\Omega$。

4-12 $\dot{I}_1=15.56\angle -15°A$；$\dot{I}_2=11\angle -60°A$；$\dot{I}_3=11\angle 30°A$；$\dot{U}_1=220\angle 30°V$；$\dot{U}=425\angle 15°V$。

4-13 $R=15\Omega$；$L=0.152H$。

4-14 $\dot{U}_S=519.8V$；$P=55.2kW$。

4-15 $\dot{U}=100\sqrt{5}\angle 63.4°V$。

4-16 $\dot{I}_1=17.6\angle 135°A$；$\dot{I}_2=4.4\angle 135°A$；$\dot{I}_3=22\angle -45°A$。

4-18 $R_4=4.16\Omega$；$L_4=0.0407H$。

4-19 $R=0.75\Omega$；$X_L=0.375\Omega$。

4-20 $I_2=20A$；$I=10A$；$P=100W$。

4-21 $R_2=7.2\Omega$；$X_L=9.6\Omega$。

4-22 $I_L=5A$；$I=2A$；$X_L=\sqrt{84}\Omega$。

4-23 （1）$Z_L=(2+j2)k\Omega$；（2）$P=11.2W$。

4-24 $R=920\Omega$。

4-25 $I_P=14.1A$。

4-26 $I_1=36.8A$；$Z=3+j1.7\Omega$。

4-27 （1）Y接；（2）△接；（3）Y接时：$I_1=I_P=4.4A$，△接时：$I_P=4.4A$，$I_1=4.4\sqrt{3}A$。

4-28 （1）不对称；（2）$\dot{U}_{AN}=U_P\angle 0°$ 时：$\dot{I}_1=10\angle 0°A$，$\dot{I}_2=10\angle 150°A$，$\dot{I}_3=10\angle -150°A$，$\dot{I}_N=7.32\angle \pm 180°A$。

4-29 （1）$I_1=2.53A$，$I_P=4.39A$；（2）$I_{Al}=38A$。

4-30 $u_{M2}=-M\dfrac{di_1}{dt}$。

4-31 $u=L_1\dfrac{di}{dt}+L_2\dfrac{di}{dt}-2M\dfrac{di}{dt}$。

4-32 $M=52.9mH$。

4-33 (1) $U_2 = 12.8\text{V}$；(2) $I_1 = 7.1\text{A}$，$I_2 = 1.25\text{A}$。

4-34 $\dot{U}_{AB} = 83.44\angle -6.47°\text{V}$。

4-35 (1) $\dot{I}_1 = 5.66\angle -98.1°\text{A}$，$\dot{I}_2 = 2\angle -36.9°\text{A}$；(2) $\dot{I}_1 = 5\sqrt{2}\angle -45°\text{A}$，$\dot{I}_2 = 5\angle 5°\text{A}$。

4-36 $\dot{I}_1 = 0\text{A}$；$\dot{U}_2 = 40\angle 0°\text{V}$。

4-37 $\dot{U}_2 = 1\angle 0°\text{V}$。

4-38 $L_1 = 0.1\text{H}$；$u_2 = 200\sin(1000t - 135°)\ \text{V}$。

4-39 $Z_L = (10 - \text{j}10)\Omega$；$P_{\max} = 20\text{W}$。

4-40 $n = \sqrt{5}$。

5-1 $L = 0.02\text{H}$；$Q = 50$。

5-2 $\dot{I}_R = 10\angle 0°\text{A}$；$\dot{I}_L = 0.319\angle -90°\text{A}$；$\dot{I}_C = 0.319\angle 90°\text{A}$。

5-3 $C = 25\mu\text{F}$；$U = 180\text{V}$。

5-4 (a) $\omega = \dfrac{1}{\sqrt{3LC}}$；

(b) $\omega_1 = \dfrac{1}{\sqrt{3L_2C}}$，$\omega_2 = \dfrac{1}{\sqrt{(L_1 + L_2)C}}$；

(c) $\omega_1 = \dfrac{1}{\sqrt{L_1C_1}}$，$\omega_2 = \dfrac{1}{\sqrt{L_2C_2}}$，$\omega_3 = \dfrac{\sqrt{(L_1 + L_2)}}{\sqrt{L_1L_2(C_1 + C_2)}}$。

5-5 $i_1 = 0$；$\dot{I}_2 = 0.1\angle 90°\text{A}$；$\dot{I}_L = 0.1\angle -90°\text{A}$；$\dot{I}_C = 0.1\angle 90°\text{A}$。

5-7 (1) $C_1 = 0.73\mu\text{F}$，$C_2 = 5.66\mu\text{F}$；(2) $\dot{I} = 0.028\angle -4.62°\text{A}$。

5-8 (1) $f = \dfrac{1}{2\pi\sqrt{MC}}$；(2) $f = \dfrac{1}{2\pi\sqrt{L_2C}}$。

5-9 $C = 25\mu\text{F}$；$C = 57\mu\text{F}$。

5-10 $i(t) = 5/6 + 2.45\sin(400t + 30.96°) + 0.654\sin(1200t + 31.3°)$；$P = 149.92\text{W}$；$U_\text{S} = 86.89\text{V}$；$I = 1.976\text{A}$。

5-11 $U_1 = 77.1\text{V}$，$U_3 = 63.6\text{V}$。

5-12 $R = 1\Omega$，$L = 11.5\text{mH}$；$L = 12.3\text{mH}$。

5-13 $R = 10\Omega$，$L = 31.9\text{mH}$，$C = 318\mu\text{F}$；$\theta_2 = -99.5°$；$P = 515\text{W}$。

5-14 $i = 4\sin 100t - 3.58\sin(200t + 26.57°)\text{A}$；$P = 8\text{W}$。

5-15 $u_L(t) = 4\sin 2\omega t\ \text{V}$，$i_L(t) = 1 + 0.4\sin(2\omega t - 90°)\ \text{A}$。

5-16 (1) $u = 50 + 9\sin(\omega t + 1.4°)\ \text{V}$；(2) $P = 25.35\text{W}$。

5-17 $C = 250\mu\text{F}$；$i_a = 20\text{mA}$；$u_2(t) = \sqrt{2}15\sin 1000t\ \text{mV}$。

5-18 $L_1 = 1H$；$L_2 = 66.7\text{mH}$。

5-19 $C = \dfrac{1}{9\omega_1^2}$，$L = \dfrac{1}{49\omega_1^2}$ 或 $C = \dfrac{1}{49\omega_1^2}$，$L = \dfrac{1}{9\omega_1^2}$。

5-20 $P_{R1} = 2.29\text{W}$；$P_{R2} = 0.093\text{W}$；$P_\text{S} = 2.38\text{W}$。

5-21 $i_1 = 0.15\text{A}$；$i_2(t) = -0.05 + \sqrt{2}0.1\sin(\omega t + 90°)$；$I_1 = 0.15\text{A}$；$I_2 = 0.112\text{A}$。

6-1 (a) $Y=\begin{bmatrix}-\mathrm{j}\dfrac{1}{\omega L} & \mathrm{j}\dfrac{1}{\omega L}\\ \dfrac{1}{\mathrm{j}\omega L} & \mathrm{j}\left(\omega C-\dfrac{1}{\omega L}\right)\end{bmatrix}$，$Z=\begin{bmatrix}\mathrm{j}\left(\omega L-\dfrac{1}{\omega C}\right) & -\mathrm{j}\dfrac{1}{\omega C}\\ -\mathrm{j}\dfrac{1}{\omega C} & -\mathrm{j}\dfrac{1}{\omega C}\end{bmatrix}$，

$A=\begin{bmatrix}1-\omega^2LC & \mathrm{j}\omega L\\ \mathrm{j}\omega C & 1\end{bmatrix}$；

(b) $Y=\begin{bmatrix}\mathrm{j}\left(\omega C-\dfrac{1}{\omega L}\right) & \mathrm{j}\dfrac{1}{\omega L}\\ \mathrm{j}\dfrac{1}{\omega L} & -\mathrm{j}\dfrac{1}{\omega L}\end{bmatrix}$，$Z=\begin{bmatrix}-\mathrm{j}\dfrac{1}{\omega C} & -\mathrm{j}\dfrac{1}{\omega C}\\ -\mathrm{j}\dfrac{1}{\omega C} & \mathrm{j}\left(\omega L+\dfrac{1}{\omega C}\right)\end{bmatrix}$，

$A=\begin{bmatrix}1 & \mathrm{j}\omega L\\ \mathrm{j}\omega C & 1-\omega^2LC\end{bmatrix}$。

6-2 (a) $Y=\begin{bmatrix}\dfrac{5}{3} & -\dfrac{4}{3}\\ -\dfrac{4}{3} & \dfrac{5}{3}\end{bmatrix}$，$Z=\begin{bmatrix}\dfrac{5}{3} & \dfrac{4}{3}\\ \dfrac{4}{3} & \dfrac{5}{3}\end{bmatrix}$，$A=\begin{bmatrix}\dfrac{5}{4} & \dfrac{3}{4}\\ \dfrac{3}{4} & \dfrac{5}{4}\end{bmatrix}$，$H=\begin{bmatrix}\dfrac{3}{5} & \dfrac{4}{5}\\ -\dfrac{4}{5} & \dfrac{3}{5}\end{bmatrix}$；

(b) $Y=\begin{bmatrix}\dfrac{3}{4} & -\dfrac{1}{4}\\ -\dfrac{1}{4} & \dfrac{3}{4}\end{bmatrix}$，$Z=\begin{bmatrix}\dfrac{3}{2} & \dfrac{1}{2}\\ \dfrac{1}{2} & \dfrac{3}{2}\end{bmatrix}$，$A=\begin{bmatrix}3 & 4\\ 2 & 3\end{bmatrix}$，$H=\begin{bmatrix}\dfrac{4}{3} & \dfrac{1}{3}\\ -\dfrac{1}{3} & \dfrac{5}{12}\end{bmatrix}$；

(c) $Y=\begin{bmatrix}\dfrac{3}{4} & -\dfrac{1}{4}\\ -\dfrac{1}{4} & \dfrac{1}{2}\end{bmatrix}$，$Z=\begin{bmatrix}\dfrac{8}{5} & \dfrac{4}{5}\\ \dfrac{4}{5} & \dfrac{12}{5}\end{bmatrix}$，$A=\begin{bmatrix}2 & 4\\ \dfrac{5}{4} & 3\end{bmatrix}$，$H=\begin{bmatrix}\dfrac{4}{3} & \dfrac{1}{3}\\ -\dfrac{1}{3} & \dfrac{5}{12}\end{bmatrix}$。

6-3 (a) $H=\begin{bmatrix}-R & -\dfrac{2}{5}\\ -2 & -\dfrac{1}{5R}\end{bmatrix}$，$Y=\begin{bmatrix}-\dfrac{1}{R} & -\dfrac{2}{5R}\\ \dfrac{2}{R} & \dfrac{3}{5R}\end{bmatrix}$；

(b) $H=\begin{bmatrix}\dfrac{R_1R_2}{R_1+R_2} & \dfrac{R_1}{R_1+R_2}\\ \left(g_m-\dfrac{1}{R_2}\right)\dfrac{R_1R_2}{R_1+R_2} & (1+g_mR_1)\dfrac{1}{R_1+R_2}\end{bmatrix}$，$Y=\begin{bmatrix}\dfrac{R_1+R_2}{R_1R_2} & -\dfrac{1}{R_1}\\ g_m-\dfrac{1}{R_2} & \dfrac{1}{R_2}\end{bmatrix}$。

6-4 $H=\begin{bmatrix}0 & 0\\ \beta & \dfrac{R_1+R_2}{R_1R_2}\end{bmatrix}$。

6-5 $Z_{C1}=34.6\Omega$；$Z_{C2}=77.9\Omega$。

6-6 $Y_{11}=(0.64+\mathrm{j}1.08)\mathrm{S}$；$Y_{12}=Y_{21}=(-0.4-\mathrm{j}0.8)\mathrm{S}$；$Y_{22}=\mathrm{j}0.5\mathrm{S}$。

6-7 $Z_1(s)=\dfrac{U_1(s)}{I_1(s)}=-k_1k_2Z_L(s)$，$k_1=1$，$k_2=\dfrac{R_1}{R_2}$。

6-8 (1) $Y=\begin{bmatrix}\frac{1}{5} & -\frac{1}{15}\\ -\frac{1}{15} & \frac{1}{7.5}\end{bmatrix}$；(3) $P_{max}=1.875\text{W}$。

6-9 $u(t)=2e^{-\frac{1}{3}t}\text{V}$。

7-1 $R=1\text{W}$。

7-2 $i=1.1\text{A}$; $u=1\text{V}$。

7-3 $u=1\text{V}$; $i=1\text{A}$。

7-4 $U=3\text{V}$ 时，$I=1\text{A}$；$U=-1\text{V}$ 时，$I=-2\text{A}$。

7-6 $u=1.0000267\text{V}$；$i=1.6668001\text{A}$。

7-7 (2) $u=0.157\text{V}$; $i=0.229\text{A}$。

7-8 $u=2+0.1\sin t$ V；$i=8+0.8\sin t$ A。

7-9 $u=8+0.857\sin t$ V；$i=2+0.143\sin t$ A。

7-10 $u_\delta=0.5\cos 2t$ V；$i_\delta=0.1\cos 2t$ A。

7-11 $\begin{bmatrix}\dot{q}\\ \dot{\psi}\end{bmatrix}=\begin{bmatrix}-\psi^2 & i_S\\ 2q^2 & -\psi^2\end{bmatrix}$。

参考文献

[1] 殷洪义，孙玉琴，陈绍林．电工理论基础[M]．沈阳：东北大学出版社，1997.
[2] 孙玉琴．电路题型解析与考研辅导[M]．沈阳：东北大学出版社，2001.
[3] 邱关源，罗先觉．电路（第5版）[M]．北京：高等教育出版社，2006.
[4] 吴建华，李华．电路原理（第2版）[M]．北京：机械工业出版社，2013.
[5] 范承志，孙盾，童梅，等．电路原理（第4版）[M]．北京：机械工业出版社，2014.
[6] 汪建，陈明辉，骆健，等．电路原理学习指导与习题题解[M]．北京：清华大学出版社，2010.
[7] 唐朝仁，李姿，詹艳艳．电路基础[M]．北京：清华大学出版社，2015.
[8] 陈希有．电路理论教程[M]．北京：高等教育出版社，2013.
[9] 刘健．电路原理分析（第2版）[M]．北京：电子工业出版社，2010．
[10] 刘明山．电子电路 CAD 与 OrCAD 技术[M]．北京：机械工业出版社，2009.
[11] 吴建强．PSpice 仿真实践[M]．哈尔滨：哈尔滨工业大学出版社，2001.
[12] 戚新波，刘宏飞，郑先锋．电路的计算机辅助分析：MATLAB 与 PSpice 应用技术[M]．北京：电子工业出版社，2006.

冶金工业出版社部分图书推荐

书　名	作　者	定价(元)
FORGE 塑性成型有限元模拟教程（本科教材）	黄东男	32.00
PLC 编程与应用技术（高职高专教材）	程龙泉	48.00
Pro/Engineer Wildfire 4.0（中文版）钣金设计与焊接设计教程（高职高专教材）	王新江	40.00
Pro/Engineer Wildfire 4.0（中文版）钣金设计与焊接设计教程实训指导（高职高专教材）	王新江	25.00
变频器安装、调试与维护（高职高专教材）	满海波	36.00
磁电选矿技术（培训教材）	陈　斌	30.00
单片机应用技术（高职高专教材）	程龙泉	45.00
电工与电子技术（第2版）（本科教材）	荣西林	49.00
高等数学简明教程（高职高专教材）	张永涛	36.00
高速线材生产实训（高职高专实验实训教材）	杨晓彩	33.00
管理学原理与实务（高职高专教材）	段学红	39.00
计算机应用技术项目教程（本科教材）	时　魏	43.00
建筑 CAD（高职高专教材）	田春德	28.00
建筑力学（高职高专教材）	王　铁	38.00
金属材料及热处理（高职高专教材）	于　晗	33.00
金属矿地下开采（第2版）（高职高专教材）	陈国山	48.00
矿井通风与防尘（第2版）（高职高专教材）	陈国山	36.00
连铸生产操作与控制（高职高专教材）	于万松	42.00
炼钢生产操作与控制（高职高专教材）	李秀娟	30.00
现代企业管理（第2版）（高职高专教材）	李　鹰	42.00
小棒材连轧生产实训（高职高专教材）	陈　涛	38.00
冶金过程检测与控制（第3版）（高职高专国规教材）	郭爱民	48.00
冶金生产计算机控制（高职高专教材）	郭爱民	30.00
冶炼基础知识（高职高专教材）	王火清	40.00
应用心理学基础（高职高专教材）	许丽遐	40.00
有色金属塑性加工（高职高专教材）	白星良	46.00
轧钢机械设备维护（高职高专教材）	袁建路	45.00
轧钢原料加热（高职高专教材）	戚翠芬	37.00
中厚板生产实训（高职高专实验实训教材）	张景进	22.00
自动检测和过程控制（第4版）（本科国规教材）	刘玉长	50.00
自动检测及过程控制实验实训指导（高职高专教材）	张国勤	28.00
自动检测与仪表（本科教材）	刘玉长	38.00